JIDIAN BAOHU SHIXUN JIAOCAI

继电保护实训教材

卢军　殷建　吕飞　主编

内 容 提 要

本书是依据《百万机组发电厂继电保护与安全自动装置岗位人员培训规范》，结合生产实践编写而成。本书将继电保护装置调试的详细步骤呈现出来，图文并茂，对调试过程中的重点、难点附有详细的解释说明。主要内容包括发电机-变压器组保护装置配置及校验、发电机-变压器组保护装置整组试验、线路保护装置校验和母线保护装置校验。

本书可作为发电、供电企业继电保护工作人员岗位技能培训用书，也可作为高等院校学生职业技能训练的教学参考书。

图书在版编目（CIP）数据

继电保护实训教材/卢军，殷建，吕飞主编．—北京：中国电力出版社，2022.11

ISBN 978-7-5198-6944-1

Ⅰ.①继…　Ⅱ.①卢…　②殷…　③吕…　Ⅲ.①继电保护—教材　Ⅳ.①TM77

中国版本图书馆 CIP 数据核字（2022）第 134417 号

出版发行：中国电力出版社

地　　址：北京市东城区北京站西街 19 号（邮政编码 100005）

网　　址：http：//www.cepp.sgcc.com.cn

责任编辑：马淑范（010－63412397）

责任校对：黄　蓓　李　楠　郝军燕

装帧设计：郝晓燕

责任印制：杨晓东

印　　刷：望都天宇星书刊印刷有限公司

版　　次：2022 年 11 月第一版

印　　次：2022 年 11 月北京第一次印刷

开　　本：710 毫米×1000 毫米　16 开本

印　　张：26.5

字　　数：430 千字

定　　价：88.00 元

本书编委会

主　任： 任德军

副主任： 刘胜利　张　胜　陈　刚　盛黎捷

委　员： 涂在祥　王傲林　叶　震　万利芬
罗凤梅　吴�杰　张　博　夏　泉

主　编： 卢　军　殷　建　吕　飞

副主编： 张　华　孟　夏　胡柏胜　张　萌

参　编： 齐　磊　刘　勤　杨云云　金光明
艾　勇　刘治坤　王　涛　苏江桥
张晓春

前　言

近年来，我国电力系统正在建设坚强的国际一流能源互联网。1000MW及以上大型发电机组的投运为建成坚强电网提供了有力保障，但也对继电保护装置的生产制造提出了明确的技术要求，发布了一系列继电保护装置的安装调试、运行维护规范。

大型发电机组继电保护装置的正确、全面的调试，是大型发电机组正常运行的重要保障，是构建坚强电网必不可少的环节。因此，迫切需要一本与新的技术要求相适应的大型发电机组继电保护装置调试方法与实用技术的现场培训教材，以满足继电保护实训的需要。

本书是以相关国家、行业及企业标准为依据，结合典型的继电保护装置编写而成。在编写原则上，以岗位能力为核心，紧密联系工程实际；在编写方式上，以即学即用为目标，详细呈现调试内容与方法；在编写内容上，以继电保护装置单体调试、整组试验项目为主线，描述调试的全过程。全书避免了繁琐的理论推导和公式验证，体现了继电保护实操培训的针对性和实用性。

本书内容主要包括发电机-变压器组保护装置配置及校验、发电机-变压器组保护装置整组试验、线路保护装置校验及母线保护装置校验等。

本书编写主要成员由国家能源集团长源电力股份有限公司现场经验丰富的继电保护专业人员及国家电网湖北省电力有限公司技术培训中心培训师组成。

本书的编写，由国家能源集团长源汉川发电有限公司人力资源部组织，在公司领导的关心、指导下完成，在此表示衷心感谢。本书在编写过程中，武汉市豪迈电力自动化技术有限责任公司给予了大力支持和帮助，在此也表示衷心感谢。

由于编者水平有限，错误和不足之处恳请读者批评指正。

编者

2022年12月

目　录

第1章

发电机-变压器组保护装置配置及校验

1.1　发电机-变压器组保护配置

随着我国的电力建设进入发展高潮，水电和火电机组均向着大型和超大型方向发展。这些大型机组造价昂贵、结构复杂，一旦出现故障，不仅检修期长，而且造成巨大的直接和间接经济损失。以下就大型发电机-变压器组的特点及继电保护的配置原则等进行讨论。

1.1.1　大型发电机-变压器组的特点

一般大型发电机-变压器组的主要特点有如下几个方面：

（1）发电机出口除接高压厂用变压器外，无其他机端负荷。

（2）发电机出口和高压厂用变压器高压侧均不装设断路器。

（3）升压变压器高压侧中性点直接接地或经放电间隙接地运行。

（4）发电机中性点一般可经消弧线圈（欠补偿）或经接地变压器二次电阻（高阻）接地运行。

（5）高压厂用变压器的低压侧一般为高阻或中阻接地系统。

（6）汽轮发电机三相绕组中性点侧引出方式如下。

1）6个引出端，可装设发电机不完全纵差保护、发电机-变压器组不完全纵差保护和零序电流型高灵敏横差保护，还可装设裂相横差保护。这些保护对发电机定子绕组相间和匝间短路均有保护作用，还可兼顾定子绕组分支开焊故障。

2）4个引出端，即定子绕组为双星形接线，其中一个星形接线绕组的三相端子引出机外，另一个星形接线绕组只引出它的中性点。它也可装设发电机和发电机-变压器组的不完全纵养保护，但两套保护的中性点侧电流互感器均在同一个星形接线的三相分支绕组中，其性能略低于中性点侧6个引出端的方案。同时装设零序电流型高灵敏横差保护。

3）2个引出端，即两个星形接线绕组的中性点引出机外，各相分支绕组均不引出，发电机主保护装设零序电流型高灵敏横差保护和故障分量负序方向保护或纵向零序电压保护等，不能装设发电机和发电机-变压器组的完全或不完全纵差保护。

4）3个引出端，即发电机三相中性点侧引出机外，不能装设零序电流型高灵敏横差保护和不完全纵差保护，只能装设传统的完全纵差保护反映相间短路，因此，对匝间短路和分支开焊故障必须另设保护，后者是比较困难的。

水轮发电机的机内空间大，发电机中性点侧的各分支互感器可以安装在机壳内部或外部，可实现两套不完全纵差保护、裂相横差和零序电流型高灵敏横差保护，国内已有若干大型水电厂实现了这种保护配置方案。

1.1.2 大型发电机-变压器组继电保护配置的原则

讨论大机组保护的配置原则时应遵循以下几个方面：

（1）在发电机设计制造之前，继电保护工作者应主动向电机专业人员介绍有关大机组保护对发电机设计制造的要求，具体反映在发电机招标文件中应表明发电机中性点侧引出方式和中性点接地方式、电流互感器配置要求等。一次和二次工作人员、制造和运行人员应以“保证机组的安全运行”为大家遵循的原则，从发电机制造到保护配置等环节保证主设备的最大安全性。

（2）切实加强大型发电机-变压器组主保护，保证在保护范围内任一点发生各种故障，均有双重或多重原理不同的主保护，有选择性地、快速地、灵敏地切除故障，使机组受到的损伤最轻、对电力系统的影响最小。

（3）为了慎重选定发电机-变压器组内部故障主保护方案，继电保护设计人员应详细了解主设备内部故障时的电气特征，为此电机生产厂家应向继电保护设计或运行部门提供发电机的电磁设计资料，在充分分析计算内部故障的基础上，提出发电机-变压器组的主保护方案和发电机中性点侧引出方式、电流互感器安装位置及其型号。

（4）加强主保护，同时注意后备保护的简化。过于复杂的后备保护配置方案，不仅是不必要的，而且运行实践证明是有害的。具体来说，大型发电机机端，即主变压器低压侧不再装设后备保护，仅在主变压器高压侧配置反应相间短路和单相接地的后备保护，作为主变压器高压母线故障和主变压器引线部分故障的后备。同时，为提高安全性，这些后备保护均不联锁跳高压母线上的联络断路器和分段断路器。

主变压器高压侧相间短路后备保护，以高压母线两相金属性短路的灵敏度大于或等于 1.2 为整定条件，首先考虑采用过电流保护，如灵敏度不够，改用一段简易阻抗保护，不设振荡闭锁环节，以 0.5～1.0s 延时取得选择性和避越振荡，但应有电压回路断线闭锁和电流启动元件；对自并励方式的发电机，还应校核短路电流衰减对过电流或低阻抗保护的影响，并采取相应的技术措施。

1.1.3 发电机-变压器组保护配置实例

此处选取某火力发电厂大型发电机-变压器组，发电机中性点引出 3 个端子，因此，只配置传统纵差保护，未考虑装设横差、裂相横差和不完全纵差保护。

如果发电机中性点侧引出 4 个或 6 个端子，则发电机和发电机-变压器组差动保护均为不完全纵差方式，而且一定还有高灵敏横差保护，这就使发电机定子绕组的所有故障（相间短路，匝间短路和分支开焊）具有三重主保护。对于变压器内部故障将有变压器差动保护、气体保护和发电机-变压器组不完全纵差保护，也具有三重主保护。因此，发电机-变压器组无须再配置后备保护，只是为了高压母线的需要，才有必要装设后备保护。

在保护配置方案中没有采用不完全纵差保护和高灵敏横差保护，发电机-变压器组本身就有必要装设后备保护。方案中拟用三套反时限过负荷保护兼作发电机-变压器组本身及高压母线的后备保护。一般来说，这些反时限过负荷保护的动作时限过长，虽对主设备的安全不构成威胁，但这三套过负荷保护在外部近处短路时可能动作过快而造成无选择性，外部远处短路时又可能动作太慢，而且发电机和变压器内部绕组故障时，这些过负荷保护的灵敏度也是没有把握的。因此，这种把三套反时限过负荷保护兼作后备保护的做法，只能说是权宜之计，由于主保护有缺陷，后备保护需要给予一定的弥补。

如果采用不完全纵差保护、高灵敏横差保护、裂相横差保护以及变压器完全纵差保护和气体保护，则可将发电机-变压器组不完全纵差保护（第三套主保护）视为发电机-变压器组两套主保护以外的高速、灵敏、有选择性的主设备后备保护，再为高压母线设置一段简易阻抗后备保护，使整个保护水平提高了。

在保护配置方案中，转子接地保护只装设一点接地保护，不装设两点接地保护，对大型发电机组是合适的。

各保护装置动作后所控制的对象，依保护装置的性质、选择性要求和故障处理方式不同而不同。通常的处理方式如下。

（1）停机：断开发电机断路器、灭磁，对汽轮发电机，还要关闭主汽门；对水轮发电机还要关闭导水翼。

（2）解列灭磁：断开发电机断路器、灭磁，汽轮机甩负荷。

（3）解列：断开发电机断路器，汽轮机甩负荷。

（4）减出力：将原动机出力减到给定值。

（5）缩小故障影响范围：例如断开预定的其他断路器。

（6）程序跳闸：对于汽轮发电机，首先关闭主汽门，待逆功率继电器动作后，再跳发电机断路器并灭磁。对于水轮发电机，首先将导水翼关到空载位置，再跳开发电机断路器并灭磁。

（7）减励磁：将发电机励磁电流减至给定值。

（8）励磁切换：将励磁电源由工作励磁电源系统切换到备用励磁电源系统。

（9）厂用电源切换：由厂用工作电源供电切换到备用电源供电。

（10）分出口：动作于单独回路。

（11）信号：发出声光信号。

1.2 发电机-变压器组保护装置校验

1.2.1 发电机差动保护校验

大机组纵联差动保护的典型配置为：发电机-主变压器组纵联差动、发电机-高压厂用变压器组纵联差动、发电机纵联差动、主变压器纵联差动、高压厂用变压器纵联差动，各纵联差动基本都配有差动速断和比率差动保护，包含变压器的差动保护多加了励磁涌流判据，本节将以此进行具体讲解。

1. 试验目的

（1）发电机差动速断保护功能及时间校验。

（2）发电机比率差动保护功能校验。

2. 试验准备

（1）参数设置。校验前需要明确发电机-变压器组装置的系统参数、相关定值、跳闸出口控制字及连接片情况。

1）系统参数。发电机系统参数见表1-1。

表1-1 发电机系统参数

定值参数名称	参数值	定值参数名称	参数值
额定频率	50	中性点一组分支系数	100.00%
发电机容量	1000	中性点二组分支系数	0.00%
发电机功率因数	0.9滞后	中性点一组TA一次侧	30 000
一次额定电压	27	中性点一组TA二次侧	5
机端TV一次侧	15.59	中性点二组TA一次侧	0
机端TV二次侧	57.74	中性点二组TA二次侧	5
机端TV零序二次侧	33.33	横差TA一次原边	0
中性点TV一次侧	27	横差TA一次副边	5
中性点TV二次侧	166.7	转子电压一次额定值	600
发电机TA一次侧	30 000	直流变送器电流定值	20
发电机TA二次侧	5		

2）保护硬压板设置。PCS-985B投入保护装置上投入“检修状态投入”“投发电机差动保护”硬压板，退出其他出口硬压板。

3）定值与控制字设置。定值（控制字）设置步骤：菜单选择→定值设置→系统参数→投入总控制字值，设置“发电机差动保护投入”为“1”，再输入口令进行确认保存。

菜单选择→定值设置→保护定值，按“↑↓←→”键选择定值与控制字[1]，设置好之后再输入口令进行确认保存。

定值与控制字设置如表1-2所示。

[1] 此控制字为分相控制，发电机差动保护里面包括可分别投退的控制字，可以在这分别设置投退。

表 1-2　　PCS-985B 发电机差动保护定值与控制字设置

定值名称	参数值	控制字名称	参数值
发电机差动启动定值	$0.30I_e$	发电机差动速断投入	1
发电机差动速断定值	$4.00I_e$	发电机比率差动投入	0
比率制动起始斜率	0.10	发电机工频变化量差动投入	0
比率制动最大斜率	0.50	TA 断线闭锁比率差动	0
差动保护跳闸控制字	1E0C001F		

4）内部配置参数。内部配置参数设置如表 1-3 所示。

表 1-3　　PCS-985B 发电机内部参数设置

序号	定值名称	参数值	序号	定值名称	参数值
1	TA 极性定义	0X 0	22	主变压器零序电流 TA	1
2	主变压器高压一侧 TA	1	23	主变压器间隙零序电流 TA	5
3	主变压器高压二侧 TA	0	24	A1 分支零序电流 TA	0
4	主变压器高压侧后备 TA	0	25	A2 分支零序电流 TA	0
5	主变压器低压侧 TA	6	26	B1 分支零序电流 TA	0
6	主变压器厂用变压器侧 TA	5	27	B2 分支零序电流 TA	0
7	主变压器 B 厂用变压器侧 TA	0	28	发电机-变压器组差动 TA 选择	0017
8	发电机机端 TA	6	29	主变压器差动 TA 选择	0017
9	发电机中性点 TA	7	30	逆功率是否测量 TA	0
10	发电机后备 TA	6	31	厂用变压器电压输入方式	相间电压
11	发电机逆功率 TA	17	32	机端零序电压是否自产	0
12	机端断路器失灵 TA	0	33	出口继电器展宽控制字	0X3FF3FFFE
13	励磁一侧 TA	0	34	出口跳闸展宽时间	0.14S
14	励磁二侧 TA	0	35	三次谐波差动调整倍数	5
15	A 厂用变压器高压侧 TA	9	36	电流记忆时间	10
16	A1 分支侧 TA	10	37	TV2 中线断线判别系数	0.4
17	A2 分支侧 TA	11	38	其他 TV 中线断线判别系数	0.2
18	B 厂用变压器高压侧 TA	0	39	转子电压波动系数	0.05
19	B1 分支侧 TA	0	40	保护配置原则	发电机-变压器组一体化
20	B2 分支侧 TA	0	41	主变压器过励磁 TA 选择	高压侧 TV
21	横差零序电流 TA	0			

（2）参数计算。发电机机端额定电流

$$I_{\text{e.f}}=\frac{P_{\text{n}}/\cos\theta}{\sqrt{3}\times U_{\text{n.f}}\times n_{\text{d.f}}}=\frac{1000\times 10^{6}/0.9}{\sqrt{3}\times 27\times 10^{3}\times 30\ 000/5}=3.96\text{A} \tag{1-1}$$

发电机中性点额定电流

$$I_{\text{e.f.n}}=\frac{K_{\text{fz}}\times P_{\text{n}}/\cos\theta}{\sqrt{3}\times U_{\text{n.f}}\times n_{\text{d.f}}}=\frac{100\%\times 1000\times 10^{6}/0.9}{\sqrt{3}\times 27\times 10^{3}\times 30\ 000/5}=3.96\text{A} \tag{1-2}$$

3. 试验接线

（1）装置接地。将测试仪装置接地端口与被测保护装置的接地铜牌相连接，如图 1-1 所示。

图 1-1　继电保护测试仪接地图

（2）电流回路接线。发电机用差动保护电流回路接线图（发电机机端和中性点）如图 1-2 所示。

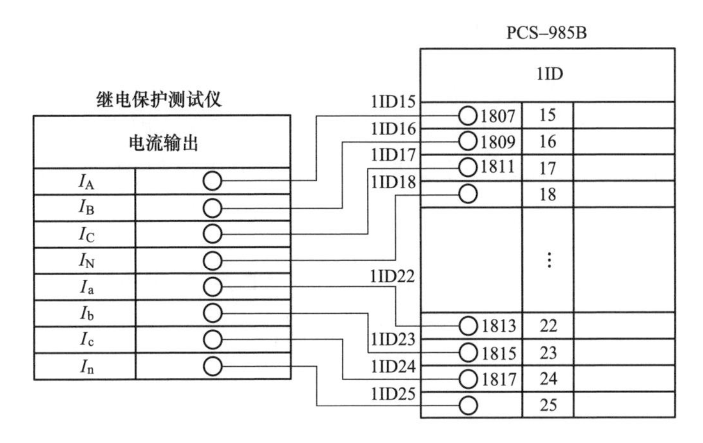

图 1-2　发电机用差动保护电流回路接线图

发电机差动保护是将发电机机端电流和发电机中性点电流引入保护装置，以机端电流接线为例，其接线步骤如下：

1）短接保护装置电流回路外侧电流端子：1ID15～18 和 1ID22～25。

2）断开 1ID15～18 和 1ID22～25 内外侧端子间连接片。

3）采用黄、绿、红、黑的顺序，将电流线组的一端依次接入保护装置交流电流 1ID15～18 和 1ID22～25 内侧端子。

4）采用黄、绿、红、黑的顺序，将电流线组的另一端依次接入继电保护测试仪 I_A、I_B、I_C、I_D 和 I_a、I_b、I_c、I_d 插孔。

（3）时间测试回路接线。时间测试辅助接线方式如图 1-3 所示。

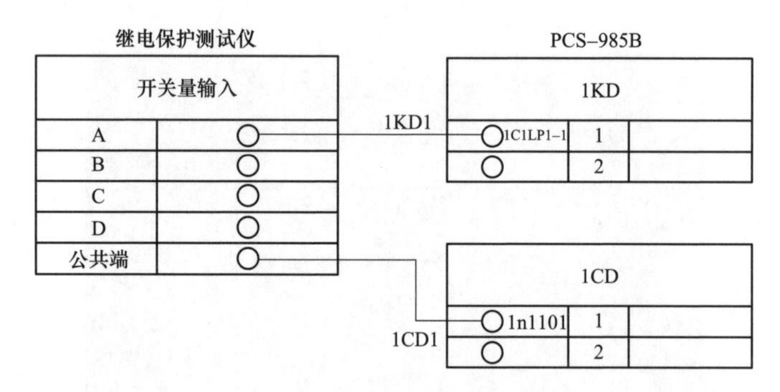

图 1-3　时间测试辅助接线图

4. 试验步骤

发电机纵联差动保护包括“纵联差动速断保护”和“纵联比率差动保护”，要校验定值的精确性，要分别校验。本书以单相故障为例，分别校验纵联差动速断保护定值和比例差动保护变斜率的动作行为。

（1）发电机差动速断保护校验。

1）$1.05I_{sd.set}$ 差动速断定值校验。纵联差动速断保护 $1.05I_{sd.set}$ 差动速断定值校验数据如表 1-4 所示。试验步骤如下：打开继电保护测试仪电源，选择“交流试验”模块。试验接线如图 1-2 所示。

表 1-4　纵联差动速断保护 $1.05I_{sd.set}$ 差动速断定值校验数据

试验项目	试验数据
U_A/V	57.735∠0°
U_B/V	57.735∠−120°
U_C/V	57.735∠120°

续表

试验项目	试验数据
I_A/A	16.632[2]∠0°
I_B/A	0
I_C/A	0
变化方式	手动试验
动作方式	动作停止

[2] 根据式（1-3）计算所得，$I_K = mI_{sd.set} = m \times 4 \times I_{e.f} = 1.05 \times 4 \times 3.96 = 16.632$A，其中 $I_{sd.set}$ 读取定值清单，为 $4I_{e.f}$。

表1-4中A相电流幅值计算

$$I_K = mI_{sd.set}I_{e.f} \tag{1-3}$$

式中 I_K——故障相电流幅值；

$I_{sd.set}$——差动速断电流定值；

$I_{e.f}$——发电机机端额定电流；

m——1.05。

在测试仪工具栏中点击“▶”，或按键中“run”键开始进行试验。观察保护动作结果，打印动作报文。

动作报文打印步骤：主界面→点击“历史报文”→根据时间选择要打印的故障报告→点击“打印”，动作报文如图1-4所示。

PCS-985B 发电机-变压器组保护装置动作报告

被保护设备：保护设备　　版本号：V3.02

管理序号：00483742　　打印时间：2021-10-2 19：36：54

序号	启动时间	相对时间	动作相别	动作元件
0054	2021-10-2 19：29：57：853	0000ms		保护启动
		0010ms	ABC	发电机差动速断保护
				跳闸出口1，跳闸出口2
				跳闸出口3，跳闸出口4
				跳闸出口18，跳闸出口19
				跳闸出口25，跳闸出口26
				跳闸出口27，跳闸出口28

图1-4　PCS-985B装置 $1.05I_{sd.set}$ 差动速断定值动作报文

2）$0.95I_{sd.set}$差动速断定值校验。试验步骤如下：式（1-3）中m取0.95，重新计算故障相电流值并输入，重复上述操作步骤，保护装置只启动，差动保护不动作。纵联差动速断保护$0.95I_{sd.set}$差动速断定值校验数据如表1-5所示。

[3] 根据式（1-3）计算所得，$I_K = mI_{sd.set} = m \times 4 \times I_{e.f} = 0.95 \times 4 \times 3.96 = 15.048A$。

表1-5 纵联差动速断保护$0.95I_{sd.set}$差动速断定值校验数据

试验项目	试验数据
U_A/V	57.735∠0°
U_B/V	57.735∠−120°
U_C/V	57.735∠120°
I_A/A	15.048[3]∠0°
I_B/A	0
I_C/A	0
变化方式	手动试验
动作方式	动作停止

观察保护动作结果，打印动作报文。其动作报文如图1-5所示。

PCS-985B发电机-变压器组保护装置动作报告

被保护设备：保护设备　　版本号：：V3.02

管理序号：00483742　　打印时间：2021-10-2 19：40：32

序号	启动时间	相对时间	动作相别	动作元件
0053	2021-10-2 19：29：30：768	0000ms		保护启动

图1-5　PCS-985B装置$0.95I_{sd.set}$差动速断定值动作报文

3）$1.2I_{sd.set}$差动速断定值测试时间。试验步骤如下：时间接线需增加辅助接线完成，接线方式如图1-3所示；式（1-3）中m取1.2，重新计算故障相电流值并输入，重复上述操作步骤，并在开入量A对应的选择栏“□”里“√”，并读取显示的时间量进行记录。试验数据如表1-6所示。

表 1-6 纵联差动速断保护 $1.2I_{sd.set}$ 差动速断定值校验数据

试验项目	试验数据
U_A/V	57.735∠0°
U_B/V	57.735∠−120°
U_C/V	57.735∠120°
I_A/A	19[4]∠0°
I_B/A	0
I_C/A	0
变化方式	手动试验
动作方式	动作停止

[4] 根据式（1-3）计算所得，$I_K = mI_{sd.set} = m \times 4 \times I_{e.f} = 1.2 \times 4 \times 3.96 = 19A$。

观察保护动作结果，打印动作报文。其动作报文如图 1-6 所示。

PCS-985B 发电机-变压器组保护装置动作报告

被保护设备：保护设备　　版本号：V3.02

管理序号：00483742　　打印时间：2021-10-2 19：42：14

序号	启动时间	相对时间	动作相别	动作元件
0056	2021-10-2 19：40：57：823	0000ms		保护启动
		0012ms	ABC	发电机差动速断保护
				跳闸出口 1，跳闸出口 2
				跳闸出口 3，跳闸出口 4
				跳闸出口 18，跳闸出口 19
				跳闸出口 25，跳闸出口 26
				跳闸出口 27，跳闸出口 28

图 1-6 PCS-985B 装置 $1.2I_{sd.set}$ 差动速断定值动作报文

（2）纵联比率差动保护校验。纵联比率差动保护主要校验比率差动特性，即一般在 $I_r < nI_e$ 的制动电流范围内，任取几个制动电流，分别验证动作值的误差范围应在 5%以内。试验步骤如下：打开继电保护测试仪电源，选择“交流试验”模块，并且选择 6P 输出模式。

将表 1-2 中差动速断控制字设置“0”，比率差动保护控制字设置“1”。

任取制动电流 I_r 为 $2.4I_e$，计算理论临界差动电流的额定电流倍数。

$$I_d = K_{bl}I_r + I_{qd.set} \tag{1-4}$$

$$K_{bl} = K_{bl1} + K_{blr} \times (I_r/I_e) \tag{1-5}$$

$$K_{blr} = (K_{bl2} - K_{bl1})/(2n) \tag{1-6}$$

式中 I_d——差动电流；

K_{bl}——比率差动制动系数；

I_r——制动电流，$I_r = 2.4I_e$；

$I_{qd.set}$——差动电流启动定值，读取定值清单 $I_{qd.set} = 0.3I_e$；

K_{blr}——比率差动制动系数增量；

K_{bl2}——最大比率差动斜率，读取定值清单 $K_{bl2} = 0.5$；

K_{bl1}——起始比率差动斜率 ，读取定值清单 $K_{bl1} = 0.1$；

n——最大比率制动系数时的制动电流倍数，固有 $n=4$。

根据上述取值可得

$$K_{blr} = (K_{bl2} - K_{bl1})/(2n) = (0.5 - 0.1)/(2 \times 4) = 0.05$$

代入式（1-5）得

$$K_{bl} = K_{bl1} + K_{blr}(I_r/I_e) = 0.1 + 0.05(2.4I_e/I_e) = 0.22$$

代入式（1-4）得

$$I_d = K_{bl}I_r + I_{qd.set} = 0.22 \times 2.4I_e + 0.3I_e = 0.828I_e$$

计算发电机机端和发电机中性点加入电流的额定倍数。

$$I_1 = \frac{2I_r + I_d}{2} = \frac{2 \times 2.4I_e + 0.828I_e}{2} = 2.814I_e \tag{1-7}$$

$$I_2 = \frac{2I_r - I_d}{2} = \frac{2 \times 2.4I_e - 0.828I_e}{2} = 1.986I_e \tag{1-8}$$

计算发电机机端和发电机中性点参与差动计算电流均为 I_1 时，测试仪需要加入的实际电流。即

$$I_{d.f} = 2.814I_e = 2.814 \times 3.96 = 11.14\text{A}$$

$$I_{n.f} = 2.814I_e = 2.814 \times 3.96 = 11.14\text{A}$$

试验数据如表 1-7 所示。在测试仪工具栏中点击“▶”，或按键中“run”键开始进行试验，然后点击“▼”键，直至比率差动保护动作，记录此时 I_a 的电流大小（本例中 $I_a = 7.876\text{A}$）。

观察保护动作结果，打印动作报文，动作报文如图1-7所示。

表1-7 比率差动保护校验初始值数据

试验项目	试验数据	变量	步长/A
I_A/A	11.14∠0°[5]		
I_B/A	0∠−120°		
I_C/A	0∠120°		
I_a/A	11.14∠0°	√	0.01
I_b/A	0		
I_c/A	0		
变化方式	手动试验		
动作方式	动作停止		

[5] 发电机机端TA极性靠近母线侧，中性点极性靠近中性点侧。

PCS-985B发电机-变压器组保护装置动作报告

被保护设备：保护设备　　版本号：V3.02
管理序号：00483742　　打印时间：2021-10-2 19：50：13

序号	启动时间	相对时间	动作相别	动作元件
0057	2021-10-2 19：43：37：154	0000ms		保护启动
		0032ms	ABC	发电机比率差动保护
				跳闸出口1，跳闸出口2
				跳闸出口3，跳闸出口4
				跳闸出口18，跳闸出口19
				跳闸出口25，跳闸出口26
				跳闸出口27，跳闸出口28

图1-7 PCS-985B装置比率差动动作报文

将实测发电机中性点电流转换成参与差动计算的额定电流倍数。

$$I_{2.m}=\frac{7.876}{I_e}=\frac{7.876}{3.96}=1.989I_e$$

因为发电机机端电流没有变化，即 $I_{1.m}=2.814I_e$。

计算 $I_{d.m}$，得。

$I_{d.m}=I_{1.m}-I_{2.m}=2.814I_e-1.989I_e=0.825I_e$

计算 $I_r=2.4I_e$ 时，差动电流误差。

$$\varepsilon=\frac{|I_{d.m}-I_d|}{I_d}=\frac{|0.825I_e-0.828I_e|}{0.828I_e}=0.36\%$$

结论：误差范围小于5%，在允许误差范围内。

5. 试验记录

将发电机差动速断保护校验结果记录至表1-8，并根据表中空白项，选取不同相别，重复试验步骤，补齐表1-8，所有数据都符合要求，PCS-985B的发电机差动速断保护功能检验合格。

表1-8　　发电机差动速断保护校验数据记录表

故障类别	整定值	故障量	故障相别				
			AN	BN	CN	三相	测试
差动保护定值校验	$I_d=4I_e$（发电机机端）	$1.05I_{sd.set}$					
		$0.95I_{sd.set}$					
		$1.2I_{sd.set}$					
	$I_d=4I_e$（发电机中性点）	$1.05I_{sd.set}$					
		$0.95I_{sd.set}$					
		$1.2I_{sd.set}$					

将发电机比率差动保护校验结果记录至表1-9，并根据表中空白项，选取不同制动电流，重复试验步骤，补齐表1-9，所有数据都符合要求，PCS-985B的发电机比率差动保护功能检验合格。

表1-9　　发电机比率差动保护校验数据记录表

故障类别	曲线点（额定电流倍数）		测试仪加量		实测电流量	误差百分数ε
	I_d	I_r（选取至少3个以上，曲线准确率较高）	I_1	I_2	$I_{2.m}$	
AN						
BN						
CN						
三相						

1.2.2 发电机匝间保护校验

大机组典型纵联差动保护的典型配置为纵向零序电压保护，作用于全停。

1. 试验目的

发电机纵向零序电压保护功能及时间校验。

2. 试验准备

校验前需要明确发电机-变压器组装置的系统参数、相关定值、跳闸出口控制字及压板情况。

（1）保护硬压板设置。PCS-985B投入保护装置上投入“检修状态投入”“投发电机匝间保护”硬压板，退出其他出口硬压板。

（2）定值与控制字设置。定值（控制字）设置步骤：菜单选择→定值设置→系统参数→投入总控制字值，设置“发电机匝间保护投入”为“1”，再输入口令进行确认保存。

菜单选择→定值设置→保护定值，按“↑↓←→”键选择定值与控制字，设置好之后再输入口令进行确认保存。

定值与控制字设置如表1-10所示。

表1-10 PCS-985B发电机匝间保护定值与控制字设置

定值名称	参数值	控制字名称	参数值
纵向零序电压定值	3V	零序电压投入	1
纵向零序电压保护延时	0.3s	横差保护投入	0
跳闸控制字	1E0C001F	横差保护高定值段投入	0

3. 试验接线

（1）装置接地。将测试仪装置接地端口与被测保护装置的接地铜牌相连接，如图1-1所示。

（2）电压回路接线。发电机匝间保护用TV1和发电机TV2（匝间专业）电压回路接线方式如图1-8所示。

（3）电流回路接线。发电机机端电流回路接线方式如图1-9所示。

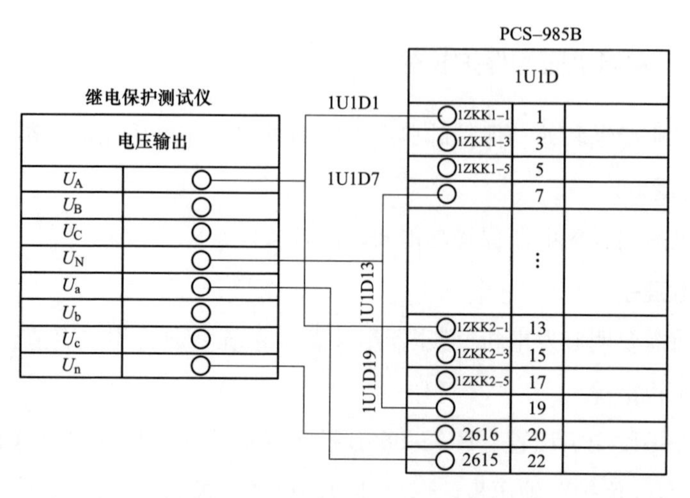

图 1-8　发电机匝间保护用 TV1 和发电机 TV2（匝间专用）电压回路接线图

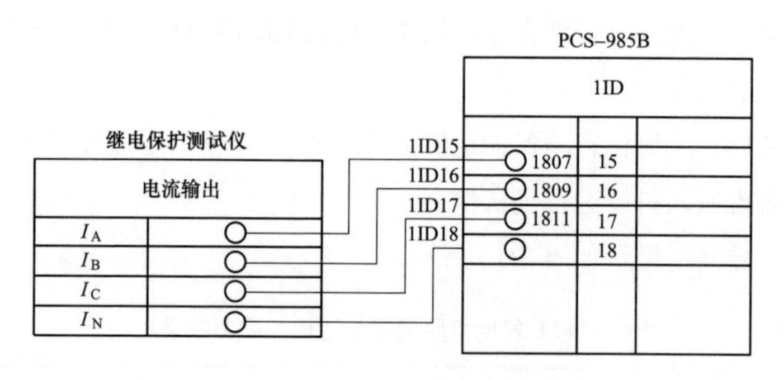

图 1-9　发电机机端电流回路接线图

（4）时间测试回路。时间测试辅助接线方式如图 1-3 所示。

4. 试验步骤

（1）并网后，发电机纵向零序电压匝间保护功能及时间校验。本试验需在负序功率正方向条件下，分别校验 $1.05U_{z.0.set}$ 时，保护装置可靠动作；$0.95U_{z.0.set}$ 时，保护装置可靠不动作；$1.2U_{z.0.set}$ 时，测试保护装置动作时间；负序功率反方向条件下，装置不动作。

1）负序功率正方向条件下，$1.05U_{z.0.set}$ 纵向零序电压保护定值动作行为。试验步骤如下：打开继电保护测试仪电源，选择“状态序列”模块，点击工具栏选择 6P 输出。

校验数据如表 1-11 所示。

表 1-11 $1.05U_{z.0.set}$ 纵向零序电压保护定值校验数据

试验项目	状态一
U_A/V	50[6]∠0°
U_B/V	0∠−120°
U_C/V	0∠120°
I_A/A	0.5[7]∠−78°[8]
I_B/A	0
I_C/A	0
U_a/V	3.15[9]∠0°
U_b/V	
U_c/V	
触发方式	时间触发
试验时间	0.4s[10]

[6] 消除 TV 断线状态，TV 断线时闭锁纵联零序电压保护。

[7] 负序功率满足正方向条件时，不受电流制动影响，为保证正方向加一个较小电流值。

[8] 负序电压超前负序电流 78°，为负序功率正方向。

[9] 由式 (1-9) 计算得：$U_K = mU_{z.0.set} = 1.05\times3 = 3.15V$。

[10] 由式 (1-10) 计算得 $t_m = t_{z.0.set} + \Delta t = 0.3 + 0.1 = 0.4s$。

表 1-11 中 A 相电压幅值由下式计算

$$U_K = mU_{z.0.set} \tag{1-9}$$

式中 U_K——故障相电压幅值；

$U_{z.0.set}$——纵向零序电压定值，读取定值清单 3V；

m——1.05。

$$t_m = t_{z.0.set} + \Delta t \tag{1-10}$$

式中 t_m——试验时间；

$t_{z.0.set}$——纵向零序电压-高值段时间定值，读取定值清单 0.3s；

Δt——时间裕度，一般设置 0.1s。

在测试仪工具栏中点击“▶”，或按键中“run”键开始进行试验。观察保护动作结果，打印动作报文。其动作报文如图 1-10 所示。

2）负序功率正方向条件下，$0.95U_{z.0.set}$ 纵向零序电压保护定值动作行为。试验步骤如下：式（1-9）中，m 取 0.95，重新计算故障相电流值并输入，重复上述操作步骤，保护装置只启动，纵向零序电压保护不动作。

[11] 差动保护动作于全停，跳闸出口控制字设置如表1-2表示，为："1EOCOO1F"。具体跳闸出口如图1-10所示，其他保护方法相同，不再赘述。

PCS-985B 发电机-变压器组保护装置动作报告[11]

被保护设备：保护设备　　版本号：V3.02
管理序号：00483742　　打印时间：2021-10-3 09：32：17

序号	启动时间	相对时间	动作相别	动作元件
0100	2021-10-3 09：30：15：867	0000ms		保护启动
		0326ms	ABC	匝间保护
				跳闸出口1，跳闸出口2
				跳闸出口3，跳闸出口4
				跳闸出口18，跳闸出口19
				跳闸出口25，跳闸出口26
				跳闸出口27，跳闸出口28

图1-10　PCS-985B装置1.05$U_{z.0.set}$纵向零序电压保护定值动作报文

校验数据如表1-12所示。

[12] 由式（1-9）计算得：$U_K = mU_{z.0.set} = 0.95 \times 3 = 2.85V$。

表1-12　0.95$U_{z.0.set}$纵向零序电压保护定值校验数据

试验项目	状态一
U_A/V	50∠0°
U_B/V	0∠−120°
U_C/V	0∠120°
I_A/A	0.5∠−78°
I_B/A	0
I_C/A	0
U_a/V	2.85[12]∠0°
U_b/V	
U_c/V	
触发方式	时间触发
试验时间	0.4s

观察保护动作结果，打印动作报文。其动作报文如图1-11所示。

PCS-985B 发电机-变压器组保护装置动作报告

被保护设备：保护设备　　版本号：V3.02
管理序号：00483742　　打印时间：2021-10-3 09：33：14

序号	启动时间	相对时间	动作相别	动作元件
0101	2021-10-3 09：32：34：567	0000ms		保护启动

图1-11　PCS-985B装置0.95 $U_{z.0.set.g}$纵向零序电压保护定值动作报文

3）负序功率正方向条件下，$1.2U_{z.0.set}$纵向零序电压保护定值测试时间。试验步骤如下：时间接线需增加辅助接线完成，接线方式如图 1-4 所示；式（1-9）中 m 取 1.2，重新计算故障相电流值并输入，重复上述操作步骤，并在开入量 A 对应的选择栏“□”里“√”，并读取显示的时间量进行记录。

校验数据如表 1-13 所示。

表 1-13 $1.2U_{z.0.set}$纵向零序电压保护定值校验数据

试验项目	状态一	
U_A/V	50∠0°	
U_B/V	0∠−120°	
U_C/V	0∠120°	
I_A/A	0.5∠−78°	
I_B/A	0	
I_C/A	0	
U_a/V	3.6[13]∠0°	
U_b/V		
U_c/V		
触发方式	开入量触发	
开入类型	开入或	
√ 开入 A[14]	动作时间	

[13] 由式（1-9）计算得：$U_K=mU_{z.0.set}=1.2\times3=3.6$V。

[14] 打勾相与接线对应，并在检测到“动作时间”后记录该值。

观察保护动作结果，打印动作报文。其动作报文如图 1-12 所示。

PCS-985B 发电机-变压器组保护装置动作报告

被保护设备：保护设备　　版本号：V3.02

管理序号：00483742　　打印时间：2021-10-3 09：43：33

序号	启动时间	相对时间	动作相别	动作元件
0102	2021-10-3 09：40：31：268	0000ms		保护启动
		0323ms	ABC	匝间保护
				跳闸出口 1，跳闸出口 2
				跳闸出口 3，跳闸出口 4
				跳闸出口 18，跳闸出口 19
				跳闸出口 25，跳闸出口 26
				跳闸出口 27，跳闸出口 28

图 1-12 PCS-985B 装置 $1.2U_{z.0.set}$纵向零序电压保护定值动作报文

4）负序功率反方向条件下，1.2$U_{z.0.set}$纵向零序电压保护定值动作行为。

试验步骤如下：式（1-9）中，m 取 1.2，重新计算故障相电流值并输入，重复上述操作步骤，保护装置只启动，纵向零序电压保护不动作。

校验数据如表 1-14 所示。

[15] 由式得 $\phi=-78°+180°=102°$，为负序功率反方向。
[16] 由式（1-9）计算得：$U_K=mU_{z.0set}=1.2\times3=3.6V$。

表 1-14　1.2$U_{z.0.set.g}$纵向零序电压保护定值校验数据

试验项目	状态一
U_A/V	50∠0°
U_B/V	0∠−120°
U_C/V	0∠120°
I_A/A	0.5∠102°[15]
I_B/A	0
I_C/A	0
U_a/V	3.6[16]∠0°
U_b/V	
U_c/V	
触发方式	时间触发
试验时间	0.4s

观察保护动作结果，打印动作报文。其动作报文如图 1-13 所示。

PCS-985B 发电机-变压器组保护装置动作报告

被保护设备：保护设备　　版本号：V3.02
管理序号：00483742　　打印时间：2021-10-3 09：40：14

序号	启动时间	相对时间	动作相别	动作元件
0103	2021-10-3 09：36：45：456	0000ms		保护启动

图 1-13　PCS-985B 装置 1.2$U_{z.0.set}$纵向零序电压保护定值动作报文

（2）并网前，发电机纵向零序电压匝间保护功能校验。

试验步骤如下：式（1-9）中 m 取 1.2，重新计算故障相电流值并输入，重复上述操作步骤；短接 1QD6 和 1QD13 端子使“主变压器高压侧断路器 TWJ=1”，此时发电机未并网前状态。

试验数据如表 1-15 所示。

表 1-15 1.2$U_{z.0.set.g}$纵向零序电压保护定值校验数据

试验项目	状态一
U_A/V	50∠0°
U_B/V	0∠−120°
U_C/V	0∠120°
I_A/A	0.5∠0°[17]
I_B/A	0
I_C/A	0
U_a/V	3.6[18]∠0°
U_b/V	
U_c/V	
触发方式	时间触发
试验时间	0.4s

[17] 并网前不判方向，此处可不设置。

[18] 由式（1-9）计算得：$U_K=mU_{z.0.set}=1.2\times3=3.6V$。

观察保护动作结果，打印动作报文。其动作报文如图 1-14 所示。

PCS-985B 发电机-变压器组保护装置动作报告

被保护设备：保护设备　　版本号：V3.02

管理序号：00483742　　打印时间：2021-10-4 09：43：33

序号	启动时间	相对时间	动作相别	动作元件
0302	2021-10-4 09：40：31：268	0000ms		保护启动
		0326ms	ABC	匝间保护
				跳闸出口 1，跳闸出口 2
				跳闸出口 3，跳闸出口 4
				跳闸出口 18，跳闸出口 19
				跳闸出口 25，跳闸出口 26
				跳闸出口 27，跳闸出口 28

图 1-14　PCS-985B 装置 1.2$U_{z.0.set}$纵向零序电压保护定值动作报文

7. 试验记录

将发电机纵向零序电压保护定值校验结果记录至表 1-16～表 1-18，并根据表中空白项，选取不同相别，重复试验步骤，补齐表 1-16～表 1-18，所有数据都符合要求，PCS-985B 的发电机纵向零序电压保护定值功能检验合格。

表 1-16　　发电机纵向零序电压定值试验数据记录表

负序功率方向	纵向零序电压保护定值	检验项目	校验结果
负序电压超前负序电流 78°	3V	$1.05U_{z.0.set}$	
		$0.95U_{z.0.set}$	
		$1.2U_{z.0.set}$	

表 1-17　　发电机纵向零序电压方向试验数据记录表

纵向零序电压保护定值	负序功率方向	检验项目	校验结果
3V	负序电压超前负序电流 78°	$1.2U_{z.0.set}$	
	负序电压超前负序电流 258°	$1.2U_{z.0.set}$	

表 1-18　　发电机纵向零序电压并网前后试验数据记录表

纵向零序电压保护定值	并网前后	检验项目	负序功率方向	校验结果
3V	主变压器高压侧断路器分位“TWJ=1”	$1.2U_{z.0.set}$	负序电压超前负序电流 258°	
	主变压器高压侧断路器合位“TWJ=0”	$1.2U_{z.0.set}$		

1.2.3　发电机相间后备保护校验

大机组典型发电机相间后备保护的典型配置为复合电压过流保护，其包括复合电压过流Ⅰ段保护和复合电压过流Ⅱ段保护，分别作用于全停。

1. 试验目的

复合电压过流保护功能及时间校验。

2. 试验准备

校验前需要明确发电机-变压器组装置的系统参数、相关定值、跳闸出口控制字及连接片情况。

(1) 保护硬压板设置。PCS-985B 投入保护装置上投入“检修状态投入”“投发电机相间后备保护”硬压板，退出其他出口硬压板。

(2) 定值与控制字设置。定值（控制字）设置步骤：

菜单选择→定值设置→系统参数→投入总控制字值，设置“发电机相间后备保护投入”为“1”，再输入口令进行确认保存。

继续选择菜单选择→定值设置→保护定值，按“↑↓←→”键选择定值与控制字，设置好之后再输入口令进行确认保存。

定值与控制字设置如表1-19所示。

表1-19　　PCS-985B发电机差动保护定值与控制字设置

定值名称	参数值	控制字名称	参数值
发电机负序电压定值	6V	Ⅰ段经复合电压闭锁	1
相间低电压定值	70V	Ⅱ段经复合电压闭锁	1
过流Ⅰ段定值	14.30A	TV断线保护投退原则	1
过流Ⅰ段延时	1S	自并励发电机	1
过流Ⅱ段定值	5.5A		
过流Ⅱ段延时	1.5s		
过流Ⅰ段跳闸控制字	1E0C001F		

3. 试验接线

（1）装置接地。将测试仪装置接地端口与被测保护装置的接地铜牌相连接，如图1-1所示。

（2）电压回路接线。发电机机端电压回路接线方式如图1-15所示。

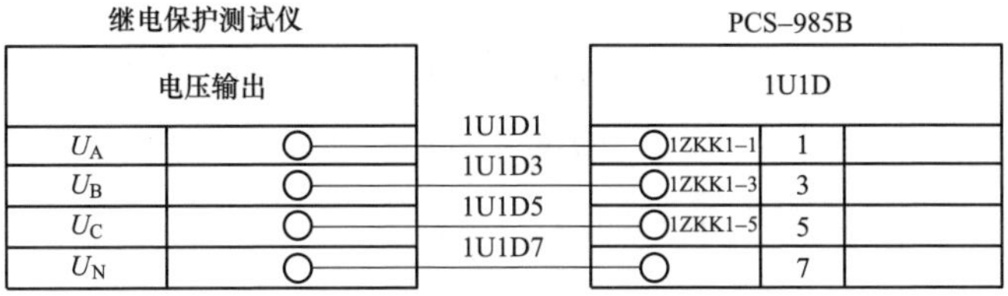

图1-15　发电机机端电压回路接线图

（3）电流回路接线。发电机机端电流回路接线方式如图1-9所示。

（4）时间测试回路。时间测试辅助接线方式如图1-3所示。

4. 试验步骤

复合电压过流保护设置两段定值各一段延时，复合电压保护由电流元件和电压闭锁元件组成，其中，电流元件由过流元件和过流带记忆功能元件或门构成，电压闭锁元件由低电压元件和负序电压或门构成。本文模拟A故障，以复合电压过流Ⅱ段为例，校验过流元件功能。模拟A相故障校验负序电压元件功能，模拟三相故障校验低电压元件功能。

（1）复压过流保护的电流元件功能校验。

1）$1.05I_{set}^{II}$复合电压过流Ⅱ段电流定值校验。试验步骤如下：打开继电保护测试仪电源，选择“状态序列”模块，点击工具栏“+”键，增加一个状态，保证共有两个状态量。试验数据如表1-20所示。

[19] 状态一加量目的，使恢复TV断线状态恢复到正常状态。

[20] 满足发电机未故障情况，使TV断线恢复到正常状态。

[21] 由式（1-11）计算得，$U_K=57.735-m\times3\times U_{2.set}=57.735-1.2\times3\times6=36.135V$。

[22] 由式（1-12）计算得：$I_K=mI_{set}^{II}=1.05\times5.5=5.775A$。

[23] 不判方向，可不设置。

[24] 由式（1-13）计算得：$t_m=t_{set}^{II}+\Delta t=1.5+0.1=1.6s$。

表1-20　$1.05I_{set}^{II}$复合电压过流Ⅱ段电流定值校验数据

试验项目	状态一[19]	状态二
U_A/V	57.735[20]∠0°	36.135[21]∠0°
U_B/V	57.735∠−120°	57.735∠−120°
U_C/V	57.735∠120°	57.735∠120°
I_A/A	0	5.775[22]∠−78°[23]
I_B/A	0	0
I_C/A	0	0
触发方式	按键触发	时间触发
试验时间		1.6s[24]

表1-20中A相电压、电流幅值由下式计算

$$U_K=57.735-m\times3\times U_{2.set} \tag{1-11}$$

式中　U_K——故障相电压幅值；

$U_{2.set}$——复合电压过流保护负序电压定值，读取定值清单6V；

m——1.2。

$$I_K=mI_{set}^{II} \tag{1-12}$$

式中　I_K——故障相电流幅值；

I_{set}^{II}——复合电压过流Ⅱ段定值，读取定值清单5.5A；

m——1.05。

$$t_m=t_{set}^{II}+\Delta t \tag{1-13}$$

式中　t_m——试验时间；

t_{set}^{II}——复合电压过流Ⅰ段时间定值，读取定值清单1.5s；

Δt——时间裕度，一般设置0.1s。

在测试仪工具栏中点击“▶”，或按键中“run”键开始进行试验。观察保护动作结果，打印动作报文。其动作

报文如图1-16所示。

PCS-985B 发电机-变压器组保护装置动作报告

被保护设备：保护设备　　版本号：V3.02

管理序号：00483742　　打印时间：2021-10-2 20：47：15

序号	启动时间	相对时间	动作相别	动作元件
0060	2021-10-2 20：46：57：904	0000ms		保护启动
		1523ms	ABC	发电机过流Ⅱ段
				跳闸出口1，跳闸出口2
				跳闸出口3，跳闸出口4
				跳闸出口18，跳闸出口19
				跳闸出口25，跳闸出口26
				跳闸出口27，跳闸出口28

图1-16　PCS-985B装置 $1.05I_{set}^{Ⅱ}$ 复合电压过流Ⅱ段动作报文

2）$0.95I_{set}^{Ⅱ}$ 复合电压过流Ⅱ段电流定值校验。

试验步骤如下：式（1-12）中 m 取0.95，重新计算故障相电流值并输入，重复上述操作步骤，保护装置只启动，复合电压过流Ⅱ段保护不动作。

校验数据如表1-21所示。

表1-21　$0.95I_{set}^{Ⅱ}$ 复合电压过流Ⅱ段电流定值校验数据

试验项目	状态一	状态二
U_A/V	57.735∠0°	36.135∠0°
U_B/V	57.735∠−120°	57.735∠−120°
U_C/V	57.735∠120°	57.735∠120°
I_A/A	0	5.225[25]∠−78°
I_B/A	0	0
I_C/A	0	0
触发方式	按键触发	时间触发
试验时间		1.6s

[25] 由式（1-12）计算得：$I_K = mI_{set}^{Ⅱ} = 0.95 \times 5.5 = 5.225$A。

观察保护动作结果，打印动作报文。其动作报文如图 1-17 所示。

PCS-985B 发电机-变压器组保护装置动作报告

被保护设备：保护设备　　版本号：V3.02
管理序号：00483742　　打印时间：2021-10-2 20：48：14

序号	启动时间	相对时间	动作相别	动作元件
0061	2021-10-2 20：48：45：456	0000ms		保护启动

图 1-17　PCS-985B 装置 0.95I_{set}^{II}复合电压过流Ⅱ段电流定值动作报文

3）1.2I_{set}^{II}复合电压过流Ⅱ段电流定值测试时间。试验步骤如下：时间接线需增加辅助接线完成，接线方式如图 1-4 所示。式（1-12）中 m 取 1.2，重新计算故障相电流值并输入，重复上述操作步骤，并在开入量 A 对应的选择栏“□”里“√”，并读取显示的时间量进行记录。

校验数据如表 1-22 所示。

表 1-22　1.2I_{set}^{II}复合电压过流Ⅱ段电流定值校验数据

试验项目	状态一	状态二
U_A/V	57.735∠0°	36.135∠0°
U_B/V	57.735∠−120°	57.735∠−120°
U_C/V	57.735∠120°	57.735∠120°
I_A/A	0	6.6[26]∠−78°
I_B/A	0	0
I_C/A	0	0
触发方式	按键触发	时间触发
试验时间		1.6s

[26] 由式（1-12）计算得：$I_K = mI_{set}^{II} = 1.2 \times 5.5 = 6.6$A。

观察保护动作结果，打印动作报文。其动作报文如图 1-18 所示。

PCS-985B 发电机-变压器组保护装置动作报告

被保护设备：保护设备　　版本号：V3.02
管理序号：00483742　　打印时间：2021-10-2 20：50：15

序号	启动时间	相对时间	动作相别	动作元件
0062	2021-10-2 20：50：57：911	0000ms		保护启动
		1534ms	ABC	发电机过流Ⅱ段
				跳闸出口 1，跳闸出口 2
				跳闸出口 3，跳闸出口 4
				跳闸出口 18，跳闸出口 19
				跳闸出口 25，跳闸出口 26
				跳闸出口 27，跳闸出口 28

图 1-18　PCS-985B 装置 $1.2I_{set}^{II}$ 复合电压过流Ⅱ段电流定值动作报文

4）$0.9I_{set}^{II}$ 复合电压过流Ⅱ段电流定值校验过流带记忆功能。试验步骤如下：点击工具栏“+”键，增加一个状态，保证共有三个状态量，并将状态三的电流量按式（1-12）中 m 取 0.9 计算，重新计算故障相电流值并输入，重复上述操作步骤，复合电压过流Ⅱ段保护动作。

试验数据如表 1-23 所示。

表 1-23　$0.9I_{set}^{II}$ 复合电压过流Ⅱ段电流定值校验过流带记忆功能数据

试验项目	状态一	状态二	状态三
U_A/V	57.735∠0°	36.135∠0°	36.135∠0°
U_B/V	57.735∠−120°	57.735∠−120°	57.735∠−120°
U_C/V	57.735∠120°	57.735∠120°	57.735∠120°
I_A/A	0	6.6[27]∠−78°	4.95[28]∠−78°
I_B/A	0	0	0
I_C/A	0	0	0
触发方式	按键触发	时间触发	时间触发
试验时间		1s[29]	0.6s

观察保护动作结果，打印动作报文。其动作报文如图 1-19 所示。

[27] 由式（1-12）计算得：$I_K = mI_{set}^{II} = 1.2 \times 5.5 = 6.6$A。

[28] 由式（1-12）计算得：$I_K = mI_{set}^{II} = 0.9 \times 5.5 = 4.95$A。

[29] 将延时 1.6s，分成 1s 和 0.6s 触发故障量，目的是在 1.6s 内，将故障量降到 $-5\% I_{set}^{II}$ 以下，测试因为“自并励发电机”投“1”，具有“过流带记忆功能”，保护仍能正常跳闸。

PCS-985B 发电机-变压器组保护装置动作报告

被保护设备：保护设备　　版本号：V3.02
管理序号：00483742　　打印时间：2021-10-2 20：55：17

序号	启动时间	相对时间	动作相别	动作元件
0063	2021-10-2 20：54：17：768	0000ms		保护启动
		1545ms	ABC	发电机过流Ⅱ段
				跳闸出口 1，跳闸出口 2
				跳闸出口 3，跳闸出口 4
				跳闸出口 18，跳闸出口 19
				跳闸出口 25，跳闸出口 26
				跳闸出口 27，跳闸出口 28

图 1-19　PCS-985B 装置 $0.9I_{set}^{Ⅱ}$复合电压过流Ⅱ段电流定值动作报文

（2）复压过流保护的电压元件功能校验。

1）$1.05U_{2.set}$复合电压过流保护负序电压定值校验。试验步骤如下：打开继电保护测试仪电源，选择“状态序列”模块，点击工具栏“+”键，增加一个状态，保证共有两个状态量。

试验数据如表 1-24 所示。

表 1-24　$1.05U_{2.set}$复合电压过流保护负序电压定值校验数据

试验项目	状态一	状态二
U_A/V	57.735∠0°	38.835[30]∠0°
U_B/V	57.735∠−120°	57.735∠−120°
U_C/V	57.735∠120°	57.735∠120°
I_A/A	0	6.6[31]∠−78°
I_B/A	0	0
I_C/A	0	0
触发方式	按键触发	时间触发
试验时间		1.6s

［30］由式（1-11）计算得 $U_K = 57.735 - m \times 3 \times U_{2.set} = 57.735 - 1.05 \times 3 \times 6 = 38.835V$。

［31］由式（1-12）计算得：$I_K = mI_{set}^{Ⅱ} = 1.2 \times 5.5 = 6.6A$。

在测试仪工具栏中点击“▶”，或按键中“run”键开始进行试验，观察保护动作结果，打印动作报文。其动作报文如图 1-20 所示。

PCS-985B 发电机-变压器组保护装置动作报告

被保护设备：保护设备　　版本号：V3.02
管理序号：00483742　　打印时间：2021-10-2 20:58:45

序号	启动时间	相对时间	动作相别	动作元件
0064	2021-10-2 20:58:20:904	0000ms		保护启动
		1529ms	ABC	发电机过流Ⅱ段
				跳闸出口 1，跳闸出口 2
				跳闸出口 3，跳闸出口 4
				跳闸出口 18，跳闸出口 19
				跳闸出口 25，跳闸出口 26
				跳闸出口 27，跳闸出口 28

图 1-20　PCS-985B 装置 $1.05U_{2.set}$ 复合电压过流Ⅱ段动作报文

2）$0.95U_{2.set}$ 复合电压过流保护负序电压定值校验。试验步骤如下：式（2-11）中，m 取 0.95，重新计算故障相电流值并输入，重复上述操作步骤，保护装置只启动，复合电压过流Ⅱ段保护不动作。

试验数据如表 1-25 所示。

表 1-25　$0.95U_{2.set}$ 复合电压过流保护负序电压定值校验数据

试验项目	状态一	状态二
U_A/V	57.735∠0°	40.635[32]∠0°
U_B/V	57.735∠−120°	57.735∠−120°
U_C/V	57.735∠120°	57.735∠120°
I_A/A	0	6.6∠−78°
I_B/A	0	0
I_C/A	0	0
触发方式	按键触发	时间触发
试验时间		1.6s

观察保护动作结果，打印动作报文。其动作报文如图 1-21 所示。

[32] 由式（1-11）计算得 $U_K = 57.735 - m \times 3 \times U_{2.set} = 57.735 - 0.95 \times 3 \times 6 = 40.635$V。

PCS-985B 发电机-变压器组保护装置动作报告

被保护设备：保护设备　　版本号：V3.02
管理序号：00483742　　打印时间：2021-10-2 21：05：14

序号	启动时间	相对时间	动作相别	动作元件
0065	2021-10-2 21：03：45：709	0000ms		保护启动

图 1-21　PCS-985B 装置 $0.95U_{2.set}$ 复合电压过流Ⅱ段电流定值动作报文

3）$0.95U_{d.set}$ 复合电压过流保护低电压定值校验。试验步骤如下：

打开继电保护测试仪电源。选择“状态序列”模块。点击工具栏“+”键，增加一个状态，保证共有两个状态量。试验数据如表 1-26 所示。

[33] 由式（1-14）计算得 $U_K=m\times U_{d.set}/\sqrt{3}=0.95\times 70/\sqrt{3}=38.4V$。

[34] 由式（1-12）计算得：$I_K=mI_{set}^{Ⅱ}=1.2\times 5.5=6.6A$。

[35] 不判方向，不考虑电压、电流夹角，保证三相电流互差 120°即可。

表 1-26　$0.95U_{d.set}$ 复合电压过流保护低电压定值校验数据

试验项目	状态一	状态二
U_A/V	57.735∠0°	38.4[33]∠0°
U_B/V	57.735∠−120°	38.4∠−120°
U_C/V	57.735∠120°	38.4∠120°
I_A/A	0	6.6[34]∠−78°[35]
I_B/A	0	6.6∠162°
I_C/A	0	6.6∠42°
触发方式	按键触发	时间触发
试验时间		1.6s

表 1-26 中 A 相电压幅值由下式计算

$$U_K=mU_{d.set}/\sqrt{3} \qquad (1-14)$$

式中　U_K——故障相电压幅值；

$U_{d.set}$——复合电压过流保护低电压定值，读取定值清单 70V；

m——0.95。

在测试仪工具栏中点击“▶”，或按键中“run”键开始进行试验。

观察保护动作结果，打印动作报文。其动作报文如图1-22所示。

PCS-985B 发电机-变压器组保护装置动作报告

被保护设备：保护设备　　版本号：V3.02
管理序号：00483742　　打印时间：2021-10-2 21：08：34

序号	启动时间	相对时间	动作相别	动作元件
0066	2021-10-2 21：06：16：432	0000ms		保护启动
		1546ms	ABC	发电机过流Ⅱ段
				跳闸出口1，跳闸出口2
				跳闸出口3，跳闸出口4
				跳闸出口18，跳闸出口19
				跳闸出口25，跳闸出口26
				跳闸出口27，跳闸出口28

图1-22　PCS-985B装置 $0.95U_{d.set}$ 复合电压过流Ⅱ段动作报文

4）$1.05U_{d.set}$ 复合电压过流保护低电压定值校验。试验步骤如下：式（1-14）中，m 取1.05，重新计算故障相电流值并输入，重复上述操作步骤，保护装置只启动，复合电压过流Ⅱ段保护不动作。

试验数据如表1-27所示。

表1-27　$1.05U_{d.set}$ 复合电压过流保护低电压定值校验数据

试验项目	状态一	状态二
U_A/V	57.735∠0°	42.44[36]∠0°
U_B/V	57.735∠−120°	42.44∠−120°
U_C/V	57.735∠120°	42.44∠120°
I_A/A	0	6.6∠−78°
I_B/A	0	6.6∠162°
I_C/A	0	6.6∠42°
触发方式	按键触发	时间触发
试验时间		1.6s

观察保护动作结果，打印动作报文。其动作报文如图1-23所示。

[36] 由式（1-14）计算得，$U_K=m\times U_{d.set}/\sqrt{3}=1.05\times 70/\sqrt{3}=38.4$V。

PCS-985B 发电机-变压器组保护装置动作报告

被保护设备：保护设备　　版本号：V3.02
管理序号：00483742　　打印时间：2021-10-2 21：10：15

序号	启动时间	相对时间	动作相别	动作元件
0067	2021-10-2 21：08：36：908	0000ms		保护启动

图 1-23　PCS-985B 装置 $1.05U_{d.set}$ 复合电压过流Ⅱ段动作报文

5. 试验记录

将复合电压过流保护电流元件校验结果记录至表 1-28，并根据表中空白项，选取不同相别，重复的试验步骤，补齐表 1-28，所有数据都符合要求，PCS-985B 的复合电压过流保护电流元件功能检验合格。

表 1-28　　复合电压过流保护电流元件试验数据记录表

名称	检验项目	校验结果			
		AN	BN	CN	三相
复合电压过流Ⅰ段保护	$1.05I_{set}^{Ⅰ}$				
	$0.95I_{set}^{Ⅰ}$				
	$1.2I_{set}^{Ⅰ}$				
复合电压过流Ⅱ段保护	$1.05I_{set}^{Ⅱ}$				
	$0.95I_{set}^{Ⅱ}$				
	$1.2I_{set}^{Ⅱ}$				

将复合电压过流保护电压元件校验结果记录至表 1-29，并根据表中空白项，选取不同制动电流，重复试验步骤，补齐表 1-29，所有数据都符合要求，PCS-985B 的复合电压过流保护电压元件功能检验合格。

表 1-29　　复合电压过流保护电压元件试验数据记录表

负序功率方向	定值	检验项目	校验结果
负序电压元件	6V	$1.05U_{2.set}$	
		$0.95U_{2.set}$	
低电压元件	70V	$1.05U_{d.set}$	
		$0.95U_{d.set}$	

1.2.4　发电机定子接地保护校验

大机组定子接地保护必须装设 100％定子接地保护，主要由基波零序电压保护与三次谐波定子接地保护共同构成，本节将以此进行具体讲解。

1. 试验目的

（1）基波零序电压保护功能及时间校验。

（2）三次谐波定子接地保护功能及时间校验。

2. 试验准备

校验前需要明确发电机-变压器组装置的系统参数、相关定值、跳闸出口控制字及连接片情况。

（1）保护硬压板设置[37]。PCS-985B 投入保护装置上投入“95%定子接地保护”“100%定子接地保护”硬压板，退出“远方操作投入”硬压板，退出其他出口硬压板。

[37] 数字保护与传统保护在硬压板上区别较大，仅有检修压板，无功能硬压板与跳闸出口硬压板。

（2）保护软压板设置。软压板投入步骤为：菜单选择→定值设置→软压板，按“↑↓←→”键选择压板，投入“定子接地保护”，设置好之后再输入口令“加左上减”进行确认保存。

（3）定值与控制字设置。定值（控制字）设置步骤为菜单选择→定值设置→保护定值，按“↑↓←→”键选择定值与控制字，设置好之后再输入口令进行确认保存。

首先投入定子接地保护总控制字，然后在定子接地保护控制字中设置定值与控制字，如表 1-30 所示。

表 1-30 PCS-985B 发电机差动保护定值与控制字设置

定值名称	参数值	控制字名称	参数值
主变压器零序电压闭锁定值	40V	零序电压保护报警投入	1
零序电压定值	10V	零序电压保护跳闸投入	1
零序电压高定值	15V	零序电压高定值段跳闸投入	1
零序电压延时	0.4s	三次谐波电压比率报警投入	1
零序电压高定值延时	0.2s	三次谐波电压差动报警投入	1
并网前三次谐波比率定值	3	三次谐波电压比率跳闸投入	1
并网后三次谐波比率定值	2	TV1 开口三角断线判据投入	1
三次谐波差动比率定值	0.4A	中性点 TV 断线判据投入	1
三次谐波保护延时	2s		
定子接地保护跳闸控制字	0017		

3. 试验接线

（1）装置接地。将测试仪装置接地断口与被测保护装置的接地铜牌相连接，其图如图 1-1 所示。

（2）基波零序电压保护接线。发电机机端 TV1 和中性点零序电压，以及高压侧母线电压的接线方式如图 1-24 所示。

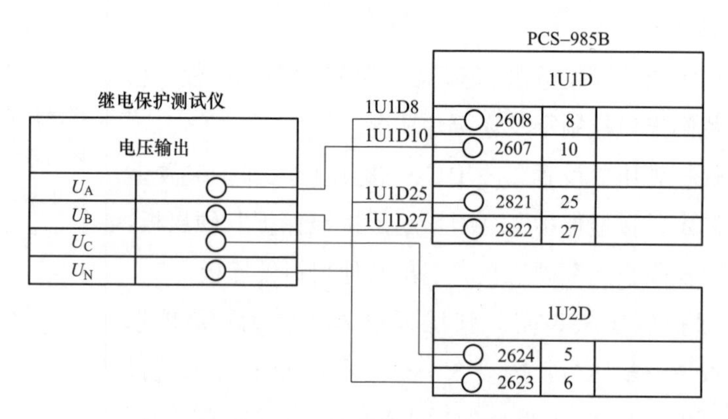

图 1-24　基波零序电压保护接线图

（3）三次谐波定子接地保护接线方式。发电机机端 TV1 和中性点零序电压接线方式如图 1-25 所示。

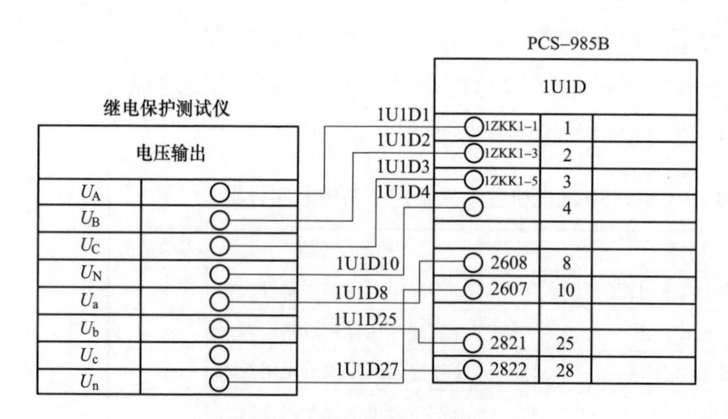

图 1-25　三次谐波定子接地保护

（4）时间测试回路。时间测试辅助接线方式如图 1-3 所示。

4. 试验步骤

发电机定子接地保护包括基波零序电压保护和三次谐波定子接地保护两个部分，需要分别校验定值的精确性。本书以基波零序电压保护的零序电压定值和并网后三次谐波比率定值为例，分别校验基波零序电压保护和三次谐波定子接地保护的动作行为。

（1）基波零序电压保护功能及时间校验。校验基波零序电压保护时，需要校验定值的精确性，即要分别校验基波零序电压保护的零序电压定值和零序电压高定值[38]，本书以零序电压定值[39]为例，分别校验 1.05 倍基波零序电压定值时，保护装置可靠动作；校验 0.95 倍基波零序电压定值时，保护装置可靠不动作；校验 1.05 倍机端开口零序电压闭锁定值时，保护可靠动作，校验 0.95 倍机端开口零序电压闭锁定值时，保护可靠不动作；校验 1.05 倍高压侧零序电压闭锁定值时，保护可靠不动作，校验 0.95 倍高压侧零序电压闭锁定值时，保护可靠动作；测试保护装置动作时间。

[38] 高定值不需要经过机端零序电压和主变压器高压侧零序电压的闭锁，相对零序电压定值校验时校验方法更简单，不需要校验零序电压闭锁定值。

[39] 投入跳闸控制字。

1）1.05 倍基波零序电压定值动作行为。试验步骤如下：打开继电保护测试仪电源，选择“状态序列”模块，试验接线如图 1-30 所示。试验数据如表 1-31[40]所示。

[40] 根据实际位置修改。

表 1-31　1.05 倍基波零序电压定值时保护参数设置

试验项目	状态一	状态二
U_A/V	0∠0°	21.05∠0°
U_B/V	0∠0°	10.5∠0°
U_C/V	0∠0°	28∠0°
触发方式	按键触发	时间触发
试验时间		0.5s

表 1-31 中，状态一模拟装置正常运行状态，中性点和机端零序电压均为 0，高压侧母线电压为额定电压。状态二中，U_B 电压的计算公式为

$$U_B = mU_{0.set} \tag{1-15}$$

式（1-15）中 m 为定值系数，此处选择 $m=1.05$，$U_{0.set}$ 为零序电压定值，从表 1-30 中可知，灵敏段 $U_{0.set}=10V$；U_A 的计算公式为

$$U_{A}=mU_{0.set}/K \tag{1-16}$$

式（1-16）中，K 为零序电压相关定值，在“主菜单”→“模拟量”→“启动测量”→“计算定值”可以查阅。一般取值为 0.57，为了保证保护正常动作，此处 $m=1.2$。U_{A}、U_{B}、U_{C} 为母线电压，其取值计算公式为

$$U_{m}=mU_{T0.set} \tag{1-17}$$

$U_{T0.set}$为主变压器高压侧零序电压闭锁定值，从表 1-30 中可知，灵敏段 $U_{T0.set}=40V$；系数 m 取值 0.7。设置时间计算公式为

$$T_{m}=T_{set}+0.1 \tag{1-18}$$

式（1-18）中，T_{set}为零序电压延时定值，从表 1-30 中可知其值为 0.4s。

在测试仪工具栏中，点击“▶”，或按键中“run”键，开始进行试验。

观察保护动作结果，打印动作报文。动作报文打印步骤：主界面→点击“历史报文”→根据时间选择要打印的故障报告→点击“打印”，动作报文如图 1-26 所示。

PCS-985B-H2 发电机-变压器组保护装置整组动作报告

一次设备名称：保护设备　　版本号：V3.02

管理序号：00483742　　打印时间：2021-08-02 17：40：36

序号	启动时间	相对时间	动作相别	动作元件
251	2021-08-02 16：43：44：213	0000ms		保护启动
		0412ms		定子零序电压保护
				跳闸出口 1，跳闸出口 2
				跳闸出口 3，跳闸出口 4
				跳闸出口 18，跳闸出口 19
				跳闸出口 25，跳闸出口 26
				跳闸出口 27，跳闸出口 28

图 1-26　PCS-985B 装置 1.05 倍基波零序电压定值动作报文

2）0.95 倍基波零序电压定值不动作。试验步骤如下：式（1-15）中 m 取 0.95，重新计算电压值并输入，重复上述操作步骤，保护装置只启动，不动作。试验数据如表 1-32 所示。

表 1-32　　0.95 倍基波零序电压定值时保护参数设置

试验项目	状态一	状态二
U_A/V	0∠0°	21.05∠0°
U_B/V	0∠0°	9.5∠0°
U_C/V	0∠0°	28∠0°
触发方式	按键触发	时间触发
试验时间		0.5s

观察保护动作结果，打印动作报文。其动作报文如图 1-27 所示。

PCS-985B-H2 发电机-变压器组保护装置整组动作报告

一次设备名称：保护设备　　版本号：V3.02
管理序号：00483743　　打印时间：2021-08-02 17:42:19

序号	启动时间	相对时间	动作相别	动作元件
0252	2021-08-02 16:50:44:272	0000ms		保护启动

图 1-27　PCS-985B 装置 0.95 倍基波零序电压定值动作报文

3）1.05 倍机端开口零序电压闭锁定值时保护动作行为。试验步骤如下：式（1-15）中，m 取 1.2，式（1-16）中，m 取 1.05，重新计算电压值并输入，重复上述操作步骤，保护装置动作。试验数据如表 1-33 所示。

表 1-33　　1.05 倍机端开口零序电压闭锁定值时保护参数设置

试验项目	状态一	状态二
U_A/V	0∠0°	18.42∠0°
U_B/V	0∠0°	12∠0°
U_C/V	0∠0°	28∠0°
触发方式	按键触发	时间触发
试验时间		0.5s

观察保护动作结果，打印动作报文。动作报文如图 1-28 所示。

4）0.95 倍机端开口零序电压闭锁定值时保护动作行为。试验步骤如下：式（1-15）中 m 取 1.2，式（1-16）中，m 取 0.95，重新计算电压值并输入，重复上述操作步骤，保护装置动作。试验数据如表 1-34 所示。

PCS-985B-H2 发电机-变压器组保护装置整组动作报告

一次设备名称：保护设备　　版本号：V3.02
管理序号：00483742　　打印时间：2021-08-02 17：43：56

序号	启动时间	相对时间	动作相别	动作元件
253	2021-08-02 17：10：44：224	0000ms		保护启动
		0409ms		定子零序电压保护
				跳闸出口 1，跳闸出口 2
				跳闸出口 3，跳闸出口 4
				跳闸出口 18，跳闸出口 19
				跳闸出口 25，跳闸出口 26
				跳闸出口 27，跳闸出口 28

图 1-28　PCS-985B 装置 1.05 倍基波零序电压定值动作报文

表 1-34　0.95 倍机端开口零序电压闭锁定值时保护参数设置

试验项目	状态一	状态二
U_A/V	0∠0°	16.67∠0°
U_B/V	0∠0°	12∠0°
U_C/V	0∠0°	28∠0°
触发方式	按键触发	时间触发
试验时间		0.5s

观察保护动作结果，打印动作报文。其动作报文如图 1-29 所示。

PCS-985B-H2 发电机-变压器组保护装置整组动作报告

一次设备名称：保护设备　　版本号：V3.02
管理序号：00483743　　打印时间：2021-08-02　217：45：28

序号	启动时间	相对时间	动作相别	动作元件
0254	2021-08-02 17：12：44：224	0000ms		保护启动

图 1-29　PCS-985B 装置 0.95 倍基波零序电压定值动作报文

5）0.95 倍变压器高压侧零序电压闭锁定值时保护动作行为。试验步骤如下：式（1-15）中，m 取 1.2，式（1-16）中，m 取 1.2，式（1-17）中，m 取 0.95，重新计算电压值并输入，重复上述操作步骤，保护装置动作。试验数据如表 1-35 所示。

表 1-35 0.95 倍变压器高压侧零序电压闭锁定值时参数设置

试验项目	状态一	状态二
U_A/V	0∠0°	21.05∠0°
U_B/V	0∠0°	12∠0°
U_C/V	0∠0°	38∠0°
触发方式	按键触发	时间触发
试验时间		0.5s

观察保护动作结果，打印动作报文。动作报文如图 1-30 所示。

PCS-985B-H2 发电机-变压器组保护装置整组动作报告

一次设备名称：保护设备　　版本号：V3.02
管理序号：00483742　　打印时间：2021-08-02 17：46：15

序号	启动时间	相对时间	动作相别	动作元件
0257	2021-08-02 17：15：23：236	0000ms		保护启动
		0421ms		定子零序电压保护
				跳闸出口 1，跳闸出口 2
				跳闸出口 3，跳闸出口 4
				跳闸出口 18，跳闸出口 19
				跳闸出口 25，跳闸出口 26
				跳闸出口 27，跳闸出口 28

图 1-30 PCS-985B 装置 0.95 倍主变压器高压侧零序电压定值动作报文

6）1.05 倍变压器高压侧低电压闭锁定值时保护动作行为。试验步骤如下：式（1-15）中，m 取 1.2，式（1-16）中 m 取 1.05，式（1-17）中，m 取 1.05，重新计算电压值并输入，重复上述操作步骤，保护装置动作。试验数据如表 1-36 所示。

表 1-36 1.05 倍变压器高压侧零序电压闭锁定值时参数设置

试验项目	状态一	状态二
U_A/V	0∠0°	21.05∠0°
U_B/V	0∠0°	12∠0°
U_C/V	0∠0°	42∠0°
触发方式	按键触发	时间触发
试验时间		0.5s

观察保护动作结果，打印动作报文。其动作报文如图 1-31 所示。

PCS-985B-H2 发电机-变压器组保护装置整组动作报告

一次设备名称：保护设备　　版本号：V3.02
管理序号：00483743　　打印时间：2021-08-02 17：47：43

序号	启动时间	相对时间	动作相别	动作元件
0258	2021-08-02 17：22：24：656	0000ms		保护启动

图 1-31　PCS-985B 装置 1.05 倍基波零序电压定值动作报文

7）基波零序电压保护时间测试。试验步骤如下：时间接线需增加辅助接线完成，接线方式如图 1-3 所示；式（1-15）中，m 取 1.2，式（1-16）中，m 取 1.2，式（1-17）中，m 取 0.7，重新计算电压值并输入，重复上述操作步骤，并在开入量 A 对应的选择栏“□”里打“√”，并读取显示的时间量进行记录。试验数据如表 1-37 所示。

表 1-37　基波零序电压保护时间测试参数设置

试验项目	状态一	状态二
U_A/V	0∠0°	21.05∠0°
U_B/V	0∠0°	12∠0°
U_C/V	0∠0°	28∠0°
触发方式	按键触发	时间触发
试验时间		0.5s

观察保护动作结果，打印动作报文。动作报文如图 1-32 所示。

PCS-985B-H2 发电机-变压器组保护装置整组动作报告

一次设备名称：保护设备　　版本号：V3.02
管理序号：00483742　　打印时间：2021-08-02 17：49：24

序号	启动时间	相对时间	动作相别	动作元件
0260	2021-08-02 17：24：12：337	0000ms		保护启动
		0409ms		定子零序电压保护
				跳闸出口 1，跳闸出口 2
				跳闸出口 3，跳闸出口 4
				跳闸出口 18，跳闸出口 19
				跳闸出口 25，跳闸出口 26
				跳闸出口 27，跳闸出口 28

图 1-32　PCS-985B 装置 1.05 倍基波零序电压定值动作报文

（2）三次谐波定子接地保护跳闸功能及时间校验。校验三次谐波定子接地保护时，要校验定值的精确性，既要分别校验并网前和并网后三次谐波定子接地保护，本书以[41]并网后为例，分别校验1.05倍三次谐波电压比值时，保护装置可靠动作；0.95倍三次谐波电压比值时，保护装置可靠不动作；校验1.05倍机端正序电压闭锁定值时，保护可靠动作，0.95倍机端正序电压闭锁定值时，保护可靠不动作；测试保护装置动作时间。

[41] 并网前，定值校验需加入变压器高压侧断路器的跳闸位置，TWJ输入为1。

1）1.05倍三次谐波电压比值动作行为。试验步骤如下：打开继电保护测试仪电源，选择“状态序列”模块。试验接线如图1-31所示，试验数据如表1-38所示。

表1-38　1.05倍三次谐波电压比值保护参数设置

试验项目	状态一	状态二
U_A/V	57.74∠0°（50Hz）	34.64∠0°（50Hz）
U_B/V	57.74∠−120°（50Hz）	34.64∠−120°（50Hz）
U_C/V	57.74∠120°（50Hz）	34.64∠120°（50Hz）
U_a/V	2∠0°（150Hz）	2.1∠0°（150Hz）
U_b/V	2∠0°（150Hz）	1∠0°（150Hz）
U_c/V	0	0
触发方式	按键触发	时间触发
试验时间		2.1s

表1-38中状态一模拟装置正常运行状态，高压侧母线电压为额定电压。其中，U_a和U_b输入三次谐波电压为了启动三次谐波比率开放，状态二中机端电压的计算公式为

$$U_m = mU_{set} \tag{1-19}$$

式（1-19）中，m为定值系数，此处选择$m=1.2$，U_{set}为并网后[42]机端电压闭锁定值，取额定电压的50%。U_a的计算公式为

[42] 若校验并网前定值时取并网前定值计算。

$$U_a = mK_{set}U_{bm} \tag{1-20}$$

设置时间计算公式为

$$T_m = T_{set} + 0.1 \tag{1-21}$$

式（1-21）中，T_{set}为三次谐波保护延时定值，从表1-23中可知，其值为2s。

在测试仪工具栏中点击“▶”，或按键中“run”键开始进行试验，在“模拟量”→“启动测量”→“保护状态”→“发电机保护”→“发电机定子接地保护”中观察到三次谐波电压比率开放判据从0→1后，点击测试仪键盘中“TAB”键进入“第二态”。

观察保护动作结果，打印动作报文。动作报文打印步骤为主界面→点击“历史报文”→根据时间选择要打印的故障报告→点击“打印”，动作报文如图1-33所示。

PCS-985B-H2 发电机-变压器组保护装置整组动作报告

一次设备名称：保护设备　　版本号：V3.02

管理序号：00483742　　打印时间：2021-08-02 18：13：24

序号	启动时间	相对时间	动作相别	动作元件
0263	2021-08-02 17：53：31：124	0000ms		保护启动
		1999ms		定子三次谐波电压比率
				跳闸出口1，跳闸出口2
				跳闸出口3，跳闸出口4
				跳闸出口18，跳闸出口19
				跳闸出口25，跳闸出口26
				跳闸出口27，跳闸出口28

图1-33　PCS-985B装置1.05倍三次谐波电压比值动作报文

2）0.95倍三次谐波电压定值不动作。试验步骤如下：式（1-19）中，m取0.95，重新计算电压值并输入，重复上述操作步骤，保护装置只启动、不动作。试验数据如表1-39所示。

表1-39　　0.95倍三次谐波电压定值时保护参数设置

试验项目	状态一	状态二
U_A/V	57.74∠0°（50Hz）	34.64∠0°（50Hz）
U_B/V	57.74∠−120°（50Hz）	34.64∠−120°（50Hz）
U_C/V	57.74∠120°（50Hz）	34.64∠120°（50Hz）
U_a/V	2∠0°（150Hz）	1.9∠0°（150Hz）
U_b/V	2∠0°（150Hz）	1∠0°（150Hz）
U_c/V	0	0
触发方式	按键触发	时间触发
试验时间		2.1s[25]

观察保护动作结果，打印动作报文。其动作报文如图 1-34 所示。

PCS-985B-H2 发电机-变压器组保护装置整组动作报告

一次设备名称：保护设备　　版本号：V3.02
管理序号：00483743　　打印时间：2021-08-02 18：15：23

序号	启动时间	相对时间	动作相别	动作元件
0264	2021-08-02 17：55：41：336	0000ms		保护启动

图 1-34　PCS-985B 装置 0.95 倍三次谐波电压比值动作报文

3）1.05 倍机端正序电压闭锁定值保护动作。试验步骤如下：式（1-19）中，m 取 1.2，式（1-20）中，m 取值 1.05，重新计算电压值并输入，重复上述操作步骤，保护装置保护动作。试验数据如表 1-40 所示。

表 1-40　1.05 倍三次谐波机端正序电压定值保护参数设置

试验项目	状态一	状态二
U_A/V	57.74∠0°（50Hz）	30.31∠0°（50Hz）
U_B/V	57.74∠−120°（50Hz）	30.31∠−120°（50Hz）
U_C/V	57.74∠120°（50Hz）	30.31∠120°（50Hz）
U_a/V	2∠0°（150Hz）	2.4∠0°（150Hz）
U_b/V	2∠0°（150Hz）	1∠0°（150Hz）
U_c/V	0	0
触发方式	按键触发	时间触发
试验时间		2.1s[25]

观察保护动作结果，打印动作报文。动作报文如图 1-35 所示。

PCS-985B-H2 发电机-变压器组保护装置整组动作报告

一次设备名称：保护设备　　版本号：V3.02
管理序号：00483742　　打印时间：2021-08-02 18：17：33

序号	启动时间	相对时间	动作相别	动作元件
0265	2021-08-02 17：58：41：147	0000ms		保护启动
		1999ms		定子三次谐波电压比率
				跳闸出口 1，跳闸出口 2
				跳闸出口 3，跳闸出口 4
				跳闸出口 18，跳闸出口 19
				跳闸出口 25，跳闸出口 26
				跳闸出口 27，跳闸出口 28

图 1-35　PCS-985B 装置 1.05 倍机端正序电压闭锁定值保护动作报文

4）0.95 倍机端正序电压闭锁定值保护动作。试验步骤如下：式（1-19）中，m 取 1.2，式（1-20）中，m 取值 0.95，重新计算电压值并输入，重复上述操作步骤，保护装置保护动作。试验数据如表 1-41 所示。

表 1-41　　0.95 倍三次谐波电压定值时保护参数设置

试验项目	状态一	状态二
U_A/V	57.74∠0°（50Hz）	27.43∠0°（50Hz）
U_B/V	57.74∠−120°（50Hz）	27.43∠−120°（50Hz）
U_C/V	57.74∠120°（50Hz）	27.43∠120°（50Hz）
U_a/V	2∠0°（150Hz）	2.4∠0°（150Hz）
U_b/V	2∠0°（150Hz）	1∠0°（150Hz）
U_c/V	0	0
触发方式	按键触发	时间触发
试验时间		2.1s[25]

观察保护动作结果，打印动作报文。其动作报文如图 1-36 所示。

PCS-985B-H2 发电机-变压器组保护装置整组动作报告

一次设备名称：保护设备　　版本号：V3.02

管理序号：00483743　　打印时间：2021-08-02 18：19：27

序号	启动时间	相对时间	动作相别	动作元件
0267	2021-08-02 17：59：34：223	0000ms		保护启动

图 1-36　PCS-985B 装置 0.95 倍机端正序电压闭锁定值保护动作报文

5）三次谐波定子接地保护时间测试。试验步骤如下：时间接线需增加辅助接线完成，接线方式如图 1-3 所示；式（1-19）中，m 取 1.2，式（1-20）中，m 取 1.2，重新计算电压值并输入，重复上述操作步骤，并在开入量 A 对应的选择栏“□”里打“√”，保护装置动作并读取显示的时间量进行记录。试验数据如表 1-42 所示。

表 1-42　　三次谐波电压保护时间测试参数设置

试验项目	状态一	状态二
U_A/V	57.74∠0°（50Hz）	34.64∠0°（50Hz）
U_B/V	57.74∠−120°（50Hz）	34.64∠−120°（50Hz）
U_C/V	57.74∠120°（50Hz）	34.64∠120°（50Hz）
U_a/V	2∠0°（150Hz）	2.4∠0°（150Hz）
U_b/V	2∠0°（150Hz）	1∠0°（150Hz）
U_c/V	0	0
触发方式	按键触发	时间触发
试验时间		2.1s[25]

观察保护动作结果，打印动作报文。读取开入 A 的时间为 2037ms，动作报文如图 1-37 所示。

PCS-985B-H2 发电机-变压器组保护装置整组动作报告

一次设备名称：保护设备　　版本号：V3.02
管理序号：00483742　　打印时间：2021-08-02 18：21：16

序号	启动时间	相对时间	动作相别	动作元件
0268	2021-08-02 18：05：26：114	0000ms		保护启动
		1999ms		定子三次谐波电压比率
				跳闸出口 1，跳闸出口 2
				跳闸出口 3，跳闸出口 4
				跳闸出口 18，跳闸出口 19
				跳闸出口 25，跳闸出口 26
				跳闸出口 27，跳闸出口 28

图 1-37　PCS-985B 装置三次谐波定子接地保护时间测试动作报文

5. 试验记录

将基波零序电压定子接地保护校验结果记录至表 1-43，并根据表中空白项，选取不同相别，重复试验步骤，补齐表 1-43，所有数据都符合要求，PCS-985B 的基波电压定子接地保护功能检验合格。

表 1-43　　基波零序电压定子接地保护试验数据记录表

名称	检验项目	定值	校验结果
基波零序电压定子接地保护	1.05 倍基波零序电压定值	10V	
	0.95 倍基波零序电压定值	10V	
	1.05 倍机端开口零序电压闭锁定值	0.57	
	0.95 倍机端开口零序电压闭锁定值	0.57	
	0.95 倍变压器高压侧零序电压闭锁定值	40V	
	1.05 倍变压器高压侧零序电压闭锁定值	40V	
	保护动作时间测试	—	
基波零序电压定子接地保护高定值	1.05 倍基波零序电压高定值	15V	
	0.95 倍基波零序电压高定值	15V	
	保护动作时间测试	—	

将定子三次谐波电压比率保护电压元件校验结果记录至表 1-44，所有数据都符合要求，PCS-985B 的定子三次谐波电压比率保护功能检验合格。

表 1-44　三次谐波电压元件试验数据记录表

名称	检验项目	定值	校验结果
定子三次谐波电压比率保护（并网后）	1.05 倍三次谐波电压比值	2	
	0.95 倍三次谐波电压比值	2	
	1.05 倍机端正序电压闭锁定值	0.5	
	0.95 倍机端正序电压闭锁定值	0.5	
	保护动作时间测试	—	
定子三次谐波电压比率保护（并网前）	1.05 倍三次谐波电压比值	3	
	0.95 倍三次谐波电压比值	3	
	1.05 倍机端正序电压闭锁定值	0.5	
	0.95 倍机端正序电压闭锁定值	0.5	
	保护动作时间测试	—	

1.2.5　发电机转子接地保护校验

[43] 也可以整定为跳闸。

[44] 转子一点接地保护设置为告警时投入。

大机组典型发电机转子接地保护的典型配置为转子一点接地保护和转子两点接地保护，其中转子一点接地保护动作于告警[43]，两点接地保护动作于跳闸[44]。

1. 试验目的

（1）转子一点接地保护功能校验。

（2）转子两点接地保护功能校验。

2. 试验准备

校验前需要明确发电机-变压器组装置的系统参数、相关定值、跳闸出口控制字及连接片情况。

（1）保护硬压板设置。PCS-985B 投入保护装置上投入“检修状态投入”“发电机转子接地保护”硬压板，退出其他出口硬压板。

（2）定值与控制字设置。定值（控制字）设置步骤：菜单选择→定值设置→系统参数→投入总控制字值，设置“发电机转子接地保护”为“1”，再输入口令进行确认保存。

菜单选择→定值设置→保护定值，按“↑↓←→”键选择定值与控制字，设置好之后再输入口令进行确认保存。

定值与控制字设置如表1-45所示。

表1-45 PCS-985B发电机转子接地保护定值与控制字设置

定值名称	参数值	控制字名称	参数值
一点接地灵敏段电阻定值	30kΩ	转子接地保护跳闸控制字	1E0C001F
一点接地电阻定值	25kΩ	一点接地灵敏段信号投入	1
一点接地报警延时	0.1	一点接地信号投入	1
一点接地跳闸延时	0.5	一点接地跳闸投入	0
两点接地二次谐波电压定值	2V	转子两点接地保护投入	1
两点接地延时	2s	两点接地二次谐波电压投入	0
切换周期定值	1s		
注入大功率电阻值	47kΩ		
转子接地保护原理选择	乒乓式		

3. 试验接线

(1) 直流电源及开出节点如图1-38所示。

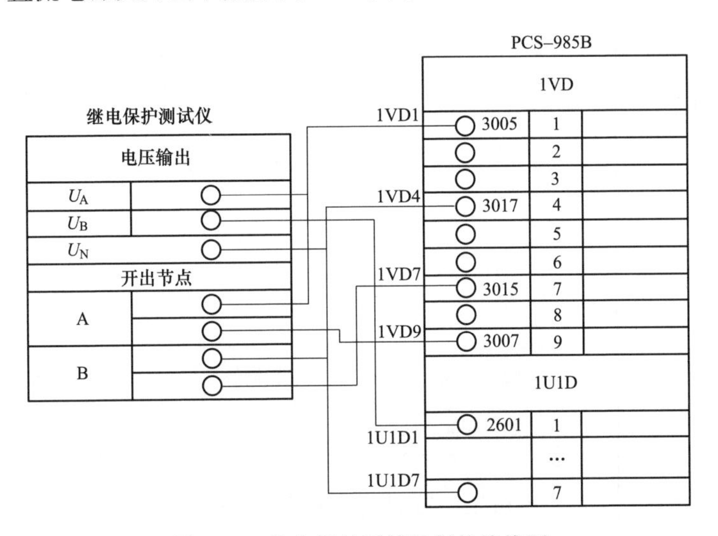

图1-38 发电机转子接地保护接线图

(2) 时间测试回路。时间测试辅助接线方式如图1-3所示。

4. 试验步骤

发电机转子接地保护设置转子一点接地和转子两点接地保护两种，包含两种配置形式。第一种为转子一点接地保护投入跳闸，转子两点接地保护不投入；第二种为转子一点接地保护投入信号且投入两点接地保护，一般而言

[45] 装置有专用的调试端子，固有调试阻抗为18kΩ。

[46] 输入为100V的直流电源。

大机组一般按第一种方式投入。本章已分两种方式进行描述。为了简化调试过程，在调试过程中将需要校验的定值更改为25kΩ[45]左右。

（1）转子一点接地跳闸功能及时间校验。

1）0.95倍转子一点接地电阻定值校验，试验步骤如下，将一点接地跳闸电阻定值更改为26.36kΩ，计算公式为

$$R_{m.set}=R_g/m \tag{1-22}$$

式（1-22）中 R_g 为装置调试端子中固有阻抗，为25kΩ；m 为定值系数，此处选择 $m=0.95$。

更改转子接地保护控制字中，“一点接地投信号”置“0”；“一点接地投跳闸”置“1”；“转子两点接地投入”置“0”。打开继电保护测试仪电源，选择“状态序列”模块。试验数据如表1-46所示。

表1-46　0.95倍转子一点接地保护阻抗定值校验数据

试验项目	状态一	状态二
U_A/V	100V[46]（0Hz）	100V（0Hz）
U_B/V	0	0
开出A	0	1
开出B	0	0
触发方式	按键触发	时间触发
试验时间		0.6s

状态二设置时间计算公式为

$$T_m=T_{set}+0.1 \tag{1-23}$$

式（1-23）中，T_{set} 为转子一点接地跳闸延时定值，从表1-47中可知其值为0.5s。

在测试仪工具栏中点击“▶”，或按键中“run”键开始进行试验。状态一模拟正常运行状态，在转子接地保护状态栏目中观察相关参数如表1-47所示。

表 1-47 0.95 倍转子一点接地保护阻抗定值校验数据

描述	参数值	描述	参数值
发电机转子电压	100V	转子接地电阻	300kΩ[47]
转子正对地电压	50.3V[48]	转子接地位置	50%
转子负对地电压	−50.7V		

[47] 该数值为转子不接地是的绝缘阻抗，以装置实际数字为准。

[48] 转子正、负对地电压只要不超过±50±0.5V 即可。

点击面板“TAB”按钮，观察保护动作结果，打印动作报文。动作报文打印步骤：主界面→点击“历史报文”→根据时间选择要打印的故障报告→点击“打印”，动作报文如图 1-39 所示。

PCS-985B-H2 发电机-变压器组保护装置整组动作报告

一次设备名称：保护设备　　版本号：V3.02

管理序号：00483742　　打印时间：2021-08-03 10：01：35

序号	启动时间	相对时间	动作相别	动作元件
0272	2021-08-03 09：05：26：134	0000ms		保护启动
		0499ms		转子一点接地
				跳闸出口 1，跳闸出口 2
				跳闸出口 3，跳闸出口 4
				跳闸出口 18，跳闸出口 19
				跳闸出口 25，跳闸出口 26
				跳闸出口 27，跳闸出口 28

图 1-39 PCS-985B 装置 0.95 倍转子一点接地跳闸电阻定值动作报文

2）1.05 倍转子一点接地电阻定值校验。试验步骤如下：式（1-22）中 m 取 1.05，将一点接地跳闸电阻定值更改为 23.8kΩ，重复上述操作步骤，保护装置只启动，不动作。试验数据如表 1-48 所示。

表 1-48 1.05 倍转子一点接地保护阻抗定值校验数据

试验项目	状态一	状态二
U_A/V	100V（0Hz）	100V（0Hz）
U_B/V	0	0
开出 A	0	1
开出 B	0	0
触发方式	按键触发	时间触发
试验时间		0.6s

观察保护动作结果，打印动作报文。其动作报文如图 1-40 所示。

PCS-985B-H2 发电机-变压器组保护装置整组动作报告

一次设备名称：保护设备　　版本号：V3.02
管理序号：00483743　　打印时间：2021-08-03 17：42：19

序号	启动时间	相对时间	动作相别	动作元件
0274	2021-08-03 09：08：56：625	0000ms		保护启动

图 1-40　PCS-985B 装置 1.05 倍转子一点接地跳闸电阻定值动作报文

3）转子一点接地电阻动作时间检验。试验步骤如下：式（1-22）中 m 取 0.7，将一点接地跳闸电阻定值更改为 35.71kΩ；时间测试接线如图 1-3 所示。重复上述操作步骤，保护装置动作。试验数据如表 1-49 所示。

表 1-49　1.05 倍转子一点接地保护阻抗定值校验数据

试验项目	状态一	状态二
U_A/V	100V（0Hz）	100V（0Hz）
U_B/V	0	0
开出 A	0	1
开出 B	0	0
触发方式	按键触发	时间触发
试验时间		0.6s

观察保护动作结果，打印动作报文。读取开入 A 的时间为 519ms，动作报文如图 1-41 所示。

PCS-985B-H2 发电机-变压器组保护装置整组动作报告

一次设备名称：保护设备　　版本号：V3.02
管理序号：00483742　　打印时间：2021-08-03 09：57：53

序号	启动时间	相对时间	动作相别	动作元件
0275	2021-08-03 09：11：35：227	0000ms		保护启动
		0499ms		转子一点接地
				跳闸出口 1，跳闸出口 2
				跳闸出口 3，跳闸出口 4
				跳闸出口 18，跳闸出口 19
				跳闸出口 25，跳闸出口 26
				跳闸出口 27，跳闸出口 28

图 1-41　PCS-985B 装置转子一点接地跳闸时间测试动作报文

（2）转子两点点接地跳闸功能及时间校验。

1）转子两点接地跳闸功能校验。将保护定值更改为初始定值；更改转子接地保护控制字中，“一点接地投信号”置“1”；“一点接地投跳闸”置“0”；“转子两点接地投入”置“1”“两点接地二次谐波电压投入”置“0”。

打开继电保护测试仪电源，择“状态序列”模块。试验数据如表 1-50 所示。

表 1-50　　转子两点接地功能校验数据

试验项目	状态一	状态二	状态三
U_A/V	100V（0Hz）	100V（0Hz）	100V（0Hz）
U_B/V	0	0	0
开出 A	0	1	1
开出 B	0	0	1
触发方式	按键触发	按键触发	时间触发
试验时间			2.1s

状态一模拟正常运行状态，在转子接地保护状态栏目中观察相关参数如表 1-51 所示。

表 1-51　　转子两点接地保护逻辑校验数据一

描述	参数值	描述	参数值
发电机转子电压	100V	转子接地电阻	300kΩ
转子正对地电压	50.3V	转子接地位置	50%
转子负对地电压	−50.7V		

点击面板“TAB”按钮，状态二模拟转子正极经 18kΩ 电阻接地，在转子接地保护状态栏目中观察相关参数如表 1-52 所示。

表 1-52　　转子两点接地保护逻辑校验数据二

描述	参数值	描述	参数值
发电机转子电压	100V	转子接地电阻	17.96kΩ[49]
转子正对地电压	28.4V[50]	转子接地位置	100%[51]
转子负对地电压	−78.2V		

[49] 该数值为固定调试电阻 18kΩ，误差不超过 5%。

[50] 此参数以保护装置中实际采集量为准。

[51] 表示转子正极接地。

观察液晶面板出现“转子两点接地投入 0→1”报文后，点击面板“TAB”按钮，状态三模拟转子负极直接接地，在转子接地保护状态栏目中观察相关参数如表 1-52 所示。

观察保护动作结果，打印动作报文。动作报文打印步骤：主界面→点击“历史报文”→根据时间选择要打印的故障报告→点击“打印”，启动作报文如图 1-42 所示。

PCS-985B-H2 发电机-变压器组保护装置整组动作报告

一次设备名称：保护设备　　版本号：V3.02
管理序号：00483742　　打印时间：2021-08-03 09：48：23

序号	启动时间	相对时间	动作相别	动作元件
0277	2021-08-03 09：21：26：334	0000ms		保护启动
		1999ms		转子两点接地
				跳闸出口 1，跳闸出口 2
				跳闸出口 3，跳闸出口 4
				跳闸出口 18，跳闸出口 19
				跳闸出口 25，跳闸出口 26
				跳闸出口 27，跳闸出口 28

图 1-42　PCS-985B 装置 0.95 倍转子一点接地跳闸电阻定值动作报文

2）1.05 倍二次谐波负序电压闭锁定值校验。将保护定值更改为初始定值，更改转子接地保护控制字中，“一点接地投信号”置“1”“一点接地投跳闸”置“0”“转子两点接地投入”置“1”“两点接地二次谐波电压投入”置“1”。

打开继电保护测试仪电源，选择“状态序列”模块，试验数据如表 1-53 所示。

表 1-53　1.05 倍二次谐波负序电压闭锁定值校验数据

试验项目	状态一	状态二	状态三
U_A/V	100V（0Hz）	100V（0Hz）	100V（0Hz）
U_B/V	0	0	6.3V（100Hz）
开出 A	0	1	0
开出 B	0	0	1
触发方式	按键触发	按键触发	时间触发
试验时间			2.1s

状态三 U_B 设置二次谐波电压幅值计算公式为

$$U_B = 3mU_{2.set} \tag{1-24}$$

式（1-24）中，$U_{2.set}$为二次谐波负序电压闭锁定值，从表1-47中可知其值为2V。m为定值系数，此处选择$m=1.05$。重复上节步骤6、7过程，动作报文如图1-43所示。

PCS-985B-H2 发电机-变压器组保护装置整组动作报告

一次设备名称：保护设备　　版本号：V3.02
管理序号：00483742　　打印时间：2021-08-03 09：45：31

序号	启动时间	相对时间	动作相别	动作元件
0278	2021-08-03 09：24：42：876	0000ms		保护启动
		1999ms		转子两点接地
				跳闸出口1，跳闸出口2
				跳闸出口3，跳闸出口4
				跳闸出口18，跳闸出口19
				跳闸出口25，跳闸出口26
				跳闸出口27，跳闸出口28

图1-43　PCS-985B装置1.05倍二次谐波负序电压闭锁定值动作报文

3）0.95倍二次谐波负序电压闭锁定值校验。试验步骤如下：式（1-24）中m取0.95。重复上述操作步骤，保护装置只启动，不动作。试验数据如表1-54所示。

表1-54　　0.95倍二次谐波负序电压闭锁定值校验数据

试验项目	状态一	状态二	状态三
U_A/V	100V（0Hz）	100V（0Hz）	100V（0Hz）
U_B/V	0	0	5.7V（100Hz）
开出A	0	1	0
开出B	0	0	1
触发方式	按键触发	按键触发	时间触发
试验时间			2.1s

观察保护动作结果，打印动作报文。其动作报文如图1-44所示。

PCS-985B-H2 发电机-变压器组保护装置整组动作报告

一次设备名称：保护设备　　版本号：V3.02
管理序号：00483743　　打印时间：2021-08-03 09：42：56

序号	启动时间	相对时间	动作相别	动作元件
0279	2021-08-03 09：28：03：726	0000ms		保护启动

图1-44　PCS-985B装置0.95倍二次谐波负序电压闭锁定值动作报文

4）转子两点接地保护动作时间校验。试验步骤如下：时间测试接线如图1-3所示，将保护定值更改为初始定值；更改转子接地保护控制字中，“一点接地投信号”置“1”；“一点接地投跳闸”置“0”；“转子两点接地投入”置“1”“两点接地二次谐波电压投入”置“0”。重复上述操作步骤，保护装置动作。试验数据如表1-55所示。

表1-55　　1.05倍转子两点接地保护阻抗定值校验数据

试验项目	状态一	状态二	状态三
U_A/V	100V（0Hz）	100V（0Hz）	100V（0Hz）
U_B/V	0	0	0
开出A	0	1	0
开出B	0	0	1
触发方式	按键触发	按键触发	时间触发
试验时间			2.1s

观察保护动作结果，打印动作报文。读取开入A的时间为2021ms，动作报文如图1-45所示。

PCS-985B-H2 发电机-变压器组保护装置整组动作报告

一次设备名称：保护设备　　版本号：V3.02

管理序号：00483742　　打印时间：2021-08-03 09：40：16

序号	启动时间	相对时间	动作相别	动作元件
0281	2021-08-03 09：35：03：726	0000ms		保护启动
		1999ms		转子一点接地
				跳闸出口1，跳闸出口2
				跳闸出口3，跳闸出口4
				跳闸出口18，跳闸出口19
				跳闸出口25，跳闸出口26
				跳闸出口27，跳闸出口28

图1-45　PCS-985B装置转子两点接地跳闸时间测试动作报文

5. 试验记录

将转子一点接地保护校验结果记录至表1-56，所有数据都符合要求，PCS-985B的转子一点接地保护功能检验合格。

表 1-56　　转子一点接地保护试验数据记录表

名称	检验项目	定值	校验结果
转子一点接地电阻定值校验	0.95 倍转子一点接地电阻定值校验	25kΩ	
	1.05 倍转子一点接地电阻定值校验	25kΩ	
	转子一点接地保护时间校验	—	

将转子两点接地保护功能校验和二次谐波负序电压闭锁定值校验结果记录至表 1-57，所有数据都符合要求，PCS-985B 的转子两点接地保护功能检验合格。

表 1-57　　转子两点接地保护试验数据记录表

名称	检验项目	定值	校验结果
转子两点接地保护功能校验	功能校验	—	
	保护动作时间校验	2s	
二次谐波负序电压定值校验	1.05 倍二次谐波负序电压定值	2V	
	0.95 倍三次谐波电压比值	2V	

1.2.6　发电机定子过负荷保护校验

大机组典型发电机定子过负荷保护的典型配置为定时限过负荷保护和反时限过负荷保护，定时限一般动作于信号，反时限动作于全停。

1. 试验目的

（1）定时过负荷保护功能及时间校验。

（2）反时限过负荷保护功能校验。

2. 试验准备

校验前需要明确发电机-变压器组装置的系统参数、相关定值、跳闸出口控制字及连接片情况。

（1）保护硬压板设置。PCS-985B 投入保护装置上投入“检修状态投入”“投定子过负荷保护”硬压板，退出其他出口硬压板。

（2）定值与控制字设置。定值（控制字）设置步骤：菜单选择→定值设置→系统参数→投入总控制字值，设置“发电机定子过负荷保护投入”为“1”，再输入口令进行确认保存。菜单选择→定值设置→保护定值，按“↑ ↓ ← →”键选择定值与控制字，设置好之后再输入口令进行确认保存。定值与控制字设置如表 1-58 所示。

表 1-58 PCS-985B 发电机定子过负荷保护定值与控制字设置

定值名称	参数值	控制字名称	参数值
定时限电流定值	5.3A	定子绕组热容量	30
定时限延时定值	5s	散热效应系数	1.05
定时限跳闸控制字	1E0C001F	反时限跳闸控制字	1E0C001F
定时限报警电流定值	4.38A	定子过负荷保护投入	1
定时限报警信号延时	10.00s	—	—
反时限启动电流定值	4.6A	—	—
反时限上限延时定值	1.6s	—	—

3. 试验接线

(1) 装置接地。将测试仪装置接地端口与被测保护装置的接地铜牌相连接，如图 1-1 所示。

(2) 电压回路接线。过负荷保护不判电压，无需接线。

(3) 电流回路接线。过负荷保护取电流量为：发电机机端或中性点最大相电流，本书模拟发电机端过负荷，所以接线如图 1-9 所示。

(4) 时间测试回路。时间测试辅助接线方式如图 1-3 所示。

4. 试验步骤

(1) 定时限过负荷保护功能及时间校验。

1) $1.05I_{d.set}$定时限过负荷保护电流定值校验。试验步骤如下：打开继电保护测试仪电源，选择“状态序列”模块。试验数据如表 1-59 所示。

表 1-59 $1.05I_{d.set}$定时限过负荷保护电流定值校验数据

试验项目	状态一
U_A/V	57.735[52]∠0°
U_B/V	57.735∠−120°
U_C/V	57.735∠120°
I_A/A	5.565[53]∠0°[54]

[52] 不判电压，可不设置电压幅值。

[53] 由式 (1-25) 计算得：$I_K = mI_{d.set} = 1.05 \times 5.3 = 5.565$A。

[54] 不判方向，角度可不考虑与电压夹角。

续表

试验项目	状态一
I_B/A	5.565∠−120°
I_C/A	5.565∠120°
触发方式	时间触发
试验时间	5.1s[55]

[55] 由式（1.26）计算得：$t_m = t_{d.set} + \Delta t = 5 + 0.1 = 5.1s$。

表1-59中三相电流幅值由下式计算

$$I_K = mI_{d.set} \tag{1-25}$$

式中 I_K——故障相电流幅值；

$I_{d.set}$——定时限过负荷保护电流定值，读取定值清单4.6A；

m——1.05。

$$t_m = t_{d.set} + \Delta t \tag{1-26}$$

式中 t_m——试验时间；

$t_{d.set}$——纵向零序电压-灵敏度段时间定值，读取定值清单5s；

Δt——时间裕度，一般设置0.1s。

在测试仪工具栏中点击“▶”，或按键中“run”键开始进行试验。观察保护动作结果，打印动作报文。反时限过负荷保护不动作，其动作报文如图1-46所示。

PCS-985B发电机-变压器组保护装置动作报告

被保护设备：保护设备　　版本号：V3.02

管理序号：00483742　　打印时间：2021-10-2 21：15：34

序号	启动时间	相对时间	动作相别	动作元件
0068	2021-10-2 21：13：16：542	0000ms		保护启动
		5066ms	ABC	定子定时限过负荷
				跳闸出口1，跳闸出口2
				跳闸出口3，跳闸出口4
				跳闸出口18，跳闸出口19
				跳闸出口25，跳闸出口26
				跳闸出口27，跳闸出口28

图1-46 PCS-985B装置1.05$I_{d.set}$定时限过负荷保护电流定值动作报文

2）$0.95I_{d.set}$定时限过负荷保护电流定值校验。试验步骤如下：式（1-25）中 m 取 0.95，重新计算故障相电流值并输入，重复上述操作步骤，保护装置只启动，定时限过负荷保护不动作。试验数据如表 1-60 所示。

[56] 由式（1-25）计算得：$I_K = mI_{d.set} = 0.95 \times 5.3 = 5.04$A。

表 1-60　$0.95I_{d.set}$定时限过负荷保护电流定值校验数据

试验项目	状态一
U_A/V	57.735∠0°
U_B/V	57.735∠−120°
U_C/V	57.735∠120°
I_A/A	5.04[56]∠0°
I_B/A	5.04∠−120°
I_C/A	5.04∠120°
触发方式	时间触发
试验时间	5.1s

观察保护动作结果，打印动作报文。保护启动，其动作报文如图 1-47 所示。

PCS-985B 发电机-变压器组保护装置动作报告

被保护设备：保护设备　版本号：V3.02
管理序号：00483742　打印时间：2021-10-2 21：16：17

序号	启动时间	相对时间	动作相别	动作元件
0069	2021-10-2 21：15：43：656	0000ms		保护启动

图 1-47　PCS-985B 装置 $0.95I_{d.set}$定时限过负荷保护电流定值动作报文

3）$1.2I_{d.set}$定时限过负荷保护电流定值测试时间。试验步骤如下：时间测试需增加辅助接线完成，接线方式如图 1-3 所示。式（1-25）中，m 取 1.2，重新计算故障相电流值并输入，重复上述操作步骤，并在开入 A 对应的选择栏“□”里打“√”，并读取显示的时间量进行记录。试验数据如表 1-61 所示。

表 1-61　$1.2I_{d.set}$定时限过负荷保护电流定值校验数据

试验项目	状态一	
U_A/V	57.735∠0°	
U_B/V	57.735∠−120°	
U_C/V	57.735∠120°	
I_A/A	6.36[57]∠0°	
I_B/A	6.36∠−120°	
I_C/A	6.36∠120°	
触发方式	开入量触发	
开入类型	开入或	
☑ 开入 A[58]	动作时间	

[57] 由式（1-25）计算得：$I_K = mI_{d.set} = 1.2 \times 5.3 = 6.36A$。

[58] 打勾相与接线对应，并在检测到"动作时间"后记录该值。

观察保护动作结果，打印动作报文。其动作报文如图1-48所示。

PCS-985B 发电机-变压器组保护装置动作报告

被保护设备：保护设备　　版本号：V3.02
管理序号：00483742　　打印时间：2021-10-2 21：19：12

序号	启动时间	相对时间	动作相别	动作元件
0070	2021-10-2 21：18：23：807	0000ms		保护启动
		5050ms	ABC	定子定时限过负荷
		—	—	跳闸出口 1，跳闸出口 2
		—	—	跳闸出口 3，跳闸出口 4
		—	—	跳闸出口 18，跳闸出口 19
		—	—	跳闸出口 25，跳闸出口 26
		—	—	跳闸出口 27，跳闸出口 28

图 1-48　PCS-985B 装置 $1.2I_{d.set}$定时限过负荷保护电流定值动作报文

（2）反时过负荷保护下限启动校验。反时过负荷保护由下限启动、反时限部分和上限定时限部分构成，启动下限启动定值以下不动作，大于启动定值为反时限部分，当时间小于1.6s时，进入上限定时限部分，出口时间固定为1.6s。本文模拟发电机机端三相过负荷为例，分别校验三部分功能。

0.95$I_{L.set}$反时限过负荷保护下限启动电流定值校验试验步骤如下：打开继电保护测试仪电源，将定时限保护功能退出，防止干扰试验，选择“状态序列”模块。试验数据如表1-62所示。

表1-62　0.95$I_{L.set}$反时限过负荷保护下限启动电流定值校验数据

试验项目	状态一	
U_A/V	57.735[59]∠0°	
U_B/V	57.735∠−120°	
U_C/V	57.735∠120°	
I_A/A	4.37[60]∠0°[61]	
I_B/A	4.37∠−120°	
I_C/A	4.37∠120°	
触发方式	开入量触发	
开入类型	开入或	
☑开入A	动作时间	

[59] 不判电压，可不设置电压幅值。

[60] 由式（1-27）计算得：$I_K = mI_{L.set} = 0.95 \times 4.6 = 4.37A$。

[61] 不判方向，角度可不考虑与电压夹角。

表1-62中三相电流幅值由下式计算

$$I_K = mI_{L.set} \tag{1-27}$$

式中　I_K——故障相电流幅值；

$I_{L.set}$——反时限过负荷保护下限启动电流定值，读取定值清单4.6A；

m——0.95。

在测试仪工具栏中点击“▶”，或按键中“run”键开始进行试验。观察保护动作结果，打印动作报文。反时限过负荷保护不动作，其动作报文如图1-49所示。

PCS-985B发电机-变压器组保护装置动作报告

被保护设备：保护设备　　版本号：V3.02

管理序号：00483742　　打印时间：2021-10-2 21：19：55

序号	启动时间	相对时间	动作相别	动作元件
0071	2021-10-2 21：19：35：799	0000ms		报警启动录波

图1-49　PCS-985B装置0.95倍反时限过负荷保护下限启动电流定值动作报文

（2）反时限过负荷保护反时限部分测试时间。本文取两个点分别校验反时限过负荷保护反时限部分的准确性。

1）当 $I_{k.1}$=7.92A 时，测试时间，验证反时限的准确性。试验步骤如下：打开继电保护测试仪电源，选择“状态序列”模块。试验数据如表 1-63 所示。

[62] 大于启动值的任意值，本文取 7.92A 方便计算。

表 1-63　　反时限过负荷保护校验数据

试验项目	状态一	
U_A/V	57.735∠0°	
U_B/V	57.735∠−120°	
U_C/V	57.735∠120°	
I_A/A	7.92[62]∠0°	
I_B/A	7.92∠−120°	
I_C/A	7.92∠120°	
触发方式	开入量触发	
开入类型	开入或	
☑ 开入 *A*	动作时间	

反时限过负荷保护计算时间为

$$t = K_{S.set}/[(I/I_{e.f})^2-(k_{sr.set})^2] \tag{1-28}$$
$$=30/[(7.92/3.96)^2-(1.05)^2]=10.356s$$

式中　$K_{S.set}$——定子绕组热容量，读取定值清单 30；

$I_{e.f}$——发电机额定电流，由式（1-1）计算得 3.96A；

$k_{sr.set}$——散热效应系数，读取定值清单 1.05。

在开入 *A* 对应的选择栏“□”里打“√”，并读取显示的时间量进行记录。在测试仪工具栏中点击“▶”，或按键中“run”键开始进行试验。

记录时间为 t_m=10.25s

$$\in_1=\frac{|t_m-t|}{t}=\frac{|10.25-10.356|}{10.356}=1\%$$

误差在 5%的运行范围内。

观察保护动作结果，打印动作报文。反时限过负荷保护动作，其动作报文如图 1-50 所示。

PCS-985B 发电机-变压器组保护装置动作报告

被保护设备：保护设备　版本号：V3.02
管理序号：00483742　打印时间：2021-10-2 21：23：16

序号	启动时间	相对时间	动作相别	动作元件
0072	2021-10-2 21：21：23：327	0000ms		保护启动
		10 050ms	ABC	定子反时限过负荷
				跳闸出口 1，跳闸出口 2
				跳闸出口 3，跳闸出口 4
				跳闸出口 18，跳闸出口 19
				跳闸出口 25，跳闸出口 26
				跳闸出口 27，跳闸出口 28

图 1-50　PCS-985B 装置反时限过负荷保护动作报文

[63] 每项反时限试验做完后，需等热积累归零后，再做下一项，否则有偏差，本操作可以将热积累清零。

退出“投定子过负荷”硬压板[63]。

2）当 $I_{k.2}=11.88$A 时，测试时间，验证反时限的准确性。试验步骤如下：投上“投定子过负荷”硬压板，选择“状态序列”模块，试验数据如表 1-64 所示。

[64] 大于启动值的任意值，本文取 11.88A，方便计算。

表 1-64　　反时限过负荷保护校验数据

试验项目	状态一	
U_A/V	57.735∠0°	
U_B/V	57.735∠−120°	
U_C/V	57.735∠120°	
I_A/A	11.88[64]∠0°	
I_B/A	11.88∠−120°	
I_C/A	11.88∠120°	
触发方式	开入量触发	
开入类型	开入或	
☑ 开入 A	动作时间	

反时限过负荷保护计算时间：

$$t=K_{S.set}/[(I/I_{e.f})^2-(k_{sr.set})^2]$$

$$=30/[(11.88/3.96)^2-(1.05)^2]=3.80\text{s}$$

式中　$K_{S.set}$——定子绕组热容量，读取定值清单 30；

$I_{e.f}$——发电机额定电流，由式（1-1）计算得 3.96A；

$k_{sr.set}$——散热效应系数，读取定值清单 1.05。

在开入量 A 对应的选择栏“□”里打“√”，并读取显示的时间量进行记录。

在测试仪工具栏中点击“▶”，或按键中“run”键开始进行试验。

记录时间为 $t_{m}=3.788s$，则

$$\epsilon_{1}=\frac{|t_{m}-t|}{t}=\frac{|3.788-3.8|}{3.8}=0.3\%$$

误差在5%的运行范围内。

观察保护动作结果，打印动作报文。反时限过负荷保护动作，其动作报文如图1-51所示。退出“投定子过负荷”硬压板。

PCS-985B发电机-变压器组保护装置动作报告

被保护设备：保护设备　　版本号：V3.02

管理序号：00483742　　打印时间：2021-10-2 21：21：50

序号	启动时间	相对时间	动作相别	动作元件
0073	2021-10-2 21：24：20：413	0000ms		保护启动
		3732ms	ABC	定子反时限过负荷
				跳闸出口1，跳闸出口2
				跳闸出口3，跳闸出口4
				跳闸出口18，跳闸出口19
				跳闸出口25，跳闸出口26
				跳闸出口27，跳闸出口28

图1-51　PCS-985B装置反时限过负荷保护动作报文

（3）反时限过负荷保护上限定时限测试时间。当 $I_{k.3}=18.16A$ 时，测试时间，验证上限定时限准确性。试验步骤如下：投上“投定子过负荷”硬压板，选择“状态序列”模块。试验数据如表1-65所示。

表1-65　反时限过负荷保护上限定时限校验数据

试验项目	状态一
U_{A}/V	57.735∠0°
U_{B}/V	57.735∠−120°
U_{C}/V	57.735∠120°
I_{A}/A	18.16[65]∠0°

[65] 大于启动值的任意值，本文取18.16A，方便计算。

续表

试验项目	状态一	
I_B/A	18.16∠−120°	
I_C/A	18.16∠120°	
触发方式	开入量触发	
开入类型	开入或	
☑ 开入 A	动作时间	

反时限过负荷保护计算时间为

$$t = K_{S.set}/[(I/I_{e.f})^2 - (k_{sr.set})^2]$$
$$= 30/[(18.16/3.96)^2 - (1.05)^2] = 1.5s$$

式中 $K_{S.set}$——定子绕组热容量，读取定值清单 30；

$I_{e.f}$——发电机额定电流，由式（1-1）计算得 3.96A；

$k_{sr.set}$——散热效应系数，读取定值清单 1.05。

在开入 A 对应的选择栏“□”里打“√”，并读取显示的时间进行记录。

在测试仪工具栏中点击“▶”，或按键中“run”键开始进行试验。

记录时间为 t_m=1.647s，此时固定为上定时限动作时间 1.6s。

观察保护动作结果，打印动作报文。反时限过负荷保护动作，其动作报文如图 1-52 所示。退出“投定子过负荷”硬压板。

PCS-985B 发电机-变压器组保护装置动作报告

被保护设备：保护设备　　版本号：V3.02

管理序号：00483742　　打印时间：2021-10-2 21：26：12

序号	启动时间	相对时间	动作相别	动作元件
0074	2021-10-2 21：25：23：807	0000ms		保护启动
		1617ms	ABC	定子定时限过负荷
				跳闸出口 1，跳闸出口 2
				跳闸出口 3，跳闸出口 4
				跳闸出口 18，跳闸出口 19
				跳闸出口 25，跳闸出口 26
				跳闸出口 27，跳闸出口 28

图 1-52　PCS-985B 装置反时限过负荷保护动作报文

5. 试验记录

将定时限时限过负荷保护校验结果记录至表 1-66，并根据表中空白项，选取不同相别，重复试验步骤，补齐表 1-66 内容，所有数据都符合要求，PCS-985B的定时限过负荷保护功能检验合格。

表 1-66 定时限时限过负荷保护试验数据记录表

项目	定值	动作情况
定时限过负荷保护	$1.05I_{d.set}$	
	$0.95I_{d.set}$	
	$1.2I_{d.set}$	

将反时限过负荷保护校验结果记录至表 1-67，并根据表中空白项，选取不同相别，重复试验步骤，补齐表 1-67 内容，所有数据都符合要求，PCS-985B 的反时限过负荷保护功能检验合格。

表 1-67 反时限过负荷保护试验数据记录表

项目	输入电流（A）	实测动作时间（s）	计算时间（s）
下限启动校验	0.95 启动电流定值	—	∞
反时限部分校验（反时限部分取3～4 个点校验）			
上限定时限部分校验		上限定时限定值	

1.2.7 发电机负序过负荷保护校验

大机组典型发电机负序过负荷保护的典型配置为定时限负序过负荷保护和反时限负序过负荷保护，定时限一般动作于信号，反时限一般动作于全停。

1. 试验目的

（1）定时限负序过负荷保护功能及时间校验。

（2）反时限负序过负荷保护功能校验。

2. 试验准备

（1）保护硬压板设置。PCS-985B 投入保护装置上投入“检修状态投入”“投负序过负荷保护”硬压板，退出其他出口硬压板。

（2）定值与控制字设置。定值（控制字）设置步骤：菜单选择→定值设置→系统参数→投入总控制字值，设置“发电机负序过负荷保护投入”为“1”，再输入口令进行确认保存。设置步骤如下：菜单选择→定值设置→保护定值，按“↑↓←→”键选择定值与控制字，设置好之后再输入口令进行确认保存。定值与控制字设置如表1-68所示。

表1-68　　PCS-985B发电机负序过负荷保护定值与控制字设置

定值名称	参数值	控制字名称	参数值
反时限起动负序电流定值	0.28A	反时限跳闸控制字	1E0C001F
长期允许负序电流	0.24A	转子负序过负荷保护投入	1
反时限上限时间定值	3.5s		
转子发热常数	6		

3. 试验接线

（1）装置接地。将测试仪装置接地端口与被测保护装置的接地铜牌相连接，如图1-1所示。

（2）电压回路接线。反时限过负荷保护不判电压，无需接线。

（3）电流回路接线。负序过负荷保护电流量为发电机机端或中性点负序电流小值，为防止TA断线时反时限负序过负荷保护误动，试验时需在机端和中性点均单相加量，所以接线如图1-53所示。

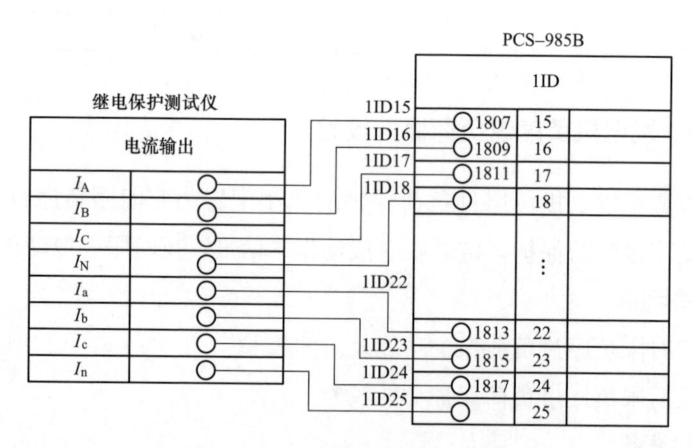

图1-53　负序过负荷保护电流接线图

（4）时间测试回路。时间测试辅助接线方式如图1-3所示。

4. 试验步骤

(1) 定时限负序过负荷保护功能及时间校验。校验方法参考发电机定子过负荷保护校验的内容。

(2) 反时负序过负荷保护下限启动校验。反时过负荷保护由下限启动、反时限部分和上限定时限部分构成，启动下限启动定值以下不动作，启动定值为反时限部分，当时间小于1s时，进入上限定时限部分，出口时间固定为1s。本文以直接加负序电流的方式，分别校验三部分功能。

0.95倍反时限负序过负荷保护下限启动电流定值校验。

试验步骤如下：打开继电保护测试仪电源，选择“状态序列”模块，试验数据如表1-69所示。

表1-69 0.95倍反时限负序过负荷保护下限启动电流定值校验数据

试验项目	状态一	
U_A/V	57.735[66]∠0°	
U_B/V	57.735∠−120°	
U_C/V	57.735∠120°	
I_A/A	0.798[67]∠0°[68]	
I_B/A	0∠−120°	
I_C/A	0∠120°	
I_a/A	0.798[69]∠0°	
I_b/A	0∠−120°	
I_c/A	0∠120°	
触发方式	开入量触发	
开入类型	开入或	
☑ 开入A	动作时间	

表1-69中A相电流幅值由下式计算

$$I_k = m \times 3 \times I_{L.2.set} \tag{1-29}$$

式中 I_k——故障相电流幅值；

$I_{L.2.set}$——反时限过负荷保护下限启动电流定值，读取定值清单0.28A；

m——0.95。

[66] 不判电压，可不设置电压幅值。

[67] 由式(1-29)计算得：$I_k = m3 \times I_{L.2.set} = 0.95 \times 3 \times 0.28 = 0.798$A。

[68] 不判方向，角度可不考虑与电压夹角。

[69] 判据为机端和中性点侧最小电流大于定值即动作，为试验方便，中性点和机端侧施加相同的电流量。

在开入 A 对应的选择栏“□”里打“√”，并读取显示的时间量进行记录，在测试仪工具栏中点击“▶”，或按键中“run”键开始进行试验。

观察保护动作结果，打印动作报文。反时限过负荷保护不动作，其动作报文如图 1-54 所示。

PCS-985B 发电机-变压器组保护装置动作报告

被保护设备：保护设备　　版本号：V3.02

管理序号：00483742　　打印时间：2021-10-2 21：28：05

序号	启动时间	相对时间	动作相别	动作元件
0075	2021-10-2 21：27：35：654	0000ms		报警启动录波

图 1-54　PCS-985B 装置 0.95 倍反时限负序过负荷保护下限启动电流定值动作报文

（3）反时限负序过负荷保护反时限部分测试间。本文取两个点分别校验反时限负序过负荷保护反时限部分的准确性。

1）当 $I_{k.1}=11.88\text{A}$ 时，测试时间，验证反时限的准确性。试验步骤如下：打开继电保护测试仪电源，选择“状态序列”模块。试验数据如表 1-70 所示。

[70] 大于启动值的任意值，本文取 11.88A，方便计算，此时 $I_{k.1}=3\times I_2=3\times3.96=11.88\text{A}$。

[71] 打“√”相与接线对应，并在检测到“动作时间”后记录该值。

表 1-70　反时限过负荷保护校验数据

试验项目	状态一	
U_A/V	57.735∠0°	
U_B/V	57.735∠−120°	
U_C/V	57.735∠120°	
I_A/A	11.88[70]∠0°	
I_B/A	0∠−120°	
I_C/A	0∠120°	
I_a/A	11.88∠0°	
I_b/A	0∠−120°	
I_c/A	0∠120°	
触发方式	开入量触发	
开入类型	开入或	
☑ 开入 A[71]	动作时间	

反时限负序过负荷保护计算时间：

$$t=A/[(I_2/I_{e.f})^2-(I_{21})^2]$$
$$=6/[(3.96/3.96)^2-(0.24/3.96)^2]=6.02s \tag{1-30}$$

式中　A——转子发热常数，读取定值清单 6；

$I_{e.f}$——发电机额定电流，由式（1-1）计算得 3.96A；

I_{21}——长期允许负序电流，读取定值清单 0.24。

在开入量 A 对应的选择栏“□”里打“√”，并读取显示的时间量进行记录。在测试仪工具栏中点击“▶”，或按键中“run”键开始进行试验。

记录时间为 $t_m=6.10s$，

$$\in_1=\frac{|t_m-t|}{t}=\frac{|6.1-6.02|}{6.02}=1.3\%$$

误差在 5%的运行范围内。

观察保护动作结果，打印动作报文。反时限负序过负荷保护动作，其动作报文如图 1-55 所示。

PCS-985B 发电机-变压器组保护装置动作报告

被保护设备：保护设备　　版本号：V3.02

管理序号：00483742　　打印时间：2021-10-2 21：33：12

序号	启动时间	相对时间	动作相别	动作元件
0076	2021-10-2 21：32：23：845	0000ms		保护启动
		5988ms	ABC	负序反时限过负荷
				跳闸出口 1，跳闸出口 2
				跳闸出口 3，跳闸出口 4
				跳闸出口 18，跳闸出口 19
				跳闸出口 25，跳闸出口 26
				跳闸出口 27，跳闸出口 28

图 1-55　PCS-985B 装置反时限过负荷保护动作报文

退出“投入负序过负荷保护”硬压板[72]。

2）当 $I_{k.2}=17.82A$ 时，测试时间，验证反时限的准确性。

[72] 每项反时限试验做完后，需等热积累归零后，再做下一项，否则有偏差，本操作可以将热积累清零。

试验步骤如下：

投上“投入负序过负荷保护”硬压板。

选择“状态序列”模块。

试验数据如表1-71所示。

[73] 大于启动值的任意值，本文取17.82A，方便计算。

表1-71　　反时限负序过负荷保护校验数据

试验项目	状态一	
U_A/V	57.735∠0°	
U_B/V	57.735∠−120°	
U_C/V	57.735∠120°	
I_A/A	17.82[73]∠0°	
I_B/A	0∠−120°	
I_C/A	0∠120°	
I_a/A	17.82∠0°	
I_b/A	0∠−120°	
I_c/A	0∠120°	
触发方式	开入量触发	
开入类型	开入或	
☑ 开入量A	动作时间	

反时限负序过负荷保护计算时间：

$$t = A/[(I_2/I_{e.f})^2 - (I_{21})^2]$$

$$= 6/[(5.94/3.96)^2 - (0.24/3.96)^2] = 4.01\text{s}$$

式中　A——转子发热常数，读取定值清单6；

$I_{e.f}$——发电机额定电流，由式（1-1）计算得3.96A；

I_{21}——长期允许负序电流，读取定值清单0.24。

在开入量A对应的选择栏“□”里打“√”，并读取显示的时间量进行记录。

在测试仪工具栏中点击“▶”，或按键中“run”键开始进行试验。

记录时间为t_m=4.1s，

$$\in_1 = \frac{|t_m - t|}{t} = \frac{|4.1 - 4.01|}{4.01} = 0.5\%$$

误差在5%的运行范围内。

观察保护动作结果，打印动作报文。反时限负序过负荷保护动作，其动作报文如图1-56所示。

PCS-985B 发电机-变压器组保护装置动作报告

被保护设备：保护设备　　版本号：V3.02
管理序号：00483742　　打印时间：2021-10-2 21：36：09

序号	启动时间	相对时间	动作相别	动作元件
0077	2021-10-2 21：35：19：634	0000ms		保护启动
		3988ms	ABC	负序反时限过负荷
				跳闸出口1，跳闸出口2
				跳闸出口3，跳闸出口4
				跳闸出口18，跳闸出口19
				跳闸出口25，跳闸出口26
				跳闸出口27，跳闸出口28

图1-56　PCS-985B装置反时限负序过负荷保护动作报文

退出“投入负序过负荷保护”硬压板。

（4）反时限负序过负荷保护上限定时限测试间。当$I_{k.3}$=21A时，测试时间，验证上限定时限准确性。试验步骤如下：投上“投入负序过负荷保护”硬压板，选择“状态序列”模块。试验数据如表1-72所示。

表1-72　反时限负序过负荷保护上限定时限校验数据

试验项目	状态一	
U_A/V	57.735∠0°	
U_B/V	57.735∠−120°	
U_C/V	57.735∠120°	
I_A/A	21[74]∠0°	
I_B/A	0∠−120°	
I_C/A	0∠120°	
I_a/A	21∠0°	
I_b/A	0∠−120°	
I_c/A	0∠120°	
触发方式	开入量触发	
开入类型	开入或	
√　开入量A	动作时间	

[74] 大于启动值的任意值，本文取21A，方便计算。

反时限负序过负荷保护计算时间

$$t = A/[(I_2/I_{e.f})^2 - (I_{21})^2]$$

$$= 6/[(7/3.96)^2 - (0.24/3.96)^2] = 3.402s$$

式中 A——转子发热常数，读取定值清单 6；

$I_{e.f}$——发电机额定电流，由式（1-1）计算得 3.96A；

I_{21}——长期允许负序电流，读取定值清单 0.24。

在开入量 A 对应的选择栏“□”里打“√”，并读取显示的时间量进行记录。

在测试仪工具栏中点击“▶”，或按键中“run”键开始进行试验。

记录时间为 t_m=3.5s，此时固定为上定时限动作时间 3.5s。

观察保护动作结果，打印动作报文。反时限负序过负荷保护动作，其动作报文如图 1-57 所示。

PCS-985B 发电机-变压器组保护装置动作报告

被保护设备：保护设备　　版本号：V3.02

管理序号：00483742　　打印时间：2021-10-2 21：39：08

序号	启动时间	相对时间	动作相别	动作元件
0078	2021-10-2 21：38：19：636	0000ms		保护启动
		3488ms	ABC	负序反时限过负荷
				跳闸出口 1，跳闸出口 2
				跳闸出口 3，跳闸出口 4
				跳闸出口 18，跳闸出口 19
				跳闸出口 25，跳闸出口 26
				跳闸出口 27，跳闸出口 28

图 1-57　PCS-985B 装置反时限负序过负荷保护动作报文

退出“投入负序过负荷保护”硬压板。

5. 试验记录

将反时限负序过负荷保护校验结果记录至表 1-73，并根据表中空白项，选取不同相别，重复试验步骤，补齐表 1-73 中内容，所有数据都符合要求，PCS-985B 的反时限负序过负荷保护功能检验合格。

表 1-73　　反时限负序过负荷保护试验数据记录表

项目	输入电流（A）	实测动作时间（s）	计算时间（s）
下限启动校验	0.95 启动电流定值	—	∞
反时限部分校验（反时限部分取 3～4 个点校验）			
上限定时限部分校验		上限定时限定值	

1.2.8 发电机失磁保护校验

大机组典型发电机失磁保护保护的典型配置为失磁保护Ⅰ段、失磁保护Ⅱ段和失磁保护Ⅲ段，失磁Ⅰ、Ⅱ段和Ⅲ段动作于全停。

1. 试验目的

发电机失磁保护功能及时间校验。

2. 试验准备

校验前需要明确发电机-变压器组装置的系统参数、相关定值、跳闸出口控制字及连接片情况。

（1）保护硬压板设置。PCS-985B 投入保护装置上投入“检修状态投入”“投发电机失磁保护”硬压板，退出其他出口硬压板。

（2）定值与控制字设置。定值（控制字）设置步骤为：菜单选择→定值设置→系统参数→投入总控制字值，设置“发电机失磁保护投入”为“1”，再输入口令进行确认保存。选择菜单选择→定值设置→保护定值，按“↑↓←→”键选择定值与控制字，设置好之后再输入口令进行确认保存。定值与控制字设置如表 1-74 所示。

表 1-74　　PCS-985B 发电机失磁保护定值与控制字设置

定值名称	参数值	控制字名称	参数值
失磁保护阻抗定值 1	1.92Ω	Ⅰ段阻抗判据投入	1
失磁保护阻抗定值 2	38Ω	Ⅰ段转子电压判据投入	1
无功反向定值	10%	Ⅰ母线低电压判据投入	1
转子低电压定值	30V	Ⅱ段机端低电压判据投入	1
转子空载电压定值	110V	Ⅱ段阻抗判据投入	1

续表

定值名称	参数值	控制字名称	参数值
转子低电压判据系数定值	2.27V	Ⅱ段转子电压判据投入	1
机端低电压定值	90V	Ⅲ段阻抗判据投入	1
母线低电压定值	90V	Ⅲ段转子电压判据投入	1
失磁保护Ⅰ段延时	0.5s	Ⅲ段信号投入	0
失磁保护Ⅱ段延时	0.6s	无功反方向判据投入	1
失磁保护Ⅲ段延时	1.0s	阻抗圆特性选择	异步圆
失磁保护Ⅰ段跳闸控制字	1E0C001F	转子电压 4～20mA 输入	0
失磁保护Ⅱ段跳闸控制字	1E0C001F		
失磁保护Ⅲ段跳闸控制字	1E0C001F		

3. 试验接线

（1）装置接地。将测试仪装置接地端口与被测保护装置的接地铜牌相连接，其图如 1-1 所示。

（2）电压回路接线。发电机机端电压回路接线方式如图 1-15 所示。主变压器高压侧电压回路接线方式如图 1-58 所示。

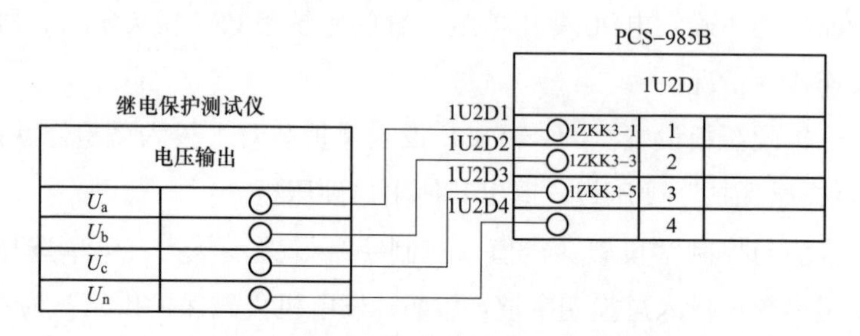

图 1-58　主变压器高压侧电压回路接线图

发电机失磁用转子电压回路接线方式如图 1-59 所示。

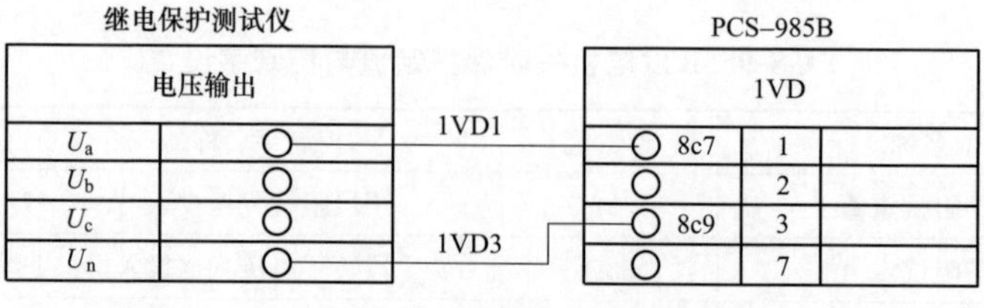

图 1-59　发电机失磁用转子电压回路接线图

（3）电流回路接线。发电机机端电流回路接线方式如图 1-9 所示。

(4) 时间测试回路。时间测试辅助接线方式如图 1-3 所示。

4. 试验步骤

发电机失磁保护设置三段，且各一段延时；电机失磁保护包括阻抗元件和转子电压元件、母线低电压元件和无功反向元件，本文模拟三相故障为例校验各元件功能。

(1) 阻抗元件功能校验。阻抗元件校验其准确性，需分别校验“失磁保护阻抗定值 1”和“失磁保护阻抗定值 2”。本文以失磁Ⅱ段保护为例校验阻抗元件，控制字要求将表 1-39 中“Ⅰ和Ⅲ段阻抗判据投入”“Ⅰ、Ⅱ、Ⅲ段转子电压判据投入”“Ⅱ段低电压判据投入”和“无功反向判据投入”控制字“0”，其他保持不变且做完本试验还原控制字。

电压接线采用发电机机端电压回路接线方式，如图 1-23 所示。

1) 1.05 倍失磁保护阻抗定值 1(Z_1) 校验。试验步骤如下：打开继电保护测试仪电源，选择“状态序列”模块。试验数据如表 1-75 所示。

表 1-75　1.05 倍失磁保护阻抗定值 1(Z_1) 校验数据

试验项目	状态一
U_A/V	7.056[75]∠0°
U_B/V	7.056∠−120°
U_C/V	7.056∠120°
I_A/A	3.5[76]∠90°[77]
I_B/A	3.5∠−30°
I_C/A	3.5∠−150°
触发方式	时间触发
试验时间	0.7s[78]

表 1-75 中三相电压幅值由下式计算

$$U_k = mZ_{1.set} \times I_K \tag{1-31}$$

式中　I_K——故障相电流幅值，本文固定 3.5A；

$Z_{1.set}$——失磁保护阻抗定值 1(Z_1)，读取定值清单 1.92Ω；

[75] 由式 (1-31) 计算得：$U_k = mZ_{1.set} \times I_K = 1.05 \times 1.92 \times 3.5 = 7.056$V。

[76] 本文采用，固定电流计算电压的方法，固定电流为 3.5A，且综合考虑辅助判据 $U_1 > 6$V，$U_2 < 6$V，$I_K > 0.1I_{ef}$。

[77] 满足异步圆校验阻抗要求，固定 A 相电压为 0°，设置本角度，且三相互差 120°。

[78] 由式 (1-32) 计算得：$t_m = t^{Ⅱ}_{s.set} + \Delta t = 0.6 + 0.1 = 0.7$s。

m——1.05。

$$t_{m}=t_{s.set}^{II}+\Delta t \tag{1-32}$$

式中 t_m——试验时间；

$t_{s.set}^{II}$——失磁保护Ⅱ段时间定值，读取定值清单0.6s；

Δt——时间裕度，一般设置0.1s。

在测试仪工具栏中点击“▶”，或按键中“run”键开始进行试验。

观察保护动作结果，打印动作报文。失磁保护Ⅱ段动作，其动作报文如图1-60所示。

PCS-985B发电机-变压器组保护装置动作报告

被保护设备：保护设备　　版本号：V3.02

管理序号：00483742　　打印时间：2021-10-3 09：30：08

序号	启动时间	相对时间	动作相别	动作元件
0104	2021-10-3 09：28：19：658	0000ms		保护启动
		0599ms		失磁保护Ⅱ段
				跳闸出口1，跳闸出口2
				跳闸出口3，跳闸出口4
				跳闸出口18，跳闸出口19
				跳闸出口25，跳闸出口26
				跳闸出口27，跳闸出口28

图1-60　PCS-985B装置1.05倍失磁保护阻抗定值1(Z_1)动作报文

2）0.95倍失磁保护阻抗定值1(Z_1)校验。试验步骤如下：式(1-31)中m取0.95，重新计算故障相电流值并输入，重复上述操作步骤，保护装置只启动，失磁保护Ⅱ段不动作。试验数据如表1-76所示。

[79] 由式(1-31)计算得 $U_k = mZ_{1.set} \times I_K = 0.95\times1.92\times3.5=6.384$V。

表1-76　0.95倍失磁保护阻抗定值1(Z_1)校验数据

试验项目	状态一
U_A/V	6.384[79]∠0°
U_B/V	6.384∠−120°
U_C/V	6.384∠120°
I_A/A	3.5∠90°
I_B/A	3.5∠−30°

续表

试验项目	状态一
I_C/A	3.5∠−150°
触发方式	时间触发
试验时间	0.7s

观察保护动作结果，打印动作报文。保护启动，其动作报文如图1-61所示。

PCS-985B 发电机-变压器组保护装置动作报告

被保护设备：保护设备　　版本号：V3.02
管理序号：00483742　　打印时间：2021-10-3 09：36：05

序号	启动时间	相对时间	动作相别	动作元件
0105	2021-10-3 09：33：35：655	0000ms		保护启动

图1-61　PCS-985B装置0.95倍失磁保护阻抗定值1(Z_1)动作报文

3）1.2倍失磁保护阻抗定值1(Z_1)测试时间。试验步骤如下：时间接线需增加辅助接线完成，接线方式如图1-3所示；式（1-31）中m取1.2，重新计算故障相电流值并输入，重复上述操作步骤，并在开入量A对应的选择栏“□”里打“√”，并读取显示的时间量进行记录。

试验数据如表1-77所示。

表1-77　1.2倍失磁保护阻抗定值1(Z_1)校验数据

试验项目	状态一
U_A/V	8.064[80]∠0°
U_B/V	8.064∠−120°
U_C/V	8.064∠120°
I_A/A	3.5∠90°
I_B/A	3.5∠−30°
I_C/A	3.5∠−150°
触发方式	时间触发
试验时间	0.7s

[80] 由式（1-31）计算得：$U_k = mZ_{1.set} \times I_K = 1.2 \times 1.92 \times 3.5 = 8.064$V。

观察保护动作结果，打印动作报文。失磁保护Ⅱ段动作，其动作报文如图1-62所示。

PCS-985B 发电机-变压器组保护装置动作报告

被保护设备：保护设备　　版本号：V3.02
管理序号：00483742　　打印时间：2021-10-3 09:36:07

序号	启动时间	相对时间	动作相别	动作元件
0106	2021-10-3 09:35:06:478	0000ms		保护启动
		0597ms		失磁保护Ⅱ段
				跳闸出口 1，跳闸出口 2
				跳闸出口 3，跳闸出口 4
				跳闸出口 18，跳闸出口 19
				跳闸出口 25，跳闸出口 26
				跳闸出口 27，跳闸出口 28

图 1-62　PCS-985B 装置 0.95 倍失磁保护阻抗定值 1(Z_1) 动作报文

4) 0.95 倍失磁保护阻抗定值 2(Z_2) 校验。试验步骤如下：打开继电保护测试仪电源，选择“状态序列”模块，试验数据如表 1-78 所示。

表 1-78　0.95 倍失磁保护阻抗定值 2(Z_2) 校验数据

试验项目	状态一
U_A/V	36.1[81]∠0°
U_B/V	36.1∠−120°
U_C/V	36.1∠120°
I_A/A	1[82]∠90°[83]
I_B/A	1∠−30°
I_C/A	1∠−150°
触发方式	时间触发
试验时间	0.7s[84]

表 1-78 中三相电压幅值由下式计算

$$U_k = m Z_{2.set} I_K \tag{1-33}$$

式中　I_K——故障相电流幅值，本文固定 1A；

$Z_{2.set}$——失磁保护阻抗定值 1(Z_1)，读取定值清单 38Ω；

m——0.95。

在测试仪工具栏中点击“▶”，或按键中“run”键开始进行试验。观察保护动作结果，打印动作报文。失磁保护Ⅱ段动作，其动作报文如图 1-63 所示。

[81] 由式 (1-33) 计算得：$U_k = mZ_{2.set} \times I_K = 0.95 \times 38 \times 1 = 36.1$V。

[82] 本文采用，固定电流计算电压的方法，固定电流为 1A，且综合考虑辅助判据 $U_1 > 6$V，$U_2 < 6$V，$I_K > 0.1I_{ef}$。

[83] 满足异步圆校验阻抗要求，固定 A 相电压为 0°，设置本角度，且三相互差 120°。

[84] 由式 (1-32) 计算得 $t_m = t^{Ⅱ}_{s.set} + \Delta t = 0.6 + 0.1 = 0.7$s。

PCS-985B 发电机-变压器组保护装置动作报告

被保护设备：保护设备　　版本号：V3.02
管理序号：00483742　　打印时间：2021-10-3 09：37：12

序号	启动时间	相对时间	动作相别	动作元件
0107	2021-10-3 09：36：06：424	0000ms		保护启动
		0599ms		失磁保护Ⅱ段
				跳闸出口 1，跳闸出口 2
				跳闸出口 3，跳闸出口 4
				跳闸出口 18，跳闸出口 19
				跳闸出口 25，跳闸出口 26
				跳闸出口 27，跳闸出口 28

图 1-63　PCS-985B 装置 1.05 倍失磁保护阻抗定值 $2(Z_2)$ 动作报文

5）1.05 倍失磁保护阻抗定值 $2(Z_2)$ 校验。试验步骤如下：式（1-33）中 m 取 1.05，重新计算故障相电流值并输入，重复上述操作步骤，保护装置只启动，失磁保护Ⅱ段不动作。试验数据如表 1-79 所示。

表 1-79　1.05 倍失磁保护阻抗定值 $2(Z_2)$ 校验数据

试验项目	状态一
U_A/V	39.9[85]∠0°
U_B/V	39.9∠−120°
U_C/V	39.9∠120°
I_A/A	1∠90°
I_B/A	1∠−30°
I_C/A	1∠−150°
触发方式	时间触发
试验时间	0.7s

[85] 由式（1-33）计算得：$U_k = mZ_{2.set} \times I_K = 1.05 \times 38 \times 1 = 39.9$V。

观察保护动作结果，打印动作报文。保护启动，其动作报文如图 1-64 所示。

PCS-985B 发电机-变压器组保护装置动作报告

被保护设备：保护设备　　版本号：V3.02
管理序号：00483742　　打印时间：2021-10-3 09：38：05

序号	启动时间	相对时间	动作相别	动作元件
0108	2021-10-3 09：38：35：756	0000ms		保护启动

图 1-64　PCS-985B 装置 1.05 倍失磁保护阻抗定值 $2(Z_2)$ 动作报文

6）0.7 倍失磁保护阻抗定值 2(Z_2) 测试时间。试验步骤如下：时间接线需增加辅助接线完成，接线方式如图 1-4 所示；式（1-33）中 m 取 0.7，重新计算故障相电流值并输入，重复上述操作步骤，并在开入量 A 对应的选择栏“□”里打“√”，并读取显示的时间量进行记录。试验数据如表 1-80 所示。

[86] 由式（1-33）计算得：$U_k = mZ_{2.set} \times I_K = 0.7 \times 38 \times 1 = 26.6V$。

表 1-80　0.7 倍失磁保护阻抗定值 2(Z_2) 校验数据

试验项目	状态一
U_A/V	26.6[86]∠0°
U_B/V	26.6∠−120°
U_C/V	26.6∠120°
I_A/A	1∠90°
I_B/A	1∠−30°
I_C/A	1∠−150°
触发方式	时间触发
试验时间	0.7s

观察保护动作结果，打印动作报文。失磁保护Ⅱ段动作，其动作报文如图 1-65 所示。

PCS-985B 发电机-变压器组保护装置动作报告

被保护设备：保护设备　　版本号：V3.02

管理序号：00483742　　打印时间：2021-10-3 09：39：35

序号	启动时间	相对时间	动作相别	动作元件
0109	2021-10-3 09：39：17：890	0000ms		保护启动
		0599ms		失磁保护Ⅱ段
				跳闸出口 1，跳闸出口 2
				跳闸出口 3，跳闸出口 4
				跳闸出口 18，跳闸出口 19
				跳闸出口 25，跳闸出口 26
				跳闸出口 27，跳闸出口 28

图 1-65　PCS-985B 装置 0.7 倍失磁保护阻抗定值 2(Z_2) 动作报文

(2) 转子电压元件功能校验。转子电压元件校验其准确性，需分别校验“0.95 转子低电压定值”和“0.95 变励磁转子低电压定值”。

将表1-74中“Ⅰ和Ⅲ段阻抗判据投入”“Ⅰ、Ⅲ段转子电压判据投入”“Ⅱ段机端低电压判据投入”和“无功反向判据投入”控制字“0”，其他保持不变。增加发电机失磁用转子电压接线如图1-65所示。

1）0.95倍转子低电压定值功能校验。试验步骤如下：功率电流、电压取保护TA幅值，不取TA测量值，与内部配置参数一致。打开继电保护测试仪电源，选择“状态序列试验”模块。校验数据如表1-81所示。

表1-81　　0.95倍转子低电压定值校验数据

试验项目	状态一	
	幅值及相角	频率
U_A/V	26.6[87]∠0°	50Hz
U_B/V	26.6∠−120°	50Hz
U_C/V	26.6∠120°	50Hz
I_A/A	1∠90°	50Hz
I_B/A	1∠−30°	50Hz
I_C/A	1∠−150°	50Hz
U_a/V	28.5[88]	0Hz[89]
U_b/V	0	0Hz
U_c/V	0	0Hz
触发方式	时间触发	
试验时间	0.7s	

表1-81中三相电压幅值由下式计算

$$U_{k.1}=mU_{r.set} \tag{1-34}$$

式中　$U_{r.set}$——转子低电压定值，读取定值清单110V；

m——0.95。

$$U_{k.2}=mK_{rs}P^{*}U_{f0.set} \tag{1-35}$$

式中　K_{rs}——转子低电压判据系数定值，读取定值清单2.27；

P^{*}——运行中某一有功标幺值；

$U_{f0.set}$——转子空载电压定值，读取定值清单110V；

m——0.95。

[87] 采用0.7倍Z_2定值，保证测量阻抗比在异步阻抗圆内。

[88] 失磁判据，转子电压输出，对应表中电流电压值对应的P^{*}，计算式（1-34）和式（1-35）计算值，大值为转子低电压动作值，所以计算得：$U_k=mU_{r.set}=0.95\times30=28.5$V。

[89] 转子电压为直流输出，频率为0。

在测试仪工具栏中点击“▶”，或按键中“run”键开始进行试验。观察保护动作结果，打印动作报文。失磁保护Ⅱ段动作，其动作报文如图1-66所示。

PCS-985B 发电机-变压器组保护装置动作报告

被保护设备：保护设备　　版本号：V3.02
管理序号：00483742　　打印时间：2021-10-3 09：43：46

序号	启动时间	相对时间	动作相别	动作元件
0110	2021-10-3 09：40：22：567	0000ms		保护启动
		0609ms		失磁保护Ⅱ段
				跳闸出口1，跳闸出口2
				跳闸出口3，跳闸出口4
				跳闸出口18，跳闸出口19
				跳闸出口25，跳闸出口26
				跳闸出口27，跳闸出口28

图1-66　PCS-985B装置0.95倍转子低电压定值动作报文

2）0.95倍变励磁转子低电压定值功能校验。试验步骤如下：打开继电保护测试仪电源，功率电流、电压取保护TA幅值，不取测量TA值，与内部配置参数一致。

选择“状态序列试验”模块。

试验数据如表1-82所示。

表1-82　0.95倍变励磁转子低电压定值校验数据

试验项目	状态一	
	幅值及相角	频率
U_A/V	46.8[90]∠0°	50Hz
U_B/V	46.8∠−120°	50Hz
U_C/V	46.8∠120°	50Hz
I_A/A	2∠60°[91]	50Hz
I_B/A	2∠180°	50Hz
I_C/A	2∠−60°	50Hz
U_a/V	48.63[92]	0Hz[93]
U_b/V	0	0Hz
U_c/V	0	0Hz
触发方式	时间触发	
试验时间	0.7s	

[90] 固定$I_k=2A$，$\phi=60°$，该方向的Z边界值为33.43Ω，取0.7Z时，$U_k=2\times0.7\times33.43=46.8V$。

[91] 固定$I_k=2A$，$\phi=60°$。

[92] 根据式（1-40）可知：因为$P^*=\frac{U_k\times I_k\times\cos\phi}{U_N\times I_{ef}}=\frac{46.8\times2\times0.5}{57.735\times3.96}=0.205$，所以$U_{k.2}=m\times K_{rs}\times P^*\times U_{f0.set}=0.95\times2.27\times0.205\times110=48.63V$，可靠动作，当$m$取1.05时，可本节不另校验。

[93] 转子电压为直流输出，频率为0。

表 1-82 中三相电压幅值由下式计算

$$U_{k.1}=mU_{r.set} \tag{1-36}$$

式中 $U_{r.set}$——转子低电压定值，读取定值清单 30V；

m——0.95。

$$U_{k.2}=m\times K_{rs}\times P^{*}\times U_{f0.set} \tag{1-37}$$

式中 K_{rs}——转子低电压判据系数定值，读取定值清单 2.27；

P^{*}——运行中某一有功标幺值；

$U_{f0.set}$——转子空载电压定值，读取定值清单 110V；

m——0.95。

校验本试验，要求变励磁转子低电压定值大于转子低电压定值。在测试仪工具栏中点击“▶”，或按键中“run”键开始进行试验。观察保护动作结果，打印动作报文。失磁保护Ⅱ段动作，其动作报文如图 1-67 所示。

PCS-985B 发电机-变压器组保护装置动作报告

被保护设备：保护设备　　版本号：V3.02
管理序号：000483742　　打印时间：2021-10-3 09：43：46

序号	启动时间	相对时间	动作相别	动作元件
0110	2021-10-3 09：40：22：567	0000ms		保护启动
		0609ms		失磁保护Ⅱ段
				跳闸出口 1，跳闸出口 2
				跳闸出口 3，跳闸出口 4
				跳闸出口 18，跳闸出口 19
				跳闸出口 25，跳闸出口 26
				跳闸出口 27，跳闸出口 28

图 1-67 PCS-985B 装置 0.95 倍变励磁转子低电压定值动作报文

(3) 母线低电压元件功能校验。失磁保护Ⅰ段电压闭锁判据采用母线低电压元件、失磁保护Ⅱ段电压闭锁判据采用机端低电压元件，本文以失磁保护Ⅰ段为例校验母线低电压元件，其控制字要求，将表 1-74 中“Ⅱ和Ⅲ段阻抗判据投入”“Ⅱ、Ⅲ段转子电压判据投入”和“无功反向判据投入”控制字“0”，其他保持不变，且做完本试验还原控制字。

电压接线采用主变压器高压侧电压回路接线方式如图 1-58 所示。

1）$0.95U_{d.set}$母线低电压定值校验。试验步骤如下：打开继电保护测试仪电源，选择“状态序列”模块。试验数据如表1-83所示。

[94] 施加与母线电压相同量。

[95] 由式（1-39）计算得：$I_k=\frac{U_k}{mZ_{2.set}}=\frac{49.36}{0.7\times38}=1.86A$，此时数据保证Z元件动作。

[96] 由式（1-38）计算得：$U_k=\frac{mU_{d.set}}{\sqrt{3}}=\frac{0.95\times90}{\sqrt{3}}=49.36V$。

表1-83　$0.95U_{d.set}$母线低电压定值校验数据

试验项目	状态一
U_A/V	49.36[94]∠0°
U_B/V	49.36∠−120°
U_C/V	49.36∠120°
I_A/A	1.86[95]∠90°
I_B/A	1.86∠−30°
I_C/A	1.86∠−150°
U_a/V	49.36[96]∠0°
U_b/V	49.36∠−120°
U_c/V	49.36∠120°
触发方式	时间触发
试验时间	0.6s

表1-83中三相电压幅值计算公式如下

$$U_k=mU_{d.set}/\sqrt{3} \tag{1-38}$$

式中　$U_{d.set}$——母线低电压定值，读取定值清单90V；

m——0.95。

$$I_k=U_k/mZ_{2.set} \tag{1-39}$$

式中　$Z_{2.set}$——失磁保护阻抗定值2(Z_2)，读取定值清单38Ω；

m——0.7。

在测试仪工具栏中点击“▶”，或按键中“run”键开始进行试验。

观察保护动作结果，打印动作报文。失磁保护Ⅰ段动作，其动作报文如图1-68所示。

PCS-985B 发电机-变压器组保护装置动作报告

被保护设备：保护设备　　版本号：V3.02
管理序号：00483742　　打印时间：2021-10-3 09：45：23

序号	启动时间	相对时间	动作相别	动作元件
0112	2021-10-3 09：44：27：589	0000ms		保护启动
		0498ms		失磁保护Ⅰ段
				跳闸出口 1，跳闸出口 2
				跳闸出口 3，跳闸出口 4
				跳闸出口 18，跳闸出口 19
				跳闸出口 25，跳闸出口 26
				跳闸出口 27，跳闸出口 28

图 1-68　PCS-985B 装置 0.95$U_{d.set}$母线低电压定值动作报文

2）1.05$U_{d.set}$母线低电压定值校验。试验步骤如下：式（1-38）中 m 取 1.05，重新计算故障相电流值并输入，重复上述操作步骤，保护装置只启动，失磁保护Ⅰ段不动作。

试验数据如表 1-84 所示。

表 1-84　　1.05$U_{d.set}$母线低电压定值校验数据

试验项目	状态一
U_A/V	49.36∠0°
U_B/V	49.36∠−120°
U_C/V	49.36∠120°
I_A/A	1.86∠90°
I_B/A	1.86∠−30°
I_C/A	1.86∠−150°
U_a/V	54.56[97]∠0°
U_b/V	54.56∠−120°
U_c/V	54.56∠120°
触发方式	时间触发
试验时间	0.6s

[97] 由式（1-38）计算得：$U_k = \frac{mU_{d.set}}{\sqrt{3}} = \frac{1.05\times 90}{\sqrt{3}} =$ 54.56V，与发电机机端电压计算方法相同。

在测试仪工具栏中点击“▶”，或按键中“run”键开始进行试验。观察保护动作结果，打印动作报文。保护启动，其动作报文如图 1-69 所示。

PCS-985B 发电机-变压器组保护装置动作报告

被保护设备：保护设备　　版本号：V3.02
管理序号：00483742　　打印时间：2021-10-3 09：47：03

序号	启动时间	相对时间	动作相别	动作元件
0113	2021-10-3 09：46：16：898	0000ms		保护启动

图 1-69　PCS-985B 装置 $1.05U_{d.set}$ 母线低电压定值动作报文

（4）无功反向元件功能校验。本文以失磁保护Ⅱ段为例校验无功反向元件，其控制字要求，将表 1-74 中“Ⅰ和Ⅲ段阻抗判据投入”“Ⅰ、Ⅲ段转子电压判据投入”控制字“0”，其他保持不变。

电压接线采用发电机机端电压回路接线方式，如图 1-23 所示。

1）1.05 倍无功反向定值功能校验。试验步骤如下：功率电流、电压取保护 TA 幅值，不取 TA 测量值，与内部配置参数一致。打开继电保护测试仪电源，选择“状态序列”模块。试验数据如表 1-85 所示。

表 1-85　　1.05 倍无功反向定值校验数据

试验项目	状态一	
	幅值及相角	频率
U_A/V	21.6[98]$\angle 0°$	50Hz
U_B/V	21.6$\angle -120°$	50Hz
U_C/V	21.6$\angle 120°$	50Hz
I_A/A	1[99]$\angle 90°$[100]	50Hz
I_B/A	1$\angle -30°$	50Hz
I_C/A	1$\angle -150°$	50Hz
U_a/V	28.5[101]	0Hz[102]
U_b/V	0	0Hz
U_c/V	0	0Hz
触发方式	时间触发	
试验时间	0.7s	

[98] 1. $m=1.05$ 时，由式（1-40）计算得 $Q_k=-21.6$ 时，固定 $I_K=1$A；$\phi=-90°$ 时，$\sin\phi=-1$，且在第四象限。
2. 此时由式（1-41）计算得：$U_k=\frac{Q_k}{I_k}\times\sin\phi=\frac{21.6}{1}=21.6$V。
3. 此时 $Z=\frac{U_k}{I_k}=21.6\Omega<38\Omega$，保证测量阻抗在圆内。

[99] 固定电流 1A。

[100] 电压和电流夹角为 90°时，阻抗元件整定值在此角度，本试验取此角度，方便计算且保证测量阻抗在园内。

[101] 失磁判据，转子电压输出，由式（1-36）计算得：$U_k=mU_{r.set}=0.95\times30=28.5$V，满足转子电压判据，保证失磁保Ⅱ段正常出口条件。

[102] 转子电压为直流输出，频率为 0Hz。

表 1-85 中三相电压幅值由下式计算

$$Q_k = (-10\%)mU_n I_{ef}\cos\phi \\ = 1.05 \times -10\% \times 57.735 \times 3.96 \times 0.9 = -21.6 \tag{1-40}$$

式中 U_n——额定电压，其值为 57.735V；

I_{ef}——发电机额定电流，由式（1-1）计算得 3.96A；

$\cos\phi$——发电机功率因数，读定值清单为 0.9；

m——1.05。

$$Q_k = U_k I_k \sin\phi \tag{1-41}$$

式中 U_k——故障相电压；

I_k——故障相电流。

在测试仪工具栏中点击“▶”，或按键中“run”键开始进行试验。

观察保护动作结果，打印动作报文。失磁保护Ⅱ段动作，其动作报文如图 1-70 所示。

PCS-985B 发电机-变压器组保护装置动作报告

被保护设备：保护设备　　版本号：V3.02
管理序号：00483742　　打印时间：2021-10-3 09：56：43

序号	启动时间	相对时间	动作相别	动作元件
0116	2021-10-3 09：55：17：456	0000ms		保护启动
		0599ms		失磁保护Ⅱ段
				跳闸出口 1，跳闸出口 2
				跳闸出口 3，跳闸出口 4
				跳闸出口 18，跳闸出口 19
				跳闸出口 25，跳闸出口 26
				跳闸出口 27，跳闸出口 28

图 1-70　PCS-985B 装置 1.05 倍无功反向定值动作报文

2）0.95 倍无功反向定值功能校验。试验步骤如下：式（1-40）中 m 取 0.95，重新计算故障相电流值并输入，重复上述操作步骤，保护装置只启动，失磁保护Ⅱ段不动作。

试验数据如表 1-86 所示。

[103] $m=0.95$ 时，由式（1-40）计算得 $Q_k=-19.55$，固定 $I_K=1A$；$\phi=-90°$ 时，$\sin\phi=-1$，且在第四象限。此时，由式（1-41）计算得：$U_k=\frac{Q_k}{I_k\times\sin\phi}=\frac{19.55}{1}=19.55V$。此时 $Z=\frac{U_k}{I_k}=19.55\Omega<38\Omega$，保证测量阻抗在圆内。

表 1-86　0.95 倍无功反向定值校验数据

试验项目	状态一	
	幅值及相角	频率
U_A/V	19.55[103]∠0°	50Hz
U_B/V	19.55∠−120°	50Hz
U_C/V	19.55∠120°	50Hz
I_A/A	1∠90°	50Hz
I_B/A	1∠−30°	50Hz
I_C/A	1∠−150°	50Hz
U_a/V	28.5	0Hz
U_b/V	0	0Hz
U_c/V	0	0Hz
触发方式	时间触发	
试验时间	0.7s	

在测试仪工具栏中点击“▶”，或按键中“run”键开始进行试验。

观察保护动作结果，打印动作报文。保护启动，其动作报文如图 1-71 所示。

PCS-985B 发电机-变压器组保护装置动作报告

被保护设备：保护设备　　版本号：V3.02

管理序号：00483742　　打印时间：2021-10-3 09：57：56

序号	启动时间	相对时间	动作相别	动作元件
0117	2021-10-3 09：57：16：457	0000ms		保护启动

图 1-71　PCS-985B 装置 0.95 倍无功反向定值动作报文

5. 试验记录

将阻抗元件功能校验结果记录至表 1-87，并根据表中空白项，选取不同相别，重复试验步骤，补齐 1-87 表中内容，所有数据均符合要求，PCS-985B 的阻抗元件功能校验合格。

表 1-87　　阻抗元件功能试验数据记录表

项目	整定值	失磁保护Ⅰ段	失磁保护Ⅱ段	失磁保护Ⅲ段
Z_1	$1.05Z_1$			
	$0.95Z_1$			
	$1.2Z_1$			
Z_2	$0.95Z_2$			
	$1.05Z_2$			
	$0.7Z_2$			

将转子电压元件功能校验结果记录至表 1-88，并根据表中空白项，选取不同相别，重复试验步骤，补齐表 1-88 内容，所有数据都符合要求，PCS-985B 的转子电压元件功能校验合格。

表 1-88　　转子电压元件功能校验数据记录表

项目	整定值	失磁保护Ⅰ段	失磁保护Ⅱ段	失磁保护Ⅲ段
U_r	$0.95U_r$			
	$1.05U_r$			

将母线低电压元件功能校验结果记录至表 1-89 中，并根据表中空白项，选取不同相别，重复试验步骤，补齐表 1-89 内容，所有数据都符合要求，PCS-985B 的母线低电压元件合格。

表 1-89　　母线低电压元件功能校验数据记录表

项目	整定值	失磁保护Ⅰ段	失磁保护Ⅱ段	失磁保护Ⅲ段
发电机机端电压	$1.05U$	—		—
	$0.95U$	—		—
主变压器高压侧电压	$0.95U$		—	—
	$1.05U$		—	—

将无功反向元件功能校验结果记录至表 1-90，并根据表中空白项，选取不同相别，重复试验步骤，补齐表 1-90 内容，所有数据都符合要求，PCS-985B 的无功反向元件功能校验合格。

表 1-90　　无功反向元件功能校验数据记录表

项目	整定值	失磁保护Ⅰ段	失磁保护Ⅱ段	失磁保护Ⅲ段
Q_f	$1.05Q_f$			
	$0.95Q_f$			

1.2.9 发电机失步保护校验

大机组典型发电机失步保护的典型配置分为区外失步和区内失步保护，分别对应区外滑极数和区内滑极数定值，且一般区外失步发信号，区内失步全停。

1. 试验目的

发电机失步保护功能校验。

2. 试验准备

校验前需要明确发电机-变压器组装置的系统参数、相关定值、跳闸出口控制字及连接片情况。

（1）保护硬压板设置。PCS-985B 投入保护装置上投入“检修状态投入”“投入发电机失步保护”硬压板，退出其他出口硬压板。

（2）定值与控制字设置。定值（控制字）设置步骤为：菜单选择→定值设置→系统参数→投入总控制字值，设置“发电机失步保护投入”为“1”，再输入口令进行确认保存。

继续进行选择菜单选择→定值设置→保护定值，按“↑↓←→”键选择定值与控制字，设置好之后再输入口令进行确认保存。定值与控制字设置如表 1-91 所示。

[104] 为了便于试验观察，本书都采用跳闸出口，实际运行区外失步发信，区内失步跳闸。

表 1-91 PCS-985B 发电机失步保护定值与控制字设置

定值名称	参数值	控制字名称	参数值
失步保护阻抗定值 Z_A	3.37Ω	跳闸允许电流（折算至机端）	46A
失步保护阻抗定值 Z_B	3.85Ω	失步保护跳闸控制字	1E0C001F
失步保护阻抗定值 Z_C	2.37Ω	区外失步动作于信号	0[104]
灵敏角定值	85°	区外失步动作于跳闸	1
透镜内角	120°	区内失步动作于信号	0
区外滑极数整定	3	区内失步动作于跳闸	1
区内滑极数整定	2		

3. 试验接线

（1）装置接地。将测试仪装置接地端口与被测保护装置的接地铜牌相连接，如图 1-1 所示。

（2）电压回路接线。发电机机端电压回路接线方式如

图 1-15 所示。

（3）电流回路接线。发电机机端电流回路接线方式如图 1-9 所示。

4. 试验步骤

发电机失步保护采用三元件失步保护继电特性，把阻抗平面分成四个区“OL、IL、IR、OR”，Z_C 电抗线用于区分振动中心是否位于发电机内部，阻抗顺序穿过区外或区内一次，滑极计数一次，分别达到不同的整定值时，失步保护动作，为校验失步保护的准确性，分别校验失步保护上端阻抗 Z_A、失步保护下端阻抗 Z_B 和透镜电抗线阻抗 Z_C 的功能。

（1）失步保护上端阻抗 Z_A 功能校验。

1）$0.95Z_{A.set}$上端阻抗定值功能校验。试验步骤如下：打开继电保护测试仪电源，选择“交流试验”模块。试验数据如表 1-92 所示。

表 1-92 $0.95Z_{A.set}$上端阻抗定值校验数据

试验项目	状态一	变	步长
U_A/V	9.605[105]∠0°	√[106]	1[107]
U_B/V	9.605∠−120°	√	1
U_C/V	9.605∠120°	√	1
I_A/A	3[108]∠0°[109]		1
I_B/A	3∠−120°		1
I_C/A	3∠120°		1
变化方式	手动试验		
间隔时间	0		

表 1-92 中三相电压幅值由下式计算

$$U_k = mZ_{A.set}I_K \tag{1-42}$$

式中 I_K——故障相电流幅值，本文固定 3A；

$Z_{A.set}$——失步保护上端阻抗定值，读取定值清单 3.37Ω；

m——0.95。

在测试仪工具栏中点击“▶”，或按键中“run”键开始进行试验。

[105] 由式（1-42）计算得：$U_k = mZ_{1.set} \times I_K = 0.95 \times 3.37 \times 3 = 9.605$V。

[106] 校验 $0.95Z_{A.set}$ 阻抗时，发生一次区外加速失步，电压的角度从 0°变化到 180°，“√”代表相角没次增加一个步长“1°”。

[107] 本试验设置“1°”，为相角变化步长。

[108] 本文采用，固定电流计算电压的方法，固定电流为 3A，方便计算。

[109] 固定 A 相电压为 0°，电流和电压同相，刚好与 R 轴通方向，此时改变角度，校验加速失步。

点击工具栏“▲”键，观察保护装置“区外振荡滑极次数”增加“1”次后，点击工具栏“▼”，如此反复，当“区外振荡滑极次数”变化到“3”达到整定值时，失步保护动作。

观察保护动作结果，打印动作报文。失步保护动作，其动作报文如图 1-72 所示。

PCS-985B 发电机-变压器组保护装置动作报告

被保护设备：保护设备　　版本号：V3.02

管理序号：00483742　　打印时间：2021-10-3 10：02：43

序号	启动时间	相对时间	动作相别	动作元件
0118	2021-10-3 10：01：17：327	0000ms		保护启动
		10 330ms		区外失步
				跳闸出口 1，跳闸出口 2
				跳闸出口 3，跳闸出口 4
				跳闸出口 18，跳闸出口 19
				跳闸出口 25，跳闸出口 26
				跳闸出口 27，跳闸出口 28

图 1-72　PCS-985B 装置 $0.95Z_{A.set}$ 上端阻抗定值动作报文

2）$1.05Z_{A.set}$ 上端阻抗定值功能校验。试验步骤如下：式（1-42）中，m 取 1.05，重新计算故障相电流值并输入，重复上述操作步骤，滑极不计数，失步保护不动作。试验数据如表 1-93 所示。

表 1-93　　$1.05Z_{A.set}$ 上端阻抗定值校验数据

试验项目	状态一	变	步长
U_A/V	10.62[110]∠0°	√	1
U_B/V	10.62∠−120°	√	1
U_C/V	10.62∠120°	√	1
I_A/A	3∠0°		1
I_B/A	3∠−120°		1
I_C/A	3∠120°		1
变化方式	手动试验		
间隔时间	0		

[110] 由式（1-42）计算得：$U_k = mZ_{1.set}I_K = 1.05 \times 3.37 \times 3 = 10.62$V。

观察保护动作结果，打印动作报文。保护启动，其动作报文如图 1-73 所示。

PCS-985B 发电机-变压器组保护装置动作报告

被保护设备：保护设备　　版本号：V3.02
管理序号：00483742　　打印时间：2021-10-3 10：07：16

序号	启动时间	相对时间	动作相别	动作元件
0119	2021-10-3 10：05：16：347	0000ms		保护启动

图 1-73　PCS-985B装置 $1.05Z_{A.set}$上端阻抗定值动作报文

（2）失步保护下端阻抗 Z_B 功能校验。

1）$0.95Z_{B.set}$下端阻抗定值功能校验。试验步骤如下：打开继电保护测试仪电源，选择“交流试验”模块。试验数据如表 1-94 所示。

表 1-94　$0.95Z_{B.set}$下端阻抗定值校验数据

试验项目	状态一	变	步长
U_A/V	10.97[111]∠0°[134]	√[112]	1
U_B/V	10.97∠−120°	√	1
U_C/V	10.97∠120°	√	1
I_A/A	3[113]∠0°[114]		1[115]
I_B/A	3∠−120°		1
I_C/A	3∠120°		1
变化方式	手动试验		
间隔时间	0		

表 1-94 中三相电压幅值由下式计算

$$U_k = mZ_{B.set} I_K \tag{1-43}$$

式中　I_K——故障相电流幅值，本文固定 3A；

$Z_{B.set}$——失步保护下端阻抗定值，读取定值清单 3.85Ω；

m——0.95。

在测试仪工具栏中点击“▶”，或按键中“run”键开始进行试验。

[111] 由式（1-43）计算得：$U_k = mZ_{B.set} I_K = 0.95 \times 3.85 \times 3 = 10.97$V。

[112]校验 $0.95Z_{B.set}$阻抗时，发生一次区外加速失步，相角需从 0°变化到 180°，“√”代表相角每次增加一个步长“1°”。

[113] 本文采用固定电流计算电压的方法，固定电流为 3A，方便计算。

[114] 固定 A 相电压为 0°，电流和电压同相，刚好与 R 轴同方向，此时改变角度，校验加速失步。

[115] 相角没间隔时间变化幅度，本试验设置“1°”。

点击工具栏“▲”键，观察保护装置“区内振荡滑极次数”增加“1”次后，点击工具栏“▼”，如此反复，当“区内振荡滑极次数”变化到“2”，达到整定值时，失步保护动作。

观察保护动作结果，打印动作报文。失步保护动作，其动作报文如图 1-74 所示。

PCS-985B 发电机-变压器组保护装置动作报告

被保护设备：保护设备　　版本号：V3.02

管理序号：00483742　　打印时间：2021-10-3 10：07：35

序号	启动时间	相对时间	动作相别	动作元件
0120	2021-10-3 10：06：35：679	0000ms		保护启动
		9100ms		区内失步
				跳闸出口 1，跳闸出口 2
				跳闸出口 3，跳闸出口 4
				跳闸出口 18，跳闸出口 19
				跳闸出口 25，跳闸出口 26
				跳闸出口 27，跳闸出口 28

图 1-74　PCS-985B 装置 $0.95Z_{B.set}$ 上端阻抗定值动作报文

2）$1.05Z_{B.set}$ 下端阻抗定值功能校验。试验步骤如下：式（1-43）中 m 取 1.05，重新计算故障相电流值并输入，重复上述操作步骤，滑极不计数，失步保护不动作。试验数据如表 1-95 所示。

[116] 由式（1-43）计算得：$U_k = mZ_{B.set}I_K = 1.05 \times 3.85 \times 3 = 12.13V$。

表 1-95　$1.05Z_{B.set}$ 下端阻抗定值校验数据

试验项目	状态一	变	步长
U_A/V	12.13[116]∠∠0°	√	1
U_B/V	12.13∠−120°	√	1
U_C/V	12.13∠120°	√	1
I_A/A	3∠0°		1
I_B/A	3∠−120°		1
I_C/A	3∠120°		1
变化方式	自动增加		
间隔时间	0.002s		

观察保护动作结果，打印动作报文。保护启动，其动作报文如图 1-75 所示。

PCS-985B 发电机-变压器组保护装置动作报告

被保护设备：保护设备　　版本号：V3.02
管理序号：00483742　　打印时间：2021-10-3 10：09：12

序号	启动时间	相对时间	动作相别	动作元件
0121	2021-10-3 10：08：36：389	0000ms		保护启动

图 1-75　PCS-985B 装置 $1.05Z_{B.set}$ 上端阻抗定值动作报文

（3）失步保护透镜电抗线阻抗 Z_C 功能校验。

1）$0.95Z_{C.set}$ 透镜电抗线阻抗定值功能校验。试验步骤如下：打开继电保护测试仪电源，选择“交流试验”模块。试验数据如表 1-96 所示。

表 1-96　$0.95Z_{C.set}$ 透镜电抗线阻抗定值校验数据

试验项目	状态一	变	步长
U_A/V	6.75[117]∠0°	√[118]	1
U_B/V	6.75∠−120°	√	1
U_C/V	6.75∠120°	√	1
I_A/A	3[119]∠0°[120]		1[121]
I_B/A	3∠−120°		1
I_C/A	3∠120°		1
变化方式	手动试验		
间隔时间	0		

表 1-96 中三相电压幅值由下式计算

$$U_k = mZ_{C.set}I_K \tag{1-44}$$

式中　I_K——故障相电流幅值，本文固定 3A；

$Z_{C.set}$——透镜电抗线阻抗定值，读取定值清单 2.37Ω；

m——0.95。

在测试仪工具栏中点击“▶”，或按键中“run”键开始进行试验。

点击工具栏“▲”键，观察保护装置“区内振荡滑极

[117] 由式（1-44）计算得：$U_k = mZ_{C.set} \times I_K = 0.95 \times 2.37 \times 3 = 6.75$V。

[118] 校验 $0.95Z_{B.set}$ 阻抗时，发生一次区外加速失步，电压超前电流相角需从 0°变化到 180°，“√”代表相角每次增加一个步长“1°”。

[119] 本文采用，固定电流计算电压的方法，固定电流为 3A，方便计算。

[120] 固定 A 相电压为 0°，电流和电压同相，刚好与 R 轴同方向，此时改变角度，校验加速失步。

[121] 相角没间隔时间变化幅度，本试验设置“1°”。

次数”增加“1”次后，点击工具栏“▼”，如此反复，当“区内振荡滑极次数”变化到“2”达到整定值时，失步保护动作。

观察保护动作结果，打印动作报文。失步保护动作，其动作报文如图 1-76 所示。

PCS-985B 发电机-变压器组保护装置动作报告

被保护设备：保护设备　　版本号：V3.02

管理序号：00483742　　打印时间：2021-10-3 10：11：16

序号	启动时间	相对时间	动作相别	动作元件
0122	2021-10-3 10：10：45：987	0000ms		保护启动
		9169ms		区内失步
				跳闸出口 1，跳闸出口 2
				跳闸出口 3，跳闸出口 4
				跳闸出口 18，跳闸出口 19
				跳闸出口 25，跳闸出口 26
				跳闸出口 27，跳闸出口 28

图 1-76　PCS-985B 装置 $0.95Z_{C.set}$ 透镜电抗线阻抗定值动作报文

2）$1.05Z_{C.set}$ 透镜电抗线阻抗定值功能校验。试验步骤如下：式（1-44）中 m 取 1.05，重新计算故障相电流值并输入，重复上述操作步骤。试验数据如表 1-97 所示。

[122] 由式（1-44）计算得：$U_k = mZ_{C.set}I_K = 1.05 \times 2.37 \times 3 = 7.47V$。

表 1-97　$1.05Z_{C.set}$ 透镜电抗线阻抗定值校验数据

试验项目	状态一	变	步长
U_A/V	7.47[122]∠∠0°	√	1
U_B/V	7.47∠−120°	√	1
U_C/V	7.47∠120°	√	1
I_A/A	3∠0°		1
I_B/A	3∠−120°		1
I_C/A	3∠120°		1
变化方式	手动试验		
间隔时间	0		

在测试仪工具栏中点击“▶”，或按键中“run”键开始进行试验。

点击工具栏“▲”键，观察保护装置“区外振荡滑极次数”增加“1”次后，点击工具栏“▼”，如此反复，当“区外振荡滑极次数”变化到“3”，达到整定值时，失步保护动作。

观察保护动作结果，打印动作报文。失步保护动作，其动作报文如图 1-77 所示。

PCS-985B 发电机-变压器组保护装置动作报告

被保护设备：保护设备　　版本号：V3.02
管理序号：00483742　　打印时间：2021-10-3 10：14：06

序号	启动时间	相对时间	动作相别	动作元件
0123	2021-10-3 10：13：45：922	0000ms		保护启动
		12 030ms		区外失步
				跳闸出口 1，跳闸出口 2
				跳闸出口 3，跳闸出口 4
				跳闸出口 18，跳闸出口 19
				跳闸出口 25，跳闸出口 26
				跳闸出口 27，跳闸出口 28

图 1-77　PCS-985B 装置 $1.05Z_{C.set}$ 透镜电抗线阻抗定值动作报文

5. 试验记录

将发电机失步保护校验结果记录至表 1-98，并根据表中空白项，选取不同相别，重复试验步骤，补齐表 1-98 内容，所有数据都符合要求，PCS-985B 的发电机失步保护功能校验合格。

表 1-98　发电机失步保护功能试验数据记录表

项目	整定值	失步保护滑极计数次数
Z_A	$0.95Z_A$	
	$1.05Z_A$	
Z_B	$0.95Z_B$	
	$1.05Z_B$	
Z_C	$0.95Z_C$	
	$1.05Z_C$	

1.2.10 发电机电压保护校验

大机组典型发电机电压保护的典型配置为两段发电机过电压保护配置，且一般过电压Ⅰ段动作于全停，过电压Ⅱ段动作于发信号。

1. 试验目的

发电机电压保护功能及时间校验。

2. 试验准备

校验前需要明确发电机-变压器组装置的系统参数、相关定值、跳闸出口控制字及连接片情况。

（1）保护硬压板设置。PCS-985B 投入保护装置上投入“检修状态投入”“投入发电机电压保护”硬压板，退出“远方操作投入”硬压板，退出其他出口硬压板。

（2）定值与控制字设置。定值（控制字）设置步骤：菜单选择→定值设置→系统参数→投入总控制字值，设置“发电机电压保护投入”为“1”，再输入口令进行确认保存。

菜单选择→定值设置→保护定值，按“↑ ↓← →”键选择定值与控制字，设置好之后再输入口令进行确认保存。

定值与控制字设置如表 1-99 所示。

[123] 为了便于试验观察，本书都采用跳闸出口，实际运行一般过压Ⅰ段跳闸，过压Ⅱ段和低电压发信号。

表 1-99　PCS-985B 发电机电压保护定值与控制字设置

定值名称	参数值	控制字名称	参数值
过电压Ⅰ段定值	130V	过电压Ⅱ段跳闸控制字	00001[123]
过电压Ⅰ段延时	0.5s		
过电压Ⅰ段跳闸控制字	1E0C001F		
过电压Ⅱ段定值	110V		
过电压Ⅱ段延时	5s		

3. 试验接线

（1）装置接地。将测试仪装置接地端口与被测保护装置的接地铜牌相连接，其如图 1-1 所示。

（2）电压回路接线。发电机机端电压回路接线方式如图 1-15 所示。

（3）电流回路接线。发电机机端电流回路接线方式如图 1-9 所示。

（4）时间测试回路。时间测试辅助接线方式如图 1-3 所示。

4. 试验步骤

发电机过电压保护配置两段，为校验发电机电压保护的准确性，应分别校验。

（1）1.05$U_{g.set}^{I}$过电压Ⅰ段定值[124]功能校验。试验步骤如下：打开继电保护测试仪电源，选择“状态序列”模块。试验数据如表1-100所示。

表1-100　1.05$U_{g.set}^{I}$过电压Ⅰ段定值校验数据

试验项目	状态一
U_A/V	78.8[125]∠0°
U_B/V	78.8∠−120°
U_C/V	78.8∠120°
I_A/A	0[126]∠0°[127]
I_B/A	0∠−120°
I_C/A	0∠120°
触发方式	时间触发
试验时间	0.6s[128]

表1-100中三相电压幅值由下式计算

$$U_k = mU_{g.set}^{I}/\sqrt{3} \tag{1-45}$$

式中　U_k——故障相电压幅值；

$U_{g.set}^{I}$——过电压Ⅰ段定值，读取定值清单130V；

m——1.05。

$$t = t_{g.set}^{I} + \Delta t \tag{1-46}$$

式中　$t_{g.set}^{I}$——过电压Ⅰ段时间定值，读取定值清单为0.5s；

Δt——时间裕度，固定取0.1s。

在测试仪工具栏中点击“▶”，或按键中“run”键开始进行试验。

观察保护动作结果，打印动作报文。过电压Ⅰ段动作，其动作报文如图1-78所示。

[124] 过电压保护配置两段，本书以过电压Ⅰ段为例进行功能及时间校验，过压Ⅱ段校验方法类推，Ⅰ段不受并网状态闭锁，当并网后闭锁过电压Ⅱ段保护。

[125] 由式（1-45）计算得：$U_k = \frac{mU_{g.set}^{I}}{\sqrt{3}} = 1.05 \times 130/\sqrt{3} = 78.8$V。

[126] 过电压保护不判电流，设置0A即可。

[127] 过电压保护不判方向，相角可不设置。

[128] 由式（1-46）计算得：$t = t_{g.set}^{I} + \Delta t = 0.5 + 0.1 = 0.6$s。

PCS-985B 发电机-变压器组保护装置动作报告

被保护设备：保护设备　　版本号：V3.02
管理序号：00483742　　打印时间：2021-10-3 10：16：06

序号	启动时间	相对时间	动作相别	动作元件
0124	2021-10-3 10：15：45：678	0000ms		保护启动
		0499ms		发电机过电压Ⅰ段
				跳闸出口 1，跳闸出口 2
				跳闸出口 3，跳闸出口 4
				跳闸出口 18，跳闸出口 19
				跳闸出口 25，跳闸出口 26
				跳闸出口 27，跳闸出口 28
				跳闸出口 11，跳闸出口 12

图 1-78　PCS-985B 装置 $1.05U^{\mathrm{I}}_{\mathrm{g.set}}$ 过电压Ⅰ段定值动作报文

（2）$0.95U^{\mathrm{I}}_{\mathrm{g.set}}$ 过电压Ⅰ段定值功能校验。试验步骤如下：式（1-45）中 m 取 0.95，重新计算故障相电流值并输入，重复上述操作步骤，保护装置只启动，过电压Ⅰ段保护不动作。

试验数据如表 1-101 所示。

表 1-101　$0.95U^{\mathrm{I}}_{\mathrm{g.set}}$ 过电压Ⅰ段定值校验数据

试验项目	状态一
U_A/V	71.3[129]∠0°
U_B/V	71.3∠−120°
U_C/V	71.3∠120°
I_A/A	0∠0°
I_B/A	0∠−120°
I_C/A	0∠120°
触发方式	时间触发
试验时间	0.6s

[129] 由式（1-45）计算得：$U_k=\frac{mU^{\mathrm{I}}_{\mathrm{g.set}}}{\sqrt{3}}=0.95\times 130/\sqrt{3}=71.3\mathrm{V}$。

观察保护动作结果，打印动作报文。保护启动，其动作报文如图 1-79 所示。

PCS-985B 发电机-变压器组保护装置动作报告

被保护设备：保护设备　　版本号：V3.02
管理序号：00483742　　打印时间：2021-10-3 10：19：12

序号	启动时间	相对时间	动作相别	动作元件
0125	2021-10-3 10：18：36：389	0000ms		保护启动

图 1-79　PCS-985B 装置 $0.95U^{\mathrm{I}}_{\mathrm{g.set}}$ 过电压Ⅰ段定值动作报文

（3）$1.2U_{g.set}^{I}$过电压Ⅰ段定值测试时间。试验步骤如下：时间接线需增加辅助接线完成，接线方式如图1-3所示，式（1-45）中m取1.2，重新计算故障相电流值并输入，重复上述操作步骤，并在开入量A对应的选择栏"□"里打"√"，并读取显示的时间量进行记录。

试验数据如表1-102所示。

表1-102　$1.2U_{g.set}^{I}$过电压Ⅰ段定值校验数据

试验项目	状态一	
U_A/V	90.7[130]∠0°	
U_B/V	90.7∠−120°	
U_C/V	90.7∠120°	
I_A/A	0∠0°	
I_B/A	0∠−120°	
I_C/A	0∠120°	
触发方式	开入量触发	
开入类型	开入或	
□　开入量A	动作时间	

[130] 由式（1-45）计算得：$U_k=\frac{mU_{g.set}^{I}}{\sqrt{3}}=1.2\times130/\sqrt{3}=90.7$V。

观察保护动作结果，打印动作报文。其动作报文如图1-80所示。

PCS-985B发电机-变压器组保护装置动作报告

被保护设备：保护设备　　版本号：V3.02

管理序号：00483742　　打印时间：2021-10-3 10：20：06

序号	启动时间	相对时间	动作相别	动作元件
0126	2021-10-3 10：20：45：673	0000ms		保护启动
		0499ms		发电机过电压Ⅰ段
				跳闸出口1，跳闸出口2
				跳闸出口3，跳闸出口4
				跳闸出口18，跳闸出口19
				跳闸出口25，跳闸出口26
				跳闸出口27，跳闸出口28

图1-80　PCS-985B装置$1.2U_{g.set}^{I}$过电压Ⅰ段定值动作报文

5. 试验记录

将发电机电压保护校验结果记录至表 1-103，并根据表中空白项，选取不同相别，重复试验步骤，补齐表 1-103 内容，所有数据都符合要求，PCS-985B 的发电机电压保护功能校验合格。

表 1-103　　发电机电压保护功能试验数据记录表

项目	整定值	三相电压校验
过电压Ⅰ段保护	$1.05U_{g.set}^{Ⅰ}$	
	$0.95U_{g.set}^{Ⅰ}$	
	$1.2U_{g.set}^{Ⅰ}$	
过电压Ⅱ段保护	$0.95U_{g.set}^{Ⅱ}$	
	$1.05U_{g.set}^{Ⅱ}$	
	$1.2U_{g.set}^{Ⅱ}$	

1.2.11　发电机过励磁保护校验

大机组典型发电机过励磁保护的典型配置为发电机过励磁定时限保护和发电机过励磁反时限保护，其中，发电机过励磁定时限保护配置三段，发电机过励磁反时限保护配置八段。且一般定时限Ⅰ段动作于发跳闸，定时限Ⅱ段退出，报警段动作于发信号；反时限动作于全停。

1. 试验目的

发电机过励磁保护功能及时间校验。

2. 试验准备

校验前需要明确发电机-变压器组装置的系统参数、相关定值、跳闸出口控制字及连接片情况。

（1）保护硬压板设置。PCS-985B 投入保护装置上投入“检修状态投入”“投发电机过励磁保护”硬压板，退出其他出口硬压板。

（2）定值与控制字设置。定值（控制字）设置步骤：菜单选择→定值设置→系统参数→投入总控制字值，设置“发电机电压保护投入”为“1”，再输入口令进行确认保存。进行菜单选择→定值设置→保护定值，按“↑↓←→”键选择定值与控制字，设置好之后再输入口令进行确认保存。

定值与控制字设置如表 1-104 所示。

表 1-104 PCS-985B 发电机过励磁保护定值与控制字设置

定值名称	参数值	控制字名称	参数值
过励磁Ⅰ段定值	1.08	过励磁反时限Ⅱ延时	5.0s
过励磁Ⅰ段延时	0.1s	过励磁反时限定值Ⅲ	1.18
过励磁Ⅰ段跳闸控制字	1E0C001F[131]	过励磁反时限Ⅲ延时	8.0s
过励磁Ⅱ段定值	1.2	过励磁反时限定值Ⅳ	1.15
过励磁Ⅱ段延时	3000.0s	过励磁反时限Ⅳ延时	15.0s
过励磁Ⅱ段跳闸控制字	0000	过励磁反时限定值Ⅴ	1.13
过励磁报警定值	1.05	过励磁反时限Ⅴ延时	25.0s
过励磁报警信号延时	10s	过励磁反时限定值Ⅳ	1.10
过励磁反时限上限定值	1.30	过励磁反时限Ⅵ延时	50.0s
过励磁反时限上限延时	1.0s	过励磁反时限下限定值	1.08
过励磁反时限定值Ⅰ	1.25	过励磁反时限下限延时	100.0s
过励磁反时限Ⅰ延时	1.0s	过励磁反时限跳闸控制字	1E0C001F
过励磁反时限定值Ⅱ	1.2		

[131] 为了便于试验观察，本书都采用跳闸出口，实际运行一般过励磁Ⅰ段发信，过励磁Ⅱ段退出，反时限跳闸。

3. 试验接线

（1）装置接地。将测试仪装置接地端口与被测保护装置的接地铜牌相连接，如图 1-1 所示。

（2）电压回路接线。发电机机端电压回路接线方式如图 1-15 所示。

（3）时间测试接线。时间测试辅助接线方式如图 1-3 所示。

4. 试验步骤

发电机过励磁定时限保护配置三段，发电机过励磁反时限保护配置八段，为保证校验发电机过励磁保护的准确性，应分别校验，本书以过励磁定时限Ⅰ段为例，校验过励磁定时限保护校验，以抽取三段定值为例，校验过励磁反时限。

（1）发电机过励磁定时限保护功能校验。

1）$1.05\left(\frac{U}{F}\right)_{set}^{I}$ 过励磁定时限Ⅰ段定值功能校验。试验步骤如下：打开继电保护测试仪电源，选择“状态序列”

模块。将表 1-104 中“过励磁反时限跳闸控制字”设置“0000000”[132]。试验数据如表 1-105 所示。

[132] 校验过励磁定时限保护时，将过励磁反时限保护退出，以免试验相互影响。

[133] 由式（1-47）计算所得：$U_K = m \times \left(\frac{U}{F}\right)_{set}^{I} \times \left(\frac{F_K}{F_N}\right) \times U_N = 1.05 \times 1.08 \times 1 \times 57.735 = 65.47V$。

[134] 本试验取 F_K 为 50Hz。

[135] 由式（1-48）计算所得，$t_m = t_{set}^{I} + \Delta t = 0.1 + 0.1 = 0.2s$。

表 1-105　$1.05\left(\frac{U}{F}\right)_{set}^{I}$ 过励磁定时限 I 段定值校验数据

试验项目	状态一	
	幅值及相角	频率
U_A/V	65.47[133]∠0°	50Hz[134]
U_B/V	65.47∠−120°	50Hz
U_C/V	65.47∠120°	50Hz
I_A/A	0	50Hz
I_B/A	0	50Hz
I_C/A	0	50Hz
触发方式	时间触发	
试验时间	0.2s[135]	

表 1-105 中 A 相电压、电流幅值由下式计算

$$U_K = m \times \left(\frac{U}{F}\right)_{set}^{I} \times \left(\frac{F_K}{F_N}\right) \times U_N \tag{1-47}$$

式中　U_K——故障相电压幅值；

$\left(\frac{U}{F}\right)_{set}^{I}$——过励磁定时限 I 段定值，读取定值清单 1.08；

F_K——故障频率，本试验取 50Hz；

F_N——额定幅值，固定 50Hz；

U_N——额定电压，固定 57.735V；

m——1.05。

$$t_m = t_{set}^{I} + \Delta t \tag{1-48}$$

式中　t_m——试验时间；

t_{set}^{I}——过励磁定时限 I 段时间定值，读取定值清单 0.1s；

Δt——时间裕度，一般设置 0.1s。

在测试仪工具栏中点击“▶”，或按“run”键开始进行试验。观察保护动作结果，打印动作报文。其动作报文如图 1-81 所示。

PCS-985B 发电机-变压器组保护装置动作报告

被保护设备：保护设备　　版本号：V3.02
管理序号：00483742　　打印时间：2021-10-3 10：36：08

序号	启动时间	相对时间	动作相别	动作元件
0130	2021-10-3 10：35：15：424	0000ms		保护启动
		0101ms		发电机定时限过励磁
				跳闸出口 1，跳闸出口 2
				跳闸出口 3，跳闸出口 4
				跳闸出口 18，跳闸出口 19
				跳闸出口 25，跳闸出口 26
				跳闸出口 27，跳闸出口 28

图 1-81　PCS-985B 装置 $1.05\left(\frac{U}{F}\right)_{set}^{I}$ 过励磁定时限 Ⅰ 段定值动作报文

2）$0.95\left(\frac{U}{F}\right)_{set}^{I}$ 过励磁定时限 Ⅰ 段定值功能校验。试验步骤如下：式（1-52）中 m 取 0.95，重新计算故障相电流值并输入，重复上述操作步骤，保护装置只启动，过励磁定时限 Ⅰ 段保护不动作。

试验数据如表 1-106 所示。

表 1-106　$0.95\left(\frac{U}{F}\right)_{set}^{I}$ 过励磁定时限 Ⅰ 段定值校验数据

试验项目	状态一	
	幅值及相角	频率
U_A/V	59.24[136]∠0°	50Hz
U_B/V	59.24∠−120°	50Hz
U_C/V	59.24∠120°	50Hz
I_A/A	0	50Hz
I_B/A	0	50Hz
I_C/A	0	50Hz
触发方式	时间触发	
试验时间	0.2s	

[136] 由式（1-47）计算所得：$U_K = m \times \left(\frac{U}{F}\right)_{set}^{I} \times \left(\frac{F_K}{F_N}\right) \times U_N = 0.95 \times 1.08 \times 1 \times 57.735 = 59.24$V。

观察保护动作结果，打印动作报文。其动作报文如图1-82所示。

PCS-985B 发电机-变压器组保护装置动作报告

被保护设备：保护设备　　版本号：V3.02
管理序号：00483742　　打印时间：2021-10-3 10：38：09

序号	启动时间	相对时间	动作相别	动作元件
0131	2021-10-3 10：37：16：389	0000ms		保护启动

图1-82　PCS-985B装置 $0.95\left(\frac{U}{F}\right)_{set}^{I}$ 过励磁定时限Ⅰ段定值动作报文

3）$1.2\left(\frac{U}{F}\right)_{set}^{I}$ 过励磁定时限Ⅰ段定值测试时间。试验步骤如下：时间接线需增加辅助接线完成，接线方式如图1-4所示。式（1-52）中 m 取1.2，重新计算故障相电流值并输入，重复上述操作步骤，并在开入量A对应的选择栏"□"里打"√"，并读取显示的时间量进行记录。

试验数据如表1-107所示。

[137] 由式（1-47）计算得：$U_K = m \times \left(\frac{U}{F}\right)_{set}^{I} \times \left(\frac{F_K}{F_N}\right) \times U_N = 1.2 \times 1.08 \times 1 \times 57.735 = 74.82V$。

表1-107　$1.2\left(\frac{U}{F}\right)_{set}^{I}$ 过励磁定时限Ⅰ段定值校验数据

试验项目	状态一	
	幅值及相角	频率
U_A/V	74.82[137]∠0°	50Hz
U_B/V	74.82∠−120°	50Hz
U_C/V	74.82∠120°	50Hz
I_A/A	0	50Hz
I_B/A	0	50Hz
I_C/A	0	50Hz
触发方式	开入量触发	
开入类型	开入或	
☑ 开入量 A	动作时间	

观察保护动作结果，打印动作报文。其动作报文如图1-83所示。

PCS-985B 发电机-变压器组保护装置动作报告

被保护设备：保护设备　　版本号：V3.02
管理序号：00483742　　打印时间：2021-10-3 10：41：09

序号	启动时间	相对时间	动作相别	动作元件
0132	2021-10-3 10：40：15：678	0000ms		保护启动
		0109ms		发电机定时限过励磁
				跳闸出口 1，跳闸出口 2
				跳闸出口 3，跳闸出口 4
				跳闸出口 18，跳闸出口 19
				跳闸出口 25，跳闸出口 26
				跳闸出口 27，跳闸出口 28

图 1-83　PCS-985B 装置 $1.2\left(\frac{U}{F}\right)_{set}^{I}$ 过励磁定时限I段定值动作报文

（2）发电机过励磁反时限保护功能校验。

1）$\left(\frac{U}{F}\right)_{f.set}^{sx}$ 过励磁反时限上限定值测试时间。试验步骤如下：打开继电保护测试仪电源，选择“状态序列”模块。将表 1-104 中“过励磁定时限跳闸控制字”设置“00000000[138]”试验数据如表 1-108 所示。

表 1-108　$\left(\frac{U}{F}\right)_{f.set}^{sx}$ 过励磁反时限上限定值校验数据

试验项目	状态一	
	幅值及相间	频率
U_A/V	69.28[139]∠0°	46.15Hz[140]
U_B/V	69.28∠−120°	46.15Hz
U_C/V	69.28∠120°	46.15Hz
I_A/A	0[141]	50Hz
I_B/A	0	50Hz
I_C/A	0	50Hz
触发方式	开入量触发	—
开入类型	开入或	—
☑ 开入 A	动作时间	—

表 1-108 中 A 相电压、电流幅值由下式计算

[138] 校验过励磁反时限保护时，将过励磁定时限保护退出，以免试验相互影响。

[139] 由式（1-49）计算所得：$U_K = \left(\frac{U}{F}\right)_{f.set}^{sx} \times \left(\frac{F_K}{F_N}\right) \times U_N = 1.3 \times \frac{46.15}{50} \times 57.735 = 69.28V$。

[140] 本试验取 F_K 为 46.15Hz。

[141] 过励磁保护不经无电流闭锁，可不设置，主变压器过励磁保护经无电流闭锁，需加电流量。

$$U_K=\left(\frac{U}{F}\right)_{f.set}^{sx}\times\left(\frac{F_K}{F_N}\right)\times U_N \tag{1-49}$$

式中 U_K——故障相电压幅值；

$\left(\frac{U}{F}\right)_{f.set}^{sx}$——过励磁反时限上限定值，读取定值清单 1.3；

F_K——故障频率，本试验取 46.15Hz；

F_N——额定幅值，固定 50Hz；

U_N——额定电压，固定 57.735V。

在开入量 A 对应的选择栏“□”里打“√”，并读取显示的时间量进行记录。在测试仪工具栏中点击“▶”，或按“run”键开始进行试验。记录时间为 t_m=1.01s，则

$$\in_1=\frac{|t_m-t|}{t^{[142]}}=\frac{|1.01-1|}{1}=1\%$$

[142] 过励磁反时限上限时间定值，读取清单为1s。

误差在5%的运行范围内。

观察保护动作结果，打印动作报文。过励磁反时限保护动作，其动作报文如图 1-84 所示。

退出“过励磁保护”[143]硬压板。

[143] 使上一次试验“过励磁反时限”百分比累计清零，以备下次试验。

PCS-985B 发电机-变压器组保护装置动作报告

被保护设备：保护设备　　版本号：V3.02

管理序号：00483742　　打印时间：2021-10-3 10：44：05

序号	启动时间	相对时间	动作相别	动作元件
0133	2021-10-3 10：43：15：677	0000ms		保护启动
		991ms		发电机反时限过励磁
				跳闸出口 1，跳闸出口 2
				跳闸出口 3，跳闸出口 4
				跳闸出口 18，跳闸出口 19
				跳闸出口 25，跳闸出口 26
				跳闸出口 27，跳闸出口 28

图 1-84 PCS-985B 装置 $\left(\frac{U}{F}\right)_{f.set}^{sx}$ 过励磁反时限上限定值动作报文

2）$\left(\frac{U}{F}\right)_{f.set}^{\mathrm{II}}$ 过励磁反时限Ⅱ段定值测试时间。试验步骤如下：打开继电保护测试仪电源，选择“状态序列”模

块，投“过励磁保护”硬压板。

试验数据如表1-109所示。

表1-109 $\left(\frac{U}{F}\right)^{\mathrm{II}}_{\mathrm{f.set}}$ 过励磁反时限Ⅱ段定值校验数据

试验项目	状态一	
	幅值及相间	频率
U_A/V	63.5[144]∠0°	45.83Hz[145]
U_B/V	63.5∠−120°	45.83Hz
U_C/V	63.5∠120°	45.83Hz
I_A/A	0	50Hz
I_B/A	0	50Hz
I_C/A	0	50Hz
触发方式	开入量触发	
开入类型	开入或	
☑ 开入A	动作时间	

表1-109中A相电压、电流幅值由下式计算

$$U_K=\left(\frac{U}{F}\right)^{\mathrm{II}}_{\mathrm{f.set}}\times\left(\frac{F_K}{F_N}\right)\times U_N \quad (1\text{-}50)$$

式中 U_K——故障相电压幅值；

$\left(\frac{U}{F}\right)^{\mathrm{II}}_{\mathrm{f.set}}$——过励磁反时限Ⅱ段定值，读取定值清单1.2；

F_K——故障频率，本试验取45.83Hz；

F_N——额定幅值，固定50Hz；

U_N——额定电压，固定57.735V。

在开入量A对应的选择栏“□”里“√”，并读取显示的时间量进行记录。

在测试仪工具栏中点击“▶”，或按“run”键开始进行试验。

记录时间为 t_m=5.015s，则

$$\in_1=\frac{|t_m-t|}{t^{[146]}}=\frac{|5.015-5|}{5}=0.3\%$$

误差在5%的运行范围内。

[144] 由式（1-50）计算所得：$U_K=\left(\frac{U}{F}\right)^{\mathrm{II}}_{\mathrm{f.set}}\times\left(\frac{F_K}{F_N}\right)\times U_N=1.2\times\frac{45.83}{50}\times 57.735=63.5\mathrm{V}$。

[145] 本试验取 F_K 为45.83Hz。

[146] 过励磁反时限上限时间定值，读取清单为5s。

观察保护动作结果，打印动作报文。过励磁反时限保护动作，其动作报文如图 1-85 所示。退出“过励磁保护”硬压板。

PCS-985B 发电机-变压器组保护装置动作报告

被保护设备：保护设备　　版本号：V3.02

管理序号：00483742　　打印时间：2021-10-3 10：45：48

序号	启动时间	相对时间	动作相别	动作元件
0134	2021-10-3 10：45：15：334	0000ms		保护启动
		4990ms		发电机反时限过励磁
				跳闸出口 1，跳闸出口 2
				跳闸出口 3，跳闸出口 4
				跳闸出口 18，跳闸出口 19
				跳闸出口 25，跳闸出口 26
				跳闸出口 27，跳闸出口 28

图 1-85　PCS-985B 装置 $\left(\frac{U}{F}\right)_{f.set}^{\text{II}}$ 过励磁反时限Ⅱ段定值动作报文

3）$\left(\frac{U}{F}\right)_{f.set}^{xx}$ 过励磁反时限下限定值测试时间。试验步骤如下：打开继电保护测试仪电源，选择“状态序列”模块，投“过励磁保护”硬压板。

试验数据如表 1-110 所示。

[147] 由式（1-51）计算得：$U_K = \left(\frac{U}{F}\right)_{f.set}^{xx} \times \left(\frac{F_k}{F_N}\right) \times U_N = 1.08 \times \frac{50}{50} \times 57.735 = 62.35V$。

[148] 本试验取 F_K 为 50Hz。

表 1-110　$\left(\frac{U}{F}\right)_{f.set}^{xx}$ 过励磁反时限下限定值校验数据

试验项目	状态一	
	幅值及相间	频率
U_A/V	62.35[147]∠0°	50Hz[148]
U_B/V	62.35∠−120°	50Hz
U_C/V	62.35∠120°	50Hz
I_A/A	0	50Hz
I_B/A	0	50Hz
I_C/A	0	50Hz
触发方式	开入量触发	
开入类型	开入或	
☑ 开入量 A	动作时间	

表1-110中A相电压、电流幅值由下式计算

$$U_{K}=\left(\frac{U}{F}\right)_{f.set}^{xx}\times\left(\frac{F_{K}}{F_{N}}\right)\times U_{N} \tag{1-51}$$

式中 U_K——故障相电压幅值；

$\left(\frac{U}{F}\right)_{f.set}^{xx}$——过励磁反时限下限定值，读取定值清单1.08；

F_K——故障频率，本试验取50Hz；

F_N——额定幅值，固定在50Hz；

U_N——额定电压，固定57.735V。

在开入量A对应的选择栏“□”里“√”，并读取显示的时间量进行记录。

在测试仪工具栏中点击“▶”，或按“run”键开始进行试验。

记录时间为 t_m=100.03s，则

$$\in_1=\frac{|t_m-t|}{t^{[149]}}=\frac{|100.03-100|}{100}=0.03\%$$

[149] 过励磁反时限上限时间定值，读取清单为100s。

误差在5%的运行范围内。观察保护动作结果，打印动作报文。过励磁反时限保护动作，其动作报文如图1-86所示。

PCS-985B发电机-变压器组保护装置动作报告

被保护设备：保护设备　　版本号：V3.02

管理序号：00483742　　打印时间：2021-10-3 10：56：09

序号	启动时间	相对时间	动作相别	动作元件
0135	2021-10-3 10：55：15：326	0000ms		保护启动
		99 200ms		发电机反时限过励磁
				跳闸出口1，跳闸出口2
				跳闸出口3，跳闸出口4
				跳闸出口18，跳闸出口19
				跳闸出口25，跳闸出口26
				跳闸出口27，跳闸出口28

图1-86 PCS-985B装置$\left(\frac{U}{F}\right)_{f.set}^{xx}$过励磁反时限下限定值动作报文

退出“过励磁保护”硬压板。

5. 试验记录

将发电机过励磁保护校验结果记录至表1-111，并根据表中空白项，选取不同相别，重复试验步骤，补齐表1-111内容，所有数据都符合要求，PCS-985B的发电机过励磁保护功能校验合格。

表1-111　　　　发电机过励磁保护功能试验数据记录表

项目	整定值	三相电压校验
过励磁定时限Ⅰ段保护	$1.05\left(\frac{U}{F}\right)_{set}^{I}$	
	$0.95\left(\frac{U}{F}\right)_{set}^{I}$	
	$1.2\left(\frac{U}{F}\right)_{set}^{I}$	
过励磁定时限Ⅱ段保护	$1.05\left(\frac{U}{F}\right)_{set}^{II}$	
	$0.95\left(\frac{U}{F}\right)_{set}^{II}$	
	$1.2\left(\frac{U}{F}\right)_{set}^{II}$	
过励磁报警保护	$1.05\left(\frac{U}{F}\right)_{set}^{Fx}$	
	$0.95\left(\frac{U}{F}\right)_{set}^{Fx}$	
	$1.2\left(\frac{U}{F}\right)_{set}^{Fx}$	
项目	整定值	测试时间记录
过励磁反时限上限保护	$\left(\frac{U}{F}\right)_{f.set}^{sx}$	
过励磁反时限Ⅰ段保护	$\left(\frac{U}{F}\right)_{f.set}^{I}$	
过励磁反时限Ⅱ段保护	$\left(\frac{U}{F}\right)_{f.set}^{II}$	
过励磁反时限Ⅲ段保护	$\left(\frac{U}{F}\right)_{f.set}^{III}$	
过励磁反时限Ⅳ段保护	$\left(\frac{U}{F}\right)_{f.set}^{IV}$	
过励磁反时限Ⅴ段保护	$\left(\frac{U}{F}\right)_{f.set}^{V}$	
过励磁反时限Ⅵ段保护	$\left(\frac{U}{F}\right)_{f.set}^{VI}$	
过励磁反时限下限保护	$\left(\frac{U}{F}\right)_{f.set}^{xx}$	

1.2.12 发电机功率保护校验

大机组典型发电机功率保护的典型配置为发电机逆功率保护和发电机程序逆功率保护，逆功率保护通过不同的延时动作于发信号和全停，程序逆功率保护动作于全停。

1. 试验目的

发电机功率保护功能校验。

2. 试验准备

校验前需要明确发电机-变压器组装置的系统参数、相关定值、跳闸出口控制字及连接片情况。

(1) 保护硬压板设置。PCS-985B投入保护装置上投入“检修状态投入”“投发电机功率保护”硬压板，退出其他出口硬压板。

(2) 定值与控制字设置。定值（控制字）设置步骤：菜单选择→定值设置→系统参数→投入总控制字值，设置“发电机功率保护投入”为“1”，再输入口令进行确认保存。进行菜单选择→定值设置→保护定值，按“↑↓←→”键选择定值与控制字，设置好之后再输入口令进行确认保存。

定值与控制字设置如表1-112所示。

表1-112 PCS-985B发电机功率保护定值与控制字设置

定值名称	参数值	定值名称	参数值
逆功率定值	1.2%	程序逆功率定值	1%
逆功率信号延时	10.0s	程序逆功率延时	1s
逆功率跳闸延时	28.0s	程序逆功率跳闸控制字	1E0C001F
逆功率跳闸控制字	1E0C001F		

3. 试验接线

(1) 装置接地。将测试仪装置接地端口与被测保护装置的接地铜牌相连接，如图1-1所示。

(2) 电压回路接线。发电机机端电压回路接线方式如图1-15所示。

(3) 电流回路接线。功率保护用发电机机端电流回路接线方式如图1-87所示。

(4) 时间测试接线。时间测试辅助接线方式如图1-3所示。

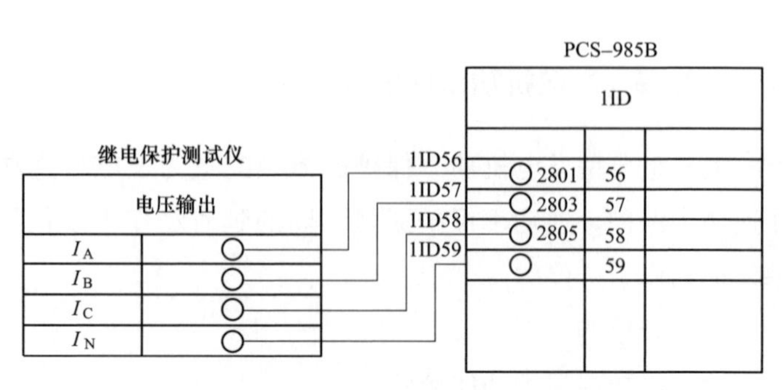

图 1-87　功率保护用发电机机端电流回路接线图

4. 试验步骤

发电机功率保护配置了发电机逆功率保护和发电机程序逆功率保护，为校验发电机功率保护的准确性，应分别校验。

(1) 发电机逆功率保护功能校验。

1) 1.05P%发电机逆功率定值校验。功率电流、电压取保护 TA 幅值，不取 TA 测量值，与内部配置参数一致。接线取保护 TA，不取测量 TA。试验步骤如下：打开继电保护测试仪电源。选择“交流试验”模块。试验数据如表 1-113 所示。

[150] $m=1.05$ 时，由式 (1-52) 计算得 $R_k=-2.59$ 时，固定 $U_K=20V$；$\phi=180°$时，$\cos\phi=-1$。

[151] 此时，由式 (1-53) 计算得 $I_k=\frac{P_k}{U_k\times\cos\phi}=\frac{2.59}{20}=0.13A$。

[152] 由式 (1-54) 计算得：$t_m=t_{p.set}+\Delta t=28+0.1=28.1s$。

表 1-113　1.05 P%发电机逆功率定值校验数据

试验项目	状态一
U_A/V	20[150]∠180°
U_B/V	20∠60°
U_C/V	20∠−60°
I_A/A	0.13[151]∠0°
I_B/A	0.13∠−120°
I_C/A	0.13∠120°
触发方式	时间触发
试验时间	28.1s[152]

表 1-112 中三相电压幅值由下式计算

$$P_k = mP\% U_n I_{ef} \cos\phi \tag{1-52}$$
$$= 1.05 \times -1.2\% \times 57.735 \times 3.96 \times 0.9 = -2.59$$

式中 U_n——额定电压，其值为 57.735V；

I_{ef}——发电机额定电流，由式（1-1）计算得 3.96A；

$\cos\phi$——发电机功率因数，读定值清单为 0.9；

$P\%$——逆功率定值，读取定值清单为−1.2%；

m——1.05。

$$P_k = U_k I_k \cos\phi \tag{1-53}$$

式中 U_k——故障相电压；

I_k——故障相电流。

$$t_m = t_{p.set} + \Delta t \tag{1-54}$$

式中 t_m——试验时间；

$t_{p.set}$——逆功率时间定值，读取定值清单 28s；

Δt——时间裕度，一般设置 0.1s。

观察保护动作结果，打印动作报文。逆功率保护动作，其动作报文如图 1-88 所示。

PCS-985B 发电机-变压器组保护装置动作报告

被保护设备：保护设备　　版本号：V3.02

管理序号：00483742　　打印时间：2021-10-3 11：02：09

序号	启动时间	相对时间	动作相别	动作元件
0136	2021-10-3 11：01：15：336	0000ms		保护启动
		28 023ms		发电机逆功率保护
				跳闸出口 1，跳闸出口 2
				跳闸出口 3，跳闸出口 4
				跳闸出口 18，跳闸出口 19
				跳闸出口 25，跳闸出口 26
				跳闸出口 27，跳闸出口 28

图 1-88 PCS-985B 装置 1.05 $P\%$发电机逆功率定值动作报文

2）0.95 $P\%$发电机逆功率定值校验。试验步骤如下：式（1-52）中 m 取

0.95，重新计算故障相电流值并输入，重复上述操作步骤，保护装置只启动，逆功率保护不动作。

试验数据如表1-114所示。

[153] $m=0.95$ 时，由式（1-52）计算 $P_k=-2.35$，固定 $U_k=20V$；$\phi=180°$ 时，$\cos\phi=-1$。

[154] 此时由式（1-53）计算得：$I_k=\frac{P_k}{U_k\times\cos\phi}=\frac{2.35}{20}=0.118A$。

表1-114　0.95 P%发电机逆功率定值校验数据

试验项目	状态一
U_A/V	20[153]∠180°
U_B/V	20∠60°
U_C/V	20∠−60°
I_A/A	0.118[154]∠0°
I_B/A	0.118∠−120°
I_C/A	0.118∠120°
触发方式	时间触发
试验时间	28.1s

观察保护动作结果，打印动作报文。其动作报文如图1-89所示。

PCS-985B发电机-变压器组保护装置动作报告

被保护设备：保护设备　　版本号：V3.02

管理序号：00483742　　打印时间：2021-10-3 11：04：35

序号	启动时间	相对时间	动作相别	动作元件
0137	2021-10-3 11：03：16：335	0000ms		保护启动

图1-89　PCS-985B装置0.95 P%发电机逆功率定值动作报文

（2）发电机程序逆功率保护功能校验。

1）1.05 P_c%发电机程序逆功率定值校验。试验步骤如下：功率电流、电压取保护TA幅值，不取TA测量值，与内部配置参数一致。打开继电保护测试仪电源，选择“交流试验”模块。

短接1QD6（1n0528）和1QD17（1n0522）。[155]

拆除1QD13（1n0520）出线。[156]

[155] 满足主汽门位置开入为“1”。

[156] 满足断路器位置开入为“0”。

试验数据如表 1-115 所示。

表 1-115　1.05 P_c%发电机程序逆功率校验数据

试验项目	状态一
U_A/V	20[157]∠180°
U_B/V	20∠60°
U_C/V	20∠−60°
I_A/A	0.108[158]∠0°[159]
I_B/A	0.108∠−120°
I_C/A	0.108∠120°
触发方式	时间触发
试验时间	1.1s[160]

表 1-115 中，三相电压幅值由下式计算

$$P_k = m \times P_c\% \times U_n \times I_{ef} \times \cos\phi = 1.05 \times -1\% \times 57.735 \times 3.96 \times 0.9 = -2.16 \quad (1-55)$$

式中　U_n——额定电压，其值为 57.735V；

I_{ef}——发电机额定电流，由式（1-1）计算得 3.96A；

$\cos\phi$——发电机功率因数，读定值清单为 0.9；

$P_c\%$——程序逆功率定值，读取定值清单为−1%；

m——1.05。

$$P_k = U_k I_k \cos\phi \quad (1-56)$$

式中　U_k——故障相电压；

I_k——故障相电流。

$$t_m = t_{p.set.c} + \Delta t \quad (1-57)$$

式中　t_m——试验时间；

$t_{p.set.c}$——程序逆功率时间定值，读取定值清单 1s；

Δt——时间裕度，一般设置 0.1s。

观察保护动作结果，打印动作报文。逆功率保护动作，其动作报文如图 1-90 所示。

[157] $m=0.95$ 时，由式（1-55）计算得 $P_k=-2.16$，固定 $U_K=20$V；$\phi=180°$ 时，$\cos\phi=-1$。

[158] 此时由式(1-56)计算得 $I_k=\frac{P_k}{U_k \times \cos\phi}=\frac{-2.16}{20\times(-1)}=0.108$A。

[159] 电压和电流夹角为 180°，方便计算。

[160] 由式（1-57）计算得：$t_m=t_{p.set.c}+\Delta t=1+0.1=1.1$s。

PCS-985B 发电机-变压器组保护装置动作报告

被保护设备：保护设备　　版本号：V3.02
管理序号：00483742　　打印时间：2021-10-3 11：07：09

序号	启动时间	相对时间	动作相别	动作元件
0138	2021-10-3 11：06：58：564	0000ms		保护启动
		1003ms		发电机程序逆功率保护
				跳闸出口 1，跳闸出口 2
				跳闸出口 3，跳闸出口 4
				跳闸出口 18，跳闸出口 19
				跳闸出口 25，跳闸出口 26
				跳闸出口 27，跳闸出口 28

图 1-90　PCS-985B 装置 1.05 P%发电机逆功率定值动作报文

拆除 1QD6（1n0528）和 1QD17（1n0522）的短接。恢复 1QD13（1n0520）拆除出线。

2）0.95 P_c%发电机程序逆功率定值校验。试验步骤如下：式（1-60）中 m 取 0.95，重新计算故障相电流值并输入，重复上述操作步骤，保护装置只启动，逆功率保护不动作。

试验数据如表 1-116 所示。

[161] $m=0.95$ 时，由式（1-55）计算得 $P_k=-1.95$，固定 $U_k=20V$；$\phi=180°$ 时，$\cos\phi=-1$。

[162] 此时由式（1-56）计算得：$I_K=\frac{P_k}{U_k}\times\cos\phi=\frac{1.95}{20}=0.1A$。

表 1-116　0.95 P_c%发电机程序逆功率定值校验数据

试验项目	状态一
U_A/V	20[161]∠180°
U_B/V	20∠60°
U_C/V	20∠−60°
I_A/A	0.1[162]∠0°
I_B/A	0.1∠−120°
I_C/A	0.1∠120°
触发方式	时间触发
试验时间	1.1s

观察保护动作结果，打印动作报文。其动作报文如图 1-91 所示。

PCS-985B 发电机-变压器组保护装置动作报告

被保护设备：保护设备　　版本号：V3.02
管理序号：00483742　　打印时间：2021-10-3 11：08：35

序号	启动时间	相对时间	动作相别	动作元件
0139	2021-10-3 11：07：16：687	0000ms		保护启动

图 1-91　PCS-985B 装置 0.95 P_c%发电机程序逆功率定值动作报文

5. 试验记录

将发电机功率保护校验结果记录至表 1-117，并根据表中空白项，选取不同相别，重复试验步骤，补齐表 1-117 内容，所有数据都符合要求，PCS-985B 的发电机功率保护功能校验合格。

表 1-117　　发电机功率保护功能试验数据记录表

项目	整定值	动作情况
发电机逆功率保护	1.05P%	
	0.95P%	
发电机程序逆功率	1.05P_c%	
	0.95P_c%	

1.2.13　发电机频率保护校验

大机组典型发电机频率保护的典型配置为发电机低频率保护和发电机过频率保护，发电机低频率保护配置三段，发电机过频率保护配置两段，分别经不同定值和延时整定，动作于发信号。

1. 试验目的

发电机频率保护功能及时间校验。

2. 试验准备

校验前需要明确发电机-变压器组装置的系统参数、相关定值、跳闸出口控制字及连接片情况。

(1) 保护硬压板设置。PCS-985B 投入保护装置上投入“检修状态投入”“投发电机频率保护”硬压板，退出其他出口硬压板。

(2) 定值与控制字设置。定值（控制字）设置步骤：菜单选择→定值设置→系统参数→投入总控制字值，设置“发电机频率保护投入”为“1”，再输入口令进行确认保存。进行菜单选择→定值设置→保护定值，按“↑↓←→”键选择定值与控制字，设置好之后再输入口令进行确认保存。

定值与控制字设置如表 1-118 所示。

表 1-118　PCS-985B 发电机频率保护定值与控制字设置

定值名称	参数值	定值名称	参数值
低频Ⅰ段频率定值	48.5Hz	低频Ⅰ段投信号	1
低频Ⅰ段累计延时	300M	低频Ⅰ段投跳闸	0
低频Ⅱ段频率定值	48Hz	低频Ⅱ段投信号	1
低频Ⅱ段延时	60.0M	低频Ⅱ段投跳闸	0
低频Ⅲ段频率定值	47.5Hz	低频Ⅲ段投信号	1
低频Ⅲ段延时	5s	低频Ⅲ段投跳闸	0
低频保护跳闸控制字	0001	频率Ⅰ段投信号	1
过频Ⅰ段频率定值	51Hz	频率Ⅰ段投跳闸	0
过频Ⅰ段延时	3.0M	频率Ⅱ段投信号	1
过频Ⅱ段频率定值	51.5Hz	频率Ⅱ段投跳闸	0
过频Ⅱ段延时	5s		
过频保护跳闸控制字	0001		

3. 试验接线

（1）装置接地。将测试仪装置接地端口与被测保护装置的接地铜牌相连接，如图 1-1 所示。

（2）电压回路接线。发电机机端电压回路接线方式如图 1-15 所示。

（3）电流回路接线。发电机机端电流回路接线方式如图 1-9 所示。

（4）时间测试接线。时间测试辅助接线方式如图 1-3 所示。

4. 试验步骤

发电机低频保护配置了三段，其中Ⅰ段[163]累计运行低频保护，Ⅱ、Ⅲ段为持续运行低频保护，过频率保护不带累计功能。为校验发电机频率保护的准确性，应分别校验。本文以低频率Ⅲ段和过频率Ⅱ段为例，分别校验发电机低

[163] Ⅰ段累计功能：掉电不丢失累计值，需要清除报文来清除累计计时。Ⅱ段持续功能：累计故障量消失即清零，无限掉电或清除报文。

频率保护和发电机过频率保护的功能及时间。

（1）发电机低频率保护功能校验。

1）$0.98F_{d.set}^{III}$低频率Ⅲ段定值功能校验，将控制字由发信号改为跳闸。试验步骤如下：打开继电保护测试仪电源，选择“状态序列”模块。

解开1QD13(1n0520）出线，并有绝缘胶布包好[164]。

试验数据如表1-119所示。

[164] 满足“并网开关位置在合位”判据。

[165] 低频率保护不判电压，此处输入额定电压。

[166] 由式（1-58）计算得：$F_k = mF_{d.set}^{III} = 0.98 \times 47.5 = 46.55$Hz。

[167] 低频率保护闭锁条件，发电机机端电流大于$0.06I_{ef}$，此处满足条件，设置0.25A。

[168] 低频率保护不判方向，相角可不设置。

[169] 由式（1-59）计算得：$t = t_{d.set}^{III} + \Delta t = 5 + 0.1 = 5.1$s。

表1-119　$0.98F_{d.set}^{III}$低频率Ⅲ段定值校验数据

试验项目	状态一	
	幅值及相角	频率
U_A/V	57.735[165]∠0°	46.55Hz[166]
U_B/V	57.735∠−120°	46.55Hz
U_C/V	57.735∠120°	46.55Hz
I_A/A	0.25[167]∠0°[168]	50Hz
I_B/A	0.25∠−120°	50Hz
I_C/A	0.25∠120°	50Hz
触发方式	时间触发	
试验时间	5.1s[169]	

表1-119中三相频率幅值由下式计算

$$F_k = mF_{d.set}^{III} \tag{1-58}$$

式中　F_k——故障相频率幅值；

$F_{d.set}^{III}$——低频率Ⅲ段定值，读取定值清单47.5Hz；

m——0.98。

$$t = t_{d.set}^{III} + \Delta t \tag{1-59}$$

式中　$t_{d.set}^{III}$——低频率Ⅲ段时间定值，读取定值清单为5s；

Δt——时间裕度，固定取0.1s。

在测试仪工具栏中点击“▶”，或按“run”键开始进行试验。

观察保护动作结果，打印动作报文。低频率Ⅲ段动作，其动作报文如图1-92所示。

PCS-985B 发电机-变压器组保护装置动作报告

被保护设备：保护设备　　版本号：V3.02
管理序号：00483742　　打印时间：2021-10-3 11：11：23

序号	启动时间	相对时间	动作相别	动作元件
0140	2021-10-3 11：11：58：668	0000ms		保护启动
		5000ms		发电机低频Ⅲ段
				跳闸出口1，跳闸出口2
				跳闸出口3，跳闸出口4
				跳闸出口18，跳闸出口19
				跳闸出口25，跳闸出口26
				跳闸出口27，跳闸出口28

图 1-92　PCS-985B 装置 $0.95F_{d.set}^{Ⅲ}$ 低频率Ⅲ段定值动作报文

2）$1.02F_{d.set}^{Ⅲ}$ 低频率Ⅲ段定值功能校验。试验步骤如下：式（1-58）中 m 取 1.02，重新计算故障相电流值并输入，重复上述操作步骤，保护装置只启动，低频率Ⅲ段保护不动作。

试验数据如表 1-120 所示。

[170] 由式（1-58）计算得：$F_k = mF_{d.set}^{Ⅲ} = 1.02 \times 47.5 = 48.45$Hz。

表 1-120　$1.02F_{d.set}^{Ⅲ}$ 低频率Ⅲ段定值校验数据

试验项目	状态一	
	幅值及相角	频率
U_A/V	57.735∠0°	48.45Hz[170]
U_B/V	57.735∠−120°	48.45Hz
U_C/V	57.735∠120°	48.45Hz
I_A/A	0.25∠0°	50Hz
I_B/A	0.25∠−120°	50Hz
I_C/A	0.25∠120°	50Hz
触发方式	时间触发	
试验时间	5.1s	

观察保护动作结果，打印动作报文。保护启动，其动作报文如图 1-93 所示。

PCS-985B 发电机-变压器组保护装置动作报告

被保护设备：保护设备　　版本号：V3.02
管理序号：00483742　　打印时间：2021-10-3 11：14：35

序号	启动时间	相对时间	动作相别	动作元件
0141	2021-10-3 11：13：16：682	0000ms		保护启动

图 1-93　PCS-985B 装置 $1.02F_{d.set}^{Ⅲ}$ 低频率Ⅲ段定值动作报文

3）$0.95F_{d.set}^{Ⅲ}$低频率Ⅲ段定值测试时间。试验步骤如下：时间接线需增加辅助接线完成，接线方式如图1-4所示，式（1-58）中m取0.95，重新计算故障相电流值并输入，重复上述操作步骤，将控制字由发信号改为跳闸，并在开入量A对应的选择栏“□”里打“√”，并读取显示的时间量进行记录。

试验数据如表1-121所示。

表1-121　$0.95F_{d.set}^{Ⅲ}$低频率Ⅲ段定值校验数据

试验项目	状态一	
	幅值及相角	频率
U_A/V	57.735∠0°	45.125Hz[171]
U_B/V	57.735∠−120°	45.125Hz
U_C/V	57.735∠120°	45.125Hz
I_A/A	0.25∠0°	50Hz
I_B/A	0.25∠−120°	50Hz
I_C/A	0.25∠120°	50Hz
触发方式	开入量触发	
试验时间		

[171] 由式（1-58）计算得：$F_k = mF_{d.set}^{Ⅲ} = 0.95 \times 47.5 = 45.125$Hz。

观察保护动作结果，打印动作报文。其动作报文如图1-94所示。

PCS-985B发电机-变压器组保护装置动作报告

被保护设备：保护设备　　版本号：V3.02
管理序号：00483742　　打印时间：2021-10-3 11：14：23

序号	启动时间	相对时间	动作相别	动作元件
0142	2021-10-3 11：13：58：632	0000ms		保护启动
		5005ms		发电机低频Ⅲ段
				跳闸出口1，跳闸出口2
				跳闸出口3，跳闸出口4
				跳闸出口18，跳闸出口19
				跳闸出口25，跳闸出口26
				跳闸出口27，跳闸出口28

图1-94　PCS-985B装置$0.95F_{d.set}^{Ⅲ}$低频率Ⅲ段定值动作报文

(2) 发电机过频率保护功能校验。

1) $1.02F_{g.set}^{II}$过频率Ⅱ段定值功能校验。试验步骤如下：打开继电保护测试仪电源，选择“状态序列”模块。试验数据如表1-122所示。

[172] 低频率保护不判电压，此处输入额定电压。

[173] 由式(1-60)计算得：$F_k = mF_{g.set}^{II} = 1.02 \times 51.5 = 52.53\text{Hz}$。

[174] 过频率保护不受电流闭锁，不受开关位置闭锁，可不设置。

[175] 低频率保护不判方向，相角可不设置。

[176] 由式(1-61)计算得 $t = t_{d.set}^{III} + \Delta t = 5 + 0.1 = 5.2\text{s}$。

表1-122　$1.02F_{g.set}^{II}$过频率Ⅱ段定值校验数据

试验项目	状态一	
	幅值及相角	频率
U_A/V	57.735[172]∠0°	52.53Hz[173]
U_B/V	57.735∠−120°	52.53Hz
U_C/V	57.735∠120°	52.53Hz
I_A/A	0.25[174]∠0°[175]	50Hz
I_B/A	0.25∠−120°	50Hz
I_C/A	0.25∠120°	50Hz
触发方式	时间触发	
试验时间	5.1s[176]	

表1-122中三相频率幅值由下式计算

$$F_k = mF_{g.set}^{II} \tag{1-60}$$

式中　F_k——故障相频率幅值；

$F_{g.set}^{II}$——过频率Ⅱ段定值，读取定值清单51.5Hz；

m——1.02。

$$t = t_{g.set}^{II} + \Delta t \tag{1-61}$$

式中　$t_{g.set}^{II}$——过频率Ⅱ段时间定值，读取定值清单为5s；

Δt——时间裕度，固定取0.1s。

在测试仪工具栏中点击“▶”，或按“run”键开始进行试验。

观察保护动作结果，打印动作报文。过频率Ⅱ段发信，其动作报文如图1-95所示。

PCS-985B 发电机-变压器组保护装置动作报告

被保护设备：保护设备　　版本号：V3.02
管理序号：00483742　　打印时间：2021-10-3 11：17：23

序号	启动时间	相对时间	动作相别	动作元件
0143	2021-10-3 11：16：58：886	0000ms		保护启动
		5000ms		发电机过频Ⅱ段
				跳闸出口1，跳闸出口2
				跳闸出口3，跳闸出口4
				跳闸出口18，跳闸出口19
				跳闸出口25，跳闸出口26
				跳闸出口27，跳闸出口28

图1-95　PCS-985B装置 $1.02F_{g.set}^{Ⅱ}$ 过频率Ⅱ段定值动作报文

2）$0.98F_{g.set}^{Ⅱ}$ 过频率Ⅱ段定值功能校验。试验步骤如下：式（1-60）中 m 取0.98，重新计算故障相电流值并输入，重复上述操作步骤，保护装置只启动，过频率Ⅱ段保护不动作。

试验数据如表1-123所示。

表1-123　$0.98F_{g.set}^{Ⅱ}$ 过频率Ⅱ段定值校验数据

试验项目	状态一	
	幅值及相角	频率
U_A/V	57.735∠0°	50.47Hz[177]
U_B/V	57.735∠−120°	50.47Hz
U_C/V	57.735∠120°	50.47Hz
I_A/A	0.25∠0°	50Hz
I_B/A	0.25∠−120°	50Hz
I_C/A	0.25∠120°	50Hz
触发方式	时间触发	
试验时间	5.1s	

[177] 由式（1-60）计算得：$F_k = mF_{g.set}^{Ⅱ} = 0.98 \times 51.5 = 50.47$Hz。

观察保护动作结果，打印动作报文。保护启动，其动作报文如图1-96所示。

PCS-985B 发电机-变压器组保护装置动作报告

被保护设备：保护设备　　版本号：V3.02
管理序号：00483742　　打印时间：2021-10-3 11：19：35

序号	启动时间	相对时间	动作相别	动作元件
0144	2021-10-3 11：18：16：689	0000ms		保护启动

图1-96　PCS-985B装置 $0.98F_{g.set}^{Ⅱ}$ 过频率Ⅱ段定值动作报文

3）$1.05F_{g.set}^{II}$过频率Ⅱ段定值测试时间。试验步骤如下：时间接线需增加辅助接线完成，接线方式如图 1-3 所示，式（1-60）中 m 取 1.05，重新计算故障相电流值并输入，重复上述操作步骤，将控制字由发信号改为跳闸，并在开入量 A 对应的选择栏“□”里打“√”，读取显示的时间量进行记录。试验数据如表 1-124 所示。

[178] 由式（1-60）计算得：$F_k = mF_{g.set}^{II}$。$= 1.05 \times 51.5 = 54.075$Hz。

表 1-124　$1.05F_{g.set}^{II}$过频率Ⅱ段定值校验数据

试验项目	状态一	
	幅值及相角	频率
U_A/V	57.735∠0°	54.075Hz[178]
U_B/V	57.735∠−120°	54.075Hz
U_C/V	57.735∠120°	54.075Hz
I_A/A	0.25∠0°	50Hz
I_B/A	0.25∠−120°	50Hz
I_C/A	0.25∠120°	50Hz
触发方式	时间触发	
试验时间	5.1s	

观察保护动作结果，打印动作报文。其动作报文如图 1-97 所示。

PCS-985B 发电机-变压器组保护装置动作报告

被保护设备：保护设备　　版本号：V3.02
管理序号：00483742　　打印时间：2021-10-3 11：21：23

序号	启动时间	相对时间	动作相别	动作元件
0145	2021-10-3 11：20：58：668	0000ms		保护启动
		5009ms		发电机过频Ⅱ段
				跳闸出口 1，跳闸出口 2
				跳闸出口 3，跳闸出口 4
				跳闸出口 18，跳闸出口 19
				跳闸出口 25，跳闸出口 26
				跳闸出口 27，跳闸出口 28

图 1-97　PCS-985B 装置 $1.05F_{g.set}^{II}$过频率Ⅱ段定值动作报文

5. 试验记录

将发电机频率保护校验结果记录至表 1-125，并根据表中空白项，选取不同相别，重复试验步骤，补齐表 1-125 内容，所有数据都符合要求，PCS-985B 的发电机频率保护功能校验合格。

表 1-125　　发电机频率保护功能试验数据记录表

项目	整定值	三相电压校验
低频率Ⅰ段保护	$0.98F_{\mathrm{d.set}}^{\mathrm{I}}$	
	$1.02F_{\mathrm{d.set}}^{\mathrm{I}}$	
	$0.95F_{\mathrm{d.set}}^{\mathrm{I}}$	
低频率Ⅱ段保护	$0.98F_{\mathrm{d.set}}^{\mathrm{II}}$	
	$1.02F_{\mathrm{d.set}}^{\mathrm{II}}$	
	$0.95F_{\mathrm{d.set}}^{\mathrm{II}}$	
低频率Ⅲ段保护	$0.98F_{\mathrm{d.set}}^{\mathrm{III}}$	
	$1.02F_{\mathrm{d.set}}^{\mathrm{III}}$	
	$0.95F_{\mathrm{d.set}}^{\mathrm{III}}$	
过频率Ⅰ段保护	$1.02F_{\mathrm{g.set}}^{I}$	
	$0.98F_{\mathrm{g.set}}^{\mathrm{I}}$	
	$1.05F_{\mathrm{g.set}}^{\mathrm{I}}$	
过频率Ⅱ段保护	$1.02F_{\mathrm{g.set}}^{\mathrm{II}}$	
	$0.98F_{\mathrm{g.set}}^{\mathrm{II}}$	
	$1.05F_{\mathrm{g.set}}^{\mathrm{II}}$	

1.2.14　发电机误上电保护校验

大机组典型发电机误上电保护的典型配置为发电机误上电一段保护，动作于全停。

1. 试验目的

发电机误上电保护功能及时间校验。

2. 试验准备

校验前需要明确发电机-变压器组装置的系统参数、相关定值、跳闸出口控制字及连接片情况。

（1）保护硬压板设置。PCS-985B 投入保护装置上投入“检修状态投入”“投发电机误上电保护”硬压板，退出其他出口硬压板。

（2）定值与控制字设置。定值（控制字）设置步骤：菜单选择→定值设置→系统参数→投入总控制字值，设置“发电机误上电保护投入”为“1”，再输入口令进行确认保存。继续菜单选择→定值设置→保护定值，按“↑↓←→”键选择定值与控制字，设置好之后再输入口令进行确认保存。定值与控制字设置如表 1-126 所示。

表 1-126　PCS-985B 发电机误上电保护定值与控制字设置

定值名称	参数值	定值名称	参数值
误合闸频率闭锁定值	45Hz	低频闭锁投入	1
误合闸过电流定值（按机端电流整定）	1.2A	断路器位置接点闭锁投入	1
误合闸延时定值	0.2s		
误合闸跳闸控制字	1E0C001F		

3. 试验接线

（1）装置接地。将测试仪装置接地端口与被测保护装置的接地铜牌相连接，如图 1-1 所示。

（2）电压回路接线。发电机机端电压回路接线方式如图 1-15 所示。

（3）电流回路接线。发电机误上电电流回路接线方式如图 1-98 所示。

（4）时间测试接线。时间测试辅助接线方式如图 1-3 所示。

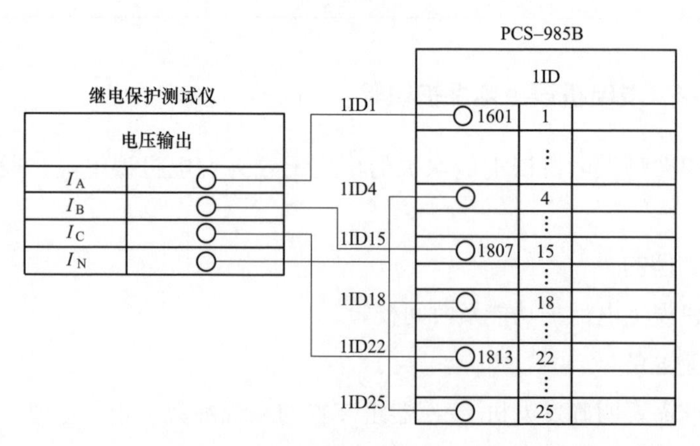

图 1-98　发电机误上电电流回路接线图

4. 试验步骤

发电机误上电保护配置了一段保护，本处校验经“低频率”“低电压”闭锁的误上电保护功能。

（1）误上电保护电流元件校验。

1）$1.05I_{w.set}$误上电保护电流定值功能校验。试验步骤如下：打开继电保护测试仪电源，选择“状态序列”模块，点击工具“+”，增加一个状态，保证有两个状态。

短接1QD6(1n0528)和1QD13(1n0520)端子[179]。

试验数据如表1-127所示。

表1-127 $1.05I_{w.set}$误上电保护电流定值校验数据

试验项目	状态一		状态二	
U_A/V	57.735∠0°	50Hz	57.735∠0°	50Hz
U_B/V	57.735∠−120°	50Hz	57.735∠−120°	50Hz
U_C/V	57.735∠120°	50Hz	57.735∠120°	50Hz
I_A/A	0[180]	50Hz	0.3[181]	50Hz
I_B/A	0	50Hz	1.26[182]	50Hz
I_C/A	0	50Hz	1.26	50Hz
触发方式	时间触发		时间触发	
试验时间	6s[183]		0.3s[184]	

表1-127中电流幅值由下式计算得：

$$I_K = mI_{w.set} \tag{1-62}$$

式中 I_K——故障相电流幅值；

$I_{w.set}$——误上电过流定值，读取定值清单1.2A；

m——1.05。

$$t_m = t_{w.set} + \Delta t \tag{1-63}$$

式中 t_m——试验时间；

$t_{w.set}$——误上电延时定值，读取定值清单0.2s；

Δt——时间裕度，一般设置0.1s。

在测试仪工具栏中点击“▶”，或按“run”键开始进行试验。

观察保护动作结果，打印动作报文。其动作报文如图1-99所示。

[179] 满足主变压器高压侧断路器跳闸位置接点，模拟断路器在分位。

[180] 误上电发生过程中，没有电流。

[181] 满足主变压器高压侧电流大于$0.2I_n$。

[182] 由式（1-62）计算得：$I_K = m \times I_{w.set} = 1.05 \times 1.2 = 1.26$A，满足发电机机端和中性点均需达到误上电电流定值。

[183] 满足5s以上，使保护装置识别误上电状态。

[184] 由式（1-63）计算所得，$t_m = t_{w.set} + \Delta t = 0.2 + 0.1 = 0.3$s。

PCS-985B 发电机-变压器组保护装置动作报告

被保护设备：保护设备　　版本号：V3.02
管理序号：00483742　　打印时间：2021-10-3 11：24：23

序号	启动时间	相对时间	动作相别	动作元件
0146	2021-10-3 11：23：58：661	0000ms		保护启动
		0209ms		误上电保护
				跳闸出口 1，跳闸出口 2
				跳闸出口 3，跳闸出口 4
				跳闸出口 18，跳闸出口 19
				跳闸出口 25，跳闸出口 26
				跳闸出口 27，跳闸出口 28

图 1-99　PCS-985B 装置 $1.05I_{w.set}$ 误上电保护电流定值动作报文

2）$0.95I_{w.set}$ 误上电保护电流定值功能校验。试验步骤如下，式（1-62）中 m 取 0.95，重新计算故障相电流值并输入，重复上述操作步骤，保护装置只启动，误上电保护不动作。

试验数据如表 1-128 所示。

表 1-128　$0.95I_{w.set}$ 误上电保护电流定值校验数据

试验项目	状态一		状态二	
U_A/V	57.735∠0°	50Hz	57.735∠0°	50Hz
U_B/V	57.735∠−120°	50Hz	57.735∠−120°	50Hz
U_C/V	57.735∠120°	50Hz	57.735∠120°	50Hz
I_A/A	0	50Hz	0.2	50Hz
I_B/A	0	50Hz	1.14[185]	50Hz
I_C/A	0	50Hz	1.14	50Hz
触发方式	时间触发		时间触发	
试验时间	6s		0.3s	

[185] 由式（1-62）计算得 $I_K = m \times I_{w.set} = 0.95 \times 1.2 = 1.14A$。

观察保护动作结果，打印动作报文。保护启动，其动作报文如图 1-100 所示。

PCS-985B 发电机-变压器组保护装置动作报告

被保护设备：保护设备　　版本号：V3.02
管理序号：00483742　　打印时间：2021-10-3 11：26：35

序号	启动时间	相对时间	动作相别	动作元件
0147	2021-10-3 11：25：16：689	0000ms		保护启动

图 1-100　PCS-985B 装置 0.95$I_{w.set}$误上电保护电流定值动作报文

（2）误上电保护电压元件校验。

1）0.95$U_{w.set}$误上电保护电压定值功能校验。试验步骤如下：打开继电保护测试仪电源，选择“状态序列”模块，点击工具“+”，增加一个状态，保证有两个状态。

将 1QD13（1n0520）端子[186]拔出，并用绝缘胶布包好。

试验数据如表 1-129 所示。

表 1-129　0.95$U_{w.set}$误上电保护电压定值校验数据

试验项目	状态一		状态二	
U_A/V	11.4[187]∠0°	50Hz	11.4∠0°	50Hz
U_B/V	11.4∠−120°	50Hz	11.4∠−120°	50Hz
U_C/V	11.4∠120°	50Hz	11.4∠120°	50Hz
I_A/A	0	50Hz	0.2	50Hz
I_B/A	0	50Hz	1.26	50Hz
I_C/A	0	50Hz	1.26	50Hz
触发方式	时间触发		时间触发	
试验时间	6s		0.3s	

表 1-129 中三相电压幅值由下式计算

$$U_K = mU_{w.set} \tag{1-64}$$

式中　U_K——故障相电压幅值；

$U_{w.set}$——误上电电压闭锁定值，为 12V；

m——0.95。

在测试仪工具栏中点击“▶”，或按“run”键开始进行试验。

[186] 满足主变压器高压侧断路器跳闸位置接点，模拟断路器在分位。

[187] 由式（1-64）计算得：$U_K = mU_{w.set} = 0.95 \times 12 = 11.4$V。

观察保护动作结果，打印动作报文。保护启动，其动作报文如图 1-101 所示。

PCS-985B 发电机-变压器组保护装置动作报告

被保护设备：保护设备　　版本号：V3.02

管理序号：00483742　　打印时间：2021-10-3 11：28：23

序号	启动时间	相对时间	动作相别	动作元件
0148	2021-10-3 11：27：58：678	0000ms		保护启动
		0200ms		误上电保护
				跳闸出口 1，跳闸出口 2
				跳闸出口 3，跳闸出口 4
				跳闸出口 18，跳闸出口 19
				跳闸出口 25，跳闸出口 26
				跳闸出口 27，跳闸出口 28

图 1-101　PCS-985B 装置 $0.95U_{w.set}$ 误上电保护电压定值动作报文

2）$1.05U_{w.set}$ 误上电保护电压定值功能校验。试验步骤如下：式（1-64）中 m 取 0.95，重新计算故障相电流值并输入，重复上述操作步骤，保护装置只启动，误上电保护不动作。

试验数据如表 1-130 所示。

[188] 由式（1-64）计算得：$U_K = mU_{w.set} = 1.05 \times 12 = 12.6$V。

表 1-130　$1.05U_{w.set}$ 误上电保护电压定值校验数据

试验项目	状态一		状态二	
U_A/V	12.6[188]∠0°	50Hz	12.6∠0°	50Hz
U_B/V	12.6∠−120°	50Hz	12.6∠−120°	50Hz
U_C/V	12.6∠120°	50Hz	12.6∠120°	50Hz
I_A/A	0	50Hz	0.2	50Hz
I_B/A	0	50Hz	1.26	50Hz
I_C/A	0	50Hz	1.26	50Hz
触发方式	时间触发		时间触发	
试验时间	6s		0.3s	

观察保护动作结果，打印动作报文。保护启动，其动作报文如图 1-102 所示。

PCS-985B 发电机-变压器组保护装置动作报告

被保护设备：保护设备　　版本号：V3.02
管理序号：00483742　　打印时间：2021-10-3 11∶26∶35

序号	启动时间	相对时间	动作相别	动作元件
0147	2021-10-3 11∶25∶16∶689	0000ms		保护启动

图 1-102　PCS-985B 装置 $1.05U_{w.set}$ 误上电保护电压定值动作报文

（3）误上电保护频率元件校验。

1）$0.98F_{w.set}$ 误上电保护频率定值功能校验。试验步骤如下：打开继电保护测试仪电源，选择“状态序列”模块，点击工具“+”，增加一个状态，保证有两个状态。将 1QD13(1n0520) 端子拔出，并用绝缘胶布包好。试验数据如表 1-131 所示。

表 1-131　$0.98F_{w.set}$ 误上电保护频率定值校验数据

试验项目	状态一		状态二	
U_A/V	57.735∠0°	44.1Hz[189]	57.735∠0°	44.1Hz
U_B/V	57.735∠−120°	44.1Hz	57.735∠−120°	44.1Hz
U_C/V	57.735∠120°	44.1Hz	57.735∠120°	44.1Hz
I_A/A	0	50Hz	0.2	50Hz
I_B/A	0	50Hz	1.26	50Hz
I_C/A	0	50Hz	1.26	50Hz
触发方式	时间触发		时间触发	
试验时间	6s		0.3s	

表 1-131 中三相频率幅值由下式计算

$$F_K = mF_{w.set} \tag{1-65}$$

式中　F_K——故障相频率幅值；

$F_{w.set}$——误上电频率闭锁定值，读取定值清单 45Hz；

m——0.98。

在测试仪工具栏中点击“▶”，或按“run”键开始进行试验。观察保护动作结果，打印动作报文。其动作报文如图 1-103 所示。

[189] 由式（1-65）计算得：$F_K = mF_{w.set} = 0.98 \times 45 = 44.1$Hz。

PCS-985B 发电机-变压器组保护装置动作报告

被保护设备：保护设备　　版本号：V3.02

管理序号：00483742　　打印时间：2021-10-3 11：24：23

序号	启动时间	相对时间	动作相别	动作元件
0146	2021-10-3 11：23：58：661	0000ms		保护启动
		0209ms		误上电保护
				跳闸出口 1，跳闸出口 2
				跳闸出口 3，跳闸出口 4
				跳闸出口 18，跳闸出口 19
				跳闸出口 25，跳闸出口 26
				跳闸出口 27，跳闸出口 28

图 1-103　PCS-985B 装置 $0.98F_{w.set}$ 误上频率值动作报文

2）$1.02F_{w.set}$ 误上电保护频率定值功能校验。试验步骤如下：式（1-65）中 m 取 0.98，重新计算故障相电流值并输入，重复上述操作步骤，保护装置只启动，误上电保护不动作。

试验数据如表 1-132 所示。

[190] 由式（1-65）计算得：$F_K = mF_{w.set} = 1.02 \times 45 = 44.9$Hz。

表 1-132　$1.02F_{w.set}$ 误上电保护频率定值校验数据

试验项目	状态一		状态二	
U_A/V	57.735∠0°	45.9Hz[190]	57.735∠0°	45.9Hz
U_B/V	57.735∠−120°	45.9Hz	57.735∠−120°	45.9Hz
U_C/V	57.735∠120°	45.9Hz	57.735∠120°	45.9Hz
I_A/A	0	50Hz	0.2	50Hz
I_B/A	0	50Hz	1.26	50Hz
I_C/A	0	50Hz	1.26	50Hz
触发方式	时间触发		时间触发	
试验时间	6s		0.3s	

观察保护动作结果，打印动作报文。保护启动，其动作报文如图 1-104 所示。

PCS-985B 发电机-变压器组保护装置动作报告

被保护设备：保护设备　　版本号：V3.02

管理序号：00483742　　打印时间：2021-10-3 11：26：35

序号	启动时间	相对时间	动作相别	动作元件
0147	2021-10-3 11：25：16：689	0000ms		保护启动

图 1-104　PCS-985B 装置 $1.02F_{w.set}$ 误上电保护频率定值动作报文

5. 试验记录

将发电机误上电保护校验结果记录至表1-133，并根据表中空白项，选取不同相别，重复试验步骤，补齐表1-133内容，所有数据都符合要求，PCS-985B的发电机误上电保护功能校验合格。

表1-133 发电机误上电保护功能试验数据记录表

项目	整定值	动作情况
电流元件	$1.05I_{w.set}$	
	$0.95I_{w.set}$	
电压元件	$0.95U_{w.set}$	
	$1.05U_{w.set}$	
频率元件	$0.98F_{w.set}$	
	$1.02F_{w.set}$	

1.2.15 发电机启停机保护校验

大机组典型发电机启停机保护的典型配置为发电机低频过流启停机保护，发电机差动启停机保护和零序过电压启停机保护，发电机启停机保护动作于全停。

1. 试验目的

发电机启停机保护功能及时间校验。

2. 试验准备

校验前需要明确发电机-变压器组装置的系统参数、相关定值、跳闸出口控制字及连接片情况。

(1) 保护硬压板设置。PCS-985B投入保护装置上投入“检修状态投入”“投发电机启停机保护”硬压板，退出其他出口硬压板。

(2) 定值与控制字设置。定值（控制字）设置步骤：菜单选择→定值设置→系统参数→投入总控制字值，设置“发电机启停机保护投入”为“1”，再输入口令进行确认保存。进行菜单选择→定值设置→保护定值，按“↑↓←→”键选择定值与控制字，设置好之后再输入口令进行确认保存。

定值与控制字设置如表1-134所示。

表 1-134　　PCS-985B 发电机启停机保护定值与控制字设置

定值名称	参数值	定值名称	参数值
频率闭锁定值	45Hz	零序电压定值	10V
发电机差流定值	$0.5I_e$	零序电压延时	3s
差流启停机跳闸控制字	1E0C001F	零序启停机跳闸控制字	1E0C001F
发电机低频过流定值	5.90A	发电机差流启停机投入	1
发电机低频过流延时	0.3s	低频过流启停机投入	1
低频过流跳闸控制字	1E0C001F	零序电压启停机投入	1

3. 试验接线

（1）装置接地。将测试仪装置接地端口与被测保护装置的接地铜牌相连接，如图 1-1 所示。

（2）电压回路接线。发电机启停机电压回路接线方式如图 1-105 所示。

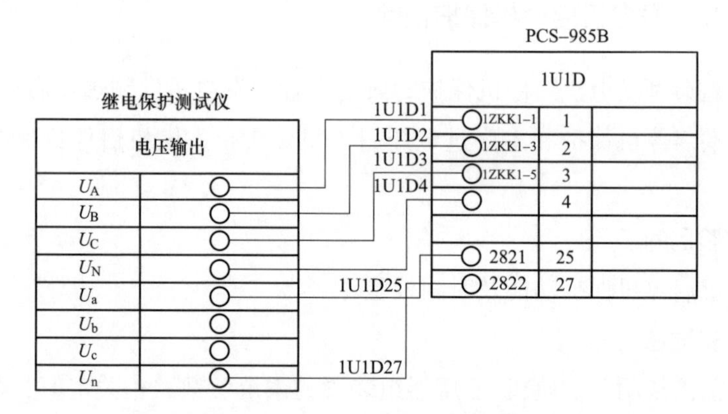

图 1-105　发电机启停机电压回路接线图

（3）电流回路接线。发电机中性点电流回路接线方式如图 1-106 所示。

（4）时间测试接线。时间测试辅助接线方式如图 1-3 所示。

4. 试验步骤

发电机启停机保护配置了发电机低频过流启停机保护，发电机差动启停机保护和零序过电压启停机保护。本文分别校验其功能。

（1）发电机低频率过流启停机保护功能校验。

1）$1.05I_{q.set}$ 低频率过流定值功能校验。试验步骤如下：打开继电保护测

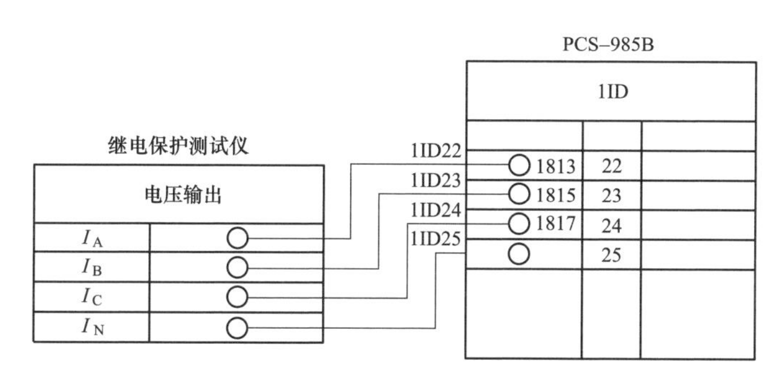

图 1-106　发电机中性点电流回路接线图

试仪电源，发电机差流启停机控制字投入“0”。选择“状态序列”模块，电击工具“+”，增加一个状态，保证有两个状态。短接 1QD6（1n0528）和 1QD13（1n0520）端子[191]。

[191] 满足主变压器高压侧断路器跳闸位置接点，满足并网前的状态。

试验数据如表 1-135 所示。

表 1-135　1.05$I_{q.set}$低频率过流定值校验数据

试验项目	状态一		状态二	
U_A/V	57，735∠0°	44.1Hz[192]	57，735∠0°	44.1Hz
U_B/V	57，735∠−120°	44.1Hz	57，735∠−120°	44.1Hz
U_C/V	57，735∠120°	44.1Hz	57，735∠120°	44.1Hz
I_A/A	0	50Hz	6.195[193]∠0°	50Hz
I_B/A	0	50Hz	6.195∠−120°	50Hz
I_C/A	0	50Hz	6.195∠120°	50Hz
触发方式	时间触发		时间触发	
试验时间	6s[194]		0.4s[195]	

[192] 由式（1-66）计算得：$F_K = mF_{q.set} = 0.98 \times 45 = 44.1$Hz，满足启停机条件。

[193] 由式（1-67）计算得：$I_K = mI_{q.set} = 1.05 \times 5.9 = 6.195$A。

[194] 满足 5s 以上，使保护装置识别低频状态。

[195] 由式（1-68）计算得：$t_m = t_{q.set} + \Delta t = 0.3 + 0.1 = 0.4$s。

表 1-135 中三相频率幅值由下式计算

$$F_K = mF_{q.set} \tag{1-66}$$

式中　F_K——故障相频率幅值；

$F_{q.set}$——启停机频率闭锁定值，读取定值清单 45Hz；

m——0.98。

$$I_K = mI_{q.set} \tag{1-67}$$

式中　I_K——故障相电流幅值；

$I_{q.set}$——启停机低频过流定值，读取定值清单 5.9A；

m——1.05。

$$t_m = t_{q.set} + \Delta t \tag{1-68}$$

式中　t_m——试验时间；

$t_{q.set}$——启停机低频过流延时定值，读取定值清单 0.3s；

Δt——时间裕度，一般设置 0.1s。

在测试仪工具栏中点击“▶”，或按“run”键开始进行试验。

观察保护动作结果，打印动作报文。其动作报文如图 1-107 所示。

PCS-985B 发电机-变压器组保护装置动作报告

被保护设备：保护设备　　版本号：V3.02

管理序号：00483742　　打印时间：2021-10-3 11：31：23

序号	启动时间	相对时间	动作相别	动作元件
0149	2021-10-3 11：30：58：668	0000ms		保护启动
		0323ms		低频过流启停机
				跳闸出口 1，跳闸出口 2
				跳闸出口 3，跳闸出口 4
				跳闸出口 18，跳闸出口 19
				跳闸出口 25，跳闸出口 26
				跳闸出口 27，跳闸出口 28

图 1-107　PCS-985B 装置 $1.05I_{q.set}$ 低频率过流定值动作报文

2）$0.95I_{q.set}$ 低频率过流定值功能校验。试验步骤如下：式（1-66）中 m 取 0.95，重新计算故障相电流值并输入，重复上述操作步骤，保护装置只启动，启停机保护不动作。

试验数据如表 1-136 所示。

表 1-136　$0.95I_{q.set}$ 低频率过流定值校验数据

试验项目	状态一		状态二	
U_A/V	57，735∠0°	44.1Hz	57，735∠0°	44.1Hz
U_B/V	57，735∠−120°	44.1Hz	57，735∠−120°	44.1Hz
U_C/V	57，735∠120°	44.1Hz	57，735∠120°	44.1Hz
I_A/A	0	50Hz	5.605[196]∠0°	50Hz

[196] 由式（1-67）计算得：$I_K = mI_{q.set} = 0.95 \times 5.9 = 5.605$A。

续表

试验项目	状态一		状态二	
I_B/A	0	50Hz	5.605∠−120°	50Hz
I_C/A	0	50Hz	5.605∠120°	50Hz
触发方式	时间触发		时间触发	
试验时间	6s		0.4s	

观察保护动作结果，打印动作报文。保护启动，其动作报文如图1-108所示。

PCS-985B 发电机-变压器组保护装置动作报告

被保护设备：保护设备　　版本号：V3.02
管理序号：00483742　　打印时间：2021-10-3 11:36:35

序号	启动时间	相对时间	动作相别	动作元件
0150	2021-10-3 11:33:16:689	0000ms		保护启动

图1-108　PCS-985B装置 $0.95I_{q.set}$ 低频率过流定值动作报文

3）$1.2I_{q.set}$ 低频率过流定值功能校验。试验步骤如下：时间接线需增加辅助接线完成，接线方式如图1-3所示；式（1-66）中 m 取1.2，重新计算故障相电流值并输入，重复上述操作步骤，并在开入量 A 对应的选择栏"□"里打"√"，并读取显示的时间量进行记录。

试验数据如表1-137所示。

表1-137　$1.2I_{q.set}$ 低频率过流定值校验数据

试验项目	状态一		状态二	
U_A/V	57，735∠0°	44.1Hz	57，735∠0°	44.1Hz
U_B/V	57，735∠−120°	44.1Hz	57，735∠−120°	44.1Hz
U_C/V	57，735∠120°	44.1Hz	57，735∠120°	44.1Hz
I_A/A	0	50Hz	7.08[197]∠0°	50Hz
I_B/A	0	50Hz	7.08∠−120°	50Hz
I_C/A	0	50Hz	7.08∠120°	50Hz
触发方式	时间触发		时间触发	
试验时间	6s		0.4s	

[197] 由式（1-67）计算得 $I_K=mI_{q.set}=1.2\times5.9=7.08$A。

观察保护动作结果，打印动作报文。其动作报文如图1-109所示。

PCS-985B 发电机-变压器组保护装置动作报告

被保护设备：保护设备　　版本号：V3.02
管理序号：00483742　　打印时间：2021-10-3 11：36：15

序号	启动时间	相对时间	动作相别	动作元件
0151	2021-10-3 11：35：58：362	0000ms		保护启动
		0309ms		低频过流启停机
				跳闸出口 1，跳闸出口 2
				跳闸出口 3，跳闸出口 4
				跳闸出口 18，跳闸出口 19
				跳闸出口 25，跳闸出口 26
				跳闸出口 27，跳闸出口 28

图 1-109　PCS-985B 装置 $1.2I_{q.set}$低频率过流定值动作报文

（2）发电机零序过电压启停机保护功能校验。

1）$1.05U_{q.0.set}$零序过电压定值功能校验。试验步骤如下：打开继电保护测试仪电源，选择“状态序列”模块。短接 1QD6(1n0528) 和 1QD13(1n0520) 端子[198]。

试验数据如表 1-138 所示。

[198] 满足主变压器高压侧断路器跳闸位置接点，满足并网前的状态。

[199] 机端电压判低频转态。

[200] 由式（1-69）计算得：$U_k = mU_{q.0set} = 1.05 \times 10 = 10.5V$。

[201] 零序过电压保护不判电流，设置 0A 即可。

[202] 过电压保护不判方向，相角可不设置。

[203] 由式（1-70）计算得：$t = t_{q.0.set} + \Delta t = 3 + 0.1 = 3.1s$。

表 1-138　$1.05U_{q.0.set}$零序过电压定值校验数据

试验项目	状态一	
U_A/V	57，735∠0°	44.1Hz[199]
U_B/V	57，735∠−120°	44.1Hz
U_C/V	57，735∠120°	44.1Hz
U_a/V	10.5[200]∠0°	50Hz
U_b/V	0∠−120°	
U_C/V	0∠120°	
I_a/A	0[201]∠0°[202]	
I_b/A	0∠−120°	
I_C/A	0∠120°	
触发方式	时间触发	
试验时间	3.1s[203]	

表1-136中三相电压幅值由下式计算

$$U_{k}=mU_{q.0.set} \tag{1-69}$$

式中 U_{k}——故障相电压幅值；

$U_{q.0.set}$——零序过电压定值，读取定值清单10V；

m——1.05。

$$t=t_{q.0.set}+\Delta t \tag{1-70}$$

式中 $t_{q.0.set}$——零序过电压时间定值，读取定值清单为3s；

Δt——时间裕度，固定取0.1s。

在测试仪工具栏中点击“▶”，或按“run”键开始进行试验。

观察保护动作结果，打印动作报文。零序过电压保护动作，其动作报文如图1-110所示。

PCS-985B发电机-变压器组保护装置动作报告

被保护设备：保护设备　　版本号：V3.02

管理序号：00483742　　打印时间：2021-10-3 11：41：15

序号	启动时间	相对时间	动作相别	动作元件
0152	2021-10-3 11：40：58：368	0000ms		保护启动
		3039ms		定子零序电压启停机
				跳闸出口1，跳闸出口2
				跳闸出口3，跳闸出口4
				跳闸出口18，跳闸出口19
				跳闸出口25，跳闸出口26
				跳闸出口27，跳闸出口28

图1-110　PCS-985B装置1.05$U_{q.0.set}$零序过电压定值动作报文

2）0.95$U_{q.0.set}$零序过电压定值功能校验。试验步骤如下：式（1-69）中m取0.95，重新计算故障相电流值并输入，重复上述操作步骤，保护装置只启动，零序过电压保护不动作。

试验数据如表1-139所示。

[204] 由式（1-69）计算得：$U_k = mU_{q.0.set} = 0.95 \times 10 = 9.5V$。

表 1-139　$0.95U_{q.0.set}$零序过电压定值校验数据

试验项目	状态一	
U_A/V	57，735∠0°	44.1Hz
U_B/V	57，735∠−120°	44.1Hz
U_C/V	57，735∠120°	44.1Hz
U_a/V	9.5[204]∠0°	50Hz
U_b/V	0∠−120°	
U_C/V	0∠120°	
I_a/A	0∠0°	
I_b/A	0∠−120°	
I_C/A	0∠120°	
触发方式	时间触发	
试验时间	3.1s	

观察保护动作结果，打印动作报文。保护启动，其动作报文如图 1-111 所示。

PCS-985B 发电机-变压器组保护装置动作报告

被保护设备：保护设备　　版本号：V3.02
管理序号：00483742　　打印时间：2021-10-3 11：46：35

序号	启动时间	相对时间	动作相别	动作元件
0153	2021-10-3 11：45：16：682	0000ms		保护启动

图 1-111　PCS-985B 装置 $0.95U_{q.0.set}$零序过电压定值动作报文

3）$1.2U_{q.0.set}$零序过电压定值功能校验。试验步骤如下：时间接线需增加辅助接线完成，接线方式如图 1-3 所示。式（1-69）中 m 取 1.2，重新计算故障相电流值并输入，重复上述操作步骤，并在开入量 A 对应的选择栏“□”里打“√”，并读取显示的时间量进行记录。

试验数据如表 1-140 所示。

表 1-140　$1.2U_{q.0.set}$零序过电压定值校验数据

试验项目	状态一	
U_A/V	57，735∠0°	44.1Hz
U_B/V	57，735∠−120°	44.1Hz
U_C/V	57，735∠120°	44.1Hz

续表

试验项目	状态一	
U_a/V	12[205]∠0°	50Hz
U_b/V	0∠−120°	
U_C/V	0∠120°	
I_a/A	0∠0°	
I_b/A	0∠−120°	
I_C/A	0∠120°	
触发方式	开入量触发	
开入类型	开入或	
☑ 开入量 A	动作时间	

[205] 由式（1-69）计算得：$U_k = mU_{q.0.set} = 1.2 \times 10 = 12V$。

观察保护动作结果，打印动作报文。其动作报文如图 1-112 所示。

PCS-985B 发电机-变压器组保护装置动作报告

被保护设备：保护设备　　版本号：V3.02

管理序号：00483742　　打印时间：2021-10-3 11：47：15

序号	启动时间	相对时间	动作相别	动作元件
0154	2021-10-3 11：46：58：372	0000ms		保护启动
		3029ms		定子零序电压启停机
				跳闸出口 1，跳闸出口 2
				跳闸出口 3，跳闸出口 4
				跳闸出口 18，跳闸出口 19
				跳闸出口 25，跳闸出口 26
				跳闸出口 27，跳闸出口 28

图 1-112　PCS-985B 装置 $1.2U_{q.0.set}$零序过电压定值动作报文

（3）发电机差动启停机保护功能校验。在满足“低频和发电机并网前”条件时参考发电机差动保护校验方法，不再重复。

5. 试验记录

将发电机低频率过流启停机保护结果记录至表 1-141，并根据表中空白项，选取不同相别，重复试验步骤，所有数据都符合要求，PCS-985B 的发电机低频率过流启停机保护功能校验合格。

表 1-141　　发电机低频率过流启停机保护功能试验数据记录表

项目	整定值	校验结果
发电机低频率过流保护	$1.05I_{q.set}$	
	$0.95I_{q.set}$	
	$1.2I_{q.set}$	

将发电机零序过电压启停机保护校验结果记录至表 1-142，并根据表中空白项，选取不同相别，重复试验步骤，补齐表 1-142 中内容，所有数据都符合要求，PCS-985B 的发电机零序过电压启停机保护功能校验合格。

表 1-142　　发电机零序过电压启停机保护功能试验数据记录表

项目	整定值	中性点电压
零序过电压保护	$1.05U_{q.0.set}$	
	$0.95U_{q.0.set}$	
	$1.2U_{q.0.set}$	

将发电机差动启停机保护校验结果记录至表 1-143，并根据表中空白项，选取不同相别，重复试验步骤，补齐表 1-143 中内容，所有数据都符合要求，PCS-985B 的发电机差动启停机保护功能校验合格。

表 1-143　　发电机差动启停机保护功能试验数据记录表

项目	整定值	中性点电流校验
差动保护	$1.05I_d$	
	$0.95I_d$	

1.2.16　变压器差动保护校验

大机组变压器差动保护的典型配置为：发电机-主变压器组纵联差动、发电机-高压厂用变压器组纵联差动、主变压器纵联差动、高压厂用变压器纵联差动，动作于发电机-变压器组全停。

1. 试验目的

（1）发电机-变压器组差动保护功能及时间校验。

（2）变压器差动保护功能及时间校验。

（3）变压器差动保护二次谐波制动定值校验。

2. 试验准备

(1) 参数设置。校验前需要明确发电机-变压器组装置的系统参数、相关定值、跳闸出口控制字及连接片情况。

1) 系统参数。变压器系统参数见表 1-144。

表 1-144 变压器系统参数

定值参数名称	参数值	定值参数名称	参数值
主变压器容量	1140MVA	低压侧 TA 一次侧	30 000A
高压侧一次额定电压	538kV	低压侧 TA 二次侧	5A
低压侧一次额定电压	27kV	A 厂用变压器 TA 一次侧	6000A
高压侧 TV 一次侧	288.7kV	A 厂用变压器 TA 二次侧	1A
高压侧 TV 二次侧	57.74V	B 厂用变压器 TA 一次侧	6000A
高压侧 TV 零序副边	100V	B 厂用变压器 TA 二次侧	1A
高压侧 TA 一次侧	1500A	零序 TA 一次侧	600A
高压侧 TA 二次侧	1A	零序 TA 二次侧	1A
高压侧后备 TA 一次侧	1500A	间隙零序 TA 一次侧	0A
高压侧后备 TA 二次侧	1A	间隙零序 TA 二次侧	1A
主变压器联结方式：Yd11	1		

2) 保护硬压板设置。PCS-985B 投入保护装置上投入“检修状态投入”“主变压器 & 发电机-变压器组差动保护投入”硬压板，退出其他出口硬压板。

3) 定值与控制字设置。定值（控制字）设置步骤：菜单选择→定值设置→系统参数→投入总控制字值，设置“发电机-变压器组差动保护投入”“主变压器差动保护投入”为“1”，再输入口令进行确认保存。继续菜单选择→定值设置→保护定值，按“↑ ↓ ← →”键选择定值与控制字，设置好之后再输入口令进行确认保存。

定值与控制字设置如表 1-145 所示。

表 1-145 PCS-985B 主变压器差动保护定值与控制字设置

定值名称	参数值	控制字名称	参数值
主变压器差动起动定值	$0.4I_e$	差动速断投入	1
主变压器差动速断定值	$5.0I_e$	比率差动投入	1
比率制动起始斜率	0.10	工频变化量比率差动投入	0

续表

定值名称	参数值	控制字名称		参数值
比率制动最大斜率	0.7	涌流闭锁原理选择	0：二次谐波闭锁	0
谐波制动系数	0.15		1：波形判别	
差动保护跳闸控制字	1E0C001F	TA 断线闭锁比率差动		0

（2）参数计算。发电机-变压器组用变压器高压侧额定电流

$$I_{\mathrm{e.z.h}}=\frac{S_{\mathrm{n}}}{\sqrt{3}U_{\mathrm{n.z.h}}n_{\mathrm{z.h}}}=\frac{1140\times10^{6}}{\sqrt{3}\times538\times10^{3}\times1500}=0.816\mathrm{A} \tag{1-71}$$

变压器低压侧额定电流

$$I_{\mathrm{e.z.l}}=\frac{S_{\mathrm{n}}}{\sqrt{3}U_{\mathrm{n.z.l}}n_{\mathrm{z.l}}}=\frac{1140\times10^{6}}{\sqrt{3}\times27\times10^{3}\times6000}=4.06\mathrm{A} \tag{1-72}$$

发电机-变压器组用发电机中性点额定电流

$$I_{\mathrm{e.f.n}}=\frac{S_{\mathrm{n}}}{\sqrt{3}U_{\mathrm{n.f}}n_{\mathrm{d.f}}}=\frac{1140\times10^{6}}{\sqrt{3}\times27\times10^{3}\times30\,000/5}=4.06\mathrm{A} \tag{1-73}$$

3. 试验接线

（1）装置接地。将测试仪装置接地端口与被测保护装置的接地铜牌相连接，如图 1-1 所示。

（2）电流回路接线。发电机-变压器组差动保护和主变压器差动保护电流回路接线方式如图 1-113 和图 1-114 所示。

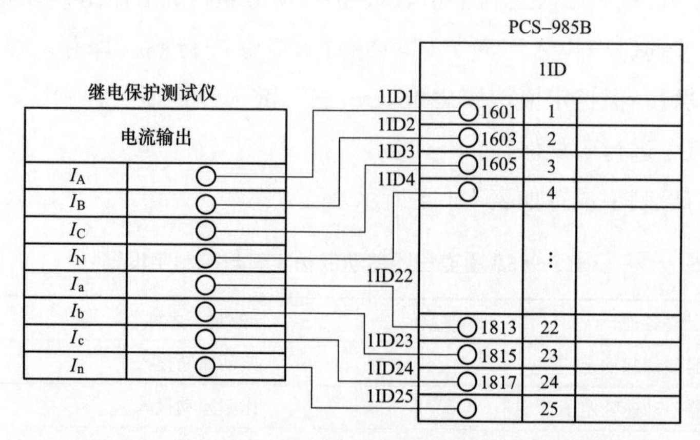

图 1-113 发电机-变压器组差动保护电流回路接线图

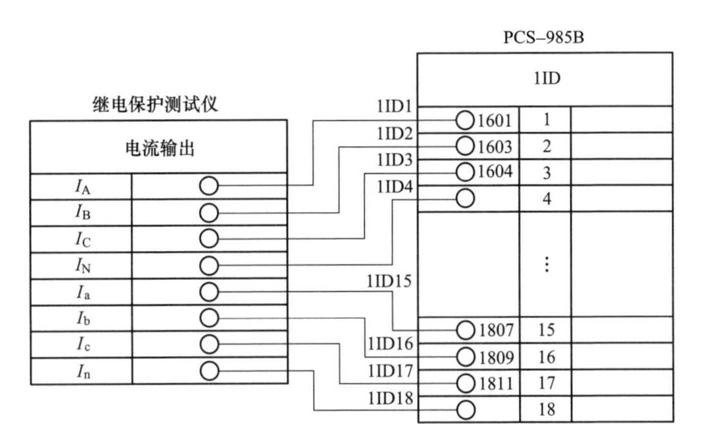

图 1-114　主变压器差动保护电流回路接线图

（3）二次谐波制动系数校验接线。高压侧二次谐波制动电流回路接线方式如图 1-115 所示。

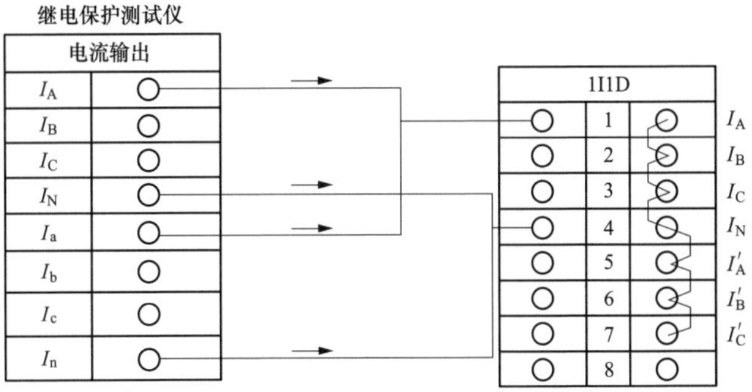

图 1-115　高压侧二次谐波制动电流回路接线图

接线说明：继电保护测试仪电流输出中的 I_A 和 I_a 并联后接入 1I1D1 端子，I_N 和 I_n 并联后接入 1I1D4 端子；中低压侧接线原理相同。

（4）时间测试回路。时间测试辅助接线方式如图 1-3 所示。

4. 试验步骤

变压器差动保护主要配置差动速断保护和比率差动保护，本文以发电机-主变压器组纵联差动保护和主变压器纵联差动保护为例分别进行校验。

（1）发电机-变压器组差动保护功能及时间校验。发电机-变压器组差动保护的保护范围为“主变压器-发电机”和“主变压器-高压厂用变压器分支”，“主变压器-发电机”取主变压器高压侧 TA 和发电机中性点 TA 电流量进入差动继电器，“主变压器-高压厂用变压器分支”取主变压器高压侧 TA

和高压厂用变压器高压侧TA（大变比）电流量进入差动继电器，两者只是接线不同，校验方法相同，本文以“主变压器-发电机”接线方式进行校验。

1）1.05倍差动速断定值功能校验。试验步骤如下：将“比率差动投入”控制字投“0”，打开继电保护测试仪电源，选择“交流试验”模块。

试验接线如图1-146所示。

[206] 根据式（1-74）计算得 $I_K = mI_{sd.set} = m \times \sqrt{3} \times 5 \times I_{e.z.h} = 1.05 \times \sqrt{3} \times 5 \times 0.816 = 7.42A$，其中 $I_{sd.set}$ 读取定值清单，为 $5I_{e.z.h}$；而 $I_{e.z.h}$ 根据式（1-71）计算得。

表1-146　　1.05倍差动速断定值校验数据

试验项目	试验数据
U_A/V	0∠0°
U_B/V	0∠−120°
U_C/V	0∠120°
I_A/A	7.42[206]∠0°
I_B/A	0
I_C/A	0
变化方式	手动试验
动作方式	动作停止

以YD11的主变压器接线方式为例，装置采样Y-△变化调整差流平衡，其校正方法如表1-147所示。

[207]“主变压器差动用主变压器高压侧“或者”发电机-变压器组用主变压器高压侧”测试仪输出量。

$\sqrt{3}I_{cd.set}$ 的“$I_{cd.set}$”对应定值清单 $5I_{e.z.h}$（主变压器高压侧额定电流）。

表1-147　　接线矫正方法

相别	I_d	
	高压侧（发电机-变压器组）[207]	低压侧（发电机-变压器组）
单相	$\sqrt{3}I_{cd.set}$	$I_{cd.set}$
三相	$I_{cd.set}$	$I_{cd.set}$

表1-147中A相电流幅值由下式计算

$$I_K = mI_{sd.set} \tag{1-74}$$

式中　I_K——故障相电流幅值；

$I_{sd.set}$——差动速断电流定值；

m——1.05。

在测试仪工具栏中点击“▶”，或按“run”键开始进行试验，观察保护动作结果，打印动作报文。动作报文如图1-116所示。

PCS-985B 发电机-变压器组保护装置动作报告

被保护设备：保护设备　　版本号：V3.02
管理序号：00483742　　打印时间：2021-10-3 12：04：15

序号	启动时间	相对时间	动作相别	动作元件
0155	2021-10-3 12：04：58：668	0000ms		保护启动
		0023ms		发电机-变压器组差动速断保护
				跳闸出口 1，跳闸出口 2
				跳闸出口 3，跳闸出口 4
				跳闸出口 18，跳闸出口 19
				跳闸出口 25，跳闸出口 26
				跳闸出口 27，跳闸出口 28

图 1-116　PCS-985B 装置 1.05 倍差动速断定值动作报文

2）0.95 倍差动速断定值功能校验。试验步骤如下：式（1-74）中，m 取 0.95，重新计算故障相电流值并输入，重复上述操作步骤，保护装置只启动，差动保护不动作。试验数据如表 1-148 所示。

表 1-148　　0.95 倍差动速断定值校验数据

试验项目	试验数据
U_A/V	0∠0°
U_B/V	0∠−120°
U_C/V	0∠120°
I_A/A	6.71[208]∠0°
I_B/A	0
I_C/A	0
变化方式	手动试验
动作方式	动作停止

[208] 根据式（1-74）计算得 $I_K = mI_{sd.set} = m\times\sqrt{3}\times 5\times I_{e.f} = 0.95\times\sqrt{3}\times 5\times 0.816 = 6.71A$。

观察保护动作结果，打印动作报文。其动作报文如图 1-117 所示。

PCS-985B 发电机-变压器组保护装置动作报告

被保护设备：保护设备　　版本号：V3.02
管理序号：00483742　　打印时间：2021-10-3 12：06：35

序号	启动时间	相对时间	动作相别	动作元件
0156	2021-10-3 12：05：16：682	0000ms		保护启动

图 1-117　PCS-985B 装置 0.95 倍差动速断定值动作报文

3）1.2倍差动速断定值功能测试时间。试验步骤如下：时间接线需增加辅助接线完成，接线方式如图1-3所示，式（1-74）中m取1.2，重新计算故障相电流值并输入，重复上述操作步骤，并在开入量A对应的选择栏“□”里打“√”，并读取显示的时间量进行记录。

试验数据如表1-149所示。

表1-149　1.2倍差动速断定值校验数据

试验项目	试验数据
U_A/V	0∠0°
U_B/V	0∠−120°
U_C/V	0∠120°
I_A/A	8.48[209]∠0°
I_B/A	0
I_C/A	0
变化方式	手动试验
动作方式	动作停止

[209] 根据式（1-74）计算所得，$I_K = mI_{sd.set} = m \times \sqrt{3} \times 5 \times I_{e.f} = 1.2 \times \sqrt{3} \times 5 \times 0.816 = 8.48A$。

观察保护动作结果，打印动作报文。其动作报文如图1-118所示。

PCS-985B发电机-变压器组保护装置动作报告

被保护设备：保护设备　　版本号：V3.02
管理序号：00483742　　打印时间：2021-10-3 12：06：15

序号	启动时间	相对时间	动作相别	动作元件
0157	2021-10-3 12：06：58：667	0000ms		保护启动
		0029ms		发电机-变压器组差动速断保护
				跳闸出口1，跳闸出口2
				跳闸出口3，跳闸出口4
				跳闸出口18，跳闸出口19
				跳闸出口25，跳闸出口26
				跳闸出口27，跳闸出口28

图1-118　PCS-985B装置1.2倍差动速断定值动作报文

4）比率制动差动保护。纵联比率差动保护校验主要校验比率差动特性，即一般在 $I_r < nI_e$ 的制动电流范围内，任取几个制动电流，分别验证误差范围在5%的范围内。试验步骤如下：打开继电保护测试仪电源，选择“交流试验”模块，并且选择6P输出模式。将表1-143中“差动速断控制字”设置“0”，“比率差动保护控制字”设置“1”。

任取制动电流 I_r 为 $2.4I_e$，计算理论临界差动电流的额定电流倍数。

$$I_d = K_{bl} I_r + I_{qd.set} \tag{1-75}$$

$$K_{bl} = K_{bl1} + K_{blr}(I_r / I_e) \tag{1-76}$$

$$K_{blr} = (K_{bl2} - K_{bl1})/(2n) \tag{1-77}$$

$$I_r = 2.4I_e$$

式中 I_d——差动电流；

K_{bl}——比率差动制动系数；

I_r——制动电流；

$I_{qd.set}$——差动电流启动定值，读取定值清单 $I_{qd.set}=0.4$；

K_{blr}——比率差动制动系数增量；

K_{bl2}——最大比率差动斜率，读取定值清单 $K_{bl2}=0.7$；

K_{bl1}——起始比率差动斜率，读取定值清单 $K_{bl1}=0.1$；

n——最大比率制动系数时的制动电流倍数，固有 $n=6$。

根据上述取值可得

$$K_{blr} = (K_{bl2} - K_{bl1})/(2n) = (0.5 - 0.1)/(2 \times 6) = 0.05 \tag{1-78}$$

将式（1-4）代入得

$$K_{bl} = K_{bl1} + K_{blr}(I_r / I_e) = 0.1 + 0.05 \times (2.4I_e / I_e) = 0.22 \tag{1-79}$$

将式（1-5）代入得

$$I_d = K_{bl} I_r + I_{qd.set} = 0.22 \times 2.4I_e + 0.4I_e = 0.928I_e \tag{1-80}$$

计算主变压器高压侧和发电机中性点加入电流的额定倍数。

$$I_1 = \frac{2I_r + I_d}{2} = \frac{2 \times 2.4I_e + 0.928I_e}{2} = 2.864I_e \tag{1-81}$$

$$I_2 = \frac{2I_r - I_d}{2} = \frac{2 \times 2.4I_e - 0.928I_e}{2} = 1.936I_e \tag{1-82}$$

以 YD11 的主变压器接线方式为例，装置采样 Y-△变化调整差流平衡，其校正方法如表 1-150 所示。

[210] “发电机-变压器组用主变压器高压侧”测试仪输出量。

[211] “发电机-变压器组用发电机中性点”测试仪输出量。

表 1-150　　接线矫正方法

相别	I_d	
	高压侧（发电机-变压器组）[210]	低压侧（发电机-变压器组）[211]
单相	$\sqrt{3}I_1$	I_2
三相	I_1	I_2

计算主变压器高压侧和发电机中性点参与差动计算电流均为 I_1 时，测试仪需要加入的实际电流

$$I_{g.A}=\sqrt{3}\times 2.864I_{e.z.h}=\sqrt{3}\times 2.864\times 0.816=4.05\text{A}$$

$$I_{n.a}=I_{n.c}=2.864I_{e.f.n}=2.864\times 4.06=11.63\text{A}$$

试验数据如表 1-151 所示。

表 1-151　　比率差动保护校验初始值数据

试验项目	试验数据	变量	步长/A
I_A/A	4.05∠0°		
I_B/A	0∠0°		
I_C/A	0∠120°		
I_a/A	11.63∠180°	√	0.01
I_b/A	0		
I_c/A	11.63∠0°	√	0.01
变化方式	手动试验		
动作方式	动作停止		

在测试仪工具栏中点击“▶”，或按“run”键开始进行试验，然后点击“▼”键，直至比率差动保护动作，记录此时 I_a 的电流大小（本例中 $I_a=7.897$A）。

观察保护动作结果，打印动作报文，作报文如图 1-119 所示。

PCS-985B 发电机-变压器组保护装置动作报告

被保护设备：保护设备　　版本号：V3.02
管理序号：00483742　　打印时间：2021-10-3 12：10：15

序号	启动时间	相对时间	动作相别	动作元件
0158	2021-10-3 12：10：58：667	0000ms		保护启动
		0033ms		发电机-变压器组比率差动保护
				跳闸出口 1，跳闸出口 2
				跳闸出口 3，跳闸出口 4
				跳闸出口 18，跳闸出口 19
				跳闸出口 25，跳闸出口 26
				跳闸出口 27，跳闸出口 28

图 1-119　PCS-985B 装置比率差动动作报文

将实测发电机中性点电流转换成参与差动计算的额定电流倍数，即

$$I_{2.m}=\frac{7.897}{I_e}=\frac{7.897}{4.06}=1.945I_e$$

因为主变压器高压侧电流没有变化，即 $I_{1.m}=2.864I_e$。

计算 $I_{d.m}$，根据式（1-81）变化得

$$I_{d.m}=I_{1.m}-I_{2.m}=2.864I_e-1.945I_e=0.919I_e$$

计算 $I_r=2.4I_e$ 时，差动电流误差

$$\varepsilon=\frac{|I_{d.m}-I_d|}{I_d}=\frac{|0.919I_e-0.928I_e|}{0.928I_e}=0.96\%$$

结论：误差范围小于 5%的允许误差范围。

（2）变压器差动保护功能及时间校验。变压器差动保护功能及时间校验参照发电机-变压器组差动保护功能及时间校验。高值比率差动校验试验步骤如下：打开继电保护测试仪电源，选择“交流试验”模块，并且选择 6P 输出模式。将表 1-143 中“差动速断控制字”设置“0”，“比率差动保护控制字”设置“1”。短接测试仪 I_A 和 I_B 两相。

任取制动电流 I_r 为 $2.4I_e$，计算理论临界差动电流的额定电流倍数。

$$I_d=I_r=2.4I_e \tag{1-83}$$

计算主变压器高压侧和发电机中性点加入电流的额定倍数。

$$I_1=\frac{2I_r+I_d}{2}=\frac{2\times2.4I_e+2.4I_e}{2}=3.6I_e \tag{1-84}$$

$$I_2=\frac{2I_r-I_d}{2}=\frac{2\times2.4I_e-2.4I_e}{2}=1.2I_e \tag{1-85}$$

以 YD11 的主变压器接线方式为例，装置采样 Y-△变化调整差流平衡，其校正方法如表 1-152 所示。

[212]“主变压器差动用主变压器高压侧”测试仪输出量。
[213]“主变压器差动用主变压器低压侧”测试仪输出量。

表 1-152　　接线矫正方法

相别	I_d	
	高压侧（主变压器）[212]	低压侧（主变压器）[213]
单相	$\sqrt{3}I_1$	I_2
三相	I_1	I_2

计算主变压器高压侧和发电机中性点参与差动计算电流均为 I_1 时，测试仪需要加入的实际电流

$$I_{g.A}=\sqrt{3}\times3.6I_{e.z.h}=\sqrt{3}\times3.6\times0.816=5.08\text{A}$$

$$I_{n.a}=I_{n.c}=3.6I_{e.f.n}=3.6\times4.06=14.616\text{A}$$

五次谐波制动电流值为

$$I_5=mk_{5xb}I_d=1.05\times\sqrt{3}\times0.25\times2.4\times0.816=0.89\text{A}$$

式中　I_5——故障相中的五次谐波电流值；

k_{5xb}——五次谐波制动系数，固定 0.25。

试验数据如表 1-153 所示。

表 1-153　　比率差动保护校验初始值数据

试验项目	试验数据	频率	变量	步长/A
I_A/A	5.08∠0°	50Hz		
I_B/A	0.89∠0°	250Hz		
I_C/A	0∠120°			
I_a/A	14.616∠180°	50Hz	√	0.01
I_b/A	0			
I_c/A	14.616∠0°	50Hz	√	0.01
变化方式	手动试验			
动作方式	动作停止			

在测试仪工具栏中点击“▶”，或按“run”键开始进行试验，然后点击“▼”键，直至比率差动保护动作，记录此时 I_a的电流大小（本例中 I_a=4.97A）。

观察保护动作结果，打印动作报文，作报文如图1-120所示。

PCS-985B发电机-变压器组保护装置动作报告

被保护设备：保护设备　　版本号：V3.02
管理序号：00483742　　打印时间：2021-10-3 12：10：15

序号	启动时间	相对时间	动作相别	动作元件
0158	2021-10-3 12：10：58：667	0000ms		保护启动
		0035ms		变压器比率差动保护
				跳闸出口1，跳闸出口2
				跳闸出口3，跳闸出口4
				跳闸出口18，跳闸出口19
				跳闸出口25，跳闸出口26
				跳闸出口27，跳闸出口28

图1-120　PCS-985B装置比率差动动作报文

将实测发电机中性点电流转换成参与差动计算的额定电流倍数

$$I_{2.m}=\frac{4.97}{I_e}=\frac{4.97}{4.06}=1.224I_e$$

因为主变压器高压侧电流没有变化，即$I_{1.m}=3.6I_e$。

计算$I_{d.m}$，根据式（1-81）变化得

$$I_{d.m}=I_{1.m}-I_{2.m}=3.6I_e-1.224I_e=2.376I_e$$

计算$I_r=2.4I_e$时，差动电流误差为

$$\varepsilon=\frac{|I_{d.m}-I_d|}{I_d}=\frac{|2.376I_e-2.4I_e|}{2.4I_e}=1\%$$

结论：误差范围小于5%的允许误差范围。

（2）变压器差动保护二次谐波制动定值校验。要调试二次谐波制动特性，即要在每一相上确定：在确定基波幅值的情况下，测试二次谐波制动的临界值，计算谐波制动比例是否在允许范围内。本节以高压侧A相基波电流（大小为1A）为例，检验二次谐波制动系数。

1）0.95倍比率制动系数时发电机-变压器组差动保护的动作行为。试验步骤如下：打开继电保护测试仪电源，选择“状态序列”模块。试验接线如图1-114所示。试验数据如表1-154所示。

表 1-154　　0.95 倍二次谐波制动比校验参数设置

试验项目	状态一	状态二
I_A/A	0	1∠0°(50Hz)
I_B/A	0	0
I_C/A	0	0
I_a/A	0	0.143∠0°(100Hz)
I_b/A	0	0
I_c/A	0	0
触发方式	按键触发	时间触发
动作时间		0.1s

表 1-154 中二次谐波幅值的计算公式如下

$$I_2 = mI_1K_2 \tag{1-86}$$

式中　I_1——基波输入电流值，本处按选取的 1A 进行计算；

m——计算参数，本处取 0.95；

K_2——二次谐波制动系数，从表 1-155 中可查得 K_2=0.15。

在测试仪工具栏中点击“▶”，或按“run”键开始进行试验。

点击“TAB 按钮”观察保护动作结果，打印动作报文。其动作报文如图 1-121 所示。

PCS-985B 发电机-变压器组保护装置动作报告

被保护设备：保护设备　　版本号：V3.02

管理序号：00483742　　打印时间：2021-08-3 10：24：36

序号	启动时间	相对时间	动作相别	动作元件
0283	2021-8-3 10：14：26：332	0000ms		保护启动
		32ms		发电机-变压器组比率差动保护
				跳闸出口 1，跳闸出口 2
				跳闸出口 3，跳闸出口 4
				跳闸出口 18，跳闸出口 19
				跳闸出口 25，跳闸出口 26
				跳闸出口 27，跳闸出口 28

图 1-121　0.95 倍二次谐波制动时发电机-变压器组比率差动保护动作报文

2）1.05倍比率制动系数时发电机-变压器组差动保护的动作行为。试验步骤如下：打开继电保护测试仪电源，选择“状态序列”模块。试验接线如图1-122所示。式（1-86）中，m 取1.05重新计算并重复调试过程，试验数据如表1-155所示。

表1-155　　1.05倍二次谐波制动比校验参数设置

试验项目	状态一	状态二
I_A/A	0	1∠0°(50Hz)
I_B/A	0	0
I_C/A	0	0
I_a/A	0	0.158∠0°(100Hz)
I_b/A	0	0
I_c/A	0	0
触发方式	按键触发	时间触发
动作时间		0.1s

在测试仪工具栏中点击“▶”，或按“run”键开始进行试验。

点击“TAB按钮”观察保护动作结果，打印动作报文。其动作报文如图1-122所示。

PCS-985B发电机-变压器组保护装置动作报告

被保护设备：保护设备　　版本号：V3.02

管理序号：00483742　　打印时间：2021-08-3 10：22：15

序号	启动时间	相对时间	动作相别	动作元件
0156	2021-10-3 12：05：16：682	0000ms		保护启动

图1-122　1.05倍二次谐波制动时发电机-变压器组比率差动保护动作报文

5. 试验记录

将变压器差动速断保护校验结果记录至表1-156，并根据表中空白项，选取不同相别，重复试验步骤，补齐表1-156中内容，所有数据都符合要求，PCS-985B的变压器差动速断保护功能检验合格。

表 1-156　　变压器差动速断保护试验数据记录表

故障类别	整定值	故障量	故障相别				
			AN	BN	CN	三相	测试
发电机-变压器组差动速断保护定值校验	$I_d=5I_e$（主变压器高压侧）	$1.05I_{sd.set}$					
		$0.95I_{sd.set}$					
		$1.2I_{sd.set}$					
	$I_d=5I_e$（发电机中性点）	$1.05I_{sd.set}$					
		$0.95I_{sd.set}$					
		$1.2I_{sd.set}$					
变压器差动速断保护定值校验	$I_d=5I_e$（主变压器高压侧）	$1.05I_{sd.set}$					
		$0.95I_{sd.set}$					
		$1.2I_{sd.set}$					
	$I_d=5I_e$（主变压器低压侧）	$1.05I_{sd.set}$					
		$0.95I_{sd.set}$					
		$1.2I_{sd.set}$					

将变压器比率差动保护校验结果记录至表 1-157，并根据表中空白项，选取不同制动电流，重复试验步骤，补齐表 1-157 中内容，所有数据都符合要求，PCS-985B 的变压器比率差动保护功能检验合格。

表 1-157　　变压器比率差动保护试验数据记录表

项目	故障类别	曲线点（额定电流倍数）		测试仪加量		实测电流量	误差百分数 ε
		I_d	I_r（选取至少 3 个以上，曲线准确率较高）	I_1	I_2	$I_{2.m}$	
发电机-变压器组比率差动保护定值校验（主变压器-发电机）	AN						
	BN						
	CN						
	三相						

续表

项目	故障类别	曲线点（额定电流倍数）		测试仪加量		实测电流量	误差百分数 ε
		I_d	I_r（选取至少3个以上，曲线准确率较高）	I_1	I_2	$I_{2.m}$	
发电机-变压器组比率差动保护定值校验（主变压器-高压厂用变压器分支）	AN						
	BN						
	CN						
	三相						
变压器比率差动保护定值校验	AN						
	BN						
	CN						
	三相						
变压器比率差动保护高定值校验	AN						
	BN						

续表

项目	故障类别	曲线点（额定电流倍数）		测试仪加量		实测电流量	误差百分数 ε
		I_d	I_r（选取至少 3 个以上，曲线准确率较高）	I_1	I_2	$I_{2.m}$	
变压器比率差动保护高定值校验	CN						
	三相						

将二次谐波制动比校验结果记录至表 1-158，并根据表中空白项，选取不同基波幅值，重复试验步骤，补齐表 1-158 中内容，所有数据都符合要求，PCS-985B 的变压器二次谐波制动功能检验合格。

表 1-158　　变压器二次谐波制动试验数据记录表

项目	基波电流值	定值	校验项目	动作行为
二次谐波制动比校验	1A	0.15	无二次谐波	
	1A	0.15	1.05 倍二次谐波比	
	1A	0.15	0.95 倍二次谐波比	
	2A	0.15	无二次谐波	
	2A	0.15	1.05 倍二次谐波比	
	2A	0.15	0.95 倍二次谐波比	
	3A	0.15	无二次谐波	
	3A	0.15	1.05 倍二次谐波比	
	3A	0.15	0.95 倍二次谐波比	
	4A	0.15	无二次谐波	
	4A	0.15	1.05 倍二次谐波比	
	4A	0.15	0.95 倍二次谐波比	

1.2.17　变压器相间后备保护校验

大机组变压器相间后备保护的典型配置为相间阻抗保护、复合电压闭锁过流。

1. 试验目的

（1）变压器相间阻抗保护功能及时间校验。

（2）变压器复合电压闭锁过流保护功能及时间校验。

（3）高压侧失灵联跳功能校验。

（4）“TV断线保护投退原则”功能校验。

2. 试验准备

（1）保护硬压板设置。PCS-985B投入保护装置上投入“检修状态投入”“投变压器相间后备保护”硬压板，退出其他出口硬压板。

（2）定值与控制字设置。定值（控制字）设置步骤：菜单选择→定值设置→系统参数→投入总控制字值，设置“主变压器相间后备保护投入”为“1”，再输入口令进行确认保存。继续菜单选择→定值设置→保护定值，按“↑↓←→”键选择定值与控制字，设置好之后再输入口令进行确认保存。

定值与控制字设置如表1-159所示。

表1-159　PCS-985B主变压器相间后备保护定值与控制字设置

定值名称	参数值	定值名称	参数值
主变压器负序电压定值	6V	阻抗Ⅰ段正向定值	24.5Ω
相间低电压定值	70V	阻抗Ⅰ段反向定值	1.23Ω
过流Ⅰ段定值	1.26A	阻抗Ⅰ段时限	1.5s
过流Ⅰ段时限	5.00s	阻抗Ⅰ段跳闸控制字	00000021
过流Ⅰ段时限跳闸控制字	00000021	阻抗Ⅱ 段正向定值	24.5Ω
过流Ⅱ段定值	1.1A	阻抗Ⅱ 段反向定值	1.23Ω
过流Ⅱ 段时限	10s	阻抗Ⅱ 段时限	2.0s
过流Ⅱ段时限跳闸控制字	1E0C001F	阻抗Ⅱ 段跳闸控制字	1E0C001F
过流Ⅰ段经复压闭锁投入	1	主变压器失灵联跳控制字	1E0C001F
过流Ⅱ段经复压闭锁投入	1	TV断线保护投退原则	1
经低压侧复压闭锁投入	0		

3. 试验接线

（1）装置接地。将测试仪装置接地端口与被测保护装置的接地铜牌相连接，如图1-1所示。

（2）电流回路接线。主变压器后备保护电流回路回路接线方式如图1-123

所示。

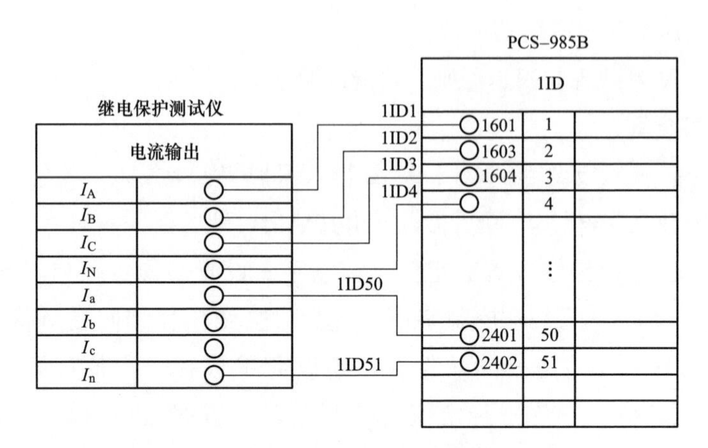

图 1-123 主变压器后备保护电流回路接线图

（3）电压回路接线。电压回路接线方式如图 1-124 所示。

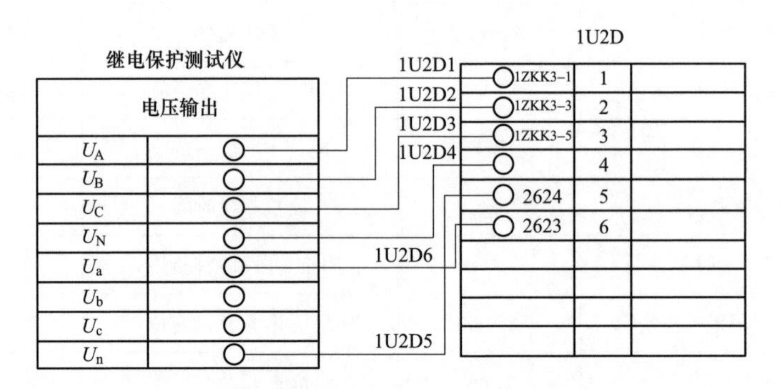

图 1-124 主变压器后备保护电压回路接线图

（4）时间测试回路。时间测试辅助接线方式如图 1-3 所示。

4. **试验步骤**

本文以阻抗保护Ⅱ段为例，校验相间阻抗保护功能及时间校验，以复合电压闭锁过流Ⅱ段为例校验复合电压闭锁过流保护功能及时间校验。

（1）相间阻抗保护功能及时间校验。

1）$0.95Z^{\mathrm{II}}_{\mathrm{z.set}}$阻抗Ⅱ段正向定值功能校验。以 ABC 相间故障为例校验相间阻抗保护功能及时间。试验步骤如下：打开继电保护测试仪电源，选择“状态序列”模块。试验数据如表 1-160 所示。

表 1-160 $0.95Z_{z.set}^{\text{II}}$阻抗Ⅱ段正向定值校验数据

试验项目	状态一
U_A/V	46.55∠0°
U_B/V	46.55[214]∠−120°
U_C/V	46.55∠120°
I_A/A	2[215]∠−78°[216]
I_B/A	2∠162°
I_C/A	2∠42°
触发方式	时间触发
试验时间	2.1s[217]

表 1-158 中 ABC 相电压、电流幅值由下式计算

$$U_k = mZ_{z.set}^{\text{II}} I_k \tag{1-87}$$

式中 U_k——故障相电压幅值；

$Z_{z.set}^{\text{II}}$——阻抗Ⅱ段正向定值，读取定值清单 24.5Ω；

m——0.95。

$$t_m = t_{z.set}^{\text{II}} + \Delta t \tag{1-88}$$

式中 t_m——试验时间；

$t_{z.set}^{\text{II}}$——阻抗Ⅱ段时间定值，读取定值清单 2s；

Δt——时间裕度，一般设置 0.1s。

在测试仪工具栏中点击“▶”，或按“run”键开始进行试验。观察保护动作结果，打印动作报文。其动作报文如图 1-125 所示。

PCS-985B 发电机-变压器组保护装置动作报告

被保护设备：保护设备　　版本号：V3.02

管理序号：00483742　　打印时间：2021-10-3 12：16：15

序号	启动时间	相对时间	动作相别	动作元件
0159	2021-10-3 12：15：58：886	0000ms		保护启动
		1993ms	ABC	主变压器阻抗Ⅱ段
				跳闸出口 1，跳闸出口 2
				跳闸出口 3，跳闸出口 4
				跳闸出口 18，跳闸出口 19
				跳闸出口 25，跳闸出口 26
				跳闸出口 27，跳闸出口 28

图 1-125 PCS-985B 装置 $0.95Z_{z.set}^{\text{II}}$阻抗Ⅱ段正向定值动作报文

[214] 由式（1-87）计算得：$U_k = mZ_{z.set}^{\text{II}} I_k = 0.95 \times 24.5 \times 2 = 46.55$V。

[215] 固定取值 2A，方便计算。

[216] 装置固定灵敏角为 78°，三相故障，每相电流角度滞后电压 78°输入测试仪。

[217] 由式（1-88）计算得：$t_m = t_{z.set}^{\text{II}} + \Delta t = 2 + 0.1 = 2.1$s。

2）$1.05Z_{z.set}^{\mathrm{II}}$阻抗Ⅱ段正向定值功能校验。试验步骤如下：式（1-87）中 m 取 1.05，重新计算故障相电流值并输入，重复上述操作步骤，保护装置只启动，阻抗保护不动作。

试验数据如表 1-161 所示。

[218] 由式（1-87）计算得：$U_k = mZ_{z.set}^{\mathrm{II}} I_k = 1.05 \times 24.5 \times 2 = 51.45$V。

表 1-161　$1.05Z_{z.set}^{\mathrm{II}}$阻抗Ⅱ段正向定值定值校验数据

试验项目	状态一	
U_A/V	51.45∠0°	
U_B/V	51.45[218]∠−120°	
U_C/V	51.45∠120°	
I_A/A	2∠−78°	
I_B/A	2∠162°	
I_C/A	2∠52°	
触发方式	开入量触发	
开入类型	开入或	
☑ 开入量 A	动作时间	

观察保护动作结果，打印动作报文。其动作报文如图 1-126 所示。

PCS-985B 发电机-变压器组保护装置动作报告

被保护设备：保护设备　　版本号：V3.02
管理序号：00483742　　打印时间：2021-10-3 12：09：35

序号	启动时间	相对时间	动作相别	动作元件
0160	2021-10-3 12：08：16：682	0000ms		保护启动

图 1-126　PCS-985B 装置 $1.05Z_{z.set}^{\mathrm{II}}$阻抗Ⅱ段正向定值动作报文

3）$0.7Z_{z.set}^{\mathrm{II}}$阻抗Ⅱ段正向定值功能校验。试验步骤如下：时间接线需增加辅助接线完成，接线方式如图 1-4 所示；式（1-87）中 m 取 0.7，重新计算故障相电流值并输入，重复上述操作步骤，并在开入量 A 对应的选择栏"□"里打"√"，并读取显示的时间量进行记录。

试验数据如表 1-162 所示。

表 1-162 $0.7Z_{z.set}^{II}$阻抗Ⅱ段正向定值校验数据

试验项目	状态一
U_A/V	34.3∠0°
U_B/V	34.3[219]∠−120°
U_C/V	34.3∠120°
I_A/A	2∠−78°
I_B/A	2∠162°
I_C/A	2∠52°
触发方式	时间触发
试验时间	2.1s

[219] 由式（1-87）计算得：$U_k = mZ_{z.set}^{II} I_k = 0.7 \times 24.5 \times 2 = 34.3V$。

观察保护动作结果，打印动作报文。其动作报文如图 1-127 所示。

PCS-985B 发电机-变压器组保护装置动作报告

被保护设备：保护设备　　版本号：V3.02
管理序号：00483742　　打印时间：2021-10-3 12：21：15

序号	启动时间	相对时间	动作相别	动作元件
0161	2021-10-3 12：20：58：868	0000ms		保护启动
		1989ms	ABC	主变压器阻抗Ⅱ段
				跳闸出口 1，跳闸出口 2
				跳闸出口 3，跳闸出口 4
				跳闸出口 18，跳闸出口 19
				跳闸出口 25，跳闸出口 26
				跳闸出口 27，跳闸出口 28

图 1-127 PCS-985B 装置 $0.7Z_{z.set}^{II}$阻抗Ⅱ段正向定值动作报文

4）$0.95Z_{f.set}^{II}$阻抗Ⅱ段反向定值功能校验。以 ABC 相间故障为例校验相间阻抗保护功能及时间。试验步骤如下：打开继电保护测试仪电源，选择“状态序列”模块。试验数据如表 1-163 所示。

表 1-163 $0.95Z_{f.set}^{II}$阻抗Ⅱ段反向定值校验数据

试验项目	状态一
U_A/V	2.337∠0°
U_B/V	2.337[220]∠−120°
U_C/V	2.337∠120°

[220] 由式（1-89）计算得：$U_K = mZ_{f.set}^{II} I_k = 0.95 \times 1.23 \times 2 = 2.337V$。

[221] 固定取值2A，方便计算。

[222] 装置固定灵敏角为78°，三相故障，每相电流角度滞后电压78°+180°=102°输入测试仪。

[223] 由式（1-90）计算得：$t_m = t_{f.set}^{II} + \Delta t = 2 + 0.1 = 2.1s$。

续表

试验项目	状态一
I_A/A	2[221]∠102°[222]
I_B/A	2∠−18°
I_C/A	2∠−128°
触发方式	时间触发
试验时间	2.1s[223]

表1-163中ABC相电压、电流幅值由下式计算

$$U_K = mZ_{f.set}^{II} I_k \tag{1-89}$$

式中 U_K——故障相电压幅值；

$Z_{f.set}^{II}$——阻抗Ⅱ段反向定值，读取定值清单1.23Ω；

m——0.95。

$$t_m = t_{f.set}^{II} + \Delta t \tag{1-90}$$

式中 t_m——试验时间；

$t_{f.set}^{II}$——阻抗Ⅱ段时间定值，读取定值清单2s；

Δt——时间裕度，一般设置0.1s。

在测试仪工具栏中点击“▶”，或按“run”键开始进行试验。观察保护动作结果，打印动作报文。其动作报文如图1-128所示。

PCS-985B发电机-变压器组保护装置动作报告

被保护设备：保护设备　　版本号：V3.02

管理序号：00483742　　打印时间：2021-10-3 14：06：15

序号	启动时间	相对时间	动作相别	动作元件
0162	2021-10-3 14：05：58：868	0000ms		保护启动
		1998ms	ABC	主变压器阻抗Ⅱ段
				跳闸出口1，跳闸出口2
				跳闸出口3，跳闸出口4
				跳闸出口18，跳闸出口19
				跳闸出口25，跳闸出口26
				跳闸出口27，跳闸出口28

图1-128　PCS-985B装置0.95$Z_{f.set}^{II}$阻抗Ⅱ段反向定值动作报文

5）1.05$Z_{f.set}^{II}$阻抗Ⅰ段反向定值功能校验。试验步骤如下：式（1-89）中 m 取1.05，重新计算故障相电流值并输入，重复上述操作步骤，保护装置只启动，阻抗保护不动作。

试验数据如表1-164所示。

[224] 由式（1-89）计算得：$U_K = mZ_{f.set}^{II} I_k = 1.05\times1.23\times2=2.583$V。

表1-164　1.05$Z_{f.set}^{II}$阻抗Ⅱ段反向定值校验数据

试验项目	状态一
U_A/V	2.583∠0°
U_B/V	2.583[224]∠−120°
U_C/V	2.583∠120°
I_A/A	2∠102°
I_B/A	2∠−18°
I_C/A	2∠−128°
触发方式	时间触发
试验时间	2.1s

观察保护动作结果，打印动作报文。其动作报文如图1-129所示。

PCS-985B 发电机-变压器组保护装置动作报告

被保护设备：保护设备　　版本号：V3.02

管理序号：00483742　　打印时间：2021-10-3 14：09：35

序号	启动时间	相对时间	动作相别	动作元件
0163	2021-10-3 14：08：16：682	0000ms		保护启动

图1-129　PCS-985B装置1.05$Z_{f.set}^{II}$阻抗Ⅱ段反向定值动作报文

6）0.7$Z_{f.set}^{II}$阻抗Ⅱ段反向定值功能校验。试验步骤如下：时间接线需增加辅助接线完成，接线方式如图1-4所示；式（1-89）中，m 取0.7，重新计算故障相电流值并输入，重复上述操作步骤，并在开入量 A 对应的选择栏"□"里打"√"，并读取显示的时间量进行记录。

试验数据如表1-165所示。

[225] 由式（1-89）计算得：$U_K = mZ^{II}_{f.set} I_k = 0.7\times1.23\times2=1.722V$。

表 1-165　$0.7Z^{II}_{f.set}$阻抗Ⅱ段反向定值校验数据

试验项目	状态一	
U_A/V	1.722∠0°	
U_B/V	1.722[225]∠−120°	
U_C/V	1.722∠120°	
I_A/A	2∠102°	
I_B/A	2∠−18°	
I_C/A	2∠−128°	
触发方式	开入量触发	
开入类型	开入或	
☑ 开入量 A	动作时间	

观察保护动作结果，打印动作报文。其动作报文如图1-130所示。

PCS-985B 发电机-变压器组保护装置动作报告

被保护设备：保护设备　　版本号：V3.02

管理序号：00483742　　打印时间：2021-10-3 14：11：15

序号	启动时间	相对时间	动作相别	动作元件
0164	2021-10-3 14：10：58：868	0000ms		保护启动
		1989ms	ABC	主变压器阻抗Ⅱ段
				跳闸出口1，跳闸出口2
				跳闸出口3，跳闸出口4
				跳闸出口18，跳闸出口19
				跳闸出口25，跳闸出口26
				跳闸出口27，跳闸出口28

图 1-130　PCS-985B 装置 $0.7Z^{II}_{f.set}$阻抗Ⅱ段反向定值动作报文

（2）复合电压闭锁过流保护功能及时间校验。

1）$1.05I^{II}_{set}$复合电压过流Ⅱ段电流定值校验。试验步骤如下：打开继电保护测试仪电源，选择“状态序列”模块。试验数据如表1-166所示。

表 1-166 $1.05I_{set}^{II}$复合电压过流Ⅱ段电流定值校验数据

试验项目	状态一
U_A/V	36.14[226]∠∠0°
U_B/V	57.735∠−120°
U_C/V	57.735∠120°
I_A/A	1.155[227]∠−78°[228]
I_B/A	0
I_C/A	0
触发方式	时间触发
试验时间	10.1s[229]

表 1-166 中 A 相电压、电流幅值由下式计算

$$U_K = 57.735 - m \times 3 \times U_{2.set} \tag{1-91}$$

式中 U_K——故障相电压幅值；

$U_{2.set}$——复合电压过流保护负序电压定值，读取定值清单 6V；

m——1.2。

$$I_K = mI_{set}^{II} \tag{1-92}$$

式中 I_K——故障相电流幅值；

I_{set}^{II}——复合电压过流Ⅱ段定值，读取定值清 1.1A；

m——1.05。

$$t_m = t_{set}^{II} + \Delta t \tag{1-93}$$

式中 t_m——试验时间；

t_{set}^{II}——复合电压过流Ⅰ段时间定值，读取定值清单 10s；

Δt——时间裕度，一般设置 0.1s。

在测试仪工具栏中点击“▶”，或按“run”键开始进行试验。观察保护动作结果，打印动作报文。其动作报文如图 1-131 所示。

[226] 由式（1-91）计算得：$U_K = 57.735 - m \times 3 \times U_{2.set} = 57.735 - 1.2 \times 3 \times 6 = 36.14V$。

[227] 由式（1-92）计算得：$I_K = mI_{set}^{II} = 1.05 \times 1.1 = 1.155A$。

[228] 不判方向，可不设置。

[229] 由式（1-93）计算得：$t_m = t_{set}^{II} + \Delta t = 10 + 0.1 = 10.1s$。

PCS-985B 发电机-变压器组保护装置动作报告

被保护设备：保护设备　　版本号：V3.02
管理序号：00483742　　打印时间：2021-10-3 14：14：15

序号	启动时间	相对时间	动作相别	动作元件
0165	2021-10-3 14：13：58：868	0000ms		保护启动
		10 009ms	ABC	主变压器过流Ⅱ段
				跳闸出口 1，跳闸出口 2
				跳闸出口 3，跳闸出口 4
				跳闸出口 18，跳闸出口 19
				跳闸出口 25，跳闸出口 26
				跳闸出口 27，跳闸出口 28

图 1-131　PCS-985B 装置 $1.05I_{set}^{Ⅱ}$ 复合电压过流Ⅱ段动作报文

2）$0.95I_{set}^{Ⅱ}$ 复合电压过流Ⅱ段电流定值校验。试验步骤如下：式（1-92）中，m 取 0.95，重新计算故障相电流值并输入，重复上述操作步骤，保护装置只启动，复合电压过流Ⅱ段保护不动作。

试验数据如表 1-167 所示。

[230] 由式（1-92）计算得：$I_k = mI_{set}^{Ⅱ} = 0.95 \times 1.1 = 1.045A$。

表 1-167　$0.95I_{set}^{Ⅱ}$ 复合电压过流Ⅱ段电流定值校验数据

试验项目	状态一
U_A/V	36.14∠0°
U_B/V	57.735∠−120°
U_C/V	57.735∠120°
I_A/A	1.045[230]∠−78°
I_B/A	0
I_C/A	0
触发方式	时间触发
试验时间	10.1s

观察保护动作结果，打印动作报文。其动作报文如图 1-132 所示。

PCS-985B 发电机-变压器组保护装置动作报告

被保护设备：保护设备　　版本号：V3.02
管理序号：00483742　　打印时间：2021-10-3 14：15：35

序号	启动时间	相对时间	动作相别	动作元件
0166	2021-10-3 14：15：16：682	0000ms		保护启动

图 1-132　PCS-985B 装置 $0.95I_{set}^{II}$ 复合电压过流Ⅱ段电流定值动作报文

3）$1.2I_{set}^{II}$ 复合电压过流Ⅱ段电流定值校验。试验步骤如下：时间接线需增加辅助接线完成，接线方式如图 1-4 所示；式（1-92）中 m 取 1.2，重新计算故障相电流值并输入，重复上述操作步骤，并在开入量 A 对应的选择栏“□”里打“√”，并读取显示的时间量进行记录。

试验数据如表 1-168 所示。

表 1-168　$1.2I_{set}^{II}$ 复合电压过流Ⅱ段电流定值校验数据

试验项目	状态一	
U_A/V	36.14∠0°	
U_B/V	57.735∠−120°	
U_C/V	57.735∠120°	
I_A/A	1.32[231]∠−78°	
I_B/A	0	
I_C/A	0	
触发方式	开入量触发	
开入类型	开入或	
☑ 开入量 A	动作时间	

[231] 由式（1-92）计算得：$I_k = mI_{set}^{II} = 1.2 \times 1.1 = 1.32$A。

观察保护动作结果，打印动作报文。其动作报文如图 1-133 所示。

PCS-985B 发电机-变压器组保护装置动作报告

被保护设备：保护设备　　版本号：V3.02
管理序号：00483742　　打印时间：2021-10-3 14：18：15

序号	启动时间	相对时间	动作相别	动作元件
0167	2021-10-3 14：17：58：868	0000ms		保护启动
		10 019ms	ABC	主变压器过流Ⅱ段
				跳闸出口 1，跳闸出口 2
				跳闸出口 3，跳闸出口 4
				跳闸出口 18，跳闸出口 19
				跳闸出口 25，跳闸出口 26
				跳闸出口 27，跳闸出口 28

图 1-133　PCS-985B 装置 $1.2I_{set}^{II}$ 复合电压过流Ⅱ段电流定值动作报文

4）复合电压过流保护 $1.05U_{2.\mathrm{set}}$ 负序电压定值校验。试验步骤如下：打开继电保护测试仪电源，选择“状态序列”模块。试验数据如表 1-169 所示。

[232] 由式（1-94）计算得：$U_k = 57.735 - m \times 3 \times U_{2.\mathrm{set}} = 57.735 - 1.05 \times 3 \times 6 = 38.84\mathrm{V}$。

[233] 由式（1-92）计算得：$I_k = mI_{\mathrm{set}}^{\mathrm{II}} = 1.2 \times 1.1 = 1.32\mathrm{A}$。

表 1-169　复合电压过流保护 $1.05U_{2.\mathrm{set}}$ 负序电压定值校验数据

试验项目	状态一
U_A/V	38.84[232]∠0°
U_B/V	57.735∠−120°
U_C/V	57.735∠120°
I_A/A	1.32[233]∠−78°
I_B/A	0
I_C/A	0
触发方式	时间触发
试验时间	10.1s

表 1-169 中 A 相电压、电流幅值由下式计算

$$U_k = 57.735 - m \times 3 \times U_{2.\mathrm{set}} \tag{1-94}$$

在测试仪工具栏中点击“▶”，或按“run”键开始进行试验。观察保护动作结果，打印动作报文。其动作报文如图 1-134 所示。

PCS-985B 发电机-变压器组保护装置动作报告

被保护设备：保护设备　　版本号：V3.02

管理序号：00483742　　打印时间：2021-10-3 14：21：15

序号	启动时间	相对时间	动作相别	动作元件
0168	2021-10-3 14：20：58：868	0000ms		保护启动
		10 022ms	ABC	主变压器过流Ⅱ段
				跳闸出口 1，跳闸出口 2
				跳闸出口 3，跳闸出口 4
				跳闸出口 18，跳闸出口 19
				跳闸出口 25，跳闸出口 26
				跳闸出口 27，跳闸出口 28

图 1-134　PCS-985B 装置复合电压过流Ⅱ段动作报文

5）复合电压过流保护 0.95$U_{2.set}$ 负序电压定值校验。试验步骤如下：式（1-94）中 m 取 0.95，重新计算故障相电流值并输入，重复上述操作步骤，保护装置只启动，复合电压过流Ⅱ段保护不动作。

试验数据如表 1-170 所示。

表 1-170　复合电压过流保护 0.95$U_{2.set}$ 负序电压定值校验数据

试验项目	状态一
U_A/V	40.64[234]∠0°
U_B/V	57.735∠−120°
U_C/V	57.735∠120°
I_A/A	1.32∠−78°
I_B/A	0
I_C/A	0
触发方式	时间触发
试验时间	10.1s

[234] 由式（1-94）计算得：$U_k = 57.735 - m \times 3 \times U_{2.set} = 57.735 - 0.95 \times 3 \times 6 = 40.64V$。

观察保护动作结果，打印动作报文。其动作报文如图 1-135 所示。

PCS-985B 发电机-变压器组保护装置动作报告

被保护设备：保护设备　　版本号：V3.02

管理序号：00483742　　打印时间：2021-10-3 14：22：35

序号	启动时间	相对时间	动作相别	动作元件
0169	2021-10-3 14：21：16：682	0000ms		保护启动

图 1-135　PCS-985B 装置复合电压过流Ⅱ段电流定值动作报文

6）复合电压过流保护 0.95$U_{d.set}$ 低电压定值校验。试验步骤如下：打开继电保护测试仪电源，选择“状态序列”模块。试验数据如表 1-171 所示。

[235] 由式(1-95)计算得：$U_k = m \times U_{d.set}/\sqrt{3} = 0.95 \times 70/\sqrt{3} = 38.4V$。

[236] 由式(1-92)计算得：$I_k = mI_{set}^{II} = 1.2 \times 1.1 = 1.32A$。

[237] 不判方向，不考虑电压、电流夹角，保证三相电流互差120°即可。

表 1-171　复合电压过流保护 0.95$U_{d.set}$低电压定值校验数据

试验项目	状态一
U_A/V	38.4[235]∠0°
U_B/V	38.4∠−120°
U_C/V	38.4∠120°
I_A/A	1.32[236]∠−78°[237]
I_B/A	1.32∠162°
I_C/A	1.32∠42°
触发方式	时间触发
试验时间	10.1s

表 1-171 中 A 相电压幅值由下式计算

$$U_k = mU_{d.set}/\sqrt{3} \tag{1-95}$$

式中　U_K——故障相电压幅值；

$U_{d.set}$——复合电压过流保护低电压定值，读取定值清单 70V；

m——0.95。

在测试仪工具栏中点击"▶"，或按"run"键开始进行试验。

观察保护动作结果，打印动作报文。其动作报文如图 1-136 所示。

PCS-985B 发电机-变压器组保护装置动作报告

被保护设备：保护设备　　版本号：V3.02

管理序号：00483742　　打印时间：2021-10-3 14:26:15

序号	启动时间	相对时间	动作相别	动作元件
0170	2021-10-3 14:25:58:868	0000ms		保护启动
		10 026ms	ABC	主变压器过流Ⅱ段
				跳闸出口 1，跳闸出口 2
				跳闸出口 3，跳闸出口 4
				跳闸出口 18，跳闸出口 19
				跳闸出口 25，跳闸出口 26
				跳闸出口 27，跳闸出口 28

图 1-136　PCS-985B 装置复合电压过流Ⅱ段动作报文

7）复合电压过流保护 1.05$U_{d.set}$低电压定值校验。试验步骤如下：式（1-95）中 m 取 1.05，重新计算故障相电流值并输入，重复上述操作步骤，保护装置只启动，复合电压过流Ⅱ段保护不动作。

试验数据如表 1-172 所示。

表 1-172　复合电压过流保护 1.05$U_{d.set}$低电压定值校验数据

试验项目	状态一
U_A/V	42.4[238]∠0°
U_B/V	42.4∠−120°
U_C/V	42.4∠120°
I_A/A	1.32∠−78°
I_B/A	1.32∠162°
I_C/A	1.32∠42°
触发方式	时间触发
试验时间	10.1s

[238] 由式（1-95）计算得：$U_k = mU_{d.set}/\sqrt{3} = 1.05 \times 70/\sqrt{3} = 42.4$V。

观察保护动作结果，打印动作报文。其动作报文如图 1-137 所示。

PCS-985B 发电机-变压器组保护装置动作报告

被保护设备：保护设备　　版本号：V3.02
管理序号：00483742　　打印时间：2021-10-3 14：28：35

序号	启动时间	相对时间	动作相别	动作元件
0171	2021-10-3 14：27：16：682	0000ms		保护启动

图 1-137　PCS-985B 装置复合电压过流Ⅱ段动作报文

（3）高压侧失灵联跳功能校验。试验步骤如下：打开继电保护测试仪电源，选择“状态序列”模块。短接 1QD6 和测试仪开出“1”的上端子，短接 1QD22 和测试仪开出“1”的下端子[239]。

[239] 其他保护开入给变压器保护的失灵联跳开入信号。

试验数据如表 1-173 所示。

表 1-173　高压侧失灵联跳功能校验数据

试验项目	状态一
U_A/V	0[240]∠0°
U_B/V	0∠−120°
U_C/V	0∠120°

[240] 不判电压，可以不设。

[241] 由式（1-96）计算得：$I_k = m \times 1.1 \times I_{e.z.h} = 1.05 \times 1.1 \times 0.816 = 0.942A$。

[242] 本保护有50ms延时。

[243] 对应失灵联跳的开出接线，设置“合位”。

续表

试验项目	状态一
I_A/A	0.942[241]∠0°
I_B/A	0
I_C/A	0
触发方式	时间触发
试验时间	0.15s[242]
开出1	合位[243]

表1-173中A电流幅值由下式计算

$$I_k = m \times 1.1 \times I_{e.z.h} \quad (1-96)$$

式中　I_k——故障相电流幅值；

$I_{e.z.h}$——变压器高压侧额定电流，根据式（2-75）得0.816A；

m——1.05。

在测试仪工具栏中点击“▶”，或按“run”键开始进行试验。

观察保护动作结果，打印动作报文。其动作报文如图1-138所示。

PCS-985B发电机-变压器组保护装置动作报告

被保护设备：保护设备　　版本号：V3.02

管理序号：00483742　　打印时间：2021-10-3 14：21：15

序号	启动时间	相对时间	动作相别	动作元件
0168	2021-10-3 14：20：58：868	0000ms		保护启动
		0072ms		主变压器失灵联跳
				跳闸出口1，跳闸出口2
				跳闸出口3，跳闸出口4
				跳闸出口18，跳闸出口19
				跳闸出口25，跳闸出口26
				跳闸出口27，跳闸出口28

图1-138　PCS-985B装置高压侧失灵联跳功能校验动作报文

（4）“TV断线保护投退原则”功能校验。

1）“TV断线保护投退原则”控制字“0”校验。试验步骤如下：打开继电保护测试仪电源，选择“状态序列”模块。

点击工具栏“+”键，增加一个状态，保证共有两个状态量。

试验数据如表 1-174 所示。

表 1-174　TV 断线保护投退原则功能校验数据

试验项目	状态一[244]	状态二
U_A/V	32.535[245]∠0°	36.14[246]∠0°
U_B/V	57.735∠−120°	57.735∠−120°
U_C/V	57.735∠120°	57.735∠120°
I_A/A	0	1.512[247]∠−78°[248]
I_B/A	0	0
I_C/A	0	0
触发方式	按键触发	时间触发
试验时间		5.1s[249]

表 1-174 中状态 A 相电压、电流幅值由下式计算

$$U_k = 57.735 - m \times 3 \times U_{2.set.pt} \tag{1-97}$$

式中　U_k——故障相电压幅值；

$U_{2.set.pt}$——复合电压过流保护负序电压定值，读取定值清单 8V；

m——1.05。

在测试仪工具栏中点击“▶”，或按“run”键开始进行试验。

观察保护动作结果，打印动作报文。其动作报文如图 1-139 所示。

PCS-985B 发电机-变压器组保护装置动作报告

被保护设备：保护设备　　版本号：V3.02

管理序号：00483742　　打印时间：2021-10-2 20：47：15

序号	启动时间	相对时间	动作相别	动作元件
0060	2021-10-2 20：46：57：904	0000ms		保护启动
		5023ms	ABC	主变压器过流Ⅰ段
				跳闸出口 1，跳闸出口 2
				跳闸出口 3，跳闸出口 4
				跳闸出口 18，跳闸出口 19
				跳闸出口 25，跳闸出口 26
				跳闸出口 27，跳闸出口 28

图 1-139　PCS-985B 装置 TV 断线保护投退原则功能校验动作报文

[244] 状态满足 TV 断线状态。

[245] 由式 (1-97) 计算得：$U_k = 57.735 - m \times 3 \times U_{2.set.pt} = 57.736 - 1.05 \times 3 \times 8 = 32.535$V。

[246] 由式 (1-91) 计算得：$U_k = 57.735 - m \times 3 \times U_{2.set} = 57.735 - 1.2 \times 3 \times 6 = 36.14$V。

[247] 由式 (1-92) 计算得：$I_k = mI_{set}^{I} = 1.2 \times 1.26 = 1.512$A。

[248] 不判方向，可不设置。

[249] 由式 (1-93) 计算得：$t_m = t_{set}^{I} + \Delta t = 5 + 0.1 = 5.1$s。

2）“TV 断线保护投退原则”控制字“1”校验。试验步骤如下：经低压侧复压闭锁投入控制字“0”。试验数据如表 1-175 所示。

[250] 状态满足 TV 断线状态。

[251] 由式（1-97）计算得 $U_k=57.735-m\times3\times U_{2.set.pt}=57.736-1.05\times3\times8=32.535V$。

[252] 由式（1-91）计算得 $U_k=57.735-m\times3\times U_{2.set}=57.735-1.2\times3\times6=36.14V$。

[253] 由式（1-92）计算得：$I_k=mI_{set}^{I}=1.2\times1.26=1.512A$。

[254] 不判方向，可不设置。

[255] 由式（1-93）计算得：$t_m=t_{set}^{I}+\Delta t=5+0.1=5.1s$。

表 1-175　TV 断线保护投退原则功能校验数据

试验项目	状态一[250]	状态二
U_A/V	32.535[251]∠0°	36.14[252]∠0°
U_B/V	57.735∠−120°	57.735∠−120°
U_C/V	57.735∠120°	57.735∠120°
I_A/A	0	1.512[253]∠0°[254]
I_B/A	0	0
I_C/A	0	0
触发方式	按键触发	时间触发
试验时间		5.1s[255]

在测试仪工具栏中点击“▶”，或按“run”键开始进行试验。

观察保护动作结果，打印动作报文。其动作报文如图 1-140 所示。

PCS-985B 发电机-变压器组保护装置动作报告

被保护设备：保护设备　　版本号：V3.02

管理序号：00483742　　打印时间：2021-10-3 14：28：35

序号	启动时间	相对时间	动作相别	动作元件
0171	2021-10-3 14：27：16：682	0000ms		保护启动

图 1-140　PCS-985B 装置 TV 断线保护投退原则功能校验动作报文

5. 试验记录

将变压器相间阻抗保护校验结果记录至表 1-176，并根据表中空白项，选取不同相别，重复试验步骤，补齐表 1-176 中内容，所有数据都符合要求，PCS-985B 的变压器相间阻抗保护保护功能检验合格。

表 1-176　变压器相间阻抗保护试验数据记录表

故障类别	整定值	故障量	故障相别				
			AB	BC	CA	三相	测时
发变相间阻抗保护定值校验	阻抗Ⅰ段正向定值	$0.95Z_{z.set}^{I}$					
		$1.05Z_{z.set}^{I}$					
		$0.7Z_{z.set}^{I}$					
	阻抗Ⅰ段反向定值	$0.95Z_{f.set}^{I}$					
		$1.05Z_{f.set}^{I}$					
		$0.7Z_{f.set}^{I}$					
	阻抗Ⅱ段正向定值	$0.95Z_{z.set}^{II}$					
		$1.05Z_{z.set}^{II}$					
		$0.7Z_{z.set}^{II}$					
	阻抗Ⅱ段反向定值	$0.95Z_{f.set}^{II}$					
		$1.05Z_{f.set}^{II}$					
		$0.7Z_{f.set}^{II}$					

将变压器复压过流保护校验结果记录至表 1-177，并根据表中空白项，选取不同制动电流，重复试验步骤，补齐表 1-177 中内容，所有数据都符合要求，PCS-985B 的变压器复压过流保护保护功能检验合格。

表 1-177　变压器复压过流保护试验数据记录表

故障类别	整定值	故障量	故障相别		
			AN	BN	CN
变压器复压过流保护定值校验	变压器复压Ⅰ段过流保护校验	$1.05I_{set}^{I}$			
		$0.95I_{set}^{I}$			
		$1.2I_{set}^{I}$			
	变压器复压Ⅱ段过流保护校验	$1.05I_{set}^{II}$			
		$0.95I_{set}^{II}$			
		$1.2I_{set}^{II}$			
	变压器低电压校验	$0.95U_{d.set}$			
		$1.05U_{d.set}$			
	变压器负序电压校验	$1.05U_{2.set}$			
		$0.95U_{2.set}$			

1.2.18　变压器接地后备保护校验

大机组变压器基地后备保护的典型配置为零序方向过流保护、间隙零序过流保护、间隙电压保护。

1. 试验目的

（1）变压器零序方向过流保护功能及时间校验。

（2）变压器间隙零序过流保护功能及时间校验。

（3）零序过压保护功能及时间校验。

2. 试验准备

（1）保护硬压板设置。PCS-985B投入保护装置上投入“检修状态投入”“主变压器接地零序保护投入”“主变压器间隙零序保护投入”硬压板，退出其他出口硬压板。

（2）定值与控制字设置。定值（控制字）设置步骤：菜单选择→定值设置→系统参数→投入总控制字值，设置“主变压器接地后备保护投入”为“1”，再输入口令进行确认保存。继续菜单选择→定值设置→保护定值，按“↑↓←→”键选择定值与控制字，设置好之后再输入口令进行确认保存。

定值与控制字设置如表1-178所示。

表1-178　PCS-985B主变压器接地后备保护定值与控制字设置

定值名称	参数值	定值名称	参数值
零序过压定值	180V	零序电压闭锁定值	10.0V
零序过压Ⅰ时限	0.5s	零序过流Ⅰ段定值	5.0A
零序过压Ⅰ时限跳闸控制字	00000021	零序过流Ⅰ段一时限	2.5s
零序过压Ⅱ时限	10s	零序Ⅰ段一时限控制字	00000021
零序过压Ⅱ时限跳闸控制字	1E0C001F	零序过流Ⅰ段二时限	10S
主变压器失灵联跳控制字	1E0C001F	零序Ⅰ段二时限控制字	00000000
TV断线保护投退原则	1	零序过流Ⅱ段定值	0.5A
间隙零序过流定值	15A	零序过流Ⅱ段一时限	5.0s
间隙零序过流时限	10s	零序Ⅱ段一时限控制字	1E0C001F
间隙零序过流跳闸控制字	1E0C001F	零序过流Ⅱ段二时限	10s
零序过流Ⅰ段经零序电压闭锁	1	零序Ⅱ段二时限控制字	1E0C001F
零序过流Ⅱ段经零序电压闭锁	1	零序过流Ⅱ段经方向闭锁	1
零序过流Ⅰ段经方向闭锁	1	零序过流Ⅰ段自产	0
经低压侧复压闭锁投入	0	零序过流Ⅱ段自产	0
		自产零序TA选择（0：高压侧后备；1：中性点TA）	0
		间隙零序经外部投入	1

3. 试验接线

（1）装置接地。将测试仪装置接地端口与被测保护装置的接地铜牌相连接，如图 1-1 所示。

（2）电流回路接线。主变压器接地后备保护电流回路接线方式如图 1-123 和图 1-141 所示。

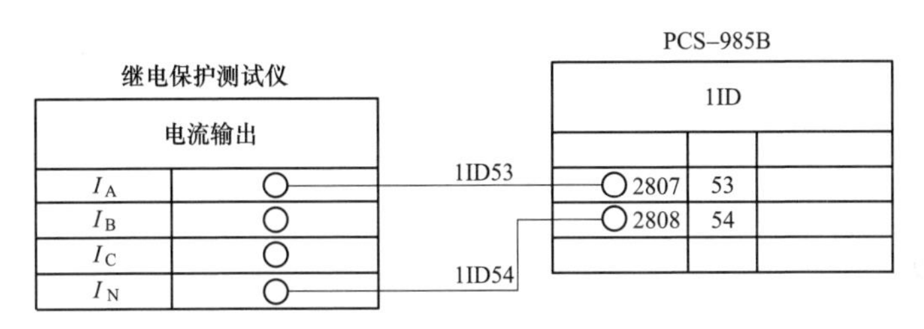

图 1-141 主变压器间隙零序保护电流回路接线图

（3）电压回路接线。电压回路接线方式如图 1-124 和图 1-142 所示。

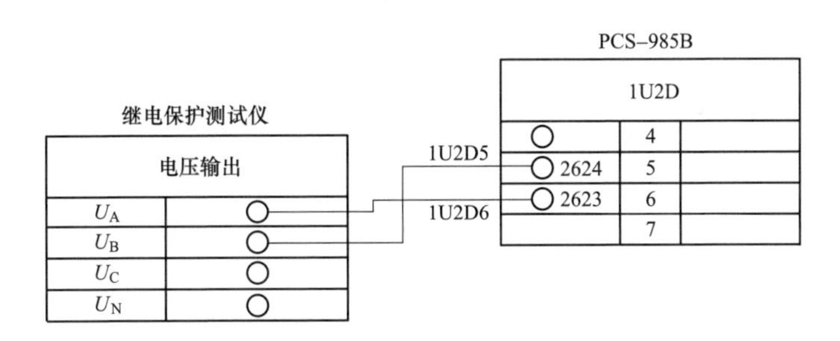

图 1-142 主变压器零序过压保护电压回路接线图

（4）时间测试回路。时间测试辅助接线方式如图 1-3 所示。

4. 试验步骤

（1）零序方向过流保护功能及时间校验。本文以零序方向过流Ⅱ段 1 时限校验零序方向过流保护，一般Ⅰ、Ⅱ段都采取外接零序，此时请按照图 1-126 I_a、I_b、I_c 的电流接线方式，且在 I_a、I_b、I_c 内输入电流量。

1）$1.05I_{0.set}^{Ⅱ}$零序方向过流定值校验。试验步骤如下：退出“变压器相间后备”硬压板，投入“变压器接地后备”硬压板。打开继电保护测试仪电源，选择“状态序列”模块，选择 12P 输出。接线如图 1-123 和图 1-124 所示。试验数据如表 1-179 所示。

表 1-179　$1.05I_{0.set}^{\mathrm{I}}$零序方向过流定值校验数据

试验项目	状态一
U_A/V	30[256]∠0°
U_B/V	57.735∠−120°
U_C/V	57.735∠120°
U_a/V	10.5[257]∠0°
U_b/V	0∠−120°
U_c/V	0∠120°
I_A/A	0.5∠105°[258]
I_B/A	0∠−120°
I_C/A	0∠120°
I_a/A	0.525[259]∠0°
I_b/A	0
I_c/A	0
触发方式	时间触发
试验时间	5.1s[260]

表 1-179 中，A 相电压、电流幅值由下式计算

$$U_K = mU_{0.set} \tag{1-98}$$

式中　U_K——故障相电压幅值；

$U_{0.set}$——零序闭锁电压定值，读取定值清单 10V；

m——1.05。

$$I_K = mI_{0.set}^{\mathrm{II}} \tag{1-99}$$

式中　I_K——故障相电流幅值；

$I_{0.set}^{\mathrm{II}}$——零序方向过流Ⅰ段定值，读取定值清单 5A；

m——1.05。

$$t_m = t_{0.set.1}^{\mathrm{II}} + \Delta t \tag{1-100}$$

式中　t_m——试验时间；

$t_{0.set.1}^{\mathrm{II}}$——零序方向过流Ⅱ段 1 时限定值，读取定值清单 5s；

Δt——时间裕度，一般设置 0.1s。

在测试仪工具栏中点击“▶”，或按“run”键开始进行试验。

[256] 此电压用于判方向，不判大小。

[257] 由式（1-98）计算得：$U_K = mU_{0.set} = 1.05 \times 10 = 10.5$V。试验内容可以 1.2 倍零序电流定值时，$m$ 分别取值 1.05、0.95、1.2 倍校验此电压值，本章不再描述单独校验此电压的方法。

[258]（1）装置固定灵敏角为 75°，$3U_0$ 超前 $3I_0$ 角度 75°，A 相故障时，I_A 的角度为 105°。（2）此电流用在判方向，不判大小。

[259] 由式（1-99）计算得：$I_K = mI_{0.set}^{\mathrm{II}} = 1.05 \times 0.5 = 0.525$A。

[260] 由式（1-100）计算得：$t_m = t_{0.set.1}^{\mathrm{II}} + \Delta t = 5 + 0.1 = 5.1$s。

观察保护动作结果，打印动作报文，其动作报文如图 1-143 所示。

PCS-985B 发电机-变压器组保护装置动作报告

被保护设备：保护设备　　版本号：V3.02
管理序号：00483742　　打印时间：2021-10-3 14：31：15

序号	启动时间	相对时间	动作相别	动作元件
0172	2021-10-3 14：30：58：868	0000ms		保护启动
		5026ms		主变压器零序过流Ⅱ段 t1
				跳闸出口 1，跳闸出口 2
				跳闸出口 3，跳闸出口 4
				跳闸出口 18，跳闸出口 19
				跳闸出口 25，跳闸出口 26
				跳闸出口 27，跳闸出口 28

图 1-143　PCS-985B 装置 $1.05I_{0.set}^{II}$ 零序方向过流定值动作报文

2）$0.95I_{0.set}^{II}$ 零序方向过流定值校验。试验步骤如下：式（1-99）中 m 取 0.95，重新计算故障相电流值并输入，重复上述操作步骤，保护装置只启动，零序保护不动作。

试验数据如表 1-180 所示。

表 1-180　$0.95I_{0.set}^{II}$ 零序方向过流定值校验数据

试验项目	状态一
U_A/V	30∠0°
U_B/V	57.735∠−120°
U_C/V	57.735∠120°
U_a/V	10.5∠0°
U_b/V	0∠−120°
U_c/V	0∠120°
I_A/A	0.5∠105°
I_B/A	0∠−120°
I_C/A	0∠120°
I_a/A	0.475[261]∠0°
I_b/A	0
I_c/A	0
触发方式	时间触发
试验时间	5.1s

[261] 由式（1-99）计算得：$I_k = mI_{0.set}^{II} = 0.95 \times 0.5A = 0.475A$。

观察保护动作结果，打印动作报文。其动作报文如图1-144所示。

PCS-985B 发电机-变压器组保护装置动作报告

被保护设备：保护设备　　版本号：V3.02
管理序号：00483742　　打印时间：2021-10-3 14：35：35

序号	启动时间	相对时间	动作相别	动作元件
0173	2021-10-3 14：34：16：668	0000ms		保护启动

图 1-144　PCS-985B 装置 $0.95I^{\mathrm{II}}_{0.\mathrm{set}}$零序方向过流定值动作报文

3）$1.2I^{\mathrm{II}}_{0.\mathrm{set}}$零序方向过流定值测试时间。试验步骤如下：时间接线需增加辅助接线完成，接线方式如图1-3所示；式（1-99）中 m 取1.2，重新计算故障相电流值并输入，重复上述操作步骤，并在开入量 A 对应的选择栏"□"里打"√"，并读取显示的时间量进行记录。

试验数据如表1-181所示。

表 1-181　$1.2I^{\mathrm{I}}_{0.\mathrm{set}}$零序方向过流定值校验数据

试验项目	状态一	
U_A/V	30∠0°	
U_B/V	57.735∠−120°	
U_C/V	57.735∠120°	
U_a/V	10.5∠0°	
U_b/V	0∠−120°	
U_c/V	0∠120°	
I_A/A	0.5∠105°	
I_B/A	0∠−120°	
I_C/A	0∠120°	
I_a/A	0.6[262]∠0°	
I_b/A	0	
I_c/A	0	
触发方式	开关量触发	
开入类型	开入或	
☑ 开入量 A	动作时间	

[262] 由式（1-99）计算得：$I_k = mI^{\mathrm{II}}_{0.\mathrm{set}} = 1.2 \times 0.5 = 0.6\mathrm{A}$。

观察保护动作结果，打印动作报文。其动作报文如图

1-145 所示。

PCS-985B 发电机-变压器组保护装置动作报告

被保护设备：保护设备　　版本号：V3.02
管理序号：00483742　　打印时间：2021-10-3 14：36：15

序号	启动时间	相对时间	动作相别	动作元件
0174	2021-10-3 14：36：58：868	0000ms		保护启动
		5019ms		主变压器零序过流Ⅱ段 t1
				跳闸出口 1，跳闸出口 2
				跳闸出口 3，跳闸出口 4
				跳闸出口 18，跳闸出口 19
				跳闸出口 25，跳闸出口 26
				跳闸出口 27，跳闸出口 28

图 1-145　PCS-985B 装置 $1.2I^{1}_{0.set}$零序方向过流定值动作报文

（2）间隙零序过流保护功能及时间校验。

1）$1.05I_{0.set.j}$间隙零序过流定值校验。试验步骤如下：退出“变压器相间后备”硬压板，投入“主变压器间隙零序保护”硬压板。打开继电保护测试仪电源，选择“状态序列”模块。接线如图 1-141 所示，试验数据如表 1-182 所示。

表 1-182　$1.05I_{0.set.j}$间隙零序过流定值校验数据

试验项目	状态一
U_A/V	57.735[263]∠0°
U_B/V	57.735∠−120°
U_C/V	57.735∠120°
I_A/A	15.75[264]∠0°[265]
I_B/A	0∠−120°
I_C/A	0∠120°
触发方式	时间触发
试验时间	10.1s[266]

表 1-182 中 A 相电流幅值由下式计算

$$I_k = mI_{0.set.j} \tag{1-101}$$

式中　I_k——故障相电流幅值；

$I_{0.set.j}$——间隙零序过流定值，读取定值清单 15A；

[263] 不判电压，可不设置。

[264] 由式（1-101）计算得：$I_k = mI_{0.set.j} = 1.05 \times 15 = 15.75$A。

[265] 不判方向，可不设置。

[266] 由式（1-102）计算得：$t_m = t_{0.set.j} + \Delta t = 10 + 0.1 = 10.1$s。

m——1.05。

$$t_{m}=t_{0.set.j}+\Delta t \tag{1-102}$$

式中 t_{m}——试验时间；

$t_{0.set.j}$——间隙零序过流时间定值，读取定值清单 10s；

Δt——时间裕度，一般设置 0.1s。

在测试仪工具栏中点击“▶”，或按“run”键开始进行试验。

观察保护动作结果，打印动作报文，其动作报文如图 1-146 所示。

PCS-985B 发电机-变压器组保护装置动作报告

被保护设备：保护设备　版本号：V3.02

管理序号：00483742　打印时间：2021-10-3 14:36:15

序号	启动时间	相对时间	动作相别	动作元件
0175	2021-10-3 14:36:58:868	0000ms		保护启动
		10 038ms		主变压器间隙过流
				跳闸出口 1，跳闸出口 2
				跳闸出口 3，跳闸出口 4
				跳闸出口 18，跳闸出口 19
				跳闸出口 25，跳闸出口 26
				跳闸出口 27，跳闸出口 28

图 1-146　PCS-985B 装置 $1.05I_{0.set.j}$ 间隙零序过流定值动作报文

2）$0.95I_{0.set.j}$ 间隙零序过流定值功能校验。试验步骤如下：式（1-101）中 m 取 0.95，重新计算故障相电流值并输入，重复上述操作步骤，保护装置只启动，间隙零序保护不动作。试验数据如表 1-183 所示。

[267] 由式（1-101）计算得：$I_{k}=mI_{0.set.j}=0.95\times15=14.25$A。

表 1-183　$0.95I_{0.set.j}$ 间隙零序过流定值校验数据

试验项目	状态一
U_{A}/V	57.735∠0°
U_{B}/V	57.735∠−120°
U_{C}/V	57.735∠120°
I_{A}/A	14.25[267]∠−75°

续表

试验项目	状态一
I_B/A	0∠−120°
I_C/A	0∠120°
触发方式	时间触发
试验时间	10.1s

观察保护动作结果，打印动作报文。其动作报文如图 1-147 所示。

PCS-985B 发电机-变压器组保护装置动作报告

被保护设备：保护设备　　版本号：V3.02
管理序号：00483742　　打印时间：2021-10-3 14：39：35

序号	启动时间	相对时间	动作相别	动作元件
0176	2021-10-3 14：38：16：668	0000ms		保护启动

图 1-147　PCS-985B 装置 $0.95I_{0.set.j}$ 间隙零序过流定值动作报文

3）$1.2I_{0.set.j}$ 间隙零序过流定值测试时间。试验步骤如下：时间接线需增加辅助接线完成，接线方式如图 1-4 所示；式（1-101）中 m 取 1.2，重新计算故障相电流值并输入，重复上述操作步骤，并在开入量 A 对应的选择栏“□”里打“√”，并读取显示的时间量进行记录。

试验数据如表 1-184 所示。

表 1-184　$1.2I_{0.set.j}$ 间隙零序过流定值校验数据

试验项目	状态一	
U_A/V	57.735∠0°	
U_B/V	57.735∠−120°	
U_C/V	57.735∠120°	
I_A/A	18[268]∠−75°	
I_B/A	0∠−120°	
I_C/A	0∠120°	
触发方式	开入量触发	
开入类型	开入或	
☑ 开入量 A	动作时间	

[268] 由式（1-101）计算得：$I_k = mI_{0.set.j} = 1.2\times15 = 18A$。

观察保护动作结果，打印动作报文。其动作报文如图1-148所示。

PCS-985B 发电机-变压器组保护装置动作报告

被保护设备：保护设备　　版本号：V3.02
管理序号：00483742　　打印时间：2021-10-3 14：41：15

序号	启动时间	相对时间	动作相别	动作元件
0177	2021-10-3 14：40：58：868	0000ms		保护启动
		10 030ms		主变压器间隙过流
				跳闸出口1，跳闸出口2
				跳闸出口3，跳闸出口4
				跳闸出口18，跳闸出口19
				跳闸出口25，跳闸出口26
				跳闸出口27，跳闸出口28

图1-148　PCS-985B装置 $1.2I_{0.\text{set. j}}$ 间隙零序过流定值动作报文

（3）零序过压保护功能及时间校验。

1）$1.05U_{0.\text{set. y}}$ 零序过压定值校验。试验步骤如下：投入“主变压器间隙零序保护”硬压板，打开继电保护测试仪电源，选择“状态序列”模块。接线如图1-142所示。试验数据如表1-185所示。

表1-185　$1.05U_{0.\text{set. y}}$ 零序过压定值数据

试验项目	状态一
U_A/V	94.5[269]∠0°
U_B/V	94.5∠180°
U_C/V	0∠120°
I_A/A	0∠0°[270]
I_B/A	0∠−120°
I_C/A	0∠120°
触发方式	时间触发
试验时间	10.1s[271]

表1-185中电压幅值由下式计算

$$U_k = mU_{0.\text{set. y}} \tag{1-103}$$

[269] 由式（1-103）计算得：$U_k = mU_{0.\text{set. y}} = 1.05 \times 180 = 189$V，由测试仪只能输出120V左右的电压，本试验采用相间电压输出方式，$U_{AB} = U_A - U_B = 94.5 - (-94.5) = 189$V。

[270] 不判电流和方向，此处不用输入。

[271] 由式（1-104）计算得：$t_m = t_{0.\text{set. y}} + \Delta t = 10 + 0.1 = 10.1$s。

式中 U_k——故障相电压幅值；

$U_{0.set.y}$——零序闭锁电压定值，读取定值清单 180V；

m——1.05。

$$t_m = t_{0.set.y} + \Delta t \quad (1\text{-}104)$$

式中 t_m——试验时间；

$t_{0.set.y}$——零序过压Ⅰ时限，读取定值清单 10s；

Δt——时间裕度，一般设置 0.1s。

在测试仪工具栏中点击"▶"，或按"run"键开始进行试验。

观察保护动作结果，打印动作报文，其动作报文如图 1-149 所示。

PCS-985B 发电机-变压器组保护装置动作报告

被保护设备：保护设备　　版本号：V3.02

管理序号：00483742　　打印时间：2021-10-3 14：31：15

序号	启动时间	相对时间	动作相别	动作元件
0172	2021-10-3 14：30：58：868	0000ms		保护启动
		10 026ms		主变压器零序过压
				跳闸出口 1，跳闸出口 2
				跳闸出口 3，跳闸出口 4
				跳闸出口 18，跳闸出口 19
				跳闸出口 25，跳闸出口 26
				跳闸出口 27，跳闸出口 28

图 1-149　PCS-985B 装置 $U_{0.set.y}$ 零序过压定值动作报文

2）$0.95U_{0.set.y}$ 零序过压定值校验。试验步骤如下：式（1-103）中 m 取 0.95，重新计算故障相电流值并输入，重复上述操作步骤，保护装置只启动，零序保护不动作。

试验数据如表 1-186 所示。

表 1-186　$0.95U_{0.set.y}$ 零序过压定值校验数据

试验项目	状态一
U_A/V	85.5[272]∠0°
U_B/V	85.5∠180°
U_C/V	0∠120°

[272] 由式（1-103）计算得：$U_k = mU_{0.set.y} = 0.95 \times 180 = 171V$，由测试仪只能输出 120V 左右的电压，本试验采用相间电压输出方式，$U_{AB}=U_A-U_B=85.5-(-85.5)=171V$。

续表

试验项目	状态一
I_A/A	0∠0°
I_B/A	0∠−120°
I_C/A	0∠120°
触发方式	时间触发
试验时间	10.1s

观察保护动作结果，打印动作报文。其动作报文如图1-150所示。

PCS-985B发电机-变压器组保护装置动作报告

被保护设备：保护设备　　版本号：V3.02
管理序号：00483742　　打印时间：2021-10-3 14：35：35

序号	启动时间	相对时间	动作相别	动作元件
0173	2021-10-3 14：34：16：668	0000ms		保护启动

图1-150　PCS-985B装置0.95$U_{0.set.y}$零序过压定值动作报文

3）1.2$U_{0.set.y}$零序过压定值测试时间。试验步骤如下：时间接线需增加辅助接线完成，接线方式如图1-3所示；式（1-103）中m取1.2，重新计算故障相电流值并输入，重复上述操作步骤，并在开入量A对应的选择栏“□”里打“√”，并读取显示的时间量进行记录。

试验数据如表1-187所示。

[273] 由式（1-103）计算得：$U_k = mU_{0.set.y} = 1.2 \times 180 = 216V$，由测试仪只能输出120V左右的电压，本试验采用相间电压输出方式，$U_{AB} = U_A - U_B = 108 - (-108) = 216V$。

表1-187　1.2$U_{0.set.y}$零序过压定值校验数据

试验项目	状态一
U_A/V	108[273]∠0°
U_B/V	108∠180°
U_C/V	0∠120°
I_A/A	0∠0°
I_B/A	0∠−120°
I_C/A	0∠120°
触发方式	开关量触发
开入类型	开入或
☑ 开入量A	动作时间

观察保护动作结果，打印动作报文。其动作报文如图 1-151 所示。

PCS-985B 发电机-变压器组保护装置动作报告

被保护设备：保护设备　　版本号：V3.02
管理序号：00483742　　打印时间：2021-10-3 14：36：15

序号	启动时间	相对时间	动作相别	动作元件
0174	2021-10-3 14：36：58：868	0000ms		保护启动
		10 019ms		主变压器零序过压
				跳闸出口 1，跳闸出口 2
				跳闸出口 3，跳闸出口 4
				跳闸出口 18，跳闸出口 19
				跳闸出口 25，跳闸出口 26
				跳闸出口 27，跳闸出口 28

图 1-151　PCS-985B 装置 $1.2U^{\mathrm{I}}_{0.\mathrm{set.y}}$零序过压定值动作报文

5. **试验记录**

将变压器零序方向过流保护校验结果记录至表 1-188，并根据表中空白项，选取不同制动电流，重复试验步骤，补齐表 1-188 中内容，所有数据都符合要求，PCS-985B 的变压器零序方向过流保护功能检验合格。

表 1-188　　变压器零序方向过流保护试验数据记录表

故障类别	整定值	故障量		故障相别		
				AN	BN	CN
变压器零序方向过流保护定值校验	零序方向过流Ⅰ段定值保护校验（以自产为例校验）	$1.05I^{\mathrm{I}}_{0.\mathrm{set}}$				
		$0.95I^{\mathrm{I}}_{0.\mathrm{set}}$				
		$1.2I^{\mathrm{I}}_{0.\mathrm{set}}$	1 时限			
			2 时限			
	零序方向过流Ⅱ段定值保护校验（以外接为例校验）	$1.05I^{\mathrm{II}}_{0.\mathrm{set}}$			—	—
		$0.95I^{\mathrm{II}}_{0.\mathrm{set}}$			—	—
		$1.2I^{\mathrm{II}}_{0.\mathrm{set}}$	1 时限		—	—
			2 时限		—	—
	零序方向过流保护电压定值校验	$1.05U_{0.\mathrm{set}}$			—	—
		$0.05U_{0.\mathrm{set}}$			—	—
		$1.2U_{0.\mathrm{set}}$			—	—

将变压器间隙零序过流保护校验结果记录至表 1-189，并根据表中空白项，选取不同制动电流，重复试验步骤，补齐表 1-189 中内容，所有数据都符合要求，PCS-985B 的变压器间隙零序过流保护功能检验合格。

表 1-189　　变压器间隙零序过流保护试验数据记录表

<table>
<tr><th rowspan="2">故障类别</th><th rowspan="2">故障量</th><th>故障相别</th></tr>
<tr><th>–</th></tr>
<tr><td rowspan="3">变压器间隙零序过流保护定值校验</td><td>$1.05I_{0.set.j}$</td><td></td></tr>
<tr><td>$0.95I_{0.set.j}$</td><td></td></tr>
<tr><td>$1.2I_{0.set.j}$</td><td></td></tr>
</table>

将变压器零序过压保护校验结果记录至表 1-190，并根据表中空白项，选取不同制动电流，重复试验步骤，补齐表 1-190 中内容，所有数据都符合要求，PCS-985B 的变压器零序过压保护保护功能检验合格。

表 1-190　　变压器零序过压保护试验数据记录表

<table>
<tr><th rowspan="2">故障类别</th><th rowspan="2" colspan="2">故障量</th><th>故障相别</th></tr>
<tr><th>开口三角电压</th></tr>
<tr><td rowspan="6">变压器零序过压保护定值校验</td><td rowspan="2">$1.05U_{0.set.y}$</td><td>1 时限</td><td></td></tr>
<tr><td>2 时限</td><td></td></tr>
<tr><td rowspan="2">$0.95U_{0.set.y}$</td><td>1 时限</td><td></td></tr>
<tr><td>2 时限</td><td></td></tr>
<tr><td rowspan="2">$1.2U_{0.set.y}$</td><td>1 时限</td><td></td></tr>
<tr><td>2 时限</td><td></td></tr>
</table>

1.2.19　高压厂用变压器后备保护校验

大机组高压厂用变压器后备保护的典型配置为高压侧复合电压闭锁过流、分支零序过流保护、分支过流保护，高压侧复合电压闭锁过流动作于发电机-变压器组全停；分支零序过流保护Ⅰ段动作于跳分支闭锁分支切换，Ⅱ段动作于全停，分支过流保护Ⅰ和Ⅱ段均为跳分支闭锁分支切换。

1. 试验目的

（1）高压厂用变压器复合电压闭锁过流保护功能及时间校验。

（2）高压厂用变压器分支零序过流保护功能及时间校验。

（3）分支过流保护[274]。

[274] 分支过流保护与高压厂用变压器复合电压闭锁过流保护校验方法类似，不再赘述。

2. 试验准备

（1）保护硬压板设置。PCS-985B投入保护装置上投入“检修状态投入”“投高压厂用变压器高压侧后备保护”“投厂用变压器分支后备保护”硬压板，退出其他出口硬压板。

（2）定值与控制字设置。进行菜单选择→定值设置→系统参数→投入总控制字值，设置“厂用变压器高压侧后备保护投入”“分支后备保护投入”为“1”，再输入口令进行确认保存。继续菜单选择→定值设置→保护定值，按“↑↓← →”键选择定值与控制字，设置好之后再输入口令进行确认保存。

定值与控制字设置如表1-191所示。

表1-191　PCS-985B高压厂用变压器后备保护定值与控制字设置

定值名称	参数值	定值名称	参数值
负序电压定值	4V	过流Ⅰ段经复压闭锁投入	1
相间低电压定值	60V	过流Ⅱ段经复压闭锁投入	0
过流Ⅰ段定值	4.5A	TV断线保护投退原则	1
过流Ⅰ段延时	2.5s	分支零序过流Ⅰ段定值	20A
过流Ⅰ段跳闸控制字	1E0C001F	分支零序过流Ⅰ段延时	10s
过流Ⅱ段定值	20A	分支零序过流Ⅰ段跳闸控制字	02000601
过流Ⅱ段Ⅰ时限	10s	分支零序过流Ⅱ段定值	20A
过流Ⅱ段Ⅰ时限跳闸控制字	1E0C001F	分支零序过流Ⅱ段延时	10s
过流Ⅱ段Ⅱ时限	10s	分支零序过流Ⅱ段跳闸控制字	1E0C001F
过流Ⅱ段Ⅱ时限跳闸控制字	00000000		

3. 试验接线

（1）装置接地。将测试仪装置接地端口与被测保护装置的接地铜牌相连接，如图1-1所示。

（2）电流回路接线。高压厂用变压器后备保护电流回路接线方式如图1-152所示。

PCS-985B
1ID
继电保护测试仪
电流输出
I_A
I_B
I_C
I_N
I_a
I_b
I_c
I_n
1ID29
1ID30
1ID31
1ID32
1ID91
1ID93
2001
2003
2005
L2111
N2111
29
30
31
32
91
93

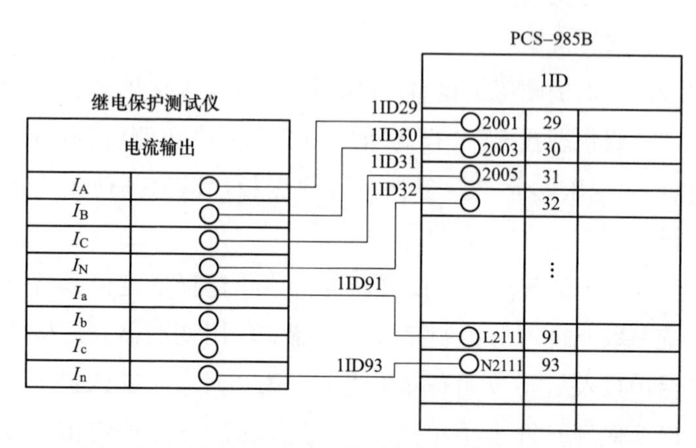

图 1-152　高压厂用变压器后备保护电流回路接线图

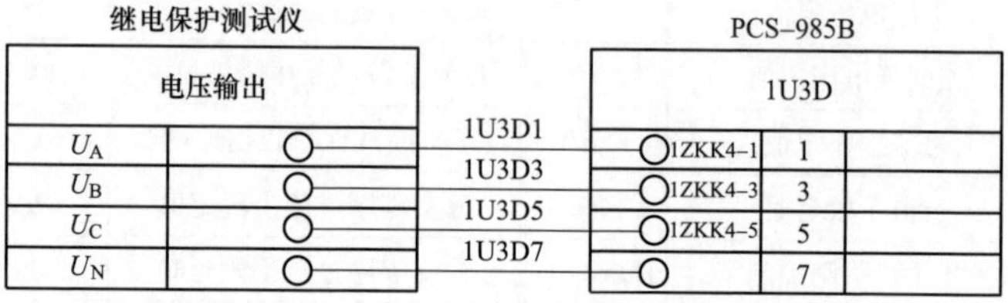

[275] 如果低压侧有两分支，经两分支闭锁，需两分支都接线，本章以一分支为例校验接线。

(3) 电压回路接线。高压厂用变压器后备保护电压接线有高压侧和分支侧，本文以高压侧为例校验，高压侧复合电压闭锁过流经低压侧分支复合电压闭锁，复合电压闭锁过流保护电压回路接线方式[275]。如图 1-153 所示。

继电保护测试仪
电压输出
U_A
U_B
U_C
U_N
PCS-985B
1U3D
1U3D1
1U3D3
1U3D5
1U3D7
1ZKK4-1
1ZKK4-3
1ZKK4-5
1
3
5
7

图 1-153　高压厂用变压器后备保护电压回路接线图

(4) 时间测试回路。时间测试辅助接线方式如图 1-3 所示。

4. 试验步骤

(1) 复压过流保护的电流元件功能校验。

1) $1.05I_{set}^{II}$复合电压过流 I 段电流定值校验。试验步骤如下：打开继电保护测试仪电源，选择“状态序列”模块，点击工具栏“+”键，增加一个状态，保证共有两个状态量。

试验数据如表 1-192 所示。

表 1-192　$1.05I_{set}^{II}$复合电压过流Ⅱ段电流定值校验数据

试验项目	状态一	状态二
U_A/V	57.735∠0°	43.33[276]∠0°
U_B/V	57.735∠−120°	57.735∠−120°
U_C/V	57.735∠120°	57.735∠120°
I_A/A	0	21[277]∠0°[278]
I_B/A	0	0
I_C/A	0	0
触发方式	按键触发	时间触发
试验时间		10.1s[279]

表 1-192 中 A 相电压、电流幅值由下式计算

$$U_K = 57.735 - m \times 3 \times U_{2.set} \tag{1-105}$$

式中　U_K——故障相电压幅值；

$U_{2.set}$——复合电压过流保护负序电压定值，读取定值清单 4V；

m——1.2。

$$I_K = mI_{set}^{II} \tag{1-106}$$

式中　I_K——故障相电流幅值；

I_{set}^{II}——复合电压过流Ⅰ段定值，读取定值清单 4.5A；

m——1.05。

$$t_m = t_{set.1}^{II} + \Delta t \tag{1-107}$$

式中　t_m——试验时间；

$t_{set.1}^{II}$——复合电压过流Ⅰ段时间定值，读取定值清单 2.5s；

Δt——时间裕度，一般设置 0.1s。

在测试仪工具栏中点击“▶”，或按“run”键开始进行试验。

观察保护动作结果，打印动作报文。其动作报文如图 1-154 所示。

[276] 由式（1-105）计算得，$U_K = 57.735 - m \times 3 \times U_{2.set} = 57.735 - 1.2 \times 3 \times 4 = 43.33$V。

[277] 由式（1-106）计算得：$I_K = mI_{set}^{II} = 1.05 \times 20 = 21$A。

[278] 不判方向，可不设置。

[279] 由式（1-107）计算得：$t_m = t_{set.1}^{II} + \Delta t = 10 + 0.1 = 10.1$s。

PCS-985B 发电机-变压器组保护装置动作报告

被保护设备：保护设备　　版本号：V3.02
管理序号：00483742　　打印时间：2021-10-3 14：46：15

序号	启动时间	相对时间	动作相别	动作元件
0178	2021-10-3 14：45：58：868	0000ms		保护启动
		10 030ms		高压厂用变压器过流Ⅱ段
				跳闸出口 1，跳闸出口 2
				跳闸出口 3，跳闸出口 4
				跳闸出口 18，跳闸出口 19
				跳闸出口 25，跳闸出口 26
				跳闸出口 27，跳闸出口 28

图 1-154　PCS-985B 装置 $1.05I_{set}^{II}$ 倍复合电压过流Ⅱ段动作报文

2）$0.95I_{set}^{II}$ 复合电压过流Ⅱ段电流定值校验。试验步骤如下：式（1-106）中 m 取 0.95，重新计算故障相电流值并输入，重复上述操作步骤，保护装置只启动，复合电压过流Ⅱ段保护不动作。

试验数据如表 1-193 所示。

表 1-193　$0.95I_{set}^{II}$ 复合电压过流Ⅱ段电流定值校验数据

试验项目	状态一	状态二
U_A/V	57.735∠0°	43.33∠0°
U_B/V	57.735∠−120°	57.735∠−120°
U_C/V	57.735∠120°	57.735∠120°
I_A/A	0	19[280]∠−78°
I_B/A	0	0
I_C/A	0	0
触发方式	按键触发	时间触发
试验时间		10.1s

[280] 由式（1-106）计算得 $I_k = mI_{set}^{II} = 0.95 \times 20 = 19$A。

观察保护动作结果，打印动作报文。其动作报文如图 1-155 所示。

PCS-985B 发电机-变压器组保护装置动作报告

被保护设备：保护设备　　版本号：V3.02
管理序号：00483742　　打印时间：2021-10-3 14：48：35

序号	启动时间	相对时间	动作相别	动作元件
0179	2021-10-3 14：47：16：668	0000ms		保护启动

图 1-155　PCS-985B 装置 $0.95I_{set}^{II}$ 复合电压过流Ⅱ段电流定值动作报文

3）$1.2I_{set}^{II}$ 复合电压过流Ⅰ段电流定值测试时间。试验步骤如下：时间接线需增加辅助接线完成，接线方式如图 1-4 所示。式（1-106）中 m 取 1.2，重新计算故障相电流值并输入，重复上述操作步骤，并在开入量 A 对应的选择栏“□”里打“√”，并读取显示的时间量进行记录。

试验数据如表 1-194 所示。

表 1-194　$1.2I_{set}^{II}$ 复合电压过流Ⅱ段电流定值校验数据

试验项目	状态一	状态二	
U_A/V	57.735∠0°	43.33∠0°	
U_B/V	57.735∠−120°	57.735∠−120°	
U_C/V	57.735∠120°	57.735∠120°	
I_A/A	0	24[281]∠−78°	
I_B/A	0	0	
I_C/A	0	0	
触发方式	按键触发	开入量触发	
开入类型		开入或	
☑ 开入量 A		动作时间	

[281] 由式（1-106）计算得 $I_k = mI_{set}^{II} = 1.2\times20 = 24A$。

观察保护动作结果，打印动作报文。其动作报文如图 1-156 所示。

（2）复压过流保护的电压元件功能校验。

1）复合电压过流保护 $1.05U_{2.set}$ 负序电压定值校验。试验步骤如下：打开继电保护测试仪电源，选择“状态序列”模块，点击工具栏“+”键，增加一个状态，保证共有两个状态量。试验数据如表 1-195 所示。

PCS-985B 发电机-变压器组保护装置动作报告

被保护设备：保护设备　　版本号：V3.02

管理序号：00483742　　打印时间：2021-10-3 14：51：15

序号	启动时间	相对时间	动作相别	动作元件
0180	2021-10-3 14：50：58：868	0000ms		保护启动
		10 023ms		高压厂用变压器过流Ⅱ段
				跳闸出口 1，跳闸出口 2
				跳闸出口 3，跳闸出口 4
				跳闸出口 18，跳闸出口 19
				跳闸出口 25，跳闸出口 26
				跳闸出口 27，跳闸出口 28

图 1-156　PCS-985B 装置 $1.2I_{set}^{Ⅱ}$ 复合电压过流Ⅱ段电流定值动作报文

[282] 由式（1-105）计算得 $U_k = 57.735 - m \times 3 \times U_{2.set} = 57.735 - 1.05 \times 3 \times 4 = 45.135$V。

[283] 由式（1-106）计算得 $I_k = mI_{set}^{Ⅱ} = 1.2 \times 20 = 24$A。

表 1-195　复合电压过流保护 $1.05U_{2.set}$ 负序电压定值校验数据

试验项目	状态一	状态二
U_A/V	57.735∠0°	45.135[282]∠0°
U_B/V	57.735∠−120°	57.735∠−120°
U_C/V	57.735∠120°	57.735∠120°
I_A/A	0	24[283]∠−78°
I_B/A	0	0
I_C/A	0	0
触发方式	按键触发	时间触发
试验时间		10.1s

在测试仪工具栏中点击“▶”，或按“run”键开始进行试验。

观察保护动作结果，打印动作报文。其动作报文如图 1-157 所示。

PCS-985B 发电机-变压器组保护装置动作报告

被保护设备：保护设备　　版本号：V3.02

管理序号：00483742　　打印时间：2021-10-3 14：54：15

序号	启动时间	相对时间	动作相别	动作元件
0181	2021-10-3 14：53：58：868	0000ms		保护启动
		10 035ms		高压厂用变压器过流Ⅱ段
				跳闸出口 1，跳闸出口 2
				跳闸出口 3，跳闸出口 4
				跳闸出口 18，跳闸出口 19
				跳闸出口 25，跳闸出口 26
				跳闸出口 27，跳闸出口 28

图 1-157　PCS-985B 装置 1.05 倍复合电压过流Ⅱ段动作报文

2）复合电压过流保护 0.95$U_{2.set}$负序电压定值校验。试验步骤如下，式（1-105）中 m 取 0.95，重新计算故障相电流值并输入，重复上述操作步骤，保护装置只启动，复合电压过流Ⅱ段保护不动作。

试验数据如表 1-196 所示。

表 1-196 复合电压过流保护 0.95$U_{2.set}$负序电压定值校验数据

试验项目	状态一	状态二
U_A/V	57.735∠0°	46.336[284]∠0°
U_B/V	57.735∠−120°	57.735∠−120°
U_C/V	57.735∠120°	57.735∠120°
I_A/A	0	24∠−78°
I_B/A	0	0
I_C/A	0	0
触发方式	按键触发	时间触发
试验时间		10.1s

[284] 由式（2-102）计算得 $U_k = 57.735 - m \times 3 \times U_{2.set} = 57.735 - 0.95 \times 3 \times 4 = 46.336$V。

观察保护动作结果，打印动作报文。其动作报文如图 1-158 所示。

PCS-985B 发电机-变压器组保护装置动作报告

被保护设备：保护设备　　版本号：V3.02
管理序号：00483742　　打印时间：2021-10-3 14：56：35

序号	启动时间	相对时间	动作相别	动作元件
0182	2021-10-3 14：55：16：668	0000ms		保护启动

图 1-158 PCS-985B 装置 0.95 倍复合电压过流Ⅰ段电流定值动作报文

3）复合电压过流保护 0.95$U_{d.set}$低电压定值校验。试验步骤如下：打开继电保护测试仪电源，选择“状态序列”模块，点击工具栏“+”键，增加一个状态，保证共有两个状态量，试验数据如表 1-195 所示。

[285] 由式（1-108）计算得 $U_k = m \times U_{d.set}/\sqrt{3} = 0.95 \times 60/\sqrt{3} = 32.9V$。

[286] 由式（1-106）计算得 $I_K = mI_{set}^{II} = 1.2 \times 50 = 24A$。

[287] 不判方向，不考虑电压、电流夹角，保证三相电流互差120°即可。

表 1-197　复合电压过流保护 0.95$U_{d.set}$低电压定值校验数据

试验项目	状态一	状态二
U_A/V	57.735∠0°	32.9[285]∠0°
U_B/V	57.735∠−120°	32.9∠−120°
U_C/V	57.735∠120°	32.9∠120°
I_A/A	0	24[286]∠−78°[287]
I_B/A	0	24∠162°
I_C/A	0	24∠42°
触发方式	按键触发	时间触发
试验时间		10.1s

表 1-197 中 A 相电压幅值由下式计算

$$U_K = mU_{d.set}/\sqrt{3} \tag{1-108}$$

式中　U_k——故障相电压幅值；

$U_{d.set}$——复合电压过流保护低电压定值，读取定值清单 60V；

m——0.95。

在测试仪工具栏中点击“▶”，或按“run”键开始进行试验。

观察保护动作结果，打印动作报文。其动作报文如图 1-159 所示。

PCS-985B 发电机-变压器组保护装置动作报告

被保护设备：保护设备　　版本号：V3.02

管理序号：00483742　　打印时间：2021-10-3 15：06：15

序号	启动时间	相对时间	动作相别	动作元件
0183	2021-10-3 15：05：58：868	0000ms		保护启动
		10 025ms		高压厂用变压器过流Ⅱ段
				跳闸出口 1，跳闸出口 2
				跳闸出口 3，跳闸出口 4
				跳闸出口 18，跳闸出口 19
				跳闸出口 25，跳闸出口 26
				跳闸出口 27，跳闸出口 28

图 1-159　PCS-985B装置复合电压过流Ⅱ段动作报文

4）复合电压过流保护 $1.05U_{d.set}$ 低电压定值校验。试验步骤如下：式（1-108）中 m 取 1.05，重新计算故障相电流值并输入，重复上述操作步骤，保护装置只启动，复合电压过流Ⅱ段保护不动作。

试验数据如表 1-198 所示。

表 1-198　复合电压过流保护 $1.05U_{d.set}$ 低电压定值校验数据

试验项目	状态一	状态二
U_A/V	57.735∠0°	36.37[288]∠0°
U_B/V	57.735∠−120°	36.37∠−120°
U_C/V	57.735∠120°	36.37∠120°
I_A/A	0	24∠−78°
I_B/A	0	24∠162°
I_C/A	0	24∠42°
触发方式	按键触发	时间触发
试验时间		10.1s

[288] 由式（1-108）计算得 $U_k = mU_{d.set}/\sqrt{3} = 1.05 \times 60/\sqrt{3} = 36.37$V。

观察保护动作结果，打印动作报文。其动作报文如图 1-160 所示。

PCS-985B 发电机-变压器组保护装置动作报告

被保护设备：保护设备　　版本号：V3.02

管理序号：00483742　　打印时间：2021-10-3 15：07：35

序号	启动时间	相对时间	动作相别	动作元件
0184	2021-10-3 15：06：16：668	0000ms		保护启动

图 1-160　PCS-985B 装置复合电压过流Ⅱ段动作报文

（3）分支零序过流保护功能及时间校验。高压厂用变压器低压侧分支装设两段零序过流保护，均为外接零序过流保护，本节以分支零序过流Ⅱ段保护为例校验。

1）$1.05I_{0.set}^{\mathrm{II}}$ 高压厂用变压器分支零序过流定值校验。试验步骤如下：退出分支零序Ⅰ段保护功能，打开继电保护测试仪电源，选择“状态序列”模块。

试验数据如表 1-199 所示。

[289] 不判电压，可不设置。

[290] 由式（1-109）计算得：$I_k = mI^{\mathrm{II}}_{0.\mathrm{set}} = 1.05\times 20 = 21\mathrm{A}$。

[291] 不判方向，可不设置 。

[292] 由式（1-110）计算得：$t_m = t^{\mathrm{II}}_{0.\mathrm{set}} + \Delta t = 10 + 0.1 = 10.1\mathrm{s}$。

表 1-199　$1.05I^{\mathrm{II}}_{0.\mathrm{set}}$高压厂用变压器分支零序过流定值校验数据

试验项目	状态一
U_A/V	57.735[289]∠0°
U_B/V	57.735∠−120°
U_C/V	57.735∠120°
I_a/A	21[290]∠75°[291]
I_b/A	0∠−120°
I_c/A	0∠120°
触发方式	时间触发
试验时间	10.1s[292]

表 1-199 中电压、电流幅值由下式计算

$$I_k = mI^{\mathrm{II}}_{0.\mathrm{set}} \tag{1-109}$$

式中　I_k——故障相电流幅值；

$I^{\mathrm{II}}_{0.\mathrm{set}}$——分支零序过流Ⅱ段定值，读取定值清单 20A；

m——1.05。

$$t_m = t^{\mathrm{II}}_{0.\mathrm{set}} + \Delta t \tag{1-110}$$

式中　t_m——试验时间；

$t^{\mathrm{II}}_{0.\mathrm{set}}$——零序过流Ⅱ段时限定值，读取定值清单 10s；

Δt——时间裕度，一般设置 0.1s。

在测试仪工具栏中点击“▶”，或按“run”键开始进行试验。观察保护动作结果，打印动作报文。其动作报文如图 1-161 所示。

PCS-985B 发电机-变压器组保护装置动作报告

被保护设备：保护设备　　版本号：V3.02

管理序号：00483742　　打印时间：2021-10-3 15：09：15

序号	启动时间	相对时间	动作相别	动作元件
0185	2021-10-3 15：08：58：868	0000ms		保护启动
		10 019ms		高压厂用变压器分支零序过流Ⅱ段
				跳闸出口 1，跳闸出口 2
				跳闸出口 3，跳闸出口 4
				跳闸出口 18，跳闸出口 19
				跳闸出口 25，跳闸出口 26
				跳闸出口 27，跳闸出口 28

图 1-161　PCS-985B 装置 $1.05I^{\mathrm{II}}_{0.\mathrm{set}}$高压厂用变压器分支零序过流定值动作报文

2）$0.95I_{0.set}^{\text{II}}$零序过流定值校验。试验步骤如下：式（1-109）中 m 取 0.95，重新计算故障相电流值并输入，重复上述操作步骤，保护装置只启动，零序保护不动作。

试验数据如表 1-200 所示。

表 1-200　$0.95I_{0.set}^{\text{II}}$高压厂用变压器分支零序过流定值校验数据

试验项目	状态一
U_A/V	57.735∠0°
U_B/V	57.735∠−120°
U_C/V	57.735∠120°
I_a/A	19[293]∠75°
I_b/A	0∠−120°
I_c/A	0∠120°
触发方式	时间触发
试验时间	10.1s

[293] 由式（1-109）计算得 $I_k = mI_{0.set}^{\text{II}} = 0.95 \times 20 = 19$A。

观察保护动作结果，打印动作报文。其动作报文如图 1-162 所示。

PCS-985B 发电机-变压器组保护装置动作报告

被保护设备：保护设备　　版本号：V3.02

管理序号：00483742　　打印时间：2021-10-3 15：11：35

序号	启动时间	相对时间	动作相别	动作元件
0186	2021-10-3 15：10：16：668	0000ms		保护启动

图 1-162　PCS-985B 装置 $0.95I_{0.set}^{\text{II}}$高压厂用变压器分支零序过流定值动作报文

3）$1.2I_{0.set}^{\text{II}}$零序过流定值测试时间。试验步骤如下：时间测试需增加辅助接线完成，接线方式如图 1-4 所示；式（1-109）中 m 取 1.2，重新计算故障相电流值并输入，重复上述操作步骤，并在开入量 A 对应的选择栏“□”里打“√”，并读取显示的时间量进行记录。

试验数据如表 1-201 所示。

[294] 由式（1-109）计算得 $I_K = mI_{0.set}^{II} =$ 1.2×20=24A。

表 1-201　$1.2I_{0.set}^{II}$高压厂用变压器分支零序方向过流定值校验数据

试验项目	状态一	
U_A/V	57.735∠0°	
U_B/V	57.735∠−120°	
U_C/V	57.735∠120°	
I_a/A	24[294]∠75°	
I_b/A	0∠−120°	
I_c/A	0∠120°	
触发方式	开入量触发	
开入类型	开入或	
☑ 开入量 A	动作时间	

观察保护动作结果，打印动作报文。其动作报文如图 1-163 所示。

PCS-985B 发电机-变压器组保护装置动作报告

被保护设备：保护设备　　版本号：V3.02

管理序号：00483742　　打印时间：2021-10-3 15：14：15

序号	启动时间	相对时间	动作相别	动作元件
0187	2021-10-3 15：13：58：868	0000ms		保护启动
		10 014ms		高压厂用变压器分支零序过流Ⅱ段
				跳闸出口 1，跳闸出口 2
				跳闸出口 3，跳闸出口 4
				跳闸出口 18，跳闸出口 19
				跳闸出口 25，跳闸出口 26
				跳闸出口 27，跳闸出口 28

图 1-163　PCS-985B 装置 $1.2I_{0.set}^{II}$ 高压厂用变压器分支零序方向过流定值动作报文

5. 试验记录

将复合电压过流保护电流元件校验结果记录至表 1-200，并根据表中空白项选取不同相别，重复试验步骤，补齐表 1-200 中内容，所有数据都符合要求，PCS-985B 的复合电压过流保护电流元件功能检验合格。

表 1-202　复合电压过流保护电流元件试验数据记录表

名称	检验项目	校验结果			
		AN	BN	CN	三相
复合电压过流Ⅰ段保护	$1.05I_{set}^{Ⅰ}$				
	$0.95I_{set}^{Ⅰ}$				
	$1.2I_{set}^{Ⅰ}$				
复合电压过流Ⅱ段保护	$1.05I_{set}^{Ⅱ}$				
	$0.95I_{set}^{Ⅱ}$				
	$1.2I_{set}^{Ⅱ}$				

将复合电压过流保护电压元件校验结果记录至表 1-203，并根据表中空白项选取不同制动电流，重复试验步骤，补齐表 1-203 中内容，所有数据都符合要求，PCS-985B 的复合电压过流保护电压元件功能检验合格。

表 1-203　复合电压过流保护电压元件试验数据记录表

负序功率方向	定值	检验项目	校验结果
负序电压元件	4V	$1.05U_{2.set}$	
		$0.95U_{2.set}$	
低电压元件	60V	$1.05U_{d.set}$	
		$0.95U_{d.set}$	

将零序过流保护校验结果记录至表 1-204，并根据表中空白项选取不同相别，重复试验步骤，补齐表 1-204 中内容，所有数据都符合要求，PCS-985B 的零序过流保护功能检验合格。

表 1-204　高压厂用变压器分支零序过流保护试验数据记录表

名称	检验项目	校验结果
高压厂用变压器分支零序过流Ⅰ段保护	$1.05I_{0.set}^{Ⅰ}$	
	$0.95I_{0.set}^{Ⅰ}$	
	$1.2I_{0.set}^{Ⅰ}$	
高压厂用变压器分支零序过流Ⅱ段保护	$1.05I_{0.set}^{Ⅱ}$	
	$0.95I_{0.set}^{Ⅱ}$	
	$1.2I_{0.set}^{Ⅱ}$	

1.2.20 TV 断线报警功能校验

大机组 TV 断线报警功能的典型配置为各侧三相电压回路 TV 断线报警、发电机机端电压平衡功能和三相电压回路中线断线报警。

1. 试验目的

TV 断线报警功能校验。

2. 试验接线

（1）装置接地。将测试仪装置接地端口与被测保护装置的接地铜牌相连接，如图 1-1 所示。

（2）电流回路接线。发电机机端电流回路接线方式如图 1-9 所示。

（3）电压回路接线。主变压器高压侧电压接线方式如图 1-164 所示，机端 TV1 和 TV2 接线方式如图 1-165 所示。

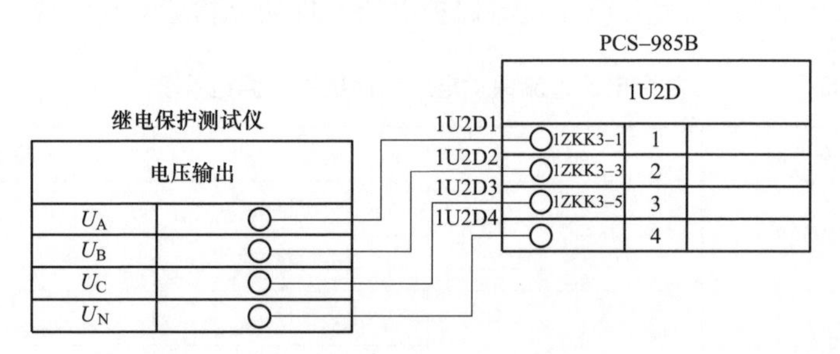

图 1-164 主变压器高压侧电压回路接线图

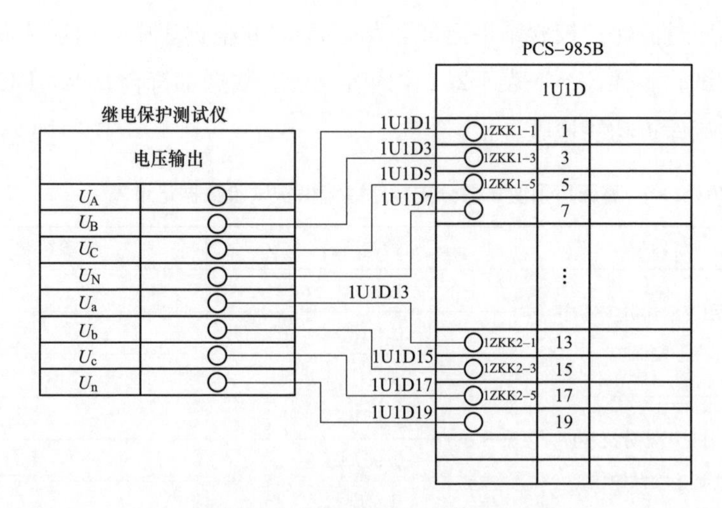

图 1-165 机端 TV1 和 TV2 接线图

3. 试验步骤

（1）各侧三相电压回路 TV 断线报警功能校验。

1）主变压器高压侧电压回路 TV 断线报警功能校验（判据 1）。试验步骤如下：

电压回路接线如图 1-159 所示，主变压器高压侧电压回路接线图，打开继电保护测试仪电源，选择“状态序列”模块。

试验数据如表 1-205 所示。

表 1-205 主变压器高压侧电压回路 TV 断线报警功能校验数据

试验项目	状态一
U_A/V	17.1[295]$\angle 0°$
U_B/V	17.1$\angle -120°$
U_C/V	17.1$\angle 120°$
I_A/A	0.21[296]$\angle 0°$[297]
I_B/A	0.21$\angle -120°$
I_C/A	0.21$\angle 120°$
触发方式	时间触发
试验时间	10.1s[298]

表 1-205 中三相电压、电流幅值由下式计算

$$U_k = mU_1 \tag{1-111}$$

式中 U_k——故障相电压幅值；

U_1——TV 断线正序电压判据为 18V；

m——0.95。

$$I_K = m \times 0.04 \times I_n \tag{1-112}$$

式中 I_K——故障相电流幅值；

I_n——机端 TA 二次额定电流为 5A；

m——1.05。

$$t_m = t_{set.pt} + \Delta t \tag{1-113}$$

式中 t_m——试验时间；

$t_{set.pt}$——TV 断线时间延时为 10s；

[295] 由式（1-111）计算得 $U_k = mU_1 = 0.95 \times 18 = 17.1$(V)。角度互差 120°。

[296] 由式（1-112）计算得 $I_K = m \times 0.04 \times I_n = 1.05 \times 0.04 \times 5 = 0.21$A（任一相电流大于该值即可）。

[297] 不判方向，角度可不设置。

[298] 由式（1-113）计算得 $t_m = t_{set.pt} + \Delta t = 10 + 0.1 = 10.1$(s)。

Δt——时间裕度，一般设置0.1s。

在测试仪工具栏中点击“▶”，或按“run”键开始进行试验。

观察保护动作结果，打印动作报文。观察保护动作结果，打印动作报文。其动作报文如图1-166所示。

PCS-985B 发电机-变压器组保护装置自检报告

被保护设备：保护设备　　版本号：V3.02

管理序号：00483742　　打印时间：2021-10-3 15：21：35

序号	报警时间	报警元件
0006	2021-10-3 15：20：16：668	装置报警
		主变压器高压侧TV断线

图1-166　PCS-985B装置主变压器高压侧电压回路TV断线报警功能校验动作报文

2）主变压器高压侧电压回路TV断线报警功能校验（判据2）。试验步骤如下：电压回路接线如图1-160所示，机端电压回路接线图。打开继电保护测试仪电源，选择“状态序列”模块。试验数据如表1-206所示。

表1-206　主变压器高压侧电压回路TV断线报警功能校验数据

试验项目	状态一
U_A/V	32.535[299]∠0°
U_B/V	57.735∠−120°
U_C/V	57.735∠120°
I_A/A	0
I_B/A	0
I_C/A	0
触发方式	时间触发
试验时间	10.1S[300]

[299]由式(1-114)计算得：$U_k=57.735-m\times3\times U_2=32.535$(V)。角度互差120°。

[300]由式（1-115）计算得$t_m=t_{set.pt}+\Delta t=10+0.1=10.1$（s）。

表1-206中三相电压幅值由下式计算

$$U_k=57.735-m\times3\times U_2 \tag{1-114}$$

式中 U_k——故障相电压幅值；

U_2——TV 断线负序电压判据为 8V；

m——1.05。

$$t_m = t_{set.pt} + \Delta t \tag{1-115}$$

式中 t_m——试验时间；

$t_{set.pt}$——TV 断线时间延时为 10s；

Δt——时间裕度，一般设置 0.1s。

在测试仪工具栏中点击“▶”，或按“run”键开始进行试验。

观察保护动作结果，打印动作报文，其动作报文如图 1-167 所示。

PCS-985B 发电机-变压器组保护装置自检报告

被保护设备：保护设备　　版本号：V3.02

管理序号：00483742　　打印时间：2021-10-3 15：23：09

序号	报警时间	报警元件
0007	2021-10-3 15：22：16：336	装置报警
		主变压器高压侧 TV 断线

图 1-167　PCS-985B 装置主变压器高压侧电压回路 PT 断线报警功能校验动作报文

3）机端电压回路 TV 断线报警功能校验（判据 1）。试验步骤如下：电压回路接线如图 1-2 所示，机端电压回路接线图[301]。打开继电保护测试仪电源，选择“状态序列”模块。

试验数据如表 1-207 所示。

表 1-207　主变压器高压侧电压回路 TV 断线报警功能校验数据

试验项目	状态一
U_A/V	17.1[302]∠0°
U_B/V	17.1∠−120°
U_C/V	17.1∠120°
I_A/A	0.21[303]∠0°[304]
I_B/A	0.21∠−120°

[301] 以 TV1 接线为例校验，TV2 参照 TV2 接线，试验方法相同。

[302] 由式（1-116）计算得：$U_k = mU_1 = 0.95 \times 18 = 17.1$V。角度互差 120°。

[303] 由式（1-117）计算得 $I_K = m \times 0.04 \times I_n = 1.05 \times 0.04 \times 5 = 0.21$（A）（任一相电流大于该值即可）。

[304] 不判方向，角度可不设置。

续表

试验项目	状态一
I_C/A	0.21∠120°
触发方式	时间触发
试验时间	10.1s[305]

[305] 由式（1-118）计算得：$t_m = t_{set.pt} + \Delta t = 10 + 0.1 = 10.1$（s）。

表 1-207 中三相电压、电流幅值由下式计算

$$U_k = mU_1 \tag{1-116}$$

式中 U_k——故障相电压幅值；

U_1——TV 断线正序电压判据为 18V；

m——0.95。

$$I_K = m \times 0.04 \times I_n \tag{1-117}$$

式中 I_K——故障相电流幅值；

I_n——机端 TA 二次额定电流为 5A；

m——1.05。

$$t_m = t_{set.pt} + \Delta t \tag{1-118}$$

式中 t_m——试验时间；

$t_{set.pt}$——TV 断线时间延时为 10s；

Δt——时间裕度，一般设置 0.1s。

在测试仪工具栏中点击“▶”，或按“run”键开始进行试验。

观察保护动作结果，打印动作报文。其动作报文如图 1-168 所示。

PCS-985B 发电机-变压器组保护装置自检报告

被保护设备：保护设备　　版本号：V3.02
管理序号：00483742　　打印时间：2021-10-3 15：25：32

序号	报警时间	报警元件
0008	2021-10-3 15：24：16：378	装置报警
		机端 TV1 断线

图 1-168　PCS-985B 装置机端电压回路 TV 断线报警功能校验动作报文

4）机端电压回路 TV 断线报警功能校验（判据 2）。试

验步骤如下：电压回路接线如图 1-165 所示。打开继电保护测试仪电源，选择“状态序列”模块。

试验数据如表 1-208 所示。

表 1-208 主变压器高压侧电压回路 PT 断线报警功能校验数据

试验项目	状态一
U_A/V	32.535[306]∠0°
U_B/V	57.735∠−120°
U_C/V	57.735∠120°
I_A/A	0
I_B/A	0
I_C/A	0
触发方式	时间触发
试验时间	10.1s[307]

表 1-208 中三相电压幅值由下式计算

$$U_k = 57.735 - m \times 3 \times U_2 \tag{1-119}$$

式中 U_k——故障相电压幅值；

U_2——TV 断线负序电压判据为 8V；

m——1.05。

$$t_m = t_{set.pt} + \Delta t \tag{1-120}$$

式中 t_m——试验时间；

$t_{set.pt}$——TV 断线时间延时为 10s；

Δt——时间裕度，一般设置 0.1s。

在测试仪工具栏中点击“▶”，或按“run”键开始进行试验。

观察保护动作结果，打印动作报文。其动作报文如图 1-169 所示。

PCS-985B 发电机-变压器组保护装置自检报告

被保护设备：保护设备　　版本号：V3.02

管理序号：00483742　　打印时间：2021-10-3 15:28:04

序号	报警时间	报警元件
0009	2021-10-3 15:27:16:672	装置报警
		机端 TV1 断线

图 1-169 PCS-985B 装置机端电压回路 TV 断线报警功能校验动作报文

[306] 由式（1-119）计算得 $U_k = 57.735 - m \times 3 \times U_2 = 32.535$（V）。角度互差 120°。

[307] 由式（1-120）计算得 $t_m = t_{set.pt} + \Delta t = 10 + 0.1 = 10.1$（s）。

[308] U_A、U_B、U_C 对应 TV1 接线输出电压，U_a、U_b、U_c 对应 TV2 接线输出电压。

[309] 由式（1-121）计算得：设 $U_{ab}=\sqrt{3}\times 57.735=100$（V），得 $U_{AB}=U_{ab}-m\times U_{pt}=100-1.05\times 5=94.747$（V），模拟 TV1A、B 两相断线，再 $U_a=37.56\angle 0°$，$U_b=37.56\angle -120°$。

[310] 由式（1-122）计算得：$t_m=t_{set.ph}+\Delta t=0.42+0.1=0.52$（s）。

（2）发电机机端电压平衡功能校验。试验步骤如下：电压回路接线如图 1-115 所示，机端 TV1 和 TV2 电压回路接线图[308]。

总控制字："电压平衡功能投入"设置"1"

打开继电保护测试仪电源，选择"状态序列"模块。

试验数据如表 1-209 所示。

表 1-209　发电机机端电压平衡功能校验数据

试验项目	状态一
U_A/V	37.56[309]∠0°
U_B/V	37.56∠−120°
U_C/V	57.735∠120°
U_a/V	57.735∠0°
U_b/V	57.735∠−120°
U_c/V	57.735∠120°
触发方式	时间触发
试验时间	0.52s[310]

表 1-209 中三相电压幅值由下式计算

$$|U_{AB}-U_{ab}|=mU_{pt} \tag{1-121}$$

式中　U_{pt}——TV 电压平衡判据为 5V；

m——1.05。

$$t_m=t_{set.ph}+\Delta t \tag{1-122}$$

式中　t_m——试验时间；

$t_{set.ph}$——TV 平衡断线时间延时为 0.42s；

Δt——时间裕度，一般设置 0.1s。

在测试仪工具栏中点击"▶"，或按"run"键开始进行试验。

观察保护动作结果，打印动作报文。其动作报文如图 1-170 所示。

PCS-985B 发电机-变压器组保护装置自检报告

被保护设备：保护设备　　版本号：V3.02
管理序号：00483742　　打印时间：2021-10-3 15：28：04

序号	报警时间	报警元件
0010	2021-10-3 15：27：16：672	装置报警
		机端 TV1 断线

图 1-170　PCS-985B 装置发电机机端电压平衡功能校验动作报文

(3) 三相电压回路中线断线报警功能校验。

1) 三相电压回路中线断线报警功能校验（判据 1）。试验步骤如下：电压回路接线如图 1-15 所示，TV2 电压回路接线图[311]。

总控制字："TV2 中线断线判别投入"设置"1"[312]。

打开继电保护测试仪电源，选择"状态序列"模块。

试验数据如表 1-210 所示。

[311] 以匝间专用 TV2 为例试验。

[312] 如果以 TV1 为例试验，此处总控制字："其他 TV 中线断线判别投入"设置 1。

[313] 由式（1-123）计算得：$U_k = mU_1 = 1.05 \times 48 = 50.4$（V）。

[314] 由式（1-124）计算得：$t_m = t_{set.zx} + \Delta t = 20 + 0.1 = 20.1$（s）。

表 1-210　三相电压回路中线断线报警功能校验数据

试验项目	状态一
U_A/V	57.735∠0°
U_B/V	57.735∠−120°
U_C/V	57.735∠120°
U_a/V	50.4[313]∠0°
U_b/V	50.4∠−120°
U_C/V	50.4∠120°
触发方式	时间触发
试验时间	20.1s[314]

表 1-210 中三相电压幅值由下式计算

$$U_k = mU_1 \tag{1-123}$$

式中　U_k——故障相电压幅值；

U_1——TV 中线断线正序电压判据为 48V；

m——1.05。

$$t_m = t_{set.zx} + \Delta t \tag{1-124}$$

式中　t_m——试验时间；

$t_{set.zx}$——TV 中线断线时间延时为 20s；

Δt——时间裕度，一般设置 0.1s。

在测试仪工具栏中点击"▶"，或按"run"键开始进行试验。

观察保护动作结果，打印动作报文。其动作报文如图 1-171 所示。

PCS-985B 发电机-变压器组保护装置自检报告

被保护设备：保护设备　　版本号：V3.02
管理序号：00483742　　打印时间：2021-10-3 15：36：04

序号	报警时间	报警元件
0011	2021-10-3 15：35：16：672	装置报警
		机端 TV2 中线断线

图 1-171　PCS-985B 装置三相电压回路中线断线报警功能校验动作报文

[315] 以匝间专业 TV2 为例试验。

[316] 如果以 TV1 为例试验，此处总控制字："其他 TV 中线断线判别投入"设置"1"。

[317] 由式（1-125）计算，设 $3U_0=30V$，$\frac{3U_0}{3U_1}=mk=m\times0.4=0.42$，得出 $3U_1=71.43V$，推出 $U_a=35.714V$，$U_b=35.714V$。

[318] 由式（1-126）计算得 $t_m=t_{set.zx}+\Delta t=20+0.1=20.1$（s）。

2）三相电压回路中线断线报警功能校验（判据 2）。试验步骤如下：电压回路接线如图 1-160 所示：TV2 电压回路接线图[315]。

总控制字："TV2 中线断线判别投入"设置"1"[316]。

打开继电保护测试仪电源，选择"状态序列"模块。

试验数据如表 1-211 所示。

表 1-211　三相电压回路中线断线报警功能校验数据

试验项目	状态一	
U_A/V	57.735∠0°	50Hz
U_B/V	57.735∠−120°	50Hz
U_C/V	57.735∠120°	50Hz
U_a/V	35.714[317]∠0°	50Hz
U_b/V	35.714∠−120°	50Hz
U_C/V	30∠120°	150Hz
触发方式	时间触发	
试验时间	20.1s[318]	

表1-211中三相电压幅值由下式计算

$$\frac{3U_0}{3U_1}=mk \tag{1-125}$$

式中 U_0——3次谐波零序电压；

U_1——正序电压；

k——TV2中线断线判别系数，读取定值清单为0.4[319]；

m——1.05。

$$t_{m}=t_{set.zx}+\Delta t \tag{1-126}$$

式中 t_{m}——试验时间；

$t_{set.zx}$——TV中线断线时间延时为20s；

Δt——时间裕度，一般设置0.1s。

在测试仪工具栏中点击“▶”，或按“run”键开始进行试验。

观察保护动作结果，打印动作报文。其动作报文如图1-172所示。

PCS-985B发电机-变压器组保护装置自检报告

被保护设备：保护设备　　版本号：V3.02

管理序号：00483742　　打印时间：2021-10-3 15：38：04

序号	报警时间	报警元件
0012	2021-10-3 15：37：16：672	装置报警
		机端TV2中线断线

图1-172 PCS-985B装置三相电压回路中线断线报警功能校验动作报文

1.2.21 TA断线报警功能检验

大机组TA断线报警功能的典型配置为各侧三相电流回路TA断线报警、差动保护差流报警和差动保护TA断线报警或闭锁。

1. 试验目的

TA断线报警功能检验。

2. 试验接线

（1）装置接地。将测试仪装置接地端口与被测保护装置的接地铜牌相连接，如图1-1所示。

[319] 此数据在“内部配置参数”里读取。

（2）电流回路接线。发电机机端电流和中性点电流回路接线方式如图 1-2 所示。

（3）电压回路接线。发电机机端电压回路接线方式如图 1-15 所示。

3. 试验步骤

（1）各侧三相电流回路 TA 断线报警校验。试验步骤如下：打开继电保护测试仪电源，选择“状态序列”模块。试验数据如表 1-212 所示。

[320]由式(1-127)计算得：设 $3I_0=1A$；$0.04I_n+0.25\times I_{max}=0.04\times5+0.25\times1=0.45A$，符合判据。[321] 由式（1-128）计算得：$t_m=t_{set.zx}+\Delta t=10+0.1=10.1$（s）。

表 1-212　各侧三相电流回路 TA 断线报警校验数据

试验项目	状态一
U_A/V	57.735∠0°
U_B/V	57.735∠−120°
U_C/V	57.735∠120°
I_A/A	1[320]∠0°
I_B/A	0∠−120°
I_C/A	0∠120°
触发方式	时间触发
试验时间	10.1s[321]

表 1-212 中三相电流幅值由下式计算

$$3I_0 > 0.04I_n + 0.25I_{max} \tag{1-127}$$

式中　$3I_0$——机端自产零序电流；

I_n——机端二次额定电流为 5A；

I_{max}——最大相电流。

$$t_m = t_{set.dx} + \Delta t \tag{1-128}$$

式中　t_m——试验时间；

$t_{set.dx}$——TA 断线时间延时为 10s；

Δt——时间裕度，一般设置 0.1s。

在测试仪工具栏中点击“▶”，或按“run”键开始进行试验。

观察保护动作结果，打印动作报文。其动作报文如图 1-173 所示。

PCS-985B 发电机-变压器组保护装置自检报告

被保护设备：保护设备　　版本号：V3.02
管理序号：00483742　　打印时间：2021-10-3 15:41:04

序号	报警时间	报警元件
0013	2021-10-3 15:40:16:672	装置报警
		机端 TA 断线

图 1-173　PCS-985B 装置各侧三相电流回路 TA 断线报警校验动作报文

（2）差动保护差流报警校验。试验步骤如下：

总控制字：发电机差动保护投入“1”。

分控制：发电机差动速断“1”，发电机比率差动“1”。

打开继电保护测试仪电源，选择“状态序列”模块。试验数据如表 1-213 所示。

表 1-213　差动保护差流报警校验数据

试验项目	状态一
U_A/V	57.735∠0°
U_B/V	57.735∠−120°
U_C/V	57.735∠120°
I_A/A	0.279[322]∠0°
I_B/A	0∠−120°
I_C/A	0∠120°
触发方式	时间触发
试验时间	3.1s[323]

表 1-213 中 A 相电流幅值由下式计算

$$I_k = mI_{set.clmk} \tag{1-129}$$

式中　I_k——故障相差动电流；

$I_{set.clmk}$——发电机差流报警定值，读取定值清单 $0.1I_e$；

m——1.05。

$$t_m = t_{set.cd} + \Delta t \tag{1-130}$$

式中　t_m——试验时间；

$t_{set.cd}$——差动保护差流报警延时为 3s；

Δt——时间裕度，一般设置 0.1s。

[322] 由式（1-129）计算得：$I_k = mI_{set.clmk} = 1.05 \times 0.1I_e = 1.05 \times 0.1 \times 2.66 = 0.279$（A）。

[323] 由式（1-130）计算得：$t_m = t_{set.zx} + \Delta t = 3 + 0.1 = 3.1$（s）。

在测试仪工具栏中点击“▶”，或按“run”键开始进行试验。

观察保护动作结果，打印动作报文。其动作报文如图1-174所示。

PCS-985B 发电机-变压器组保护装置自检报告

被保护设备：保护设备　　版本号：V3.02

管理序号：00483742　　打印时间：2021-10-3 15：44：04

序号	报警时间	报警元件
0014	2021-10-3 15：43：16：672	装置报警
		发电机差动 TA 断线

图 1-174　PCS-985B 装置差动保护差流报警校验动作报文

(3) 差动保护 TA 断线闭锁校验。试验步骤如下：

总控制字：发电机差动保护投入“1”。

分控制：发电机差动速断“1”，发电机比率差动“1”，TA 断线闭锁比率差动“1”。

功能压板：发电机差动保护投入。

打开继电保护测试仪电源，选择“状态序列”模块。开关在合位。试验数据如表1-214所示。

[324] $I_A=0.5I_e=0.5\times I_e=0.5\times 3.96=1.98\text{A}I_B=0.5I_e=0.5\times I_e=0.5\times 3.96=1.98(\text{A})$。

[325] TA 断线，此时电流模拟为0A。

[326] 差动保护启动后40ms内，判TA断线。

表 1-214　　差动保护 TA 断线闭锁校验数据

试验项目	状态一	状态二
U_A/V	57.735∠0°	57.735∠0°
U_B/V	57.735∠−120°	57.735∠−120°
U_C/V	57.735∠120°	57.735∠120°
I_A/A	1.98[324]∠0°	0[225]∠0°
I_a/A	1.98∠0°	1.98∠0°
触发方式	时间触发	时间触发
试验时间	0.5s[326]	0.2s

试验时间为

$$t_m = t_{set.cdbs} + \Delta t \tag{1-131}$$

式中　t_m——试验时间；

$t_{set.cdbs}$——差动保护 TA 断线闭锁延时为0.04s；

Δt——时间裕度，一般设置0.1s。

在测试仪工具栏中点击"▶"，或按"run"键开始进行试验。装置报警灯亮，弹出TA断线报警信号，需手动复归，装置才能正常运行。观察保护动作结果，打印动作报文。其动作报文如图1-175所示。

PCS-985B发电机-变压器组保护装置动作报告

被保护设备：保护设备　　版本号：V3.02
管理序号：00483742　　打印时间：2021-10-3 18：04：35

序号	启动时间	相对时间	动作相别	动作元件
0030	2021-10-3 18：03：16：668	0000ms		保护启动

图1-175　PCS-985B装置差动保护TA断线闭锁校验动作报文

第2章

发电机-变压器组保护装置整组试验

2.1 整组试验

2.1.1 试验目的

（1）在发电机-变压器组保护装置中加入故障电气量模拟保护动作行为，验证主变压器高压侧断路器、灭磁开关、高压厂用变压器分支开关的跳闸回路的完整性，通过手动分合闸开关验证合闸回路的完整性，同时验证开关动作的可靠性。

（2）在变压器本体模拟变压器重瓦斯/轻瓦斯动作，验证变压器瓦斯等非电气量保护回路完整性和动作可靠性。

2.1.2 试验准备

1. 试验条件

（1）确认并确认与发电机-变压器保护安措相关的所有工作票已押票。

（2）确认发电机-变压器保护有关的二次设备检修工作完毕，保护装置及各开关具备传动试验条件。

（3）检查并确认灭磁开关在断开位，主变压器高压侧断路器为冷备用状态，6kV分支开关已送至试验位置；合上上述开关二次回路的控制电源及动力电源。

2. 试验前准备

（1）确认发电机-变压器组第一、二套保护及非电量保护屏关主汽门跳闸线已拆下。

（2）确认发电机-变压器组第一、二套保护及非电量保护屏至BMS跳闸线已拆下。

（3）确认发电机-变压器组第一、二套保护跳母联断路器、启动失灵跳闸线已拆下。

（4）复归所有发电机-变压器组保护装置，并检查装置无异常报警；检查并复归 DCS 画面中发电机-变压器组保护相关的光字牌，对于无法复归的报警做好记录；每一项实验完成后与实验前的光字牌进行对比，确保 DCS 光字牌显示正确。

（5）实验过程中，每个开关的分闸与合闸时间间隔要超过 3min[1]。

（6）实验过程中，发电机-变压器组第一套保护功能仅投入“投发电机差动保护”，其他功能压板退出；跳闸出口压板仅投入“跳主变压器高压侧断路器”“跳灭磁开关”“跳 6kV 分支开关，其他跳闸出口压板均退出”。发电机-变压器组第二套保护功能仅投入“投主变压器差动保护”，其他功能压板退出；跳闸出口压板仅投入“跳主变压器高压侧断路器”“跳灭磁开关”“跳 6kV 分支开关，其他跳闸出口压板均退出”。发电机-变压器组非电气量屏功能投入“投主变压器重瓦斯保护”“投高压厂用变压器重瓦斯保护”“励磁系统故障”，其他功能压板退出；跳闸出口压板仅投入“跳主变压器高压侧断路器”“跳灭磁开关”“跳 6kV 分支开关，其他跳闸出口压板均退出”

（7）实验过程中安排专人监视检查主变压器高压侧断路器、灭磁开关及 6kV 分支开关的分合闸状态。

［1］防止开关操作过于频繁，跳闸线圈或者合闸线圈烧毁。

2.1.3 试验步骤

1. 发电机-变压器组保护传动试验

（1）在 DCS 画面将灭磁开关、主变压器高压侧断路器和 6kV 分支断路器合闸，检查 DCS 上各开关位置显示正确、开关本体上开关状态显示正确；在 DCS 画面将灭磁开关、主变压器高压侧断路器和 6kV 分支断路器分闸，检查 DCS 上各开关位置显示正确、开关本体上开关状态显示正确。

（2）在 DCS 画面将灭磁开关、主变压器高压侧断路器和 6kV 分支断路器合闸，检查 DCS 上各开关位置显示正确、开关本体上开关状态显示正确；在发电机-变压器组第一套保护通入机端电流，使发电机差动保护动作，检查发电机-变压器组第一套保护装置、DCS、故障录波器各装置动作正确，灭磁开关、主变压器高压侧断路器和 6kV 分支断路器已正常分闸。

（3）在 DCS 画面将灭磁开关、主变压器高压侧断路器和 6kV 分支断路器合闸，检查 DCS 上各开关位置显示正确、开关本体上开关状态显示正确；在发电机-变压器组第二套保护通入机端电流，使主变压器差动保护动作，检查发电机-变压器组第二套保护装置、DCS、故障录波器各装置动作正确，灭磁开关、主变压器高压侧断路器和 6kV 分支断路器已正常分闸。

（4）在 DCS 画面将灭磁开关、主变压器高压侧断路器和 6kV 分支断路器合闸，检查 DCS 上各开关位置显示正确、开关本体上开关状态显示正确；在主变压器本体短接主变压器轻瓦斯接点，在发电机-变压器组非电气量屏、DCS、故障录波器检查报警显示正确；在主变压器本体按压主变压器重瓦斯接点，在发电机-变压器组非电气量屏检查保护正确动作，灭磁开关、主变压器高压侧断路器和 6kV 分支断路器已正常分闸，DCS、故障录波器检查报警显示正确。

（5）在 DCS 画面将灭磁开关、主变压器高压侧断路器和 6kV 分支断路器合闸，检查 DCS 上各开关位置显示正确、开关本体上开关状态显示正确；在高压厂用变压器本体短接高压厂用变压器轻瓦斯接点，在发电机-变压器组非电气量屏、DCS、故障录波器检查报警显示正确；在高压厂用变压器本体按压高压厂用变压器重瓦斯接点，在发电机-变压器组非电气量屏检查保护正确动作，灭磁开关、主变压器高压侧断路器和 6kV 分支断路器已正常分闸，DCS、故障录波器检查报警显示正确。

（6）在 DCS 画面将灭磁开关、主变压器高压侧断路器和 6kV 分支断路器合闸，检查 DCS 上各开关位置显示正确、开关本体上开关状态显示正确；在集控室按下发电机紧急跳闸按钮，检查 DCS 上各开关位置显示正确、开关本体上开关状态显示正确。

（7）在 DCS 画面将灭磁开关合闸，检查 DCS 上灭磁开关位置显示正确、开关本体上开关状态显示正确；在 DCS 画面将灭磁开关分闸，检查发电机-变压器组非电气量屏“励磁系统故障”保护动作，DCS、故障录波器各装置动作正确。

2. 同期装置带开关合闸实验

通过测试仪在自动准同期装置加入发电机机端电压和系统侧电压，在DCS上按下“装置投入”按钮，投入自动准同期装置。当发电机机端电压和系统侧电压压差或频率不合要求时，同期装置不发合闸脉冲，开关合不上；当发电机机端电压和系统侧电压压差及频率均符合要求时，装置发合闸脉冲，开关合上。

2.1.4 现场恢复

(1) 恢复发电机-变压器组第一、二套保护及非电量保护屏关主汽门跳闸线。

(2) 恢复发电机-变压器组第一、二套保护及非电量保护屏至BMS跳闸线。

(3) 恢复发电机-变压器组第一、二套保护跳母联断路器、启动失灵跳闸线。

(4) 将发电机-变压器组第一、二套保护及非电量保护屏功能压板及跳闸出口压板按照停机检修方式恢复。

2.2 发电机-变压器组短路试验

2.2.1 试验目的

(1) 校验发电机-变压器组各组电流互感器二次回路极性、相序及变比。

(2) 绘制发电机-变压器组短路特性曲线。

2.2.2 试验准备

1. 试验条件

(1) 发电机、主变压器、励磁变压器、高压厂用变压器及有关的一次设备检修工作完毕，各项试验合格，具备投运条件。

(2) 发电机定子水、氢冷系统运行正常；确认灭磁开关、主变压器高压侧断路器(冷备用)及高压厂用变压器低压侧断路器在断开位，确认发电机中性点隔离开关在合闸位置，确认发电机及6kV电压互感器已送至工作位置。

（3）发电机-变压器组保护及其二次回路检修试验完毕，各保护定值整定无误，逻辑回路正确，回路绝缘良好，控制、信号准确无误，整组传动试验正常，所有保护具备投入条件；励磁调节器装置调试完毕，开机前的各项试验完毕，具备投运条件。

（4）与发电机、主变压器、励磁变压器、高压厂用变压器有关的所有仪表测量回路经校验合格。

（5）发电机-变压器组保护屏中与电流量动作相关的保护所有功能压板退出，与电压量相关保护的所有功能压板投入；跳闸出口仅投入跳灭磁开关，其他跳闸出口压板退出。

2. 试验前准备

（1）试验前准备好主变压器高压侧挂短路线用的升降车及其他实验工具。

（2）短路点设置：①在主变压器高压侧挂接短路线；②在高压厂用变压器低压侧挂接短路线。合上主变压器高压侧接地开关，并在以上位置挂接短路线，并确认短路线短接可靠。

（3）确认发电机-变压器组第一、二套保护及非电量保护屏关主汽门跳闸线已拆下。

（4）确认发电机-变压器组第一、二套保护及非电量保护屏至 BMS 跳闸线已拆下。

（5）确认发电机-变压器组第一、二套保护跳母联断路器、启动失灵跳闸线已拆下。

（6）在主变压器高压侧断路器端子箱内短接主变压器高压侧电流至母差保护回路[2]。

[2] 防止短路实验过程中，母差保护误动作。

（7）热工专业人员解除并网后自动加负荷功能。

（8）在励磁小室临时接一个灭磁开关紧急跳闸按钮，用于试验中出现异常时，紧急分闸。

（9）实验过程安排专人监视短路点状况，运行人员负责监视发电机各项参数；发现异常（特别是定子线棒温度、发电机内冷水温度、氢温等）及时向试验指挥人员汇报，指挥人员下令试验人员跳开灭磁开关并终止实验。

2.2.3 试验步骤

1. 校验发电机-变压器组各组电流互感器二次回路极性、相序及变比

（1）检查灭磁开关在断开位置，励磁系统在就地控制，检查励磁方式为“手动方式”、其参数为输出最小励磁电流。

（2）合灭磁开关。操作“励磁投入”。

（3）手动增加励磁缓慢升流，在发电机一次电流为5% I_N时，检查发电机-变压器组保护屏、变送器装置、PMU装置及远动装置中各交流电流二次值显示应正确。

（4）逐渐将发电机电流升至10%～15%I_N[3]，检查主变压器高压侧电流、高压厂用变压器高压侧电流及高压厂用变压器低压侧电流均不超过其额定电流。记录此时DCS中发电机电流显示值。

（5）检查并记录发电机-变压器组保护屏各组电流幅值及相位采样值，记录发电机差动保护、主变压器差动保护、发电机-变压器组差动保护、高压厂用变压器差动保护差流；检查并记录变送器装置、PMU装置及远动装置各组电流幅值及相位采样值。

（6）分别在发电机-变压器组保护屏、变送器装置、PMU装置及远动装置测量各组电流A/B/C/相及N回路幅值，记录测量结果。

（7）分别在发电机-变压器组保护屏、变送器装置、PMU装置及远动装置中以某一组电流的某一相为基准[4]，分别测量其他组电流相对于基准电流的相角差，记录测量结果。

（8）手动减少缓慢励磁电流，使发电机一次电流逐渐降为0。

（9）测量结果分析：①发电机差动保护、主变压器差动保护、发电机-变压器组差动保护、高压厂用变压器差动

[3] 计算在短路实验过程中，为保证各侧电流均不超过额定值，发电机可以流过电流的最大值。

[4] 基准电流的选取：在检修过程中该组电流回路无异动。

保护差流均为 0，发电机-变压器组保护屏、变送器装置、PMU 装置及远动装置中电流采样二次值与一次电流折算值相等；②发电机-变压器组保护屏、变送器装置、PMU 装置及远动装置中各组电流 A/B/C/相电流测量值与显示值相等，且 N 回路中电流为 0；在发电机-变压器组保护屏、变送器装置、PMU 装置及远动装置中其他电流相对于基准电流测量的相位差与电流互感器的二次回路实际极性一致。

[5] 调节电流时要注意单方向调整。

2. 发电机-变压器组短路特性试验[5]（一次、二次配合）

（1）手动增磁，每增加约 10% 稍停，使定子电流达到 10%I_N、20%I_N、30%I_N、40%I_N、50%I_N、60%I_N、70%I_N、80%I_N、90%I_N，直至使发电机定子电流升到 100% 的额定电流，分别记录每一个点对应的励磁电流与发电机机端电流值；实验过程中检查主变压器高压侧电流、高压厂用变压器高压侧电流及高压厂用变压器低压侧电流均不超过其额定电流。

（2）减小励磁，每减少约 10% 稍停，直至将电流降到零。调节过程中，分别记录每一个点对应的励磁电流与发电机机端电流值，作出发电机-变压器组短路特性上升、下降曲线。

（3）操作“励磁退出”，分灭磁开关。

2.2.4 安措恢复

（1）拆除短路点短路线及分开接地开关：①主变压器高压侧处短路线；②高压厂用变压器低压处短路线。

（2）拆除主变压器高压侧断路器端子箱内主变压器高压侧电流至母差保护回路短接片。

2.3 发电机-变压器组空载试验

2.3.1 试验目的

（1）校验发电机-变压器组各组电压互感器二次回路相序。

（2）绘制发电机-变压器组空载特性曲线。

（3）测量发电机轴电压。

2.3.2 试验准备

1. 试验条件

（1）发电机、主变压器、励磁变压器、高压厂用变压器及有关的一次设备检修工作完毕，各项试验合格，具备投运条件。

（2）发电机定子水、氢冷系统运行正常；确认灭磁开关、主变压器高压侧断路器（冷备用）及高压厂用变压器低压侧断路器在断开位，确认发电机中性点隔离开关在合闸位置，确认发电机及6kV电压互感器已送至工作位置。

（3）发电机-变压器组保护及其二次回路检修试验完毕，各保护定值整定无误，逻辑回路正确，回路绝缘良好，控制、信号准确无误，整组传动试验正常，所有保护具备投入条件；励磁调节器装置调试完毕，开机前的各项试验完毕，具备投运条件。

（4）与发电机、主变压器、励磁变压器、高压厂用变压器有关的所有仪表测量回路经校验合格。

（5）发电机-变压器组保护屏中功能压板按照并网前要求投入；跳闸出口仅投入跳灭磁开关，其他跳闸出口压板退出。

2. 试验前准备

（1）将发电机-变压器组第一/二套保护屏中发电机过电压保护定值临时改为115V，0s[6]。

（2）确认发电机-变压器组第一、二套保护及非电量保护屏关主汽门跳闸线已拆下。

（3）确认发电机-变压器组第一、二套保护及非电量保护屏至BMS跳闸线已拆下。

（4）确认发电机-变压器组第一、二套保护跳母联断路器、启动失灵跳闸线已拆下。

[6] 防止实验过程中出现过电压，发电机-变压器组保护能够快速动作将灭磁开关跳开，将故障切除。

（5）在励磁小室临时安装一个灭磁开关紧急跳闸按钮，用于试验中出现异常时，紧急分闸。

（6）实验过程运行人员负责监视发电机各项参数；发现异常（特别是定子线棒温度、发电机内冷水温度、氢温等）及时向试验指挥人员汇报，指挥人员下令试验人员跳开灭磁开关并终止实验。

2.3.3 试验步骤

1. 校验发电机-变压器组各组电压互感器二次回路相序、测量发电机轴电压

（1）检查灭磁开关在断开位置，励磁系统为就地控制状态，检查励磁方式为“手动方式”、其参数为输出最小励磁电流。

（2）合灭磁开关。操作“励磁投入”。

（3）手动调节励磁系统，将发电机电压升至 10%U_N，检查发电机-变压器组保护屏、变送器装置、PMU 装置及远动装置中各交流电压二次值相角及幅值显示正确，检查各一次设备无异常。

（4）将发电机电压升至 50%U_N，检查发电机-变压器组保护屏、变送器装置、PMU 装置及远动装置中各交流电压二次值相角及幅值显示正确，检查各一次设备无异常。

（5）将电压升至 100%额定电压，检查发电机-变压器组保护屏、变送器装置、PMU 装置及远动装置中各交流电压二次值相角及幅值显示正确，检查各一次设备无异常；记录发电机-变压器组保护屏、变送器装置、PMU 装置及远动装置各组电压幅值及相位采样值。

（6）分别在发电机-变压器组保护屏、变送器装置、PMU 装置及远动装置测量各组电压 A/B/C/相及 N 回路幅值，记录测量结果。

（7）分别在发电机-变压器组保护屏、变送器装置、PMU 装置及远动装置中以某一组电压的某一相为基准[7]，分

[7] 基准电压的选取：在检修过程中该组电压回路无异动。

别测量其他组电压相对于基准电压的相角差，记录测量结果。

（8）TV 断线报警验证：①分别在发电机-变压器组第一/二套保护屏回路中断开发电机机端 TV1 某一相电压压板，检查相应的发电机-变压器组保护屏、故障录波器、DCS 报警正确；②分别在发电机-变压器组第一/二套保护屏回路中断开发电机机端 TV2 某一相电压压板，检查相应的发电机-变压器组保护屏、故障录波器、DCS 报警正确；③在智能变送器装置断开发电机机端 TV1 某一相电压压板，检查智能变送器装置电压采样切换至第二路电压，且智能变送器装置屏、DCS 报警正确；④在智能变送器装置断开发电机机端 TV2 某一相电压压板，检查智能变送器装置电压采样切换至第一路电压，且智能变送器装置屏、DCS 报警正确。

（9）测量发电机并网前三次谐波：①在发电机-变压器组第一/二套保护装置中分别读取发电机机端三次谐波电压与中性点三次谐波电压值，并记录；②在发电机-变压器组第一/二套保护装置中分别测量发电机机端三次谐波电压与中性点三次谐波电压值，并记录。

（10）测量额定空载情况下发电机轴电压（U_1）及轴承支座与地之间的电压（U_2）并记录。

（11）手动减少缓慢励磁电流，使发电机机端电压逐渐降为 0。

（12）测量结果分析：①发电机-变压器组保护屏、变送器装置、PMU 装置及远动装置中电压采样幅值及相角均正确；②发电机-变压器组保护屏、变送器装置、PMU 装置及远动装置中各组电压 A/B/C/相电压测量值与显示值相等，且 $U_N=0$；③在发电机-变压器组保护屏、变送器装置、PMU 装置及远动装置中其他电压相对于基准电压测量的相位与电压互感器的二次回路实际相角差一致；④TV 断线报警验证时，相应的发电机-变压器组保护屏、故障录波器、DCS 报警均正确；⑤测量的发电机轴电压值符合实验要求。

2. 发电机-变压器组空载特性试验

（1）手动增磁，每增加 10% 稍停，使发电机电压达到 $10\%U_N$、$20\%U_N$、$30\%U_N$、$40\%U_N$、$50\%U_N$、$60\%U_N$、$70\%U_N$、$80\%U_N$、$90\%U_N$、$100\%U_N$，分别记录每一个点对应的励磁电流与发电机机端电压值。

（2）手动减小励磁，每减小约 $10\%U_N$ 稍停，直至将发电机机端电压降到零，分别记录每一个点对应的励磁电流与发电机机端电压值。作出发电机-变压器组空载特性上升、下降曲线。

（3）试验完毕，将励磁电压降至零，操作“励磁退出”，断开灭磁开关。

2.3.4 安措恢复

将发电机-变压器组第一/二套保护屏中发电机过电压保护定值按照标准定值恢复。

2.4 发电机-变压器组同源核相试验

2.4.1 试验目的

校验同期交流电压二次回路的正确性[8]。

[8] 在检修过程中，一旦同期回路存在异动，则一定要通过同源核相实验验证同期回路的正确性。

2.4.2 试验准备

1. 试验条件

（1）发电机、主变压器、励磁变压器、高压厂用变压器及有关的一次设备检修工作完毕，各项试验合格，具备投运条件。

（2）发电机定子水、氢冷系统运行正常；确认灭磁开关、主变压器高压侧断路器（冷备用）及高压厂用变压器低压侧断路器在断开位，确认发电机中性点隔离开关在合闸位置，确认发电机及6kV电压互感器已送至工作位置。

（3）发电机-变压器组保护及其二次回路检修试验完毕，各保护定值整定无误，逻辑回路正确，回路绝缘良好，控制、信号准确无误，整组传动试验正常，所有保护具备投入条件；励磁调节器装置调试完毕，开机前的各项试验完毕，具备投运条件。

（4）与发电机、主变压器、励磁变压器、高压厂用变压器有关的所有仪表测量回路经校验合格。

（5）发电机-变压器组保护屏中功能压板按照并网前要求投入；跳闸出口仅投入跳灭磁开关，其他跳闸出口压板退出。

2. 试验前准备

（1）将发电机-变压器组第一/二套保护屏中发电机过电压保护定值临时改为115V，0s[9]。

（2）确认发电机-变压器组第一、二套保护及非电量保护屏关主汽门跳闸线已拆下。

（3）确认发电机-变压器组第一、二套保护及非电量保护屏至BMS跳闸线已拆下。

（4）确认发电机-变压器组第一、二套保护跳母联断路器、启动失灵跳闸线已拆下。

（5）在励磁小室临时安装一个灭磁开关紧急跳闸按钮，用于试验中出现异常时，紧急分闸。

（6）实验过程运行人员负责监视发电机各项参数；发现异常（特别是定子线棒温度、发电机内冷水温度、氢温等）及时向试验指挥人员汇报，指挥人员下令试验人员跳开灭磁开关并终止实验。

（7）热工专业解除并网后自动加负荷功能。

（8）提前向调度申请：同源核相实验前需要将Ⅰ母腾空[10]。

[9] 防止实验过程中出现过电压，发电机-变压器组保护能够快速动作将灭磁开关跳开，将故障切除。

[10] 根据实际情况申请腾空Ⅰ母或者Ⅱ母。

2.4.3 试验步骤

（1）得到调度批准后，将Ⅰ母腾空。

（2）恢复主变压器高压侧出口断路器热备用状态（挂Ⅰ母）。

（3）合上主变压器高压侧断路器。

（4）合灭磁开关，操作“励磁投入”。

（5）手动调节励磁系统，将发电机电压升至10%U_N，检查发电机-变压器组保护屏、变送器装置、PMU装置及远动装置中各交流电压二次值相角及幅值显示正确，检查各一次设备无异常。

（6）将电压升至100%额定电压，检查发电机-变压器组保护屏、变送器装置、PMU装置及远动装置中各交流电压二次值相角及幅值显示正确，检查各一次设备无异常。

（7）在DCS投入“同期试验”，按下“启动”按钮；检查同期装置整步表及同期继电器TJJ在同期位置。在同期屏测量以下值：发电机机端电压U_G、系统电压U_S、发电机机端电压与系统电压差压。

（8）测量结果分析：①同期装置整步表及同期继电器均在同期位置；②发电机机端电压与系统电压差压为0。

2.4.4 安措恢复

恢复定值：将发电机-变压器组第一/二套保护屏中发电机过电压保护定值按照标准定值恢复。

2.5 发电机-变压器组假同期试验

2.5.1 试验目的

校验同期交流电压二次回路及同期合闸控制回路的正确性[11]。

[11] 在检修过程中，一旦同期回路存在异动，则一定要通过同源核相实验验证同期回路的正确性，防止非同期并网事件的发生。

2.5.2 试验准备

1. 试验条件

（1）发电机、主变压器、励磁变压器、高压厂用变压器及有关的一次设备检修工作完毕，各项试验合格，具备投运条件。

（2）发电机定子水、氢冷系统运行正常；确认灭磁开关、主变压器高压侧断路器（冷备用）及高压厂用变压器低压侧断路器在断开位，确认发电机中性点隔离开关在合闸位置，确认发电机及6kV电压互感器已送至工作位置。

（3）发电机-变压器组保护及其二次回路检修试验完毕，各保护定值整定无误，逻辑回路正确，回路绝缘良好，控制、信号准确无误，整组传动试验正常，所有保护具备投入条件；励磁调节器装置调试完毕，开机前的各项试验完毕，具备投运条件。

（4）与发电机、主变压器、励磁变压器、高压厂用变压器有关的所有仪表测量回路经校验合格。

（5）发电机-变压器组保护屏中功能压板按照并网前要求投入；跳闸出口仅投入跳灭磁开关，其他跳闸出口压板退出。

2. 试验前准备

（1）将发电机-变压器组第一/二套保护屏中发电机过电压保护定值临时改为115V，0s[12]。

（2）确认发电机-变压器组第一、二套保护及非电量保护屏关主汽门跳闸线已拆下。

（3）确认发电机-变压器组第一、二套保护及非电量保护屏至BMS跳闸线已拆下。

（4）确认发电机-变压器组第一、二套保护跳母联断路器、启动失灵跳闸线已拆下。

（5）在励磁小室临时安装一个灭磁开关紧急跳闸按钮，用于试验中出现异常时，紧急分闸。

（6）实验过程运行人员负责监视发电机各项参数；发现异常（特别是定子线棒温度、发电机内冷水温度、氢温等）及时向试验指挥人员汇报，指挥人员下令试验人员跳开灭磁开关并终止实验。

（7）热工专业解除并网后自动加负荷功能。

（8）在发电机-变压器组保护屏中将电压切换回路的7QD5端子回路线拆除、在端子排短接7QD1与7QD4[13]，检查电压切换箱面板“Ⅰ母”灯亮。

2.5.3 试验步骤

（1）合灭磁开关，操作“励磁投入”。

（2）在DCS的主变压器高压侧断路器操作画面中点击

[12] 防止实验过程中出现过电压，发电机-变压器组保护能够快速动作将灭磁开关跳开，将故障切除。

[13] ①该电压切换回路的切换后电压用于判别同期合闸；②根据实际情况选择Ⅰ母或者Ⅱ母；③应该先将7QD5端子回路线拆除、再短接7QD1与7QD4，防止切换继电器损坏。

“顺控并网”，按下“启动”按钮，检查主变压器高压侧断路器经顺控逻辑后合闸成功。

(3) 测量结果分析：在发电机-变压器组故障录波器装置点击查看主变压器高压侧断路器合闸瞬间发电机机端电压与系统电压的压差值最小。

2.5.4 安措恢复

(1) 恢复定值：将发电机-变压器组第一/二套保护屏中发电机过电压保护定值按照标准定值恢复。

(2) 恢复发电机-变压器组第一、二套保护及非电量保护屏关主汽门跳闸线。

(3) 恢复发电机-变压器组第一、二套保护及非电量保护屏至BMS跳闸线。

(4) 恢复发电机-变压器组第一、二套保护跳母联断路器、启动失灵跳闸线。

(5) 拆除励磁小室临时安装的灭磁开关紧急跳闸按钮。

(6) 恢复并网后自动加负荷功能。

(7) 在发电机-变压器组保护屏中电压切换回路中7QD1与7QD4短接线拆除，恢复7QD5端子排处拆除的线。

2.6 发电机-变压器组带负荷校验

在以上发电机-变压器组短路试验、空载试验、同源核相、假同期实验等全部合格后，恢复所有安全措施，按照发电机正常并网条件要求并网。

2.6.1 试验目的

校验发电机-变压器组方向保护的电流/电压互感器极性配置。

2.6.2 试验条件

并网后，发电机有功功率 P 为额定有功功率的20%。

2.6.3 试验步骤

1. 发电机带负荷校验

(1) 在DCS上读取发电机有功功率 P、无功功率 Q，并记录。

（2）在发电机-变压器组第一套保护装置以机端电压 TV1 U_A为基准，测量发电机机端电流、中性点电流幅值及相位，并记录。

（3）在发电机-变压器组第一套保护装置以机端电压 TV1 U_A为基准，测量发电机机端电流、中性点电流幅值及相位，并记录。

2. 主变压器带负荷测试

（1）在 DCS 上读取主变压器有功功率 P、无功功率 Q，并记录。

（2）在发电机-变压器组第一套保护装置以主变压器高压侧电压 U_A为基准，测量主变压器高压侧电流幅值及相位，并记录。

（3）在发电机-变压器组第一套保护装置以主变压器高压侧电压 U_A为基准，测量主变压器高压侧电流幅值及相位，并记录。

3. 高压厂用变压器带负荷测试

（1）在 DCS 上读取高压厂用变压器有功功率 P、无功功率 Q，并记录。

（2）在发电机-变压器组第一套保护装置以机端电压 TV1 U_A为基准，测量高压厂用变压器高压侧电流幅值及相位，并记录。

（3）在发电机-变压器组第一套保护装置以机端电压 TV1 U_A为基准，测量高压厂用变压器高压侧电流幅值及相位，并记录。

4. 画六角图

根据上述测量记录绘出六角图。

第3章

线路保护装置校验

3.1 线路保护基本原理

本章依据厂内500kV线路保护配置、系统介绍线路保护装置的原理及调试方法，主要包括光纤电流差动保护、接地距离保护、相间距离保护、零序过流保护、零序过流加速保护、距离加速保护及自动重合闸功能的验证。本章以南瑞继保PCS-931保护装置为例，介绍各项调试项目的具体操作方法。

3.1.1 线路保护的配置原则（220kV及以上电压等级）

对220kV及以上电压等级的线路，为了有选择性地快速切除故障，防止电网事故扩大，保证电网安全、优质、经济运行，按照GB/T 14285—2006《继电保护和安全自动装置技术规程》要求应，保护装置应双重化配置，即：两套全线速动保护的交流电流、电压回路和直流电源彼此独立。对双母线接线，两套保护可合用交流电压回路；每一套全线速动保护对全线路内发生的各种类型故障，均能快速动作切除故障；对要求实现单相重合闸的线路，两套全线速动保护应具有选相功能；两套主保护应分别动作于断路器的一组跳闸线圈。两套全线速动保护分别使用独立的远方信号传输设备。

220kV及以上电压等级的线路应按，加强主保护、简化后备保护的基本原则配置和整定如下：

(1) 加强主保护。加强主保护是指全线速动保护的双重化配置，要求每一套全线速动保护的功能完整，对全线路内发生的各种类型故障，均能快速动作切除故障。对于要求实现单相重合闸的线路，每套全线速动保护应具有选相功能。对需要装设全线速动保护的电缆线路及架空线路，宜采用光纤电流差动保护作为全线速动主保护。

(2) 简化后备保护。在每一套全线速动保护的功能完整的条件下，带延时的相间和接地Ⅱ，Ⅲ段保护（包括相间和接地距离保护、零序电流保护），允许与相邻线路和变压器的主保护配合，从而简化动作时间的配合整定。如双重化配置的主保护均有完善的距离后备保护，则可以不使用零序电流Ⅰ，Ⅱ段保护。

（3）线路主保护和后备保护的功能及作用。能够快速有选择性地切除线路故障的全线速动保护以及不带时限的线路Ⅰ段保护都是线路的主保护。每一套全线速动保护对全线路内发生的各种类型故障均有完整的保护功能，两套全线速动保护可以互为近后备保护。线路Ⅱ段保护是全线速动保护的近后备保护。通常情况下，在线路保护Ⅰ段范围外发生故障时，如其中一套全线速动保护拒动，应由另一套全线速动保护切除故障。特殊情况下，当两套全线速动保护均拒动时，如果可能，则由线路Ⅱ段保护切除故障。此时，允许相邻线路保护Ⅱ段失去选择性。线路Ⅲ段保护是本线路的延时近后备保护，同时尽可能作为相邻线路的远后备保护。

同时，为了有选择性地快速切除故障，防止电网事故扩大，保证电网安全、优质、经济运行，一般情况下，应按下列要求装设两套全线速动保护，在旁路断路器代线路运行时，至少应保留一套全线速动保护运行。

220kV及以上线路重合闸按断路器独立配置，应具有单重、三重、综重功能；宜采用单相重合闸；对单侧电源终端线路：电源侧采用任何故障三跳，仅单相故障三合的特殊重合闸，采用检无压方式；无电源或小电源侧保护和重合闸停用；当终端负荷变电站线路保护采用带有弱馈功能的线路保护或线路两侧为分相电流差动保护时，线路重合闸可采用单相重合闸；对同杆双回线不采用多相重合闸方式；正常单线送三台变压器运行时，线路重合闸停用。电缆架空混合线路重合闸宜正常停用，在运行单位提出要求时也可投入重合闸。

3.1.2 光纤差动电流保护原理

对于220kV及以上电压等级的电网，为了保证系统并列运行的稳定性，减小电气设备受损害的程度，无论被保护线路任何位置的故障，都要求线路保护无延时切除。而阶段式电流保护和距离保护都是反应输电线路一端电气量变化的保护，这种反应一端电气量变化的保护从原理上讲都区分不开本线路末端和相邻线路始端的短路。

光纤纵联电流差动保护是利用光纤作为信号通道，传递电流的大小、相位信息，实现两端电流大小和相位比较的一种保护。

输电线路纵联保护采用光纤通道后，由于通信容量很大，所以可以实现分相式电流差动保护。输电线路分相电流纵差保护本身有天然的选相功能，哪一相电流差动保护动作，哪一相就是故障相。

输电线路两端的电流信号通过编码形成码流，然后转换成光的信号经光纤传送到对端。传送的电流信号可以是该端采样以后的瞬时值，该瞬时值包含了幅值和相位的信息，当然也可以传送电流相量的实部和虚部。保护装置收到对端传来的光信号先转换成电信号再与本端的电流信号构成电流差动保护。

实际应用中，线路两端电流互感器往往励磁特性不一致，在正常运行和外部故障时，流过差动继电器的差流不等于零，此电流称为不平衡电流，为了保证继电器不误动作就要求动作电流大于此不平衡电流，由于不同情况下不平衡电流相差很大，要求动作电流也要很大，这样就影响了内部故障保护的灵敏度。在内部故障时，为了使继电器尽可能灵敏动作，而在外部故障时，使继电器可靠不动作，采用比率制动特性的差动继电器可以达到这个目的。

在图 3-1 的系统图中，设流过两端保护的电流为 $\dot{I}_{\mathrm{A}}$ 、$\dot{I}_{\mathrm{B}}$ 。规定母线流向被保护线路的方向为正方向，如图 3-1（a）中箭头方向所示。以两端电流的相量和作为继电器的动作电流 I_{d}，该电流有时也称作差动电流，以两端电流的相量差作为继电器的制动电流 I_{r}，其表达式如下

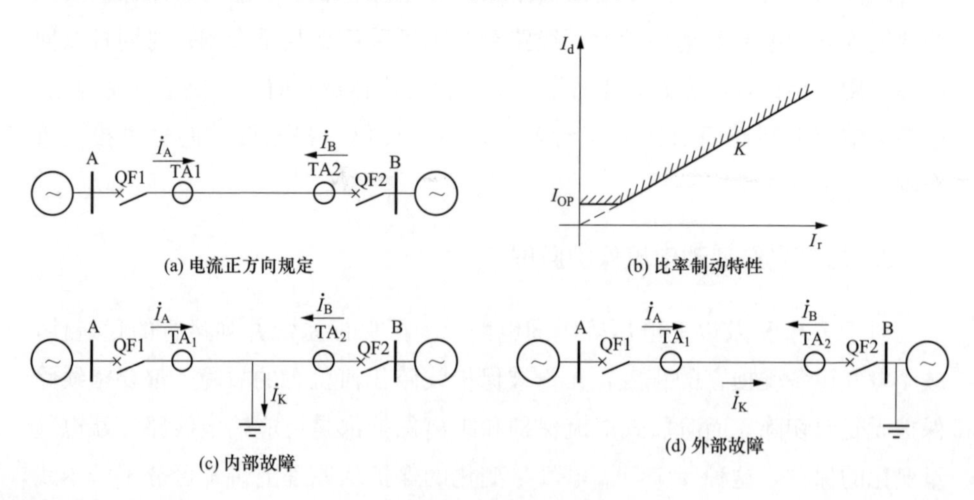

图 3-1　纵联电流差动保护原理

$$\begin{cases} I_d = |\dot{I}_A + |\dot{I}_B| \\ I_r = |\dot{I}_A - \dot{I}_B| \end{cases} \tag{3-1}$$

$$\begin{array}{l} I_d > I_{OP} \\ I_r > KI_r \end{array} \tag{3-2}$$

纵联电流差动继电器的动作特性一般如图 3-1（b）所示，阴影区为动作区，非阴影区为不动作区。这种动作特性称作比率制动特性。图中 I_{OP}为差动继电器的起动电流，K 是斜线的斜率。当斜线的延长线通过坐标原点时，该斜线的斜率也等于制动系数。制动系数定义为动作电流 I_d与制动电流 I_r的比值，$K = I_d / I_r$。

当线路内部短路时，如图 3-1（c）所示，两端电流的方向与规定的正方向相同，据 $\dot{I}_K = \dot{I}_A + \dot{I}_B$ 及 $I_d = |\dot{I}_A + \dot{I}_B|$ ，因此，差动继电器的动作电流 $I_d = |\dot{I}_K|$ ，即差动继电器的动作电流等于短路点的故障电流 I_K，动作电流很大。而制动电流 $I_r = |\dot{I}_A - \dot{I}_B|$ ，如果两端电流幅值、相位相同，则 $I_r = 0$。因此工作点落在动作特性的动作区，差动继电器动作。

当线路外部短路时，如图 3-1（d）所示，如果忽略线路上的电容电流，电流互感器励磁特性的影响，$\dot{I}_A = \dot{I}_K$ ，$\dot{I}_B = -\dot{I}_K$ ，则动作电流 $I_d = |\dot{I}_A + \dot{I}_B| = 0$，制动电流 $I_r = |\dot{I}_A - \dot{I}_B| = 2|\dot{I}_K|$ 。此时动作电流为零，制动电流很大，因此工作点落在动作特性的不动作区，差动继电器不动作。正常运行时，若负荷电流从 A 端流向 B 端，此时，差动继电器不动作（分析过程同外部短路，注意流过继电器的电流是负荷电流）。

综上所述，差动继电器可以区分线路内部故障、外部故障及正常运行状态。从保护原理上来说，电流差动保护的范围是两端 TA 之间的范围。

从上述的讨论中可以进一步得到两个重要的推论：① 只要在线路内部有流出的电流，例如，线路内部短路的短路电流，本线路的电容电流，这些电流都将成为动作电流；② 只要是穿越性的电流，例如，外部短路时流过线路的短路电流，正常运行时的负荷电流，都只形成制动电流而不会产生动作电流。

3.1.3 距离保护原理

1. 概述

电流保护的优点是简单、可靠、经济，其缺点是保护范围或灵敏度受系统运行方式的影响很大。随着电力系统的不断扩大、电压等级的增高（特别是110kV及以上的系统），系统运行方式的变化越来越大，电流保护的选择性、灵敏性、快速性很难满足要求。距离保护受系统运行方式的影响小，因此在高压、超高电网中广泛采用距离保护。

由图3-2（a）可知，正常运行时，安装在QF2阻抗继电器的测量阻抗 Z_m 为

$$Z_m = Z_{Lo} = \frac{\dot{U}_N}{\dot{I}_{Lo}} \tag{3-3}$$

式中 Z_{Lo}——负荷阻抗；

$\dot{U}_N$——正常运行时，阻抗继电器的测量电压；

$\dot{I}_{Lo}$——正常运行时，阻抗继电器的测量电流。

在图3-2（b）中，F1点发生故障时，安装在QF2阻抗继电器的测量电压 Z_m：

$$Z_m = Z_K = \frac{\dot{U}_K}{\dot{I}_K} \tag{3-4}$$

式中 Z_K——故障时，阻抗继电器的测量阻抗；

$\dot{U}_K$——故障时，阻抗继电器的测量电压；

$\dot{I}_K$——故障时，阻抗继电器的测量电流。

比较式（3-3）、式（3-4）可知，正常运行时，Z_m 反映负荷阻抗的大小及相位，故障时，Z_m 反映故障点到保护安装处的阻抗。在图3-2（b）所示线路中，F1点发生故障时，Z_m 基本上不受系统的运行方式影响。如图3-3所示，正常运行时，阻抗继电器的测量阻抗角 ϕ_m 等于负荷阻抗角 ϕ_{Lo}，大约为30°（负荷阻抗角），测量阻抗的大小 $|Z_m|$ 等于负荷阻抗 $|Z_{LO}|$；发生故障时，阻抗继电器的测量阻抗角 ϕ_m 等于线路阻抗角 ϕ_K，大约为70°（输电线路阻抗角），测量阻抗的大小 $|Z_m|$ 等于短路点到保护安装处之间的线路阻抗

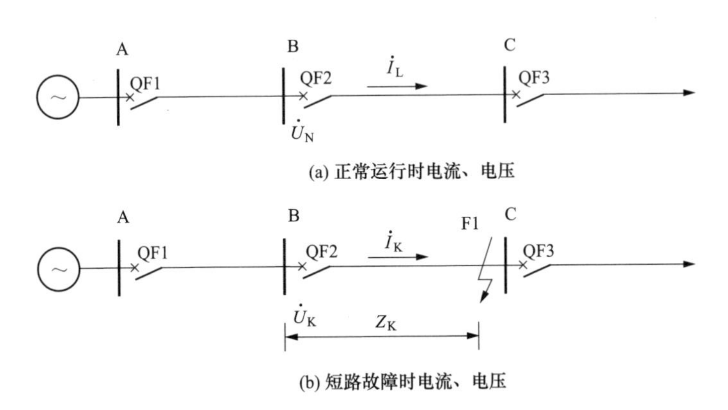

图 3-2　不同状态网络图

$|Z_K|$。因此，从正常运行状态到故障状态，Z_m 的大小、相位都发生了变化。

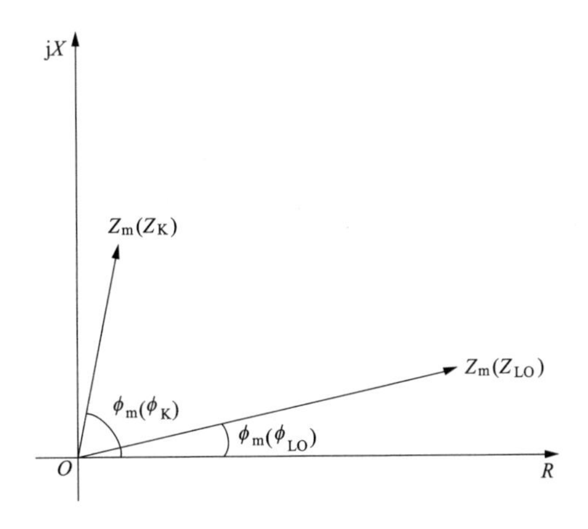

图 3-3　不同状态相量图

距离保护是反映故障点至保护安装处之间距离，并根据距离的远近而确定动作时间的一种保护。

2. 距离保护的构成

距离保护仍然是阶段式的保护，一般有距离Ⅰ、Ⅱ、Ⅲ段，其构成原理如图 3-4 所示。

（1）启动元件。启动元件的主要作用是在发生故障的瞬间启动整套保护，并和距离元件动作后组成与门，启动出口回路跳闸，以提高保护装置的可靠性。启动元件可由过电流继电器、低阻抗继电器及反映负序和零序电流的继电器构成。具体选用哪一种，应由被保护线路的具体情况确定。

（2）距离元件（Z_{I}、Z_{II} 和 Z_{III}）。距离元件又称作阻抗继电器，其主要作用是测量短路点到保护安装地点之间的阻抗（亦即距离）。一般 Z_{I} 和 Z_{II} 采用方向阻抗继电器，Z_{III} 采用偏移特性阻抗继电器。

（3）时间元件。时间元件的主要作用是按照故障点到保护安装地点的远近，根据预定的时限特性确定动作的时限，以保证保护动作的选择性。

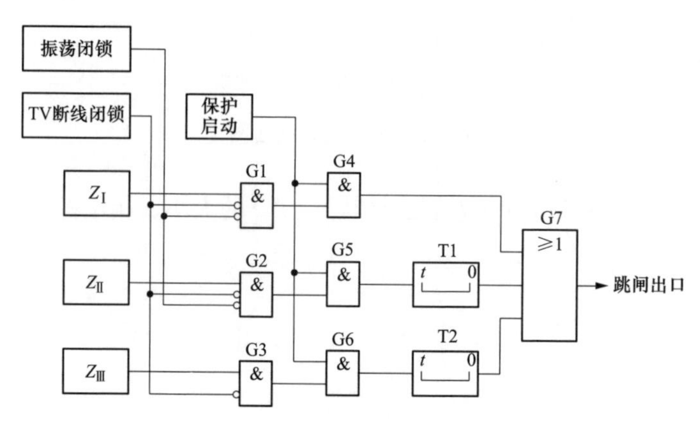

图 3-4　三段式距离保护构成原理图

图 3-4 所示为三段式距离保护构成原理图。当正方向发生故障时，启动元件动作，如果故障位于第Ⅰ段范围内，则 Z_{I} 动作，并与启动元件的输出信号通过与门 G4，瞬时作用于出口回路，动作于断路器跳闸。如果故障位于距离Ⅱ段保护范围内，如本线路末端，则 Z_{I} 不动作，Z_{II} 动作，并与启动元件的输出信号通过与门 G5 启动Ⅱ段的时间元件 T1，当 T1 延时到达后，作用于出口回路，动作断路器于跳闸。如果故障位于距离Ⅲ段保护范围以内（如相邻线路末端故障），则 Z_{III} 启动，并与启动元件的输出信号通过与门 G6，启动Ⅲ段的时间元件 T2，当 T2 延时到达后，作用于断路器出口回路，动作于跳闸，起到后备保护的作用。

3.1.4　零序电流保护原理

当大接地电流系统$\left(\text{中性点直接接地的电网，}\dfrac{X_0}{X_1}\leqslant 3\right)$发生接地短路时，将出现很大的零序电流，而在正常运行情况下零序电流是不存在的，因此利用零序电流来构成接地短路的保护，就具有显著的优点。这种利用零序电流分量构成的保护叫作零序电流保护。我国110kV及以上电力网是大接地电流系统，3～66kV电力网是小接地电流系统（中性点不接地或经消弧线圈接地）。

运行经验表明，在大接地电流系统中，单相接地故障［$F^{(1)}$］概率占总故障率的70％～90％，所以，正确设置反映接地故障的保护，有利于系统的安全稳定运行。

三段式零序电流保护原理与三段式电流保护是相似的。零序Ⅰ段是速动段保护，主要切除本线路首端接地故障；零序Ⅱ段能有选择性切除本线路范围的接地故障，其动作时间应尽量缩短；最末一段零序电流保护（如Ⅲ段）是后备保护。零序电流保护可以构成三段式，也可以根据实际运行要求构成四段式零序保护。

1. 零序电量特点

大接地电流系统中，发生单相接地故障时，零序等值网络及电压、电流的分布如图3-5所示，零序电量具有以下特点。

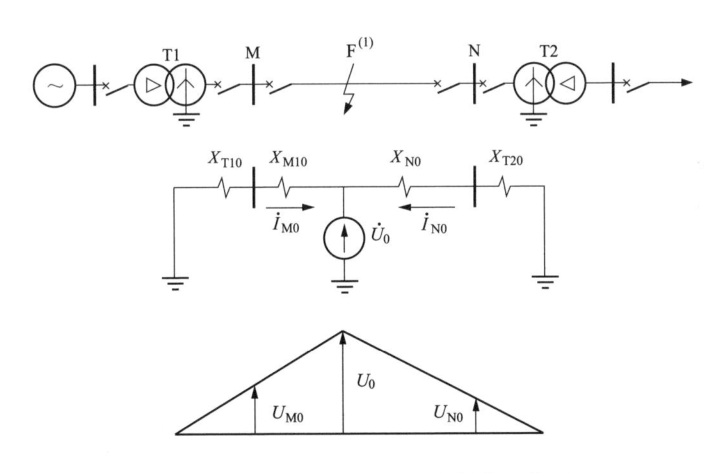

图3-5 单相接地故障时零序等值网络图

（1）故障点的零序电压U_0最高，离故障点越远，U_0越低。变压器中性点接地处$U_0=0$。

（2）零序电流的分布与中性点接地变压器的位置有关，其大小与线路及中性点接地变压器的零序阻抗有关。

（3）零序功率。若发生A相单相接地故障，故障点零序电压与零序电流的关系如图3-6所示。在图3-6中，M侧的零序功率是从故障点经过线路流向母线 M，其方向与正序相反。

$$\dot{U}_{M0}=-\dot{I}_{M0}Z_{T10} \tag{3-5}$$

$$\varphi_{0M}=\arg\frac{\dot{U}_{0M}}{\dot{I}_{0M}} \tag{3-6}$$

由式（3-5）、式（3-6）可知，相位差 φ_{0M} 由 Z_{T10}（保护安装处背后总零序阻抗）的阻抗角决定，与被保护线路的零序阻抗及故障点的位置无关。

2. **获得零序电量的方法**

（1）零序电压量的获得。零序电压表达式为 $3\dot{U}_0=\dot{U}_a+\dot{U}_b+\dot{U}_c$ 通过以下方法可以获得 $3\dot{U}_0$。

1）通过三相五柱式电压互感器的开口三角获得 $3\dot{U}_0$。在铁芯柱的两边柱中有零序磁通通过，因此，将三次线圈顺极性相连，可以获得 $3\dot{U}_0$。如图 3-7 中的 $\dot{U}_{mn}=3\dot{U}_0=\dot{U}_a+\dot{U}_b+\dot{U}_c$。

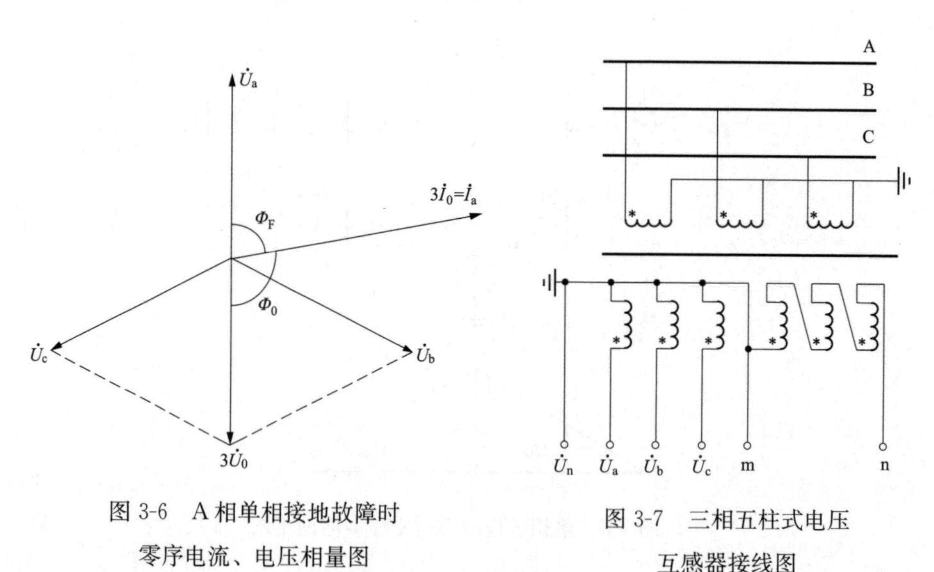

图 3-6　A 相单相接地故障时零序电流、电压相量图

图 3-7　三相五柱式电压互感器接线图

2）通过三相单相电压互感器的接线获得 $3\dot{U}_0$。将三个单相电压互感器的二次绕组顺极性相连，可以获得 $3\dot{U}_0$。如图 3-8 所示。

3）通过发电机中性点电压互感器获得 $3\dot{U}_0$。发电机的中性点电压互感器的二次输出的就是发电机中性点的 $3\dot{U}_0$，在发电机保护中，从图 3-9 可知，$\dot{U}_{mn}=3\dot{U}_0=\dot{U}_a+\dot{U}_b+\dot{U}_c$，可以获得中性点零序电压。

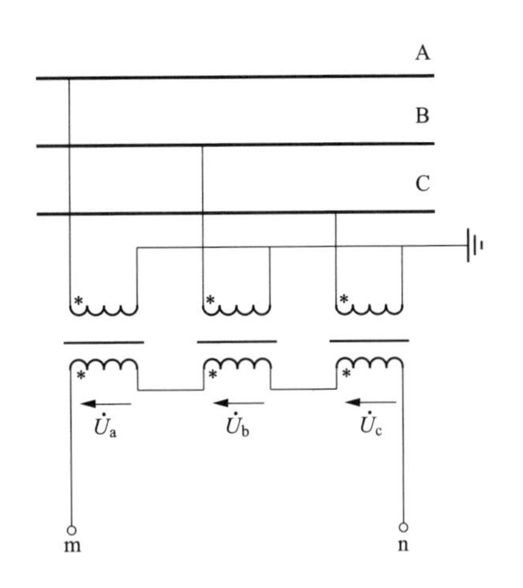

图 3-8 三相单相电压互感器的接线图

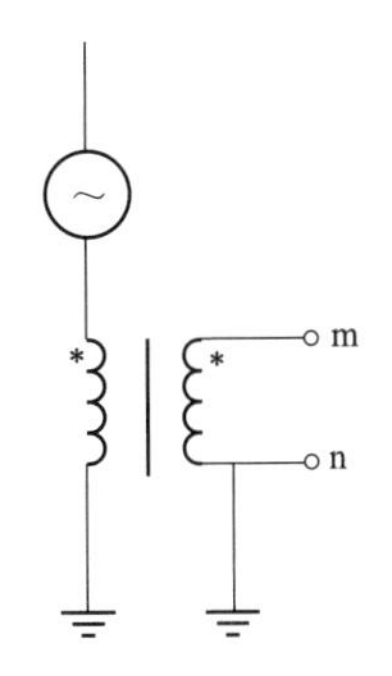

图 3-9 发电机中性点电压互感器接线图

4）采集三个相电压，通过计算获得 $3\dot{U}_0$。在微机保护中，采集 u_a、u_b、u_c，计算得到 $3\dot{U}_0$。目前，我国的保护装置一般采用这种方法获得 $3\dot{U}_0$。

（2）零序电流量的获得。

1）采用零序电流滤过器获得 $3\dot{I}_0$。将三个电流互感器按照图 3-10 连接，流过 KA 的电流就是 $3\dot{I}_0$，因此，$3\dot{I}_0=\dot{I}_a+\dot{I}_b+\dot{I}_c$。这种方式一般用于架空线路中获得零序电流。

在微机型线路保护装置中，利用交流插件中的 TA 获得 $3\dot{I}_0$，如图 3-11 所示。

2）采用零序电流互感器获得 $3\dot{I}_0$。如图 3-12 所示，电缆穿过铁芯后在线圈中感应的电流就是零序电流。显然，这种方式只能用于电缆结构中。图 3-12 中的接地线穿过铁芯窗口，可以将来自电缆的外皮的干扰电流在铁芯中抵消，提高保护的灵敏度。

3）采用变压器中性线电流互感器获得 $3\dot{I}_0$。如图 3-13 所示，在变压器中性线套管电流互感器的二次侧获得的电流就是 $3\dot{I}_0$。由该零序电流可以构成变压器高压侧绕组及引出线接地保护。

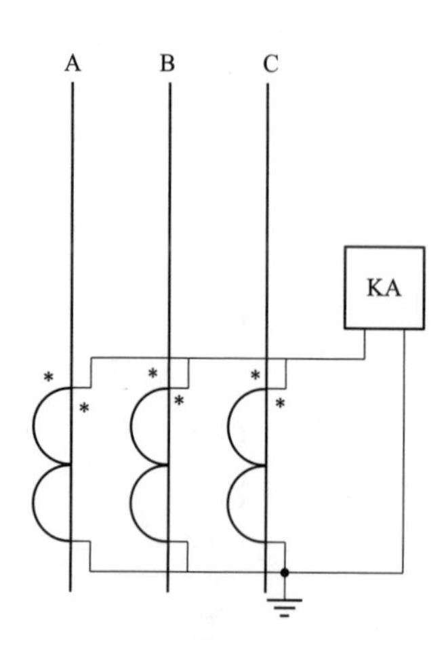

图 3-10　零序电流滤过器接线图

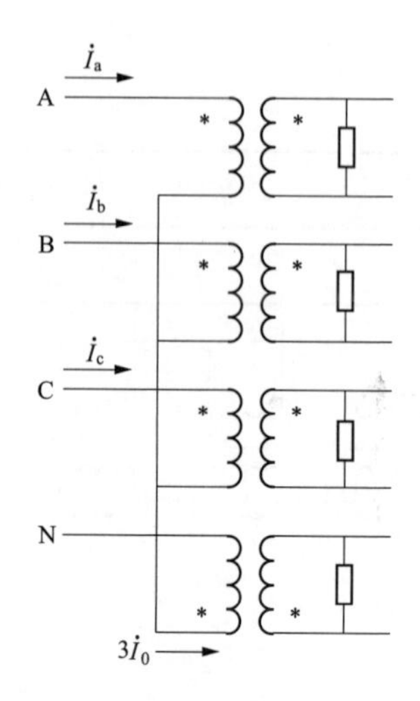

图 3-11　交流插件中的零序电流

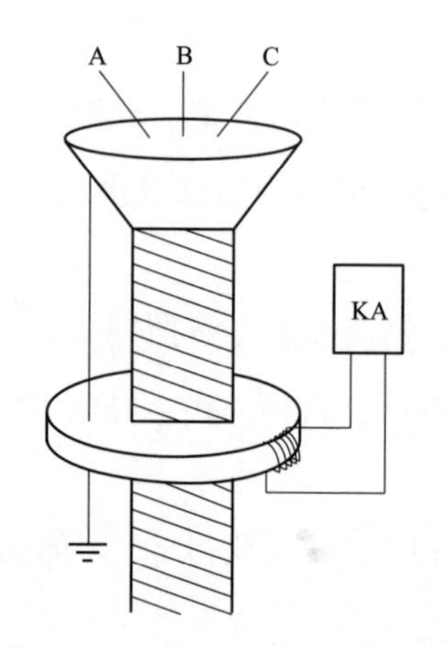

图 3-12　零序电流互感器接线图

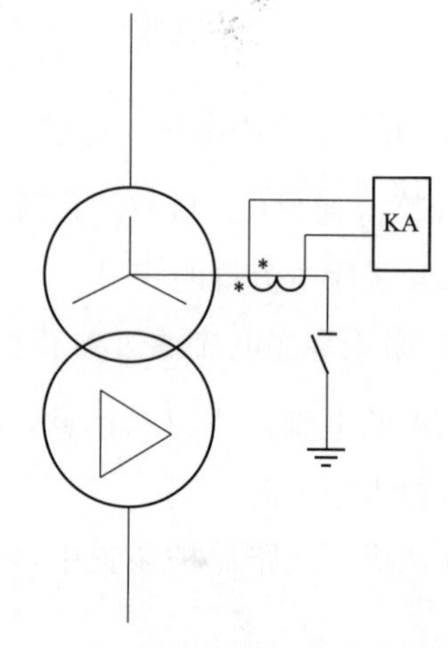

图 3-13　变压器中性线 TA 获得零序电流

3.1.5　自动重合闸

1. 自动重合闸的作用

在电力系统的故障中，大多数是输电线路（特别是架空线路）的短路，因此，如何提高输电线路工作的可靠性，就成为电力系统中的重要任务之一。

电力系统的运行经验表明，架空线路故障大都是“瞬时性”的，例如由雷电引起的绝缘子表面闪络、大风引起的碰线、通过鸟类及树枝等物碰在导线上引起的弧光短路等，在线路被继电保护迅速断开以后，电弧即行熄灭，故障点的绝缘强度重新恢复，外界物体（如树枝、鸟类等）也被电弧烧掉而消失。此时，如果把断开的线路断路器再合上就能够恢复正常供电，这类故障称为瞬时性故障。除此之外，也有永久性故障，例如由于线路倒杆、断线并接地、绝缘子击穿或损坏等引起的故障，在线路被断开之后它们仍然存在。这时，即使再合上电源，由于故障依然存在，线路还要被继电保护再次断开，不能恢复正常供电。由于输电线路上的故障大部分具有瞬时性质，因此，在线路被断开以后再进行一次合闸，就有可能大大提高供电的可靠性。为此在电力系统中广泛采用了自动重合闸，即当断路器跳闸之后，能够自动地将断路器重新合闸。

在线路上装设重合闸装置以后，由于它并不能够判断是瞬时性故障还是永久性故障，因此，在重合以后可能成功（指恢复供电不再断开）也可能不成功。根据运行资料的统计，自动重合闸的成功率（重合成功的次数与总重合次数之比）一般在 60%～90%之间（主要取决于瞬时性故障占故障总数的比例）。在电力系统中采用重合闸的技术经济效果，主要可归纳如下。

（1）提高供电的可靠性，减少线路停电的次数，特别是对单侧电源的单回线路尤为显著。

（2）在高压输电线路上采用重合闸，还可以提高电力系统并列运行的稳定性。

（3）可以纠正断路器本身机构不良或继电保护误动作等原因引起的误跳闸。

对 1kV 及以上的架空线路和电缆与架空的混合线路，重合闸应按断路器配置，即有断路器时就应装设自动重合闸装置；在用高压熔断器保护的线路上，一般采用自动重合器；此外，在供电给地区负荷的电力变压器上，以及发电厂和变电站的母线上，必要时也可以装设自动重合闸装置。

采用重合闸以后，当重合于永久性故障时，它也将带来一些不利的影响。

1）重合不成功时使电力系统又一次受到故障的冲击，可能降低系统并列运行的稳定性。

2）使断路器的工作条件变得更加严重，因为它可能在很短的时间内连续切断两次短路电流。这种情况对于油断路器必须加以考虑，因为在第一次跳闸时，由于电弧的作用已使油的绝缘强度降低，合后的第二次跳闸是在绝缘迅经降低的不利条件下进行的。油断路器在采用了重合闸以后，其遮断容量也要有不同程度的降低（一般降低到80%左右）。

因而，在短路容量比较大的电力系统中，上述不利条件往往限制了自动重合闸的使用。对于重合闸的经济效益，应该用无重合闸时因停电而造成的国民经济损失来衡量。由于应用重合闸的投资很低，工作可靠，因此，在电力系统中获得了广泛的应用。近年来，自适应重合闸技术得到深入发展，即在重合之前预先判断是瞬时性故障还是永久性故障，从而决定是否重合，这样就大大提高了重合闸的成功率。目前这种新技术在微机保护中逐步得到应用。

2. 对自动重合闸的基本要求

（1）重合闸不应动作的情况。

1）手动跳闸或通过遥控装置将断路器断开时，重合闸不应动作；

2）手动投入断路器，由于线路上有故障，而随即被继电保护将其断开时，重合闸不应动作。因为在这种情况下故障是属于永久性的，是由于检修质量不合格、隐患未消除或者保安的接地线忘记拆除等原因所产生，再重合一次也不可能成功。

除上述条件外，当断路器由继电保护动作或其他原因而跳闸后，重合闸均应动作，使断路器重新合闸。

（2）重合闸的起动方式。自动重合闸有以下两种起动方式。

断路器控制开关把手的位置与断路器实际位置不对应起动方式（简称不对应起动），即当控制开关操作把手在合闸位置而断路器实际上在断开位置的情况下使重合闸自动重合。而当运行人员用手动操作控制开关使断路器跳闸以后，控制开关与断路器的位置是对应的，因此重合闸不会起动。这种起动方式简单可靠，还可以纠正断路器操作回路的接点被误碰而跳闸或断路器操动机构故障而偷跳，可提高供电可靠性和系统运行的稳定性，在各级电网中具有良好的运行效果，是所有重合闸的基本起动方式。

保护起动方式。保护起动方式是上述不对应起动方式的补充。这种起动方式便于实现某些保护动作后需要闭锁重合闸的功能，以及保护逻辑与重合闸的配合等。但保护起动方式不能纠正断路器本身的误动。

（3）自动重合闸的动作次数。自动重合闸装置的动作次数应符合预先的规定。如一次式重合闸就应该只重合一次，当重合于永久性故障而再次跳闸以后，就不应该再重合；对二次式重合闸就应该能够重合两次，当第二次重合于永久性故障而跳闸以后，不应该再重合。在国外有采用与捕捉同期相结合的二次重合闸技术，而我国广泛采用一次式重合闸。

（4）重合闸与继电保护的配合。自动重合闸装置应有可能在重合闸以前或重合闸以后加速继电保护的动作（即取消保护预定的延时），以便更好地和继电保护相配合，加速故障的切除。

如用控制开关手动合闸并合于故障上时，也宜于采用加速继电保护动作的措施，因为这种故障一般都是永久性的，应予以切除。当采用重合闸后加速保护时，如果合闸瞬间所产生的冲击电流或断路器三相触头不同时合闸所产生的零序电流有可能引起继电保护误动作，则应采取措施（如适增加延时）予以防止。

3. 自动重合闸的方式

（1）单相重合闸。运行经验表明，在220～500kV的架空线路上，由于线间的距离大，其中绝大部分故障都是单相接地短路。在这种情况下，如果只将发生故障的一相断开，然后再进行单相重合，而未发生故障的两相仍然继续运行，就能够大大提高供电的可靠性和系统并列运行的稳定性，这种方式的重合闸就是单相重合闸。

采用单相重合闸方式，当线路上发生单相接地短路时，保护发出单相跳闸命令，然后进行单相重合。如果是瞬时性故障，则单相重合成功，恢复三相的正常运行，如果是永久性故障，单相重合不成功，若系统不允许长期非全相运行，就应该切除三相并不再进行重合。若线路上发生相间短路，则跳开三相而不重合。

单相重合闸具有以下特点。

1）需装设故障判别元件和故障选相元件。为实现单相重合闸，首先必须有故障相的选择元件（简称选相元件）。对选相元件的基本要求如下：①应保证选择性，即选相元件与继电保护相配合只跳开发生故障的一相，而另外两相上的选相元件不应动作；②在故障相末端发生单相接地短路时，该相上的选相元件应保证有足够的灵敏度。

故障选相可以由电流选相元件、电压选相元件或阻抗选相元件来实现。相电流选相元件仅适用于电源侧，其灵敏度较低，容易受系统运行方式和负荷电流的影响，一般只用作辅助选相。相电压选相元件仅适用于短路容量特别小的线路的一侧以及单电源线路的受电侧，应用场合受到限制。阻抗选相元件容易受负荷电流和接地故障时过渡电阻的影响，近年来很少用作独立选相元件。目前微机保护装置中常用相电流差突变量选相元件，根据故障时电气量发生突变的原理构成，利用每两相的相电流之差构成的三个选相元件分别为

$$\begin{cases}\Delta\dot{I}_{UV}=\Delta(\dot{I}_U-\dot{I}_V)\\ \Delta\dot{I}_{VW}=\Delta(\dot{I}_V-\dot{I}_W)\\ \Delta\dot{I}_{WU}=\Delta(\dot{I}_W-\dot{I}_U)\end{cases} \tag{3-7}$$

在微机保护和重合闸装置中可以用故障后的采样值减去故障前一个周波的采样值得到突变量的采样值。在各种故障情况下，相电流差突变量选相元件的动作情况如表 3-1 所示。由表 3-1 可见，在单相接地故障时，反映非故障相电流差突变量的元件不动作，而在其他故障情况下，三个元件都动作。为此，采用图 3-14 所示的逻辑框图，即可构成单相接地故障的选相元件。

表 3-1　　各种短路故障选相结果

故障类型	故障相别	选相元件		
		$\Delta\dot{I}_{UV}=\Delta(\dot{I}_U-\dot{I}_V)$	$\Delta\dot{I}_{VW}=\Delta(\dot{I}_V-\dot{I}_W)$	$\Delta\dot{I}_{WU}=\Delta(\dot{I}_W-\dot{I}_U)$
单相接地	U	+	−	+
	V	+	+	−
	W	−	+	+
两相短路或两相短路接地	UV	+	+	+
	VW	+	+	+
	WU	+	+	+
三相短路		+	+	+

注　“+”表示动作；“−”表示不动作。

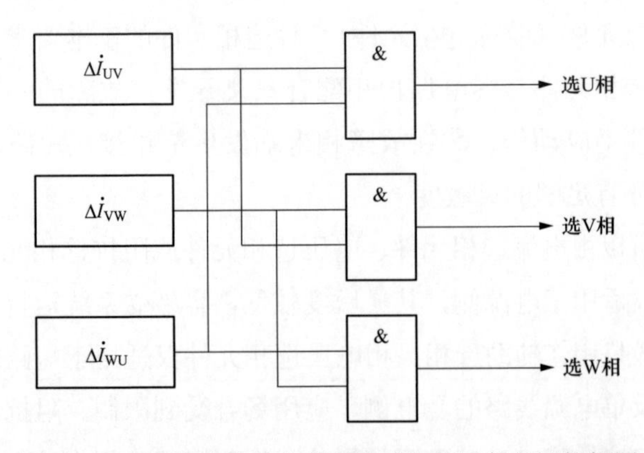

图 3-14　采用相电流差突变量构成选相元件的逻辑框图

近来还出现了一些新原理的选相元件，如反映于故障相和非故障相电压比值的选相元件，反映各对称分量正序、负序、零序（$\dot{I}_1$、$\dot{I}_2$、$\dot{I}_0$）电流间相位关系的选相元件等。

2）动作时限应考虑潜供电流的影响。当采用单相重合闸时，其动作时限的选择应满足三相重合闸时所提出的要求（即大于故障点灭弧时间及周围介质去游离的时间，大于断路器及其操动机构复归原状准备好再次动作的时间）以及不论是单侧电源还是双侧电源，均应考虑两端选相元件与继电保护以不同时限切除故障的可能性。除此以外，还应考虑潜供电流对灭弧所产生的影响。当故障相线路自两端切除后，由于非故障相与断开相之间存在有静电（通过电容）和电磁（通过互感）的联系，虽然短路电流已被切断，但在故障点的弧光通道中，仍然有电流供给故障点，这种电流称为潜供电流。

由于潜供电流的影响，将使短路时弧光通道的去游离严重受到阻碍，而自动重合闸只有在故障点电弧熄灭且绝缘强度恢复以后才有可能成功，因此，单相重合闸的时限必须考虑潜供电流的影响。一般线路的电压越高，线路越长，则潜供电流就越大。潜供电流的持续时间不仅与其大小有关，而且也与故障电流的大小、故障切除的时间、弧光的长度以及故障点的风速等因素有关。因此，为了正确地整定单相重合闸的时限，国内外许多电力系统都是由实测来确定熄弧时间。如我国某电力系统中，在220kV的线路上，根据实测确定保证单相重合闸期间的熄弧时间应在0.6s以上。

3）应考虑非全相运行状态的影响。单相重合闸过程中，由于出现纵向不对称，因此将产生负序和零序分量，这就可能引起本线路保护以及系统中其他保护的误动作。对于可能误动作的保护，应在单相重合闸动作时予以闭锁，或者整定保护的动作时限大于单相重合闸的时限。

为了实现对误动作保护的闭锁，在单相重合闸时，将开放非全相运行中不误动的保护，闭锁在非全相运行中可能误动作的保护。

虽然实现单相重合闸需要有分相操作的断路器以及能与继电保护配合工作的故障选相单元，但是采用单相重合闸能在绝大多数的故障情况下保证对用户的连续供电，从而提高供电的可靠性。当由单侧电源单回线路向重要负荷供电时，对保证不间断地供电更有显著的优越性。在双侧电源的联络线上采用单相重合闸，可以在故障时大大加强两个系统之间的联系，从而提高系统并列运行的稳定性。对于联系比较薄弱的系统，当三相切除并继之以三相重合闸而很难再恢复同步时，采用单相重合闸就能避免两系统的解列。由于单相重合闸具有这些特点，并且在实践中证明了它的优越性，因此，已在220～500kV的线路上获得了广泛的应用。

(2) 三相重合闸。当送电线路上发生单相接地短路或是相间短路，继电保护动作后由断路器将三相断开，然后重合闸再将三相投入，这是三相自动重合闸。在输电线路发生任何故障时，跳三相，经延时重合三相，若重合于永久性故障，则跳三相，不再重合。

(3) 综合重合闸。单相重合闸和三相重合闸综合在一起构成综合重合闸。即在发生单相故障时切除单相，然后进行单相重合，具有单相重合闸功能。如果发生各种相间故障，切除三相，然后进行三相重合。无论何种类型故障，如果重合不成功，则再次断开三相而不再进行重合。这种功能称为“综合重合闸”。实现综合重合闸的逻辑时，应考虑一些基本原则。

1) 单相接地短路时跳开单相，然后进行单相重合，如果重合不成功则跳开三相，不再进行重合。

2) 各种相间短路时跳开三相，然后进行三相重合。如重合不成功，仍跳开三相，不再进行重合。

3) 当选相元件拒绝动作时，应能跳开三相并进行三相重合。

4) 对于非全相运行中可能误动作的保护，应进行可靠的闭锁，对于在单相接地时可能误动作的相间保护，应有防止单相接地误跳三相的措施。

5) 当一相跳开后重合闸拒绝动作时，为了防止线路长期出现非全相运行，应将其他两相自动断开。

6) 任意两相的分相跳闸继电器动作后，应联跳第三相，使三相断路器均跳闸。

7) 无论单相或三相重合闸，在重合不成功之后，均应考虑能加速切除三相，即实现重合闸后加速。

8) 在非全相运行过程中，如又发生另一相或两相的故障，保护应能有选择性地予以切除。

9) 对空气断路器或液压传动的断路器，当气压或者液压低至不允许实行重合闸时，应将重合闸回路自动闭锁；但如果在重合闸过程中下降到低于允许值时，则应保证重合闸动作的完成。

(4) 禁止/停用重合闸。禁止重合闸可以禁止本装置重合闸，且不沟通三跳；若多套保护作用于一个断路器的重合闸功能，投入停用重合闸方式后，会闭锁本装置重合闸功能，并沟通三跳，任何其他保护或故障继电保护跳闸，不重合。

500kV 变电站一般采用 3/2 接线，对于 500kV 线路而言，一般要求具有单相自动重合闸功能。线路发生故障时，线路保护装置对线路所在的边断路器和中断路器同时发跳闸信号，断路器同时断开；而重合时，需要先合边断路器，再合中断路器，不能同时合闸。所以在线路保护装置上设置禁止重合闸，禁止本装置同时重合两个断路器，而在两个断路器保护装置上分别启用重合闸功能。而 220kV 变电站及少数 500kV 变电站采用双母接线时，也设置线路保护装置禁止重合闸，而在两个断路器失灵保护装置上启用重合闸功能。

在电源侧的 500kV 线路，由于断路器重合闸会对发电机组产生二次冲击，一般设置线路保护装置禁用重合闸，禁止本装置重合；同时，设置相应断路器保护装置停用重合闸，闭锁重合功能，并沟通三跳，任何其他保护或故障继电保护跳闸，均不重合。

为了使自动重合闸装置具有多种性能，并且使用灵活方便，通过切换方式的方法实现综合重合闸、单相重合闸、三相重合闸和停用四种运行方式。目前微机型保护装置中通过控制字的选择整定重合闸方式。

3.2 光纤差动电流保护校验

3.2.1 试验目的

对于 PCS 931 线路保护装置，光纤差动电流保护分为光纤差动保护Ⅰ段、光纤差动保护Ⅱ段，要校验差动定值的精确性，即要确认：

验证光纤差动Ⅱ段定值（即一般意义的差动电流保护定值）的精确性即要验证：

（1）模拟差动故障，差动电流为 $1.05I_d$时，保护装置可靠动作，动作时间应在 40ms 左右。

（2）模拟差动故障，差动电流为 $0.95I_d$时，保护装置可靠不动作。

（3）模拟差动故障，差动电流为 $1.2I_d$时，记录保护装置该保护动作时间，动作时间应在 40ms 左右。

验证差动定值Ⅰ段定值的精确性即要验证：

（1）模拟差动故障，差动电流为 1.05×1.5I_d时，保护装置可靠动作，动作时间应在 20ms 左右。

（2）模拟差动故障，差动电流为 0.95×1.5I_d时，保护装置动作，但动作时间在 40ms 左右（实际为差动Ⅱ段动作）。

（3）模拟差动故障，差动电流为 1.2×1.5I_d时，记录保护装置该保护动作时间，动作时间应在 20ms 左右。

上述 I_d表示差动动作电流定值。

3.2.2 试验准备

进行装置压板、定值、控制字等操作前，必须先记录装置原始状态[1]。

[1] 所有调试完成后依照此状态恢复安全措施。

1. 保护硬压板设置

（1）投入“投检修状态”压板。

（2）退出 A 相跳闸出口 1CLP1、B 相跳闸出口 1CLP2、C 相跳闸出口 1CLP3、启失灵 A 相失灵启动 1CLP5、B 相失灵启动 1CLP6、C 相失灵启动 1CLP7、重合闸出口 1CLP8。

（3）退出“远方跳闸保护投入”压板 1RLP6。

（4）投入“通道 1 差动保护投入”“通道 2 差动保护投入”压板[2]。

[2] 在压板退出后要确保完成安全措施布置，布置完成后投入差动保护硬压板。

（5）退出其他功能压板及备用压板。

即置 PCS-931 压板状态如表 3-2 光差保护硬压板设置所示。

表 3-2　　光差保护硬压板设置

压板名称	状态	压板名称	状态
A 相跳闸出口 1CLP1	退	投检修状态 1RLP9	退
B 相跳闸出口 1CLP2	退	通道 1 差动保护投入 1RLP1	投
C 相跳闸出口 1CLP3	退	通道 2 差动保护投入 1RLP2	投
		距离保护投入 1RLP3	退

续表

压板名称	状态	压板名称	状态
A相失灵启动1CLP5	退	零序过流保护投入1RLP4	退
B相失灵启动1CLP6	退	过电压保护投入1RLP5	退
C相失灵启动1CLP7	退	远方跳闸保护投入1RLP6	退
重合闸出口1CLP8	退	沟通三跳1RLP7	退
		检修状态投入1RLP8	投
		备用压板	退

2. 保护软压板设置

软压板设置步骤为：在主画面状态下，按"▲"键可进入主菜单，通过"▲""▼"选择子菜单，通过"▶"进入下一级子菜单，通过"◀"返回上一级子菜单。通过"确认"键选择子菜单。

软压板的设置路径为："主菜单→运行操作→压板投退→功能软压板"

按"▲""▼"键选择相应的软压板，按"＋""－"键修改压板定值，经按"确认"，输入口令"＋◀▲－"固化压板定值。

（1）令"通道一差动保护""通道二差动保护"置1。

（2）令其他控制字置0。

即置PCS-931压板状态如表3-3光差保护软压板设置所示。

表3-3　光差保护软压板设置

通道一差动保护	1	远方跳闸保护	0
通道二差动保护	1	过电压保护	0
距离保护	0	远方投退压板	0
零序过流保护	0	远方切换定值区	0
停用重合闸	0	远方修改定值	0

3. 短接光纤通道

用尾纤将PCS-931背板背板上装置"通道一"及"通道二"的光纤"接收"和"发送"端短接（自环状态）。

4. 定值与控制字设置

定值与控制字的设置路径为："主菜单→定值整定→保护定值"。

PCS-931定值与控制字设置如表3-4差动保护定值与控制字所示。确认装置"差动动作电流"定值为0.4A。

[3] 定值与控制字设置说明：
(1) 本侧识别码和对侧识别码必须相同。
(2) 变化量启动定值与零序启动定值必须小于差动动作电流定值的1/2。

设置相应的保护功能控制字，将本测识别码对侧识别码应设置为一样，否则光纤自环状态下无法进行试验[3]。

表 3-4　　差动保护定值与控制字

定值参数名称	参数值	控制字名称	参数值
变化量启动电流定值	0.20A	通道一差动保护	1
零序启动电流定值	0.17A	通道二差动保护	1
差动动作电流定值	0.40A	TA 断线闭锁差动	0
本侧识别码	36 505	通道一通信内时钟	1
对侧识别码	36 505	通道二通信内时钟	1
线路正序阻抗角	83.98°	三相跳闸方式	0
		单相重合闸	0
		三相重合闸	0
		禁止重合闸	1
		停用重合闸	0
		电流补偿	0

将控制字中，“通道一差动保护”“通道二差动保护”“通道一通信内时钟”“通道二通信内时钟”置1，重合闸方式设置“禁止重合闸”置1。同时确保“电流补偿”控制值置0，如表3-4差动保护定值与控制字所示。

按“▲”“▼”键选择相应的控制字，按“＋”“－”键修改压板定值，经按“确认”，输入口令“＋◀▲－”固化定值。

3.2.3　试验接线

[4] 地线需接至装置地，不能接外壳地，防止外壳地线和装置接地铜牌虚接造成测试仪无接地。

将测试仪装置接地端口与被试屏接地铜牌相连[4]。其连接示意图如图3-15所示。

1. 电压回路接线

电压回路接线方式如图3-16电压回路接线图所示。其操作步骤如下。

(1) 断开保护装置后侧空气断路器。

(2) 将1UD1、1UD2、1UD3及1UD4的端子连片

滑开。

图 3-15　继电保护测试仪接地示意图

（3）采用“黄绿红黑”的顺序，将电压线组的一端依次接入继保测试仪 U_A、U_B、U_C、U_N 四个插孔。

（4）采用“黄绿红黑”的顺序，将电压线组的另一端依次接入保护装置交流电压内侧端子 1UD1[5]、1UD2、1UD3 及 1UD4。

[5]（1）保护装置电压内侧端子连入保护装置内部，外侧端子连接空气断路器。
（2）测试仪中电压插孔分 U_A、U_B、U_C、U_N 和 U_a、U_b、U_c、U_n 两组，都可以使用，本次试验选用 U_A、U_B、U_C、U_N。
（3）断开空气断路器的目的是为了防止电压反送至 TV。

继保测试仪

电压输出	
U_A	○
U_B	○
U_C	○
U_N	○

线	编号
U_A	1n0209
U_B	1n0210
U_C	1n0211
U_N	1n0212

PCS–931

1UD		
○	1	○
○	2	○
○	3	○
○	4	○

图 3-16　电压回路接线图

2. 电流回路接线

电流回路接线方式如图 3-17 电流回路接线图所示。其操作步骤为：

（1）短接保护装置二次回路侧（接 500kV 线路断路器端子箱侧）电流端子 1ID1、1ID3、1ID5、1ID7。

（2）短接保护装置电流流出侧（保护装置交流插件侧）电流端子 1ID9～12。

（3）断开 1ID1～12 内外侧端子间连片[6]。

（4）采用“黄绿红黑”的顺序，将电流线组的一端依次接入继保测试仪 I_A、I_B、I_C、I_N 四个插孔。

[6]（1）电流回路先短接，再断开，短接 1ID1、1ID3、1ID5、1ID7 是防止线路断路器 TA 开路。
（2）短接内侧 1ID9、1ID10、1ID11、1ID8 构成测试电流回路。

（5）采用“黄绿红黑”的顺序，将电流线组的另一端依次接入保护装置交流电流内侧端子 1ID1～4。

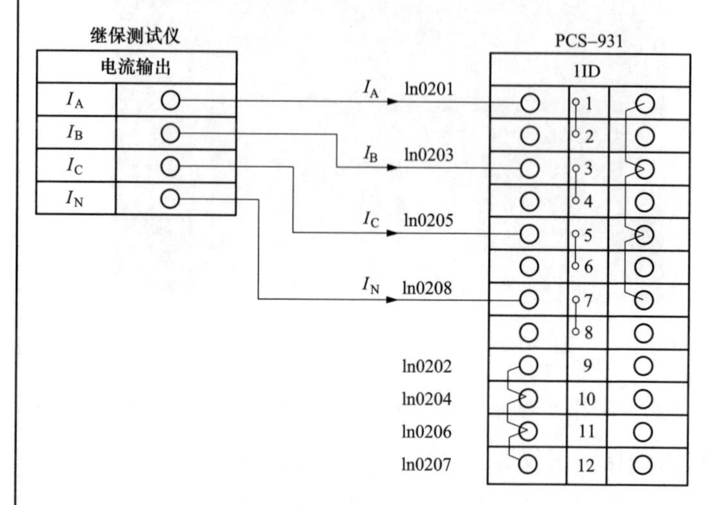

图 3-17　电流回路接线图

3.2.4　试验步骤

1. 启动继保之星，进入状态序列试验模块

按“继保之星”测试仪电源开关→鼠标点击桌面“继保之星”快捷方式→点击“状态序列”图标，进入状态序列试验模块。

2. 验证光纤差动（Ⅱ段）1.05 倍定值保护动作行为

以模拟 A 相故障为例，差动电流为 $1.05I_d$ 时，试验步骤如下：

（1）按继电保护测试仪工具栏“＋”或“－”按键，确保状态数量为 2。

（2）各状态中的电压电流设置如表 3-5 所示。

表 3-5　差动保护（Ⅱ段）1.05 倍参数设置[7]

参数＼状态	状态一（故障前）	状态二（故障）
U_A	57.735∠0°	10∠0°
U_B	57.735∠－120°	57.735∠－120°
U_C	57.735∠120°	57.735∠120°

［7］（1）状态一为模拟一次系统正常运行状态下的 TV/TA 二次值。

（2）状态二中故障具体电压的设置与保护校验无关，仅表示单相接地时，系统故障相电压降低一般取 10～20V；故障相电压相角不变，设置相电流相角滞后相电压 83.98°（线路正序阻抗角）。

（3）光差保护为瞬时动作，动作时间为 0s，增加时间裕度 0.1s，所以此处试验时间设置为 0.1s。

（4）在“按键触发”触发条件下，状态一的运行时间由校验者控制。

（5）状态的按键触发和时间触发均不涉及开入量，开入类型无须选择。

续表

参数＼状态	状态一（故障前）	状态二（故障）
I_A	0	0.21∠−83.98°
I_B	0	0
I_C	0	0
触发条件	按键触发	时间触发
开入类型		
试验时间		0.1s

表 3-5 中 A 相电流幅值由式（3-8）计算：

$$I = mI_d/2^{[8]} \tag{3-8}$$

式中　I——故障相电流幅值，m=1.05。

（3）在工具栏中点击“▶”或“run”键开始进行试验。试验结束后观察保护装置面板信息，待“异常”指示灯熄灭后[9]，点击工具栏中“▶▶”按钮或在键盘上按“TAB”键切换故障状态。

（4）观察保护动作结果，打印动作报告。菜单选择→打印→动作报告→确认。保护装置启动，电流差动保护动作，A 相故障，跳 A 相，动作时间应在 40ms 左右，其动作报文如图 3-18 所示。

PCS-931SA-G-R 超高压输电线路成套保护装置(G9)整组动作报告

被保护设备：保护设备　　版本号：V6.01
管理序号：00480214.002　　打印时间：2021-09-17 16：56：48

序号	启动时间	相对时间	动作相别	动作元件
0021	2021-09-17 16：19：748	0000ms		保护启动
		0035ms	A	纵联差动保护动作
故障相电压		9.97V		
故障相电流		0.21A		
最大零序电流		0.21A		
最大差动电流		0.42A		
故障测距		38.60kM		
故障相别		A		

图 3-18　差动保护（Ⅱ段）1.05 倍定值动作报告

[8]（1）自环状态下，保护装置处于自发自收状态，如果测试仪加 1A 电流，则显示本侧和对侧电流都为 1A 左右，差动电流采样值为 2A。
（2）当故障相为 B 时，计算出的电流输入参数设置 B 相电流；当故障相为 C 时，计算出的电流输入参数设置 C 相电流。

[9] 控制字重合闸方式投入“禁止重合闸”或“停用重合闸”，加入正常电压后"充电完成"指示灯不亮；若投入“单相重合闸”或“三相重合闸”，加入正常电压后开始充电，待“充电完成”指示灯亮起后，再进行下一步。

3. 验证光纤差动（Ⅱ段） 0.95 倍定值保护动作行为

将式（3-8）中 m 取值 0.95，重新计算故障相电流定值并输入，重复操作步骤。

各状态中的电压电流设置如表 3-6 所示。

表 3-6　差动保护（Ⅱ段）0.95 倍参数设置

参数＼状态	状态一（故障前）	状态二（故障）
U_A	57.735∠0°	10∠0°
U_B	57.735∠−120°	57.735∠−120°
U_C	57.735∠120°	57.735∠120°
I_A	0	0.19∠−83.98°
I_B	0	0
I_C	0	0
触发条件	按键触发	时间触发
开入类型		
试验时间		0.1s

在工具栏中点击“▶”或“run”键开始进行试验。试验结束后观察保护装置面板信息，待“异常”指示灯熄灭后，点击工具栏中“▶▶”按钮或在键盘上按“TAB”键切换故障状态；试验结束后观察保护动作结果，保护装置仅启动。打印动作报告其动作报文如图 3-19 所示。

PCS-931SA-G-R 超高压输电线路成套保护装置整组动作报告

被保护设备：保护设备　　版本号：V6.01

管理序号：00480214.002　　打印时间：2021-09-17 16：56：26

序号	启动时间	相对时间	动作相别	动作元件
0022	2021-09-17 16：56：03：298	0000ms		保护启动

图 3-19　差动保护（Ⅱ段）0.95 倍定值动作报告

4. 检验光纤差动（Ⅱ段） 1.2 倍定值动作时间

在图 3-16 和图 3-17 的基础上增加时间测试辅助接线，将 A 相跳闸 1CLP1 压板保护装置连接端与继保测试仪开入端子 A 通道连接，将 PCS931

跳闸开出公共端 1CD1 与继保测试仪开入端子公共端连接，示意图如图 3-20 所示[10]。

[10] 实际操作中，可以测试哪一相的动作时间，对应开入与相应压板接线。

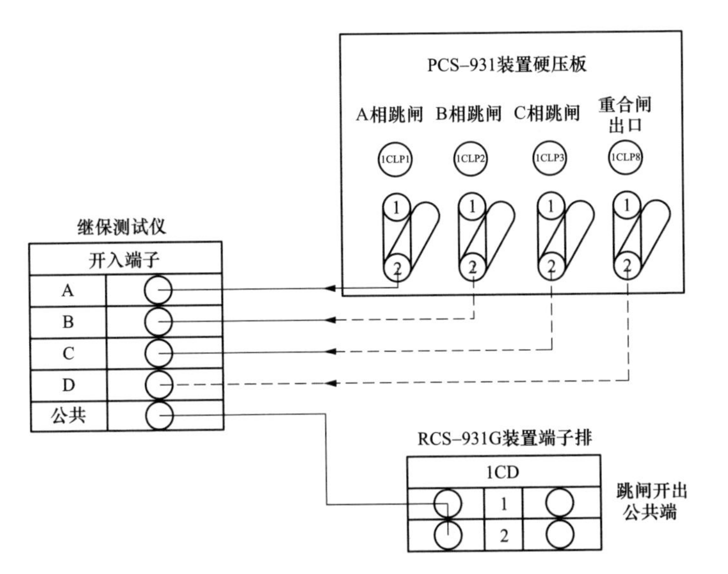

图 3-20 时间测试辅助接线示意图

将式（3-8）中 m 取值 1.2，重新计算故障相电流定值并输入，参数设置如表 3-7 差动保护（Ⅱ段）1.2 倍参数设置所示。并在开入量选择栏打“√”，选开入 A。

表 3-7 差动保护（Ⅱ段）1.2 倍参数设置

参数＼状态	状态一（故障前）	状态二（故障）
U_A	57.735∠0°	10∠0° [13]
U_B	57.735∠−120°	57.735∠−120°
U_C	57.735∠120°	57.735∠120°
I_A	0	0.24∠−83.98°
I_B	0	0
I_C	0	0
触发条件	按键触发	时间触发
开入类型		
试验时间		0.1s
触发后延时	0	0

重复验证 1.05 倍定值动作行为操作步骤。在工具栏中

点击“▶”或按“run”键开始进行试验。试验结束后观察保护装置面板信息，待“异常”指示灯熄灭后，点击工具栏中“▶▶”按钮或在键盘上按“TAB”键切换故障状态。试验结束后观察保护动作结果，保护装置启动，电流差动保护动作，A相故障，跳A相，试验结束后在继保测试仪中读取开入A通道跳闸动作时间[11]，应在40ms左右。打印动作报告，其动作报文如图3-21所示。

[11]（1）当手动切换到故障态（状态二）的瞬间，继保测试仪会记录从此状态开始到A开入通道接收到保护装置发出的跳闸开出信号的时间，此时间可以看成保护装置从接收到故障信号到跳闸信号出口的时间。（2）试验结束后在继保测试仪中A开入端子后的空格中读取跳闸动作时间。

PCS-931SA-G-R 超高压输电线路成套保护装置整组动作报告

被保护设备：保护设备　　版本号：V6.01

管理序号：00480214.002　　打印时间：2021-09-17 16：59：13

序号	启动时间	相对时间	动作相别	动作元件
0023	2021-09-17 16：58：47：605	0000ms		保护启动
		0034ms	A	纵联差动保护动作
故障相电压		9.98V		
故障相电流		0.24A		
最大零序电流		0.24A		
最大差动电流		0.49A		
故障测距		38.60kM		
故障相别		A		

图3-21　差动保护（Ⅱ段）1.2倍定值动作报告

5. 验证光纤差动（Ⅰ段）1.05倍定值保护动作行为

以模拟A相故障为例，差动电流为$1.05\times1.5I_d$时，试验步骤如下。

（1）按继电保护测试仪工具栏“+”或“−”按键，确保状态数量为2。

（2）各状态中的电压电流设置如表3-8所示。

表3-8　差动保护（Ⅰ段）1.05倍参数设置[12]

参数＼状态	状态一（故障前）	状态二（故障）
U_A	57.735∠0°	10∠0°
U_B	57.735∠−120°	57.735∠−120°
U_C	57.735∠120°	57.735∠120°
I_A	0	0.315∠−83.98°

[12]（1）状态一为模拟一次系统正常运行状态下的TV/TA二次值。(2)状态二中故障具体电压的设置与保护校验无关，仅表示单相接地时，系统故障相电压降低一般取10～20V；故障相电压相角不变，设置相电流相角滞后相电压83.98°(线路正序阻抗角)。

续表

状态 参数	状态一（故障前）	状态二（故障）
I_B	0	0
I_C	0	0
触发条件	按键触发	时间触发
开入类型		
试验时间		0.1s

表3-8中A相电流幅值由式（3-9）计算

$$I=1.5mI_d/2 \tag{3-9}$$ [13]

式中 I——故障相电流幅值，$m=1.05$。

（3）在工具栏中点击“▶”或按“run”键开始进行试验。试验结束后观察保护装置面板信息，待“异常”指示灯熄灭后，点击工具栏中“▶▶”按钮或在键盘上按“TAB”键切换故障状态。

（4）观察保护动作结果，打印动作报告。

菜单选择→打印→动作报告→确认。保护装置启动，电流差动保护动作，A相故障，跳A相，动作时间应在20ms左右，其动作报文如图3-22所示。

PCS-931SA-G-R超高压输电线路成套保护装置（G9）整组动作报告

被保护设备：保护设备　　版本号：V6.01
管理序号：00480214.002　　打印时间：2021-12-09 10：55：32

序号	启动时间	相对时间	动作相别	动作元件
0081	2021-12-09 10：47：25：103	0000ms		保护启动
		0015ms	A	纵联差动保护动作
故障相电压	10.01V			
故障相电流	3.15A			
最大零序电流	0.315A			
最大差动电流	0.315A			
故障测距	38.60kM			
故障相别	A			

图3-22 差动保护1.05倍定值动作报告

[12]（3）光差保护为瞬时动作，动作时间为0s，增加时间裕度0.1s，所以此处试验时间设置为0.1s。

（4）在“按键触发”触发条件下，状态一的运行时间由校验者控制。

（5）状态的按键触发和时间触发均不涉及开入量，开入类型无须选择。

[13]（1）自环状态下，保护装置处于自发自收状态，如果测试仪加1A电流，则显示本侧和对侧电流都为1A左右，差动电流采样值为2A。

（2）当故障相为B时，计算出的电流输入参数设置B相电流；当故障相为C时，计算出的电流输入参数设置C相电流。

（3）当电容补偿不投入时，动作门槛值取1.5倍差动电流定值、4倍实测电容电流的最大值。此时电容电流在正常情况下为0，所以取1.5倍差动电流定值。

6. 验证光纤差动（Ⅰ段） 0.95 倍定值保护动作行为

将式（3-9）中 m 取值 0.95，重新计算故障相电流定值并输入，重复操作步骤。

各状态中的电压电流设置如表 3-9 所示。

表 3-9　　差动保护（Ⅰ段）0.95 倍参数设置

参数＼状态	状态一（故障前）	状态二（故障）
U_A	57.735∠0°	10∠0°
U_B	57.735∠−120°	57.735∠−120°
U_C	57.735∠120°	57.735∠120°
I_A	0	0.285∠−83.98°
I_B	0	0
I_C	0	0
触发条件	按键触发	时间触发
开入类型		
试验时间		0.1s

在工具栏中点击“▶”或按“run”键开始进行试验。试验结束后观察保护装置面板信息，待“异常”指示灯熄灭后，点击工具栏中“▶▶”按钮或在键盘上按“TAB”键切换故障状态。

观察保护动作结果，打印动作报告。选择菜单选择→打印→动作报告→确认。保护装置启动，电流差动保护动作，A 相故障，跳 A 相，动作时间应在 40ms 左右。打印动作报告其动作报文如图 3-23 所示。

PCS-931SA-G-R 超高压输电线路成套保护装置（G9）整组动作报告

被保护设备：保护设备　　版本号：V6.01
管理序号：00480214.002　　打印时间：2021-12-09 10：56：16

序号	启动时间	相对时间	动作相别	动作元件
0082	2021-12-09 10：56：54：131	0000ms		保护启动
		0033ms	A	纵联差动保护动作
故障相电压	10.01V			
故障相电流	0.29A			
最大零序电流	0.29A			
最大差动电流	0.58A			
故障测距	38.60kM			
故障相别	A			

图 3-23　差动保护 0.95 倍定值动作报告

7. 检验光纤差动（Ⅰ段） 1.2倍定值动作时间

在图3-16和图3-17的基础上增加时间测试辅助接线，将A相跳闸1CLP1压板保护装置连接端与继保测试仪开入端子A通道连接，将PCS931跳闸开出公共端1CD1与继保测试仪开入端子公共端连接，示意图如图3-20所示[14]。

[14] 实际操作中，可以测试哪一相的动作时间，对应开入与相应压板接线。

将式（3-9）中 m 取值1.2，重新计算故障相电流定值并输入，参数设置如表3-10所示。并在开入量选择栏打“√，”选开入A。

表3-10　　差动保护1.2倍参数设置

参数＼状态	状态一（故障前）	状态二（故障）
U_A	57.735∠0°	10∠0°［13］
U_B	57.735∠－120°	57.735∠－120°
U_C	57.735∠120°	57.735∠120°
I_A	0	0.36∠－83.98°
I_B	0	0
I_C	0	0
触发条件	按键触发	时间触发
开入类型		
试验时间		0.1s
触发后延时	0	0

重复验证1.05倍定值动作行为操作步骤。在工具栏中点击“▶”或按“run”键开始进行试验。试验结束后观察保护装置面板信息，待“异常”指示灯熄灭后，点击工具栏中“▶▶”按钮或在键盘上按“TAB”键切换故障状态。试验结束后观察保护动作结果，保护装置启动，电流差动保护动作，A相故障，跳A相，试验结束后在继保测试仪中读取开入A通道跳闸动作时间[15]，应在20ms左右。打印动作报告，其动作报文如图3-24所示。

[15]（1）当手动切换到故障态（状态二）的瞬间，继保测试仪会记录从此状态开始到A开入通道接收到保护装置发出的跳闸开出信号的时间，此时间可以看成保护装置从接收到故障信号到跳闸信号出口的时间。（2）试验结束后在继保测试仪中A开入端子后的空格中读取跳闸动作时间。

PCS-931SA-G-R 超高压输电线路成套保护装置整组动作报告

被保护设备：保护设备　　版本号：V6.01

管理序号：00480214.002　　打印时间：2021-12-09 10：59：23

序号	启动时间	相对时间	动作相别	动作元件
0082	2021-12-09 10：59：01：695	0000ms		保护启动
		0012ms	A	纵联差动保护动作
故障相电压	9.98V			
故障相电流	0.36A			
最大零序电流	0.36A			
最大差动电流	0.73A			
故障测距	38.60kM			
故障相别	A			

图 3-24　差动保护 1.2 倍定值动作报告

3.2.5　试验记录

将上述试验结果记录至表 3-11 差动保护试验数据记录表中，并根据表中空白项，选取故障相别和故障类型，重复本书 3.2.4 节过程。

表 3-11　　差动保护试验数据记录表

故障类别	整定值	故障量	故障相别		
			AN	BN	CN
差动保护Ⅰ段	I_d=0.40A	$1.05I_d$			
		$0.95I_d$			
		$1.2I_d$ 整定值下动作时间			
差动保护Ⅱ段		$1.05I_d$			
		$0.95I_d$			
		$1.2I_d$ 整定值下动作时间			

3.3　距离保护的校验

3.3.1　试验目的

距离保护分为接地距离保护和相间距离保护，要校验定值的精确性，即要确认如下内容。

（1）故障阻抗为 $0.95Z$ 时，保护装置可靠动作。

（2）故障阻抗为1.05Z时，保护装置可靠不动作。

（3）故障阻抗0.7Z时，记录保护装置该保护动作时间。

（4）故障阻抗为0.7Z，且反方向故障时，保护可靠不动。

上述Z表示距离保护定值。

3.3.2 试验准备（定值、控制字、压板）

1. 保护硬压板设置

退出保护装置上除“投检修状态”外所有的硬压板，投入“距离保护投入”压板。

PCS-931压板状态如表3-12距离保护硬压板设置所示。

表3-12　距离保护硬压板设置

压板名称	状态	压板名称	状态
A相跳闸出口1CLP1	退	投检修状态1RLP9	投
B相跳闸出口1CLP2	退	通道1差动保护投入1RLP1	退
C相跳闸出口1CLP3	退	通道2差动保护投入1RLP2	退
		距离保护投入1RLP3	投
A相失灵启动1CLP5	退	零序过流保护投入1RLP4	退
B相失灵启动1CLP6	退	过电压保护投入1RLP5	退
C相失灵启动1CLP7	退	远方跳闸保护投入1RLP6	退
重合闸出口1CLP8	退	沟通三跳1RLP7	退

2. 保护软压板设置

在主画面状态下，按“▲”键可进入主菜单，通过“▲”“▼”选择子菜单，通过“▶”进入下一级子菜单，通过“◀”返回上一级子菜单。通过“确认”键选择子菜单。

软压板的设置路径为：“主菜单→运行操作→压板投退→功能软压板”

按“▲”“▼”键选择相应的软压板，按“+”“−”键修改压板定值，经按“确认”，输入口令“+◀▲−”固化压板定值。

令“距离保护”置1、令其他软压板置0；

PCS-931软压板状态如表3-13所示。

表 3-13　　距离保护软压板设置

通道一差动保护	0	远方跳闸保护	0
通道二差动保护	0	过电压保护	0
距离保护	1	远方投退压板	0
零序过流保护	0	远方切换定值区	0
停用重合闸	0	远方修改定值	0

3. **定值与控制字设置**

定值与控制字的设置路径为："主菜单→定值整定→保护定值"。

PCS-931 定值如表 3-14 所示。确认接地距离Ⅰ、Ⅱ、Ⅲ段和相间距离Ⅰ、Ⅱ、Ⅲ段定值。确认线路正序灵敏角定值。

设置相应的控制字，确认投入接地距离Ⅰ、Ⅱ、Ⅲ段和相间距离Ⅰ、Ⅱ、Ⅲ段控制字且其他保护退出。PCS-931 控制字如表 3-14 所示。

按"▲""▼"键选择相应的控制字，按"＋""－"键修改压板定值，经按"确认"，输入口令"＋◀▲－"固化定值。

表 3-14　　距离保护定值状态与控制字设置

定值参数名称	参数值	控制字名称	参数值
变化量启动电流定值	0.2A	电压取线路 TV 电压	0
零序启动电流定值	0.17A	距离保护Ⅰ段	1
线路正序阻抗定值	1.58Ω	距离保护Ⅱ段	1
线路正序灵敏角	83.98°	距离保护Ⅲ段	1
线路零序阻抗定值	4.56Ω	零序电流保护	0
线路零序阻抗角	72.28°	三相跳闸方式	0
接地距离Ⅰ段定值	0.96Ω	重合闸检同期方式	0
接地距离Ⅱ段定值	4.8Ω	重合闸检无压方式	0
接地距离Ⅱ段时间	0.5s	单相重合闸	0
接地距离Ⅲ段定值	5.34Ω	三相重合闸	0
接地距离Ⅲ段时间	1.5s	禁止重合闸	1
相间距离Ⅰ段定值	1.1Ω	停止重合闸	0
相间距离Ⅱ段定值	4.8Ω	Ⅱ段保护闭锁重合闸	1
相间距离Ⅱ段时间	0.5s	多相故障闭锁重合闸	1
相间距离Ⅲ段定值	5.34Ω		
相间距离Ⅲ段时间	1.5s		
零序补偿系数 KZ	0.49		

3.3.3 试验接线

将测试仪装置接地端口与被试屏接地铜牌相连，其连接示意图如图 3-15 所示。

将测试仪电压交流回路连入保护屏柜相应的交流电压端子排，电压回路接线方式如图 3-16 所示。

将测试仪电流交流回路连入保护屏柜相应的交流电流端子排，电流回路接线方式如图 3-17 所示。

3.3.4 试验步骤

1. 启动继保之星，进入状态序列试验模块

按“继保之星”测试仪电源开关→鼠标点击桌面“继保之星”快捷方式→点击“状态序列”图标，进入状态序列试验模块。

2. 验证 0.95 倍定值接地距离Ⅰ段保护动作行为

以模拟 A 相单相接地故障为例，接地距离阻抗为 $0.95Z_{\mathrm{I\Phi}}$ 时[16]，校验接地距离保护Ⅰ段定值，试验步骤如下。

[16] $Z_{\mathrm{I\Phi}}$ 表示Ⅰ段接地距离阻抗定值，查表 3-14 得 0.96Ω。

（1）按继电保护测试仪工具栏“＋”或“－”按键，确保状态数量为 2。

（2）状态输出中的电压电流设置如表 3-15 所示。

表 3-15　接地距离Ⅰ段保护 0.95 倍参数设置

参数＼状态	状态一（故障前）[17]	状态二（故障）
U_A	57.735∠0°	1.358∠0°
U_B	57.735∠－120°	57.735∠－120°
U_C	57.735∠120°	57.735∠120°
I_A	0	1∠－83.98°
I_B	0	0
I_C	0	0
触发条件	按键触发	时间触发
开入类型		
试验时间		0.1s
触发后延时	0	0

[17] 状态一模拟一次系统正常运行状态下的 TV/TA 二次值，所以电压为额定电压，电流为 0。

表 3-15 中 A 相电压幅值由式（3-10）计算。

$$U = mI(1+K)Z_{n\Phi} \qquad (3\text{-}10)$$

式中 K——零序补偿系数，设 $I=1A$，$K=0.49$；

$Z_{n\Phi}$——接地距离 n（n 取Ⅰ、Ⅱ、Ⅲ）段定值，$m=0.95$[18]。

表 3-15 中 A 相电流相角由式（3-11）计算。

$$\Phi_U = \Phi_I + \Phi_1 \qquad (3\text{-}11)$$

式中 Φ_U——故障相电压，设 A 相电压相角为 0°；

Φ_I——故障相电流相角[19]；

Φ_1——线路正序灵敏角，由装置定值中读取 $\Phi_1=83.98°$[20]。

表 3-15 中试验时间由式（3-12）计算所得。

$$T_m = T_{nz} + \Delta T \qquad (3\text{-}12)$$

式中 T_m——试验时间；

T_{nz}——接地距离 n（n 取Ⅰ、Ⅱ、Ⅲ）段时间定值；

ΔT——时间裕度，一般取 0.1s[21]。

（3）开出开入量无需设置。

（4）在工具栏中点击“▶”或按“run”键开始进行试验。试验结束后观察保护装置面板信息，待“异常”指示灯熄灭后，点击工具栏中“▶▶”按钮或在键盘上按“TAB”键切换故障状态。

（5）试验结束后观察保护动作结果，保护装置启动，距离Ⅰ保护动作，A 相故障，跳 A 相。打印动作报告，其动作报文如图 3-25 所示。

3. 验证接地距离Ⅰ段保护 1.05 倍定值保护动作行为

将式（3-10）中 m 取值 1.05，重新计算故障相电压幅值并输入，其他参数设置不变，重复验证 0.95 倍定值接地距离保护动作行为操作步骤。状态输出中的电压电流设置如表 3-16 所示。

[18] 状态二中故障相(A)相电压幅值由式（3-10）计算所得，正常相（B、C）电压幅值和相角与状态一相同，同理，当选择B或C相为故障相时，其他两相为正常相；单相接地故障时，故障相电压相角与发电机出口侧对应相电压相角相同，A 项电压相角一般设为 0°。若校验接地距离Ⅱ段定值，此处阻抗选择接地Ⅱ段定值 $Z_{Ⅱ\Phi}=4.8\Omega$。同理，测试接地距离Ⅲ段时，选取 $Z_{Ⅲ\Phi}=5.34\Omega$。

[19] 单相接地距离保护中，需要对线路的零序电流进行补偿，补偿前电流滞后电压零序阻抗角，补偿后电流相角滞后电压相角正序灵敏角。

[20] 状态二中故障相电相流幅值设置为 1A，相角由式（3-11）计算所得；正常相（B、C）电流幅值和相角与状态一相同。同理，当选择 B 或 C 相为故障相时，其他两相为正常相。

[21]（1）状态二中试验时间由式（3-12）计算所得。
（2）本试验中要验证在外加 0.95Z 阻抗时，距离保护可靠动作；外加 1.05Z 阻抗时，本段不动作，而下一段保护因故障时间不够也不会动作，即距离保护不动作。
（3）以本试验为例，本试验测试接地距离Ⅰ段定值，所以此处 $T_{nz}=0s$；若测试接地距离Ⅱ段时，选取 $T_{nz}=0.5s$，同理，测试接地距离Ⅲ段时，选取 $T_{nz}=1.5s$。

PCS-931SA-G-R 超高压输电线路成套保护装置（G9）整组动作报告

被保护设备：保护设备　　版本号：V6.01
管理序号：00480214.002　　打印时间：2021-09-17 17：07：46

序号	启动时间	相对时间	动作相别	动作元件
0035	2021-09-17 17：07：29：748	0000ms		保护启动
		0033ms	A	接地距离Ⅰ段动作
故障相电压	1.35V			
故障相电流	1.02A			
最大零序电流	1.02A			
最大差动电流	2.06A			
故障测距	10.20kM			
故障相别	A			

图 3-25　接地距离Ⅰ段 0.95 倍定值保护动作报告

表 3-16　接地距离Ⅰ段保护 1.05 倍定值校验参数设置

参数＼状态	状态一（故障前）	状态二（故障）
U_A	57.735∠0°	1.501∠0°
U_B	57.735∠−120°	57.735∠−120°
U_C	57.735∠120°	57.735∠120°
I_A	0	1∠−83.98°
I_B	0	0
I_C	0	0
触发条件	按键触发	时间触发
开入类型		
试验时间		0.1s
触发后延时	0	0

在工具栏中，点击“▶”或按“run”键开始进行试验。试验结束后观察保护装置面板信息，待“异常”指示灯熄灭后，点击工具栏中“▶▶”按钮或在键盘上按“TAB”键切换故障状态；试验结束后观察保护动作结果，保护装置仅启动。打印动作报告，其动作报文如图 3-26 所示。

PCS-931SA-DA-G-R 超高压输电线路成套保护装置整组动作报告

被保护设备：保护设备　　版本号：V6.01
管理序号：00480214.002
打印时间：2021-09-17 17：08：28

序号	启动时间	相对时间	动作相别	动作元件
0022	2021-09-17 17：08：14：254	0000ms		保护启动

图 3-26　接地距离Ⅰ段 1.05 倍定值保护动作报告

[22] 试验结束后在继保测试仪中A开入端子后的空格中读取跳闸动作时间。

4. 检验接地距离Ⅰ段0.7倍定值保护动作时间[22]

在图3-16和图3-17的基础上增加时间测试辅助接线，将A相跳闸1CLP1压板保护装置连接端与继保测试仪开入端子A通道连接，将PCS-931跳闸开出公共端1CD1与继保测试仪开入端子公共端连接，示意图如图3-20所示。

将式（3-10）中m取值0.7，重新计算故障相电流定值并输入，并在开入量选择栏打“√”，选开入A；状态输出中的电压电流设置如表3-17所示。重复验证0.95倍定值接地距离保护动作行为操作步骤。在工具栏中点击“▶”或按“run”键开始进行试验。试验结束后观察保护装置面板信息，待“异常”指示灯熄灭后，点击工具栏中“▶▶”按钮或在键盘上按“TAB”键切换故障状态。

表3-17　接地距离Ⅰ段0.7倍定值校验参数设置

参数＼状态	状态一（故障前）	状态二（故障）
U_A	57.735∠0°	1.001∠0°
U_B	57.735∠−120°	57.735∠−120°
U_C	57.735∠120°	57.735∠120°
I_A	0	1∠−83.98°
I_B	0	0
I_C	0	0
触发条件	按键触发	时间触发
开入类型		
试验时间		0.1s
触发后延时	0	0

观察保护动作结果。保护装置启动，距离Ⅰ保护动作，A相故障，跳A相，试验结束后在继保测试仪中读取开入A跳闸动作时间。打印动作报告，其动作报文如图3-27所示。

PCS-931SAG-R 超高压输电线路成套保护装置整组动作报告

被保护设备：保护设备　　版本号：V6.01
管理序号：00480214.002　　打印时间：2021-09-17 16：56：26

序号	启动时间	相对时间	动作相别	动作元件
0037	2021-09-17 17：08：50：320	0000ms		保护启动
		0034ms	A	接地距离Ⅰ段动作
故障相电压	1.01V			
故障相电流	1.02A			
最大零序电流	1.02A			
最大差动电流	2.06A			
故障测距	7.60kM			
故障相别	A			

图 3-27　接地距离Ⅰ段 0.7 倍定值保护动作报告

5. 接地距离Ⅰ段 0.7 倍定值反方向动作行为

将式（3-10）中 m 取 0.7，故障相电流反向[23]，其他参数不变，重复验证 0.95 倍定值接地距离保护动作行为操作步骤。状态输出中的电压电流设置如表 3-18 所示。

[23] 故障相电流相角增加或减少 180°。

表 3-18　接地距离Ⅰ段 0.7 倍定值反方向校验参数设置

参数＼状态	状态一（故障前）	状态二（故障）
U_A	57.735∠0°	1.001∠0°
U_B	57.735∠−120°	57.735∠−120°
U_C	57.735∠120°	57.735∠120°
I_A	0	1∠96.02°
I_B	0	0
I_C	0	0
触发条件	按键触发	时间触发
开入类型		
试验时间		0.1s
触发后延时	0	0

在工具栏中点击“▶”或按“run”键开始进行试验。试验结束后观察保护装置面板信息，待“异常”指示灯熄灭后，点击工具栏中“▶▶”按钮或在键盘上按“TAB”键切换故障状态。观察保护动作结果，保护装置仅启动。打印动作报告，其动作报告如图 3-28 所示。

PCS-931SA-DA-G-R 超高压输电线路成套保护装置整组动作报告

被保护设备：保护设备　　版本号：V6.01
管理序号：00480214.002　　打印时间：2021-09-17 17:09:51

序号	启动时间	相对时间	动作相别	动作元件
0038	2021-09-17 17:09:31:336	0000ms		保护启动

图 3-28　接地距离Ⅰ段 0.7 倍定值反方向动作报告

6. 验证相间距离Ⅰ段 0.95 倍定值保护动作行为

以模拟 AB 相相间故障为例，相间距离阻抗为 $0.95Z_{I\Phi\Phi}$时，试验步骤如下：

（1）按继电保护测试仪工具栏“+”或“－”按键，确保状态数量为 2；

（2）状态输出中的电压电流设置如表 3-19 所示。

[24] 状态二中，设故障相电压夹角为 60°且对称故障中无零序电压，则相电压和线电压的幅值均为 33.33V。同时，以 AB 相故障为例，故障时，$\Phi_{UA}=-30°$，$\Phi_{UB}=-120+30=-90°$，$\Phi_{UAB}=30°$，且即 $|U_{AB}|=|U_A|=|U_B|=33.33V$。相间故障时，距离阻抗为两个故障相相间距离阻抗的叠加，所以需要乘 2。

表 3-19　相间距离Ⅰ段 0.95 倍定值校验参数设置

参数＼状态	状态一（故障前）	状态二（故障）
U_A	57.735∠0°	33.33∠－30°
U_B	57.735∠－120°	33.33∠－90°
U_C	57.735∠120°	57.735∠120°
I_A	0	15.947∠－53.98°
I_B	0	15.947∠126.02°
I_C	0	0
触发条件	按键触发	时间触发
开入类型		
试验时间		0.1s

表 3-19 中 A 相和 B 相电压幅值计算如下

$$U_{\Phi\Phi}=2mIZ_{n\Phi\Phi} \tag{3-13}$$

式中　$Z_{n\Phi\Phi}$——相间距离 n（n 取Ⅰ、Ⅱ、Ⅲ）段定值，设故障相线电压 $U_{\Phi\Phi}=33.33V$，$m=0.95$[24]。

表 3-19 中 A 相电流相角由式（3-14）计算

$$\Phi_{UAB}=\Phi_{IA}+\Phi_1 \quad (3\text{-}14)$$

$$\Phi_{UBC}=\Phi_{IB}+\Phi_1 \quad (3\text{-}15)$$

$$\Phi_{UCA}=\Phi_{IC}+\Phi_1 \quad (3\text{-}16)$$

式中 U_{UAB}——发电机出口侧 AB 相线电压相角，AB 相故障时，角度为 30°；

Φ_I——故障相电流相角；

Φ_1——线路正序灵敏角，由装置定值中读取[25]；

Φ_{UBC}——发电机出口侧 BC 相线电压相角为−90°；

Φ_{UCA}——发电机出口侧 CA 相线电压相角为 150°。

表 3-19 中试验时间计算得

$$T_m=T_{nz}+\Delta T \quad (3\text{-}17)$$

式中 T_m——试验时间；

T_{nz}——相间距离 n（n 取Ⅰ、Ⅱ、Ⅲ）段时间定值[26]；

ΔT——时间裕度，一般取 0.1s。

（3）开出、开入量无需设置。

（4）在工具栏中点击"▶"或按"run"键开始进行试验。试验结束后观察保护装置面板信息，待"异常"指示灯熄灭后，点击工具栏中"▶▶"按钮或在键盘上按"TAB"键切换故障状态。

（5）观察保护动作结果，打印动作报告。保护装置启动，距离Ⅰ段保护动作，AB 相故障，跳 ABC 相，其动作报文如图 3-29 所示。

PCS-931SA-G-R 超高压输电线路成套保护装置（G9）整组动作报告

被保护设备：保护设备　　版本号：V6.01

管理序号：00480214.002　　打印时间：2021-09-17 17：10：08

序号	启动时间	相对时间	动作相别	动作元件
0039	2021-09-17 17：10：54：748	0000ms		保护启动
		0033ms	ABC	相间距离Ⅰ段动作
故障相电压	33.38V			
故障相电流	16.06A			
最大零序电流	1.65A			
最大差动电流	32.13A			
故障测距	19.30kM			
故障相别	AB			

图 3-29 相间距离Ⅰ段 0.95 倍定值动作报告

[25] 故障电流 $|I_{AB}|=|I_A|=|I_B|$。I_A 与 I_{AB} 同向，与 I_B 反向。$\Phi_{UAB}=30°$，I_A 滞后一个正序灵敏角 83.98°，$\Phi_{IA}=30°-83.98°=-53.98°$，$\Phi_B=-53.98°+180°=126.02°$。同时，根据式（3-13），$I_A=33.33/Z_{n\Phi\Phi}\angle-53.98°$。

[26] 以本试验为例，本试验测试接地距离Ⅰ段定值，所以此处 $T_z=0s$；若测试接地距离Ⅱ段时，选取 $T_{nz}=0.5s$。同理，测试接地距离Ⅲ段时，选取 $T_{nz}=1.5s$。

7. 验证相间距离Ⅰ段1.05倍定值保护动作行为

将式（3-13）中 m 取值1.05，重新计算故障相电压幅值并输入，其他参数设置不变，重复验证相间距离Ⅰ段0.95倍定值保护动作行为操作步骤。状态输出中的电压电流设置如表3-20所示。

表3-20　　相间距离Ⅰ段1.05倍定值校验参数设置

参数＼状态	状态一（故障前）	状态二（故障）
U_A	57.735∠0°	33.33∠−30°
U_B	57.735∠−120°	33.33∠−90°
U_C	57.735∠120°	57.735∠120°
I_A	0	14.428∠−53.98°
I_B	0	14.428∠126.02°
I_C	0	0
触发条件	按键触发	时间触发
开入类型		
试验时间		0.1s

在工具栏中点击“▶”或按“run”键开始进行试验。试验结束后观察保护装置面板信息，待“异常”指示灯熄灭后，点击工具栏中“▶▶”按钮或在键盘上按“TAB”键切换故障状态。观察保护动作结果，保护装置仅启动。打印动作报告，其动作报文如图3-30所示。

PCS-931SA-DA-G-R超高压输电线路成套保护装置整组动作报告

被保护设备：保护设备　　版本号：V6.01

管理序号：00480214.002

打印时间：2021-09-17 17：11：55

序号	启动时间	相对时间	动作相别	动作元件
0040	2021-09-17 17：11：41：078	0000ms		保护启动

图3-30　相间距离Ⅰ段1.05倍定值动作报告

8. 检验相间距离Ⅰ段0.7倍定值保护动作时间

在图3-16和图3-17的基础上增加时间测试辅助接线，将A相跳闸1CLP1

压板保护装置连接端与继保测试仪开入端子A通道连接；将B相跳闸1CLP2压板保护装置连接端与继保测试仪开入端子B通道连接；将C相跳闸1CLP3压板保护装置连接端与继保测试仪开入端子C通道连接；将PCS931跳闸开出公共端1CD1与继保测试仪开入端子公共端连接，示意图如图3-20时间测试辅助接线示意图所示。

将式（3-13）中m取值0.7，重新计算故障相电流定值并输入，并在开入量选择栏打"√"，选开入A、B、C[27]，重复验证0.95倍定值相间距离保护动作行为操作步骤。状态输出中的电压电流设置如表3-21相间距离Ⅰ段0.7倍定值校验参数设置所示。

[27] 相间保护跳闸闭锁重合闸，所以跳A、B、C三相。

表3-21 相间距离Ⅰ段0.7倍定值校验参数设置

参数＼状态	状态一（故障前）	状态二（故障）
U_A	57.735∠0°	33.33∠−30°
U_B	57.735∠−120°	33.33∠−90°
U_C	57.735∠120°	57.735∠120°
I_A	0	21.645∠−53.98°
I_B	0	21.645∠126.02°
I_C	0	0
触发条件	按键触发	时间触发
开入类型		
试验时间		0.1s

在工具栏中点击"▶"或按键盘中"run"键开始进行试验。试验结束后观察保护装置面板信息，待"异常"指示灯熄灭后，点击工具栏中"▶▶"按钮或在键盘上按"TAB"键切换故障状态。试验结束后观察保护动作结果，保护装置启动，距离Ⅰ段保护动作，AB相故障，跳ABC三相，保护装置仅启动，在继保测试仪中读取开入A、B、C三相跳闸动作时间[28]。打印试验报告，其动作报文如图3-31所示。

[28] 取开入A、B、C三相最大值。

PCS-931SA-G-R 超高压输电线路成套保护装置（G9）整组动作报告

被保护设备：保护设备　　版本号：V6.01
管理序号：00480214.002　　打印时间：2021-09-17 17：12：42

序号	启动时间	相对时间	动作相别	动作元件
0041	2021-09-17 17：12：25：341	0000ms		保护启动
		0020ms	ABC	相间距离Ⅰ段动作
故障相电压	33.35V			
故障相电流	21.78A			
最大零序电流	2.24A			
最大差动电流	43.60A			
故障测距	19.30kM			
故障相别	AB			

图 3-31　相间距离Ⅰ段 0.7 倍定值动作报告

9. 检验相间距离Ⅰ段 0.7 倍定值反方向动作行为

[29] 故障相电流相角增加或减少 180°。

将式（3-13）中 m 取 0.7，故障相电流反方向[29]，其他参数不变，重复验证 0.95 倍定值相间距离保护动作行为操作步骤。状态输出中的电压电流设置如表 3-22 相间距离Ⅰ段 0.7 倍定值反方向校验参数设置所示。

表 3-22　相间距离Ⅰ段 0.7 倍定值反方向校验参数设置

参数 \ 状态	状态一（故障前）	状态二（故障）
U_A	57.735∠0°	33.33∠−30°
U_B	57.735∠−120°	33.33∠−90°
U_C	57.735∠120°	57.735∠120°
I_A	0	21.645∠126.02°
I_B	0	21.645∠−53.98°
I_C	0	0
触发条件	按键触发	时间触发
开入类型		
试验时间		0.1s

在工具栏中点击“▶”或按键盘中“run”键开始进行试验。试验结束后观察保护装置面板信息，待“异常”指示灯熄灭后，点击工具栏中“▶▶”按钮或在键盘上按“TAB”键切换故障状态。试验结束后观察保护动作结果，保护装置仅启动。打印动作报告，其动作报告如图 3-32 所示。

PCS-931SA-DA-G-R 超高压输电线路成套保护装置整组动作报告

被保护设备：保护设备　　版本号：V6.01
管理序号：00480214.002　　打印时间：2021-09-17 17：13：24

序号	启动时间	相对时间	动作相别	动作元件
0042	2021-09-17 17：13：11：219	0000ms		保护启动

图 3-32　相间距离Ⅰ段 0.7 倍定值反方向动作报告

3.3.5　试验记录

将上述试验结果记录至表 3-23 接地距离保护试验数据记录表和表 3-24 相间距离保护试验数据记录表中，并根据表中空白项，选取故障相别和故障类型，重复本书 3.3.4 节过程，并将试验结果记录至表 3-23、表 3-24 中。

表 3-23　　接地距离保护试验数据记录表

故障类型	定值	参数/Z	动作记录		
			AN	BN	CN
接地距离Ⅰ段	0.96Ω	0.95			
		1.05			
		0.7			
		0.7（反方向）			
接地距离Ⅱ段	4.8Ω/0.5s	0.95			
		1.05			
		0.7			
		0.7（反方向）			
接地距离Ⅲ段	5.34Ω/1.5s	0.95			
		1.05			
		0.7			
		0.7（反方向）			

表 3-24　　相间距离保护试验数据记录表

故障类型	定值	参数/Z	动作记录		
			AN	BN	CN
相间距离Ⅰ段	1.1Ω	0.95			
		1.05			
		0.7			
		0.7（反方向）			

续表

故障类型	定值	参数/Z	动作记录		
			AN	BN	CN
相间距离Ⅱ段	4.8Ω/0.5s	0.95			
		1.05			
		0.7			
		0.7（反方向）			
相间距离Ⅲ段	5.34Ω/1.5s	0.95			
		1.05			
		0.7			
		0.7（反方向）			

3.4　零序过流保护的校验

3.4.1　试验目的

要校验零序过流保护定值的精确性，即要确认如下内容

（1）模拟零序故障电流为 $1.05I_0$时，保护装置可靠动作。

（2）模拟零序故障电流为 $0.95I_0$时，保护装置可靠不动作。

（3）模拟零序故障电流为 $1.2I_0$时，保护装置动作，并记录保护装置该保护动作时间。

（4）模拟零序故障电流为 $1.2I_0$时，反方向故障时，保护可靠不动。

3.4.2　试验准备（定值、控制字、压板）

1. 保护硬压板设置

退出保护装置上除“投检修状态”外所有的硬压板，投入“零序过流保护投入”压板。

PCS-931 压板状态如表 3-25 所示。

表 3-25　零序过流保护硬压板设置

压板名称	状态	压板名称	状态
A 相跳闸出口 1CLP1	退	投检修状态 1RLP9	投
B 相跳闸出口 1CLP2	退	通道 1 差动保护投入 1RLP1	退

续表

压板名称	状态	压板名称	状态
C相跳闸出口1CLP3	退	通道2差动保护投入1RLP2	退
		距离保护投入1RLP3	退
A相失灵启动1CLP5	退	零序过流保护投入1RLP4	投
B相失灵启动1CLP6	退	过电压保护投入1RLP5	退
C相失灵启动1CLP7	退	远方跳闸保护投入1RLP6	退
重合闸出口1CLP8	退	沟通三跳1RLP7	退

2. 保护软压板设置

在主画面状态下，按“▲”键可进入主菜单，通过“▲”“▼”选择子菜单，通过“▶”进入下一级子菜单，通过“◀”返回上一级子菜单。通过“确认”键选择子菜单。

软压板的设置路径为：“主菜单→运行操作→压板投退→功能软压板”。

按“▲”“▼”键选择相应的软压板，按“+”“−”键修改压板定值，经按“确认”，输入口令“+◀▲−”固化压板定值。

(1) 令“零序过流保护”置1。

(2) 令其他软压板置0。

PCS-931软压板状态如表3-26所示。

表3-26　　零序过流保护软压板设置

通道一差动保护	0	远方跳闸保护	0
通道二差动保护	0	过电压保护	0
距离保护	0	远方投退压板	0
零序过流保护	1	远方切换定值区	0
停用重合闸	0	远方修改定值	0

3. 定值与控制字设置

定值与控制字的设置路径为：“主菜单→定值整定→保护定值”。

PCS-931定值如表3-27零序过流保护定值与控制字设置所示，确认零序过流Ⅱ、Ⅲ段定值。确认线路正序灵敏角定值。

设置相应的控制字，确认投入零序电流保护控制字且其他保护退出。PCS

-931 控制字如表 3-27 所示。

按“▲”“▼”键选择相应的控制字，按“＋”“－”键修改压板定值，经按“确认”，输入口令“＋◀▲－”固化定值。

表 3-27　　零序过流保护定值与控制字设置

定值参数名称	参数值	控制字名称	参数值
变化量启动电流定值	0.2A	零序Ⅲ段定值经方向	1
零序启动电流定值	0.17A	距离保护Ⅰ段	0
线路正序阻抗定值	1.58Ω	距离保护Ⅱ段	0
线路正序灵敏角	83.98°	距离保护Ⅲ段	0
线路零序阻抗定值	4.56Ω	零序电流保护	1
线路零序灵敏角	72.28°	三相跳闸方式	0
零序过流Ⅱ段定值	0.33A	重合闸检同期方式	0
零序过流Ⅱ段时间	4s	重合闸检无压方式	0
零序过流Ⅲ段定值	0.2A	单相重合闸	0
零序过流Ⅲ段时间	4.5s	三相重合闸	0
		禁止重合闸	1
		停止重合闸	0
		Ⅱ段保护闭锁重合闸	1
		多相故障闭锁重合闸	1

3.4.3　试验接线

将测试仪装置接地端口与被试屏接地铜牌相连，其连接示意图如图 3-15 所示。

将测试仪电压交流回路连入保护屏柜相应的交流电压端子排，电压回路接线方式如图 3-16 所示。

将测试仪电流交流回路连入保护屏柜相应的交流电流端子排，电流回路接线方式如图 3-17 所示。

3.4.4　试验步骤

1. 启动继保之星，进入状态序列试验模块

按“继保之星”测试仪电源开关→鼠标点击桌面“继保之星”快捷方式→点击“状态序列”图标，进入状态序列试验模块。

2. 验证 1.05 倍定值零序过流Ⅱ段保护动作行为

以模拟 B 相单相接地故障为例，零序电流为 $1.05I_{n0}$ 时，校验试验步骤如下。

（1）按继电保护测试仪工具栏“+”或“−”按键，确保状态数量为 2。

（2）状态输出中的电压电流设置如表 3-28 零序过流Ⅱ段保护 1.05 倍参数设置所示。

表 3-28　零序过流Ⅱ段保护 1.05 倍参数设置

参数＼状态	状态一（故障前）	状态二（故障）
U_A	57.735∠0°	57.735∠0°
U_B	57.735∠−120°	20∠−120°
U_C	57.735∠120°	57.735∠120°
I_A	0	0
I_B	0	0.346∠156.02°
I_C	0	0
触发条件	按键触发	时间触发
开入类型		
试验时间		4.1s

表 3-28 中故障态 B 相电流幅值由式（3-18）计算。

$$I_n = mI_{n0} \tag{3-18}$$

式（3-18）中 $m=1.05$，I_{n0} 表示零序过流第 n（n 取Ⅱ段或Ⅲ段）段定值。

表 3-28 中故障态，B 相电流相角由式（3-19）计算。

$$\Phi_U = \Phi_I + \Phi_1 \tag{3-19}$$

式（3-19）中 Φ_U 表示故障相电压相角，$\Phi_{UB}=-120°$，Φ_1 为线路正序灵敏角，由装置定值中读取为 $\Phi_0=72.28°$，所以故障相电流相角 $\Phi_I=\Phi_U-\Phi_1=-120°-72.28°=-192.28°=167.72°$[30]。

表 3-28 中故障态试验时间由式（3-20）计算所得，即

$$T_m = T_{nz} + \Delta T \tag{3-20}$$

[30] $-192.28°+360°=167.72°$。

式中 T_m——试验时间；

T_{nz}——零序电流保护（n 取Ⅱ、Ⅲ）段时间定值；

ΔT——时间裕度，一般取 0.1s[31]。

[31] T_m = 4s + 0.1s=4.1s。

（3）开出、开入量无需设置。

（4）在工具栏中点击“▶”或按键盘中“run”键开始进行试验。试验结束后观察保护装置面板信息，待“异常”指示灯熄灭后，点击工具栏中“▶▶”按钮或在键盘上按“TAB”键切换故障状态。

（5）观察保护动作结果，打印动作报告。保护装置启动，零序过流Ⅱ段保护动作，跳 ABC 相[32]，其动作报文如图 3-33 所示。

[32] 已投入“Ⅱ段保护闭锁重合闸”控制字，见表 3-27。

PCS-931SA-G-R 超高压输电线路成套保护装置（G9）整组动作报告

被保护设备：保护设备　　版本号：V6.01

管理序号：00480214.002　　打印时间：2021-09-17 17：14：56

序号	启动时间	相对时间	动作相别	动作元件
0043	2021-09-17 17：14：41：561	0000ms		保护启动
		4015ms	ABC	零序过流Ⅱ段动作
故障相电压	19.99V			
故障相电流	0.36A			
最大零序电流	0.36A			
最大差动电流	0.73A			
故障测距	38.60kM			
故障相别	B			

图 3-33　零序过流保护Ⅱ段 1.05 倍定值动作报告

3. 验证 0.95 倍定值零序过流Ⅱ段保护动作行为

将式（3-18）中 m 取值 0.95，重新计算故障相电流幅值并输入，其他参数设置不变，重复验证重复验证 1.05 倍定值零序过流Ⅱ段保护动作行为操作步骤。状态输出中的电压电流设置如表 3-29 所示。

表 3-29　零序过流Ⅱ段保护 0.95 倍参数设置

参数＼状态	状态一（故障前）	状态二（故障）
U_A	57.735∠0°	57.735∠0°
U_B	57.735∠−120°	20∠−120°
U_C	57.735∠120°	57.735∠120°

续表

参数＼状态	状态一（故障前）	状态二（故障）
I_A	0	0
I_B	0	0.3135∠156.02°
I_C	0	120°
触发条件	按键触发	时间触发
开入类型		
试验时间		4.1s

在工具栏中点击“▶”或按键盘中“run”键开始进行试验。观察保护装置面板信息，待“异常”指示灯熄灭后，点击工具栏中“▶▶”按钮或在键盘上按“TAB”键切换故障状态。试验结束后观察保护动作结果，保护装置仅启动。打印动作报告，打印动作报告其动作报文如图3-34所示。

PCS-931SA-DA-G-R 超高压输电线路成套保护装置整组动作报告

被保护设备：保护设备　　版本号：V6.01
管理序号：00480214.002　　打印时间：2021-09-17 17：15：36

序号	启动时间	相对时间	动作相别	动作元件
0044	2021-09-17 17：15：18：816	0000ms		保护启动

图3-34　零序过流保护Ⅱ段0.95倍定值动作报告

4. 检验1.2倍定值零序过流Ⅱ段保护动作时间

在图3-16和图3-17的基础上增加时间测试辅助接线，将A相跳闸1CLP1压板保护装置连接端与继保测试仪开入端子A通道连接；将B相跳闸1CLP2压板保护装置连接端与继保测试仪开入端子B通道连接；将C相跳闸1CLP3压板保护装置连接端与继保测试仪开入端子C通道连接；将PCS931跳闸开出公共端1CD1与继保测试仪开入端子公共端连接，示意图如图3-20所示。

将式（3-18）中m取值1.2，重新计算故障相电流定值并输入，并在开入量选择栏打“√”，选开入A、B、C[33]；重复验证1.05倍定值零序过流Ⅱ段保护动作行为操作步骤。状态输出中的电压电流设置如表3-30所示。

[33]（1）试验结束后在继保测试仪中B开入端子后的空格中读取跳闸动作时间。
（2）开入量的通道的选择，依据该相得接线设定。

表 3-30　零序过流Ⅱ段保护 1.2 倍参数设置

参数＼状态	状态一（故障前）	状态二（故障）
U_A	57.735∠0°	57.735∠0°
U_B	57.735∠−120°	20∠−120°
U_C	57.735∠120°	57.735∠120°
I_A	0	0
I_B	0	0.396∠156.02°
I_C	0	120°
触发条件	按键触发	时间触发
开入类型		
试验时间		4.1s

[34] 取开入 A、B、C 三相最大值。

在工具栏中点击"▶"或按键盘中"run"键开始进行试验。试验结束后观察保护装置面板信息，待"异常"指示灯熄灭后，点击工具栏中"▶▶"按钮或在键盘上按"TAB"键切换故障状态。试验结束后观察保护动作结果，保护装置启动，零序Ⅱ段保护动作，B 相故障，跳 ABC 三相，在继保测试仪中读取开入 A、B、C 三相跳闸动作时间[34]。打印试验报告，其动作报告如图 3-35 所示。

PCS-931SA-G-R 超高压输电线路成套保护装置（G9）整组动作报告

被保护设备：保护设备　　版本号：V6.01
管理序号：00480214.002　　打印时间：2021-09-17 17：16：20

序号	启动时间	相对时间	动作相别	动作元件
0045	2021-09-17 17：15：58：181	0000ms		保护启动
		4015ms	ABC	零序过流Ⅱ段动作
故障相电压	19.99V			
故障相电流	0.4A			
最大零序电流	0.4A			
最大差动电流	0.8A			
故障测距	38.60kM			
故障相别	B			

图 3-35　零序过流保护Ⅱ段 1.2 倍定值动作报告

[35] 故障相电流相角增加或减少 180°。

5. 检验 1.2 倍定值零序过流Ⅱ段保护反方向动作行为

将式（3-18）中 m 取 1.2，且令故障相电流反向[35]，其他参数不变，重复验证1.05倍定值零序过流Ⅱ段保护动作行为操作步骤。状态输出中的电压电流设置如表3-31所示。

表3-31　　零序过流Ⅱ段保护1.2倍定值反方向参数设置

参数＼状态	状态一（故障前）	状态二（故障）
U_A	57.735∠0°	57.735∠0°
U_B	57.735∠－120°	20∠－120°
U_C	57.735∠120°	57.735∠120°
I_A	0	0
I_B	0	0.396∠23.98°
I_C	0	120°
触发条件	按键触发	时间触发
开入类型		
试验时间		4.1s

在工具栏中点击“▶”或按键盘中“run”键开始进行试验。试验结束后观察保护装置面板信息，待“异常”指示灯熄灭后，点击工具栏中“▶▶”按钮或在键盘上按“TAB”键切换故障状态。试验结束后观察保护动作结果，保护装置仅启动。打印动作报告，其动作报告如图3-36所示。

PCS-931SA-DA-G-R超高压输电线路成套保护装置整组动作报告

被保护设备：保护设备　　版本号：V6.01
管理序号：00480214.002　　打印时间：2021-09-17 17：17：09

序号	启动时间	相对时间	动作相别	动作元件
0046	2021-09-17 17：16：51：117	0000ms		保护启动

图3-36　零序过流保护1.2倍定值反方向动作报告

3.4.5　试验记录

将上述试验结果记录至表3-32零序过流保护试验数据记录表中，并根据表中空白项，选取故障相别和故障类型，重复3.4.4过程，并将试验结果记录至表3-32零序过流保护试验数据记录表中。

表 3-32　　零序过流保护试验数据记录表

故障类别	整定值	故障量	动作记录		
			AN	BN	CN
零序过流Ⅱ段	0.33A/4s	$1.05I_d$			
		$0.95I_d$			
		$1.2I_d$ 整定值下动作时间			
		反向故障动作行为			
零序过流Ⅲ段	0.2A/4.5s	$1.05I_d$			
		$0.95I_d$			
		$1.2I_d$ 整定值下动作时间			
		反向故障动作行为			

3.5　重合闸及加速保护的校验

3.5.1　试验目的

对于500kV的线路保护，重合闸功能一般在断路器保护装置上设置，而在线路保护装置上禁止重合闸，同时根据GB/T 14285—2006《继电保护和安全自动装置技术规程》，使用与电厂出口的线路的重合闸装置，可以停用重合闸功能防止重合于永久性故障，以减少对发电机可能造成的冲击。但对于线路保护装置的重合闸还是可以进行功能校验。

（1）对于重合闸，本试验主要是验证单相重合闸功能、测量重合闸时间定值。

（2）对于重合闸加速保护的验证，主要验证零序Ⅱ段加速保护及距离Ⅱ段加速保护的精确性。

1）模拟故障为 $1.05I_{j0}/0.95Z_j$ 时，保护装置可靠动作[36]。

2）模拟故障电流为 $0.95I_{j0}/1.05Z_j$ 时，保护装置可靠不动作。

[36] 验证零序Ⅱ段加速保护须投入零序压板。验证距离Ⅱ段加速保护须投入距离压板。

3）模拟故障电流为 $1.2I_{j0}/0.7Z_j$ 时，保护装置动作，并记录保护装置该保护动作时间。

3.5.2 试验准备（定值、控制字、压板）

1. 保护硬压板设置

退出保护装置上除“投检修状态”外所有的硬压板，投入“距离保护投入”“零序过流保护投入”压板。PCS-931 压板状态如表 3-33 重合闸及加速保护校验硬压板设置所示。

表 3-33　　重合闸及加速保护校验硬压板设置

压板名称	状态	压板名称	状态
A 相跳闸出口 1CLP1	退	投检修状态 1RLP9	投
B 相跳闸出口 1CLP2	退	通道 1 差动保护投入 1RLP1	退
C 相跳闸出口 1CLP3	退	通道 2 差动保护投入 1RLP2	退
		距离保护投入 1RLP3	投
A 相失灵启动 1CLP5	退	零序过流保护投入 1RLP4	投
B 相失灵启动 1CLP6	退	过电压保护投入 1RLP5	退
C 相失灵启动 1CLP7	退	远方跳闸保护投入 1RLP6	退
重合闸出口 1CLP8	退	沟通三跳 1RLP7	退

2. 保护软压板设置

在主画面状态下，按“▲”键可进入主菜单，通过“▲”“▼”选择子菜单，通过“▶”进入下一级子菜单，通过“◀”返回上一级子菜单，通过“确认”键选择子菜单。

软压板的设置路径为：“主菜单→运行操作→压板投退→功能软压板”。

按“▲”“▼”键选择相应的软压板，按“＋”“－”键修改压板定值，经按“确认”，输入口令“＋◀▲－”固化压板定值。

令“距离保护”“零序过流保护”置 1，令其他软压板置 0。

PCS-931 软压板状态如表 3-34 所示。

表 3-34　　重合闸及加速保护校验软压板设置

通道一差动保护	0	远方跳闸保护	0
通道二差动保护	0	过电压保护	0
距离保护	1	远方投退压板	0
零序过流保护	1	远方切换定值区	0
停用重合闸	0	远方修改定值	0

3. 定值与控制字设置

定值与控制字的设置路径为："主菜单→定值整定→保护定值"。

PCS-931 定值如表 3-45 所示。确认接地距离Ⅰ、Ⅱ段定值、零序过流Ⅱ段、零序过流加速段定值以及单相重合闸时间。确认线路正序灵敏角定值。

设置相应的控制字，确认投入接地距离Ⅰ、Ⅱ段以及零序电流保护Ⅱ段控制字，确认投入"单相重合闸"，确认退出"Ⅱ段保护闭锁重合闸"和"多相故障闭锁重合闸"控制字，且其他保护退出。PCS-931 控制字如表 3-35 所示。

按"▲""▼"键选择相应的控制字，按"＋""－"键修改压板定值，经按"确认"，输入口令"＋◀▲－"固化定值。

表 3-35　　重合闸及加速保护校验定值与控制字设置

定值参数名称	参数值	控制字名称	参数值
变化量启动电流定值	0.2A	电压取线路 TV 电压	0
零序启动电流定值	0.17A	距离保护Ⅰ段	1
线路正序阻抗定值	1.58Ω	距离保护Ⅱ段	1
线路正序灵敏角	83.98°	距离保护Ⅲ段	1
线路零序阻抗定值	4.56Ω	零序电流保护	1
线路零序阻抗角	72.28°	三相跳闸方式	0
接地距离Ⅰ段定值	0.96Ω	重合闸检同期方式	0
接地距离Ⅱ段定值	4.8Ω	重合闸检无压方式	0
接地距离Ⅱ段时间	0.5s	单相重合闸	1
相间距离Ⅰ段定值	1.1Ω	三相重合闸	0
相间距离Ⅱ段定值	4.8Ω	禁止重合闸	0
相间距离Ⅱ段时间	0.5s	停止重合闸	0
零序过流Ⅱ段定值	0.33A	Ⅱ段保护闭锁重合闸	0

续表

定值参数名称	参数值	控制字名称	参数值
零序过流Ⅱ段时间	4s	多相故障闭锁重合闸	1
零序过流加速段定值	0.3A		
单相重合闸时间	0.8s		
零序补偿系数KZ	0.49		

3.5.3 试验接线

将测试仪装置接地端口与被试屏接地铜牌相连，其连接示意图如图3-15所示。

将测试仪电压交流回路连入保护屏柜相应的交流电压端子排，电压回路接线方式如图3-16所示。

将测试仪电流交流回路连入保护屏柜相应的交流电流端子排，电流回路接线方式如图3-17所示。

将测试仪电流交流回路连入保护屏柜相应的交流电流端子排，将A相跳闸1CLP1压板保护装置连接端与继保测试仪开入端子A通道连接；将B相跳闸1CLP2压板保护装置连接端与继保测试仪开入端子B通道连接；将C相跳闸1CLP3压板保护装置连接端与继保测试仪开入端子C通道连接；将PCS931跳闸开出公共端1CD1与继保测试仪开入端子公共端连接；将PCS931重合闸出口压板保护装置连接端与继保测试仪开入端子D通道连接，示意图如图3-20所示。

3.5.4 试验步骤

1. 启动继保之星

启动继保之星，进入状态序列试验模块。

2. 验证单相重合闸时间

以模拟B相单相接地故障为例[37]，零序过流Ⅱ段保护动作后电压恢复，校验单相重合闸时间。试验步骤如下。

（1）按继电保护测试仪工具栏“+”或“-”按键，

[37]（1）单相重合闸宜采用模拟单相接地故障进行试验，当出现相间故障时，三跳不重合。
（2）接地距离Ⅰ/Ⅱ段以及单相差动保护也能进行单相重合闸时间校验，参数设置见对应章节。

确保状态数量为 3。

（2）状态输出中的电压电流设置如表 3-36 所示。

[38]（1）状态一和状态二参数设置方式与本章 3.4.4 节零序过流Ⅱ段定值校验相同。

（2）状态三模拟一次系统故障切除后的母线电压和线路电流，所以电压为额定电压，电流为 0。

（3）状态三采用开入量触发，理论上不需要设置试验时间，但是为防止接线或设置错误，本试验设置试验时间与开入量采取逻辑或的方式，开入量输入或试验时间条件之一满足均可以翻转状态量。本试验时间为 0.8 + 0.1=0.9（s）。

表 3-36　单相重合闸时间校验参数设置

条件设备	状态一（故障前）	状态二（故障）	状态三[38]
U_A	57.735∠0°	57.735∠0°	57.735∠0°
U_B	57.735∠−120°	20∠−120°	57.735∠−120°
U_C	57.735∠120°	57.735∠120°	57.735∠120°
I_A	0	0	0
I_B	0	0.346∠156.02°	0
I_C	0	0	0
触发条件	按键触发	时间触发	时间触发
开入类型		或	或
试验时间		4.1s	0.9

表 3-36 中状态二故障态 B 相电流幅值大于 1.05 倍零序Ⅱ段电流定值即可。

状态三试验时间由式（3-21）计算所得。

$$T_m = T_{cz} + \Delta T \tag{3-21}$$

式中　T_m——试验时间；

T_{cz}——重合闸整定时间；

ΔT——时间裕度，一般取 0.1s。

（3）在状态二（故障）界面开入量选择栏打“√”，选开入 B，开入类型选择“或”；

在状态三（重合）界面开入量选择栏打“√”选开入 D，开入类型选择“或”。

（4）在工具栏中点击“▶”或按键盘中“run”键开始进行试验。试验结束后，观察保护装置面板信息，待“异常”指示灯熄灭且“充电完成”指示灯亮起后。点击工具栏中“▶▶”按钮，或在键盘上按“TAB”键切换故障状态。

（5）试验结束后，观察保护动作结果，保护装置启动，零序Ⅱ段电流保护动作，重合闸动作，B 相故障，B 相跳闸后合闸。在继电保护测试仪中读取开入状态三（重合）

开入D测量时间。打印动作报告，其动作报文如图3-37单相重合闸检测动作报告所示。

PCS-931SAG-R 超高压输电线路成套保护装置整组动作报告

被保护设备：保护设备　　版本号：V6.01
管理序号：00480214.002　　打印时间：2021-09-17 17：24：33

序号	启动时间	相对时间	动作相别	动作元件
0048	2021-09-17 17：23：10：406	0000ms		保护启动
		4013ms	B	零序过流Ⅱ段动作
		4904ms		重合闸动作
故障相电压	20.01V			
故障相电流	0.34A			
最大零序电流	0.34A			
最大差动电流	0.7A			
故障测距	38.60kM			
故障相别	B			

图3-37　单相重合闸检测动作报告

3. 验证零序过流加速Ⅱ段1.05倍定值动作行为

以模拟B相单相接地故障为例，零序过流加速电流为$1.05I_{j0}$[39]时，校验试验步骤如下：

[39] 零序过流加速Ⅱ段定值。

(1) 按继电保护测试仪工具栏“+”或“−”按键，确保状态数量为4。

(2) 状态一和状态二参数设置方式与验证单相重合闸时间相同；状态三和状态四的电压电流设置如表3-37所示。

表3-37　零序过流加速段定值校验参数设置

参数＼状态	状态一（故障前）	状态二（故障）
U_A	57.735∠0°	57.735∠0°
U_B	57.735∠−120°	20∠−120°
U_C	57.735∠120°	57.735∠120°
I_A	0	0
I_B	0	0.346∠156.02°
I_C	0	120°
触发条件	按键触发	时间触发

[40] (1) 状态三模拟一次系统故障切除后的母线电压和线路电流，所以电压为额定电压，电流为0；
(2) 试验时间由式（3-21）计算所得。本试验时间为0.8+0.1=0.9（s）。

续表

参数 \ 状态	状态一（故障前）	状态二（故障）
开入类型		
试验时间		4.1s
触发后延时	0	0
	状态三（重合）[40]	状态四（加速段）[41]
U_A	57.735∠0°	57.735∠0°
U_B	57.735∠−120°	20∠−120°
U_C	57.735∠120°	57.735∠120°
I_A	0	0
I_B	0	0.315∠156.02° [76]
I_C	0	0
触发条件	时间触发	时间触发
开入类型		
试验时间	0.9	0.16
触发后延时	0	0

[41] (1) 状态四中A电相压为小于额定电压值（57.735V）的任意值，与保护校验无关，相角的设置与状态一相同。
(2) 故障电流幅值由式（3-22）计算所得。
(3) 时间设置由式（3-33）计算所得。

[42] 由于单相重合时零序加速时间延时为60ms，裕量100ms，实验时间为160ms，有时为了确保试验顺利，试验时间可取200ms。

表3-37中，状态四B相电流幅值由式（3-22）计算。

$$I = mI_{j0} \tag{3-22}$$

式（3-22）中，$m=1.05$，I_{j0}表示零序过流加速段定值，I表示故障相电流。

表3-37中，状态四试验时间由式（3-23）计算所得。

$$T_m = T_{j0} + \Delta T \tag{3-23}$$

式（3-23）中，T_m表示为试验时间，T_{j0}表示为零序加速延时，装置固定为60ms，ΔT表示为时间裕度，一般取0.1s[42]。

(3) 开出、开入量无须设置。

(4) 在工具栏中点击“▶”，或按键盘中“run”键开始进行试验。试验结束后，观察保护装置面板信息，待“异常”指示灯熄灭，且“充电完成”指示灯亮起后。点击工具栏中“▶▶”按钮，或在键盘上按“TAB”键切换故障状态。

(5) 试验结束后，观察保护动作结果，保护装置启动，零序Ⅱ段保护动作，B相故障，B相重合闸动作，零序加速动作，跳ABC三相。打印动作报告，其动作报文如图3-38所示。

PCS-931SAG-R 超高压输电线路成套保护装置整组动作报告

被保护设备：保护设备　　版本号：V6.01
管理序号：00480214.002　　打印时间：2021-09-17 17：27：36

序号	启动时间	相对时间	动作相别	动作元件
0051	2021-09-17 17：27：17：362	0000ms		保护启动
		4030ms	B	纵联差动保护动作
		4907ms		重合闸动作
		5077ms	ABC	零序加速动作
故障相电压		19.99V		
故障相电流		0.35A		
最大零序电流		0.35A		
最大差动电流		0.70A		
故障测距		38.06kM		
故障相别		B		

图3-38　零序过流加速Ⅱ段1.05倍定值校验动作报告

4. 验证零序过流加速Ⅱ段0.95倍定值动作行为

将式（3-22）中，m 取值0.95，重新计算故障相电流幅值并输入，其他参数设置不变，重复验证1.05倍定值零序过流加速段动作行为操作步骤。状态输出中的电压电流设置如表3-38所示。

表3-38　　零序过流加速Ⅱ段0.95倍定值校验参数设置

参数＼状态	状态一（故障前）	状态二（故障）
U_A	57.735∠0°	57.735∠0°
U_B	57.735∠−120°	20∠−120°
U_C	57.735∠120°	57.735∠120°
I_A	0	0
I_B	0	0.346∠156.02°
I_C	0	120°
触发条件	按键触发	时间触发
开入类型		
试验时间		4.1s
触发后延时	0	0

续表

参数＼状态	状态三（重合）	状态四（加速段）
U_A	57.735∠0°	57.735∠0°
U_B	57.735∠−120°	20∠−120°
U_C	57.735∠120°	57.735∠120°
I_A	0	0
I_B	0	0.285∠156.02°[76]
I_C	0	0
触发条件	时间触发	时间触发
开入类型		
试验时间	0.9	0.16
触发后延时	0	0

在工具栏中点击"▶"，或按键盘中"run"键开始进行试验。试验结束后观察保护装置面板信息，待"异常"指示灯熄灭且"充电完成"指示灯亮起后。点击工具栏中"▶▶"按钮或在键盘上按"TAB"键切换故障状态。试验结束后，观察保护动作结果，保护装置启动，零序Ⅱ段保护动作，B相故障，B相重合闸动作，无加速动作。打印动作报告，其动作报文如图3-39所示。

PCS-931SAG-R 超高压输电线路成套保护装置整组动作报告

被保护设备：保护设备　　版本号：V6.01

管理序号：00480214.002　　打印时间：2021-09-17 17：28：49

序号	启动时间	相对时间	动作相别	动作元件
0052	2021-09-17 17：28：31：290	0000ms		保护启动
		4027ms	B	零序过流Ⅱ段动作
		4906ms		重合闸动作
故障相电压	20.01V			
故障相电流	0.34A			
最大零序电流	0.34A			
最大差动电流	0.769A			
故障测距	38.60kM			
故障相别	B			

图3-39　零序过流加速0.95倍定值校验动作报告

5. 校验零序过流加速Ⅱ段1.2倍定值动作时间

将式（3-22）中 m 取值1.2，重新计算故障相电流幅值并输入，其他参数设置不变，重复验证1.05倍定值零序过流加速段动作行为操作步骤。状态输出中的电压电流设置如表3-39所示。

表3-39 零序过流加速Ⅱ段1.2倍定值校验参数设置

参数＼状态	状态一（故障前）	状态二（故障）
U_A	57.735∠0°	57.735∠0°
U_B	57.735∠−120°	20∠−120°
U_C	57.735∠120°	57.735∠120°
I_A	0	0
I_B	0	0.346∠156.02°
I_C	0	0
触发条件	按键触发	时间触发
开入类型		或
试验时间		4.1s
触发后延时	0	0
	状态三（重合）	状态四（加速段）
U_A	57.735∠0°	57.735∠0°
U_B	57.735∠−120°	20∠−120°
U_C	57.735∠120°	57.735∠120°
I_A	0	0
I_B	0	0.285∠156.02°[76]
I_C	0	0
触发条件	时间触发	时间触发
开入类型		或
试验时间	0.9	0.16
触发后延时	0	0

在状态四（加速）界面开入量选择栏打“√”选开入B，开入类型选择“或”。

在工具栏中点击“▶”或按键盘中“run”键开始进行试验。试验结束后观察保护装置面板信息，待“异常”指示灯熄灭且“充电完成”指示灯亮起后。点击工具栏中“▶▶”按钮或在键盘上按“TAB”键切换故障状态。

[43] 取开入 A、B、C 三相最大值。

试验结束后，观察保护动作结果，保护装置启动，零序Ⅱ段保护动作，B 相故障，B 相重合闸动作，零序加速动作跳三相，在继电保护测试仪中读取开入状态四（加速段）开入 B 测量时间[43]。打印动作报告，其动作报文如图 3-40 所示。

PCS-931SAG-R 超高压输电线路成套保护装置整组动作报告

被保护设备：保护设备　　版本号：V6.01

管理序号：00480214.002　　打印时间：2021-09-17 17：29：46

序号	启动时间	相对时间	动作相别	动作元件
0053	2021-09-17 17：29：26：301	0000ms		保护启动
		4026ms	B	零序过流Ⅱ段动作
		4902		重合闸动作
		5071	ABC	零序加速动作
故障相电压	20.01V			
故障相电流	0.35A			
最大零序电流	0.35A			
最大差动电流	0.7A			
故障测距	38.60kM			
故障相别	B			

图 3-40　TV 断线相零序过流加速 1.2 倍定值校验动作报告

6. 验证距离Ⅱ段加速 0.95 倍定值动作行为

[44]（1）本次校验主要针对距离加速，所以状态一和状态二的参数设置可以采用差动、距离Ⅰ/Ⅱ段以及零序Ⅱ段进行动作设置。
（2）本操作指南只校验单相重合闸方式下的动作行为，所以相间故障不能对加速行为进行校验。

以模拟 B 相单相接地故障为例[44]，接地距离Ⅱ段加速保护动作，重合于故障状态，保护加速跳闸的试验过程，试验步骤如下。

（1）按继电保护测试仪工具栏“+”或“－”按键，确保状态数量为 4；

（2）状态输出中的电压电流设置如表 3-40 距离Ⅱ段加速 0.95 倍定值校验参数设置所示。

表 3-40　距离Ⅱ段加速 0.95 倍定值校验参数设置

参数 \ 状态	状态一（故障前）	状态二（故障）
U_A	57.735∠0°	57.735∠0°
U_B	57.735∠－120°	1.358∠－120°
U_C	57.735∠120°	57.735∠120°

续表

参数＼状态	状态一（故障前）	状态二（故障）
I_A	0	0
I_B	0	1∠156.02°
I_C	0	0
触发条件	按键触发	时间触发
开入类型		
试验时间		0.1
触发后延时	0	0
	状态三（重合）	状态四（故障）[45]
U_A	57.735∠0°	57.735∠0°
U_B	57.735∠−120°	6.79∠−120°
U_C	57.735∠120°	57.735∠120°
I_A	0	0°
I_B	0	1∠156.02°
I_C	0	0°
触发条件	时间触发	时间触发
开入类型		
试验时间	0.9	0.125
触发后延时	0	0

表3-40中，状态二（故障）设置方法与距离保护的校验中，验证0.95倍定值接地保护动作行为相似。

状态四B相电流幅值计算

$$U=mI(1+K)Z_j \tag{3-24}$$

式（3-24）中，设$I=1A$，K为零序补偿系数，$K=0.49$，Z_j表示距离Ⅱ段加速段定值，与距离保护Ⅱ段定值[46]相同，此处$Z_j=4.8\Omega$，$m=0.95$[47]。

B相电流相角计算

$$\Phi_U=\Phi_I+\Phi_1 \tag{3-25}$$

式（3-25）中Φ_U表示故障相电压，设B相电压相角

[45] 距离加速不经延时动作，状态四试验时间＝裕量时间＝0.1s。

[46] 即接地故障时，距离Ⅱ段加速段定值与接地距离Ⅱ段保护定值相同。相间故障时，距离Ⅱ段加速段定值与相间距离Ⅱ段保护定值相同。

[47] 状态二中故障相（A）相电压幅值由式（3-10）计算所得，正常相（B、C）电压幅值和相角与状态一相同，同理，当选择B或C相为故障相时，其他两相为正常相；单相接地故障时，故障相电压相角与发电机出口侧对应相电压相角相同，A项电压相角一般设为0°。若校验接地距离Ⅱ段定值，此处阻抗选择接地Ⅱ段定值$Z_{Ⅱ\Phi}=4.8\Omega$。同理，测试接地距离Ⅲ段时，选取$Z_{Ⅲ\Phi}=5.34\Omega$。

[48] 单相接地距离保护中，需要对线路的零序电流进行补偿，补偿前，电流滞后电压零序阻抗角，补偿后，电流相角滞后电压相角正序灵敏角。

[49] 由于单相重合时距离Ⅱ段加速延时为0ms，裕量100ms，实验时间为100ms。

为$-120°$，Φ_I表示故障相电流相角，Φ_1为线路正序灵敏角[48]，由装置定值中读取$\Phi_1=83.98°$ $\Phi_I=\Phi_U-\Phi_1=-120°-83.98°$。

表3-40中，状态四试验时间由式（3-36）计算所得

$$T_m=T_{jz}+\Delta T \tag{3-26}$$

式中 T_m——试验时间；

T_{jz}——距离Ⅱ段加速段时间定值为0.025s；

ΔT——时间裕度，一般取0.1s[49]。

（3）开出开入量无需设置。

（4）在工具栏中点击"▶"，或按键盘中"run"键开始进行试验。试验结束后，观察保护装置面板信息，待"异常"指示灯熄灭且"充电完成"指示灯亮起后。点击工具栏中"▶▶"按钮或在键盘上按"TAB"键切换故障状态。

（5）试验结束后观察保护动作结果，保护装置启动，距离Ⅱ段保护动作，B相故障，B相重合闸动作，距离加速动作，跳ABC三相。打印动作报告。其动作报文如图3-41所示。

PCS-931SAG-R 超高压输电线路成套保护装置整组动作报告

被保护设备：保护设备　　版本号：V6.01

管理序号：00480214.002　　打印时间：2021-09-17 17：33：01

序号	启动时间	相对时间	动作相别	动作元件
0055	2021-09-17 17：32：49：138	0000ms		保护启动
		0034ms	B	接地距离Ⅰ段动作
		0912ms		重合闸动作
		1047ms	ABC	距离加速动作
故障相电压	1.37V			
故障相电流	1.02A			
最大零序电流	1.03A			
最大差动电流	2.04A			
故障测距	10.20kM			
故障相别	B			

图3-41 距离Ⅱ段加速0.95倍定值校验动作报告

7. 验证距离加速Ⅱ段 1.05 倍定值动作行为

将式（3-24）中 m 取值 1.05，重新计算故障相电压幅值并输入状态四[50]，其他参数设置不变，重复验证距离Ⅱ段加速 0.95 倍定值动作行为操作步骤。状态输出中的电压电流设置如表 3-41 所示。

[50] 状态二参数不变，否则保护装置不跳闸，无法启动重合闸。

表 3-41　距离加速Ⅱ段 1.05 倍定值校验参数设置

参数＼状态	状态一（故障前）	状态二（故障）
U_A	57.735∠0°	57.735∠0°
U_B	57.735∠−120°	1.358∠−120°
U_C	57.735∠120°	57.735∠120°
I_A	0	0
I_B	0	1∠156.02°
I_C	0	0
触发条件	按键触发	时间触发
开入类型		
试验时间		0.1
触发后延时	0	0
	状态三（重合）	状态四（故障）[51]
U_A	57.735∠0°	57.735∠0°
U_B	57.735∠−120°	7.5∠−120°
U_C	57.735∠120°	57.735∠120°
I_A	0	0°
I_B	0	1∠156.02°
I_C	0	0°
触发条件	时间触发	时间触发
开入类型		
试验时间	0.9	0.1
触发后延时	0	0

[51] 距离加速不经延时动作，状态四试验时间＝裕量时间＝0.1s。

在工具栏中点击“▶”或按键盘中“run”键开始进行试验。试验结束后，观察保护装置面板信息，待“异常”指示灯熄灭且“充电完成”指示灯亮起后。点击工具栏中“▶▶”按钮或在键盘上按“TAB”键切换故障状态。试验结束后，观察保护动作结果，保护装置启动，仅距离Ⅱ段保护动作，B相重合闸动作，距离加速不动作。打印动作报告其动作报文如图3-42所示。

PCS-931SAG-R 超高压输电线路成套保护装置整组动作报告

被保护设备：保护设备　　版本号：V6.01

管理序号：00480214.002　　打印时间：2021-09-17 17：34：51

序号	启动时间	相对时间	动作相别	动作元件
0056	2021-09-17 17：34：35：595	0000ms		保护启动
		0035ms	B	接地距离Ⅰ段动作
		0911ms		重合闸动作
故障相电压	1.37V			
故障相电流	1.02A			
最大零序电流	1.03A			
最大差动电流	2.04A			
故障测距	10.20kM			
故障相别	B			

图3-42　距离Ⅱ段加速1.05倍定值校验动作报告

8. 验证0.7倍定值距离Ⅱ段加速动作行为

将式（3-24）中 m 取值1.05，重新计算故障相电压幅值并输入状态四[52]，其他参数设置不变，重复验证0.95倍定值距离Ⅱ段加速动作行为操作步骤。状态输出中的电压电流设置如表3-42所示。

[52] 状态二参数不变，否则保护装置不跳闸，无法启动重合闸。

[53] 距离加速不经延时动作，状态四试验时间＝裕量时间＝0.1s。

表3-42　距离Ⅱ段加速0.7倍定值校验参数设置

参数＼状态	状态一（故障前）	状态二（故障）[53]
U_A	57.735∠0°	57.735∠0°
U_B	57.735∠−120°	1.358∠−120°
U_C	57.735∠120°	57.735∠120°
I_A	0	0
I_B	0	1∠156.02°
I_C	0	0
触发条件	按键触发	时间触发
开入类型		
试验时间		0.1
触发后延时	0	0

续表

参数 \ 状态	状态一（故障前）	状态二（故障）[53]
U_A	57.735∠0°	57.735∠0°
U_B	57.735∠−120°	5.006∠−120°
U_C	57.735∠120°	57.735∠120°
I_A	0	0°
I_B	0	1∠156.02°
I_C	0	0°
触发条件	时间触发	时间触发
开入类型		或
试验时间	0.9	0.1
触发后延时	0	0

在状态四（加速）界面开入量选择栏打“√”选开入B，开入类型选择“或”。

在工具栏中点击“▶”或按键盘中“run”键开始进行试验。试验结束后，观察保护装置面板信息，待“异常”指示灯熄灭且“充电完成”指示灯亮起后。点击工具栏中“▶▶”按钮或在键盘上按“TAB”键切换故障状态。试验结束后，观察保护动作结果，保护装置启动，距离Ⅱ段保护动作，B相故障，B相重合闸动作，距离加速动作跳三相，在继保测试仪中读取开入状态四（加速段）开入B测量时间[54]，打印动作报告，其动作报文如图3-43所示。

[54] 取开入A、B、C三相最大值。

PCS-931SAG-R 超高压输电线路成套保护装置整组动作报告

被保护设备：保护设备　　版本号：V6.01

管理序号：00480214.002　　打印时间：2021-09-17 17：35：43

序号	启动时间	相对时间	动作相别	动作元件
0057	2021-09-17 17：35：24：859	0000ms		保护启动
		0035ms	B	接地距离Ⅰ段动作
		0912ms		重合闸动作
		1048ms	ABC	距离加速动作
故障相电压		1.37V		
故障相电流		1.02A		
最大零序电流		1.03A		
最大差动电流		2.04A		
故障测距		10.30kM		
故障相别		B		

图3-43　距离Ⅱ段加速0.7倍定值校验动作报告

3.5.5 试验记录

将上述试验结果记录至表 3-43 中，并根据表中空白项，选取故障相别和故障类型，重复试验过程，并将试验结果记录至表 3-43。

表 3-43　　单相重合闸及加速定值校验记录表

`	定值	检验值	故障相别		
			AN	BN	CN
单相重合闸动作时间	0.8s	—			
零序过流加速段	2A	1.05			
		0.95			
距离Ⅱ段加速	4Ω	1.05			
		0.95			
距离Ⅱ段加速	6Ω	1.05			
		0.95			

3.6 工频变化量阻抗保护校验

3.6.1 试验目的

对于 PCS-931 而言，相对一般的线路保护装置，还设置了工频变化量阻抗保护，要验证其精确性，即要验证工频变化量幅值$|U_{OP}|>U_Z$时，保护装置可靠动作；工频变化量幅值$|U_{OP}|<U_Z$时，保护装置不动作，U_Z为动作门槛值，可取主场前工作电压的记忆量。

对于故障电流 I_P及故障电压 U_P间的关系为

$$U_P = I_P(1+K)\ Z_{ZD} + (1-1.05m)U_N \tag{3-27}$$

式中　Z_{ZD}——工频变化量定值；

K——零序补偿系数；

U_P——二次额定电压。

需要验证以下内容。

(1) m=1.4 时，保护装置可靠动作。

(2) m=0.9 时，保护装置不动作。

3.6.2 试验准备（定值、控制字、压板）

1. 保护硬压板设置

退出保护装置上除“投检修状态”外所有的硬压板；

投入“距离保护投入”压板[55]；

PCS-931 压板状态如表 3-44 工频变化量阻抗保护硬压板设置所示。

[55] 距离保护压板投入，工频变化量阻抗保护出口才会开放。

表 3-44 工频变化量阻抗保护硬压板设置

压板名称	状态	压板名称	状态
A 相跳闸出口 1CLP1	退	投检修状态 1RLP9	投
B 相跳闸出口 1CLP2	退	通道 1 差动保护投入 1RLP1	退
C 相跳闸出口 1CLP3	退	通道 2 差动保护投入 1RLP2	退
		距离保护投入 1RLP3	投
A 相失灵启动 1CLP5	退	零序过流保护投入 1RLP4	退
B 相失灵启动 1CLP6	退	过电压保护投入 1RLP5	退
C 相失灵启动 1CLP7	退	远方跳闸保护投入 1RLP6	退
重合闸出口 1CLP8	退	沟通三跳 1RLP7	退

2. 保护软压板设置

在主画面状态下，按“▲”键可进入主菜单，通过“▲”“▼”选择子菜单，通过“▶”进入下一级子菜单，通过“◀”返回上一级子菜单。通过“确认”键选择子菜单。

软压板的设置路径为：“主菜单→运行操作→压板投退→功能软压板”。

按“▲”“▼”键选择相应的软压板，按“+”“−”键修改压板定值，按“确认”，输入口令“+◀▲−”固化压板定值。

令“距离保护”置 1，令其他软压板置 0[56]；

PCS-931 软压板状态如表 3-45 工频变化量阻抗保护硬压板设置所示。

[56] 距离保护软压板投入，工频变化量阻抗保护出口才会开放。

表 3-45　　工频变化量阻抗保护软压板设置

通道一差动保护	0	远方跳闸保护	0
通道二差动保护	0	过电压保护	0
距离保护	1	远方投退压板	0
零序过流保护	0	远方切换定值区	0
停用重合闸	0	远方修改定值	0

3. 定值与控制字设置

定值与控制字的设置路径为："主菜单→定值整定→保护定值"。

PCS-931定值如表3-46所示，确认工频变化量阻抗定值，确认线路正序灵敏角定值。

设置相应的控制字，确认投入公平变化量阻抗控制字且其他保护控制字退出。PCS-931控制字如表3-46所示。

按"▲""▼"键选择相应的控制字，按"+""-"键修改压板定值，经按"确认"，输入口令"+◀▲-"固化定值。

表 3-46　　工频变化量阻抗保护定值状态与控制字设置

定值参数名称	参数值	控制字名称	参数值
变化量启动电流定值	0.2A	电压取线路PT电压	0
零序启动电流定值	0.17A	距离保护Ⅰ段	0
线路正序阻抗定值	5Ω	距离保护Ⅱ段	0
线路正序灵敏角	83.98°	距离保护Ⅲ段	0
线路零序阻抗定值	4.56Ω	零序电流保护	0
线路零序阻抗角	72.28°	三相跳闸方式	0
接地距离Ⅰ段定值	0.96Ω	重合闸检同期方式	0
接地距离Ⅱ段定值	4.8Ω	重合闸检无压方式	0
接地距离Ⅱ段时间	0.5s	单相重合闸	1
接地距离Ⅲ段定值	5.34Ω	三相重合闸	0
接地距离Ⅲ段时间	1.5s	禁止重合闸	0
相间距离Ⅰ段定值	1.1Ω	停止重合闸	0
相间距离Ⅱ段定值	4.8Ω	工频变化量距离	1
相间距离Ⅱ段时间	0.5s	Ⅱ段保护闭锁重合闸	0
相间距离Ⅲ段定值	5.34Ω	多相故障闭锁重合闸	1
相间距离Ⅲ段时间	1.5s	—	—
零序补偿系数KZ	0.67	—	—
工频变化量阻抗	4Ω	—	—

3.6.3 试验接线

将测试仪装置接地端口与被试屏接地铜牌相连，其连接示意图如图 3-15 所示。

将测试仪电压交流回路连入保护屏柜相应的交流电压端子排，电压回路接线方式如图 3-16 所示。

将测试仪电流交流回路连入保护屏柜相应的交流电流端子排，电流回路接线方式如图 3-17 所示。

3.6.4 试验步骤

1. 启动“继保之星”，进入状态序列试验模块

按“继保之星”测试仪电源开关→点击桌面“继保之星”快捷方式→点击“状态序列”图标，进入状态序列试验模块。

2. 验证工频变化量幅值 $m=1.4$ 时，保护动作行为

以模拟 A 相单相接地故障为例，校验工频变化量阻抗定值，试验步骤如下：

(1) 按继电保护测试仪工具栏“+”或“−”按键，确保状态数量为 2。

(2) 状态输出中的电压电流设置如表 3-47 所示。

表 3-47 工频变化量幅值 $m=1.4$ 时参数设置

参数＼状态	状态一（故障前）[57]	状态二（故障）[58]
U_A	57.735∠0°	12.945∠0°
U_B	57.735∠−120°	57.735∠−120°
U_C	57.735∠120°	57.735∠120°
I_A	0	6∠−83.98°
I_B	0	0
I_C	0	0
触发条件	按键触发	时间触发
开入类型		
试验时间		0.1
触发后延时	0	0

[57] 状态一模拟一次系统正常运行状态下的 TV/TA 二次值，所以电压为额定电压，电流为 0。

[58] (1) 设定电流时，可能会出现因为定值太小，导致计算出的 UP 为负值，此时需要增加设定电流值 IP 使 UP 为正值。
(2) 设置故障电流滞后故障电压一个正序灵敏角。

设定电流 $I_P=6A$，零序补偿系数 $K=0.67$，$m=1.4$，$U_N=573\ 735V$。表 3-15 中，A 相电压幅值由式（3-27）计算。

（3）开出、开入量无需设置。

（4）在工具栏中，点击“▶”或按键盘中“run”键开始进行试验。试验结束后，观察保护装置面板信息，待“异常”指示灯熄灭且“充电完成”指示灯亮起后。点击工具栏中“▶▶”按钮或在键盘上按“TAB”键切换故障状态。

（5）试验结束后，观察保护动作结果，保护装置启动，工频变化量阻抗动作，A 相故障，跳 A 相。打印动作报告，其动作报文如图 3-44 所示。

PCS-931SA-G-R 超高压输电线路成套保护装置（G9）整组动作报告

被保护设备：保护设备　　版本号：V6.01
管理序号：00480214.002　　打印时间：2021-12-09 13：47：52

序号	启动时间	相对时间	动作相别	动作元件
0118	2021-12-09 13：47：16：210	0000ms		保护启动
		0009ms	A	工频变化量阻抗动作
		0913ms		重合闸动作
故障相电压	12.94V			
故障相电流	6.00A			
最大零序电流	6.00A			
最大差动电流	12.01A			
故障测距	3.30kM			
故障相别	A			

图 3-44　工频变化量幅值 $m=1.4$ 保护动作报告

3. 验证工频变化量幅值 $m=0.9$ 时，保护动作行为

将式（3-27）中，m 取值 0.9，重新计算故障相电压幅值并输入，其他参数设置不变，重复验证工频变化量幅值 $m=1.4$ 时，保护动作行为操作步骤。状态输出中的电压电流设置如表 3-48 所示。

表 3-48　　工频变化量幅值 $m=0.9$ 时参数设置

参数 \ 状态	状态一（故障前）	状态二（故障）
U_A	57.735∠0°	43.255∠0°
U_B	57.735∠−120°	57.735∠−120°
U_C	57.735∠120°	57.735∠120°
I_A	0	6∠−83.98°

续表

参数＼状态	状态一（故障前）	状态二（故障）
I_B	0	0
I_C	0	0
触发条件	按键触发	时间触发
开入类型		
试验时间		0.1
触发后延时	0	0

在工具栏中，点击“▶”或按键盘中“run”键开始进行试验。试验结束后，观察保护装置面板信息，待“异常”指示灯熄灭且“充电完成”指示灯亮起后。点击工具栏中“▶▶”按钮或在键盘上按“TAB”键切换故障状态；试验结束后，观察保护动作结果，保护装置仅启动。打印动作报告，其动作报文如图 3-45 所示。

PCS-931SA-DA-G-R 超高压输电线路成套保护装置整组动作报告

被保护设备：保护设备　　版本号：V6.01
管理序号：00480214.002　　打印时间：2021-12-09 13：49：19

序号	启动时间	相对时间	动作相别	动作元件
0119	2021-12-09 13：49：05：620	0000ms		保护启动

图 3-45　工频变化量幅值 $m=0.9$ 保护动作报告

3.6.5　试验记录

将上述试验结果记录至表 3-49 中，并根据表中空白项，选取故障相别和故障类型，重复实验步骤，并将试验结果记录至表 3-49 单相重合闸及加速定值校验记录表中。

表 3-49　工频变化量阻抗保护校验记录表

—	定值	检验值	故障相别		
			AN	BN	CN
工频变化量阻抗	4Ω	$m=1.4$			
		$m_m=0.9$			

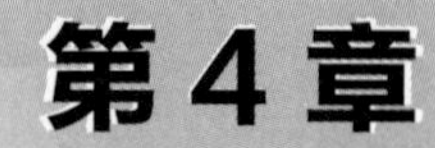

第4章

母线保护装置校验

4.1 母线保护的配置

母线发生故障的概率较线路低，但故障的影响面很大。这是因为母线上通常连有较多的电气元件，母线故障将使这些元件停电，从而造成大面积停电事故，并可能破坏系统的稳定运行，使故障进一步扩大，可见母线故障是最严重的电气故障之一，因此利用母线保护清除和缩小故障造成的后果，是十分必要的。

母线保护总的来说可以分为两大类型：利用供电元件的保护来保护母线；装设母线保护专用装置。

一般来说母线故障可以利用供电元件的母线保护来切除，如图 4-1 所示。

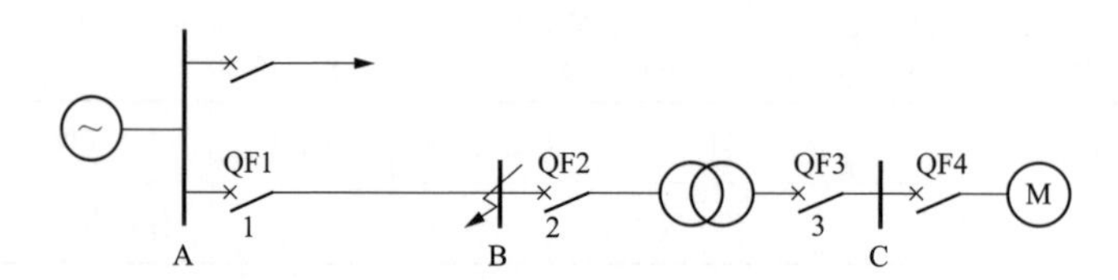

图 4-1　利用供电元件的母线保护

利用供电元件的保护构成的母线保护如图 4-1 所示，图中 B 处的母线故障可由 QF1 处的第Ⅱ或Ⅲ段、QF2 和 QF3 处的发电机、变压器的过流保护切除。

这种保护的缺点是延时太长，当采用双母线或单母线分段运行时，保护将无选择性地动作。因此，在下列情况下应装设专门的母线保护。

(1) 对 220～500kV 母线，应装设能快速有选择地切除故障的母线保护。对 1 个半断路器接线，每组母线宜装设两套母线保护。

(2) 110kV 双母线、110kV 单母线、重要发电厂或 110kV 以上重要变电站的 35～66kV 母线，需要尽快切除母线上的故障。

(3) 35～66kV 电网中，主要变电站的 35～66kV 双母线或分段单母线需快速而有选择地切除一段或一组母线上的故障，以保证系统安全稳定运行和可靠供电。

（4）对于发电厂和变电站的3～10kV分段母线及并列运行的双母线，需快速而有选择地切除一段或一组母线上的故障，以保证可靠供电。

（5）线路断路器不允许切除线路电抗器前的短路时，需装设专用的母线保护切除线路电抗器前的短路故障。母线保护应特别强调其可靠性，并尽量简化结构。对电力系统的单母线和双母线保护采用差动保护一般可以满足要求，所以得到广泛应用。

不管母线上连接元件多少，实现差动保护的基本原则仍然是适用的，即

1）正常运行和区外故障时，在母线上的所有连接元件中，流入与流出的电流相等，即$\Sigma\dot{I}=0$。

2）母线故障时，所有元件都向故障点供给短路电流或流出残余负荷电流，按照基尔霍夫电流定律，所有电流的总和应等于故障点的短路电流，即$\Sigma\dot{I}=\dot{I}_{F}$，故障电流大于保护动作电流时，保护动作。

3）从每个连接元件的相位上看，正常运行和区外故障时，流入、流出电流反相位；母线故障时，所有电流同相位。

由于母线保护关联到母线上的所有出线元件，因此，在设计母线保护时，还应考虑与其他保护及自动装置的配合：①当母线发生短路故障或母线上故障断路器失灵时，为使线路对侧的闭锁式高频保护迅速作用于跳闸，母线保护动作后应使本侧的收发信机停信；②当发电厂或重要变电站母线上发生故障时，为防止线路断路器对故障母线进行重合，母线保护动作后应闭锁线路重合闸；③在母线发生短路故障而某一断路器失灵或故障点在断路器与电流互感器之间时，为使失灵保护能可靠切除故障，在母线保护动作后，应立即去启动失灵保护；④当母线保护区内发生故障时，为使线路对侧断路器能可靠跳闸，母线保护动作后，应短接线路纵差保护的电流回路，使其可靠动作，切除对侧断路器。

4.2 500kV微机母线保护装置的校验

大机组采用发电机变压器组的单元接线方式，变压器高压侧电压等级为500，500kV母线采用一个半断路器的接线方式。PCS-915C-G是目前国内

500kV 母线广泛使用的一种母线保护装置，本节以该装置为例，介绍其调试内容及方法。

4.2.1 装置介绍

1. 比率差动元件

PCS-915C-G 采用常规比率差动元件，动作判据为

$$\begin{cases} \left|\sum_{j=1}^{m} I_{\mathrm{j}}\right| > I_{\mathrm{cdzd}} \\ \left|\sum_{j=1}^{m} I_{\mathrm{j}}\right| > K\sum_{j=1}^{m}\left|I_{\mathrm{j}}\right| \end{cases} \tag{4-1}$$

式中 K 为比率制动系数，固定取 0.5；I_{j} 为第 j 个连接元件的电流；I_{cdzd} 为差动电流动作定值。

PCS-915C-G 比率差动元件动作特性曲线如图 4-2 所示。

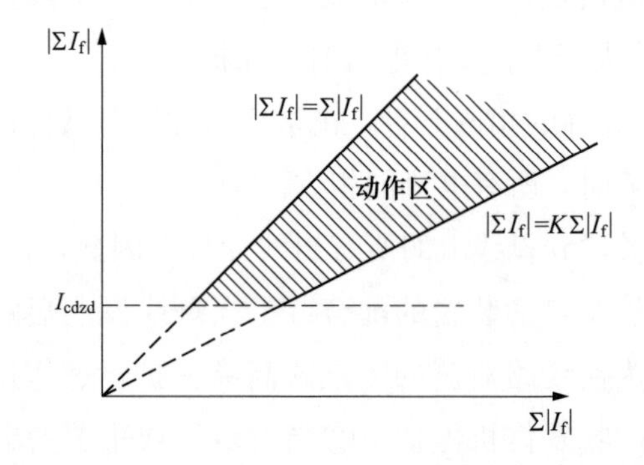

图 4-2 PCS-915C-G 比率差动元件动作特性曲线

2. 差动保护逻辑框图

PCS-915C-G 是目前国内 500kV 母线广泛使用的一种母线保护装置，该装置采用常规比率差动保护，没有复合电压闭锁逻辑。母线差动保护的逻辑框图如图 4-3 所示（以Ⅰ母为例）。

3. 失灵保护

该装置与一个半开关的断路器失灵保护配合，完成失灵保护的联跳功能。当母线所连接的某个断路器失灵时，该断路器的失灵保护动作接点提供给该装置。该装置检测到此接点动作时，经 50ms 固定延时联跳母线的各个连接元件。为防止误动，在失灵联跳逻辑中加入了失灵扰动就地判据。失灵保护的逻辑框图如图 4-4 所示。

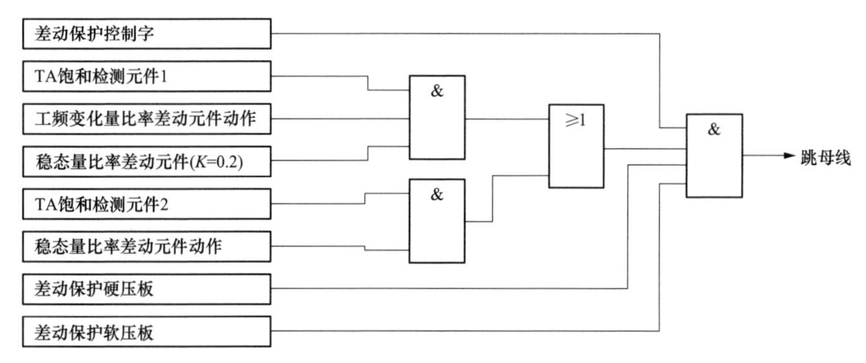

图 4-3 母线差动保护的逻辑框图

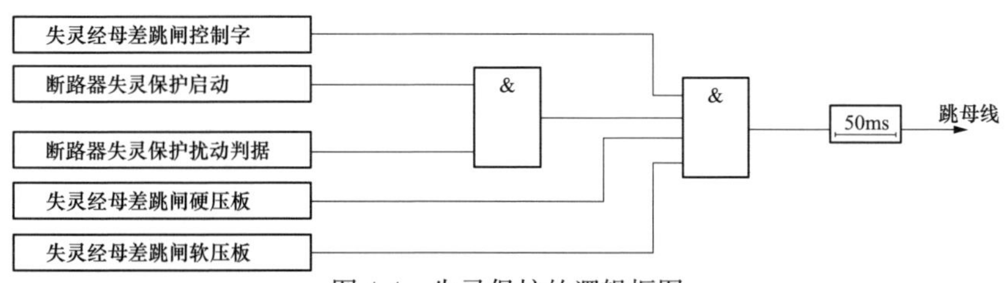

图 4-4 失灵保护的逻辑框图

灵扰动就地判据：由于 3/2 接线失灵联跳无电压闭锁等闭锁逻辑，为防止失灵接点误碰或直流电源异常时，而失灵就地电流判据又躲不过负荷电流的情况下失灵联跳误动，专门设计了失灵扰动就地判据。

（1）稳态判据。

$$\begin{cases} I_{\phi} > 1.1I_{n}\text{ 或 }|3I_0 - 3I_{0p}| > 0.03I_{n}\text{，展宽 5s} \\ \text{或失灵启动前 }3I_0 < 0.08I_{n}\text{，且失灵启动后 }3I_0 > 0.1I_{n} \\ \text{或失灵启动前 }3I_2 < 0.08I_{n}\text{，且失灵启动后 }3I_2 > 0.1I_{n} \end{cases} \tag{4-2}$$

式中 I_{ϕ}——相电流；

I_{n}——二次额定电流；

$3I_{0p}$——30s 前的 $3I_0$ 的值。

（2）暂态判据：$\sum|\Delta i| > 0.2I_{n}$，展宽 5s。只有在检测到电网有扰动时，失灵联跳才有可能动作，大大提高了失灵联跳的安全性。

4.2.2 试验说明

本节以 PCS-915C-G 母线保护装置为例，介绍母线保护装置的试验方法和步骤。调试主要包括差动保护、失灵保护、TA 断线告警/闭锁校验。继电保护测试仪采用继保之星－1200。

BP-2CS 母线保护装置也是国内广泛应用的一种母线保护装置，该装置的试验方法和步骤，可参考本节内容，不同之处详见本节对 BP-2CS 的具体说明。

1. 运行方式

本节介绍的 PCS-915C-G 母线保护装置，支路 2、3、14 用于变压器，支路 4-13、4-16 用于线路。

本章的调试内容设定初始运行方式如下：一个半断路器接线方式，支路 4（线路 1）、支路 5（线路 2）运行于Ⅰ母，主接线如图 4-5 所示。

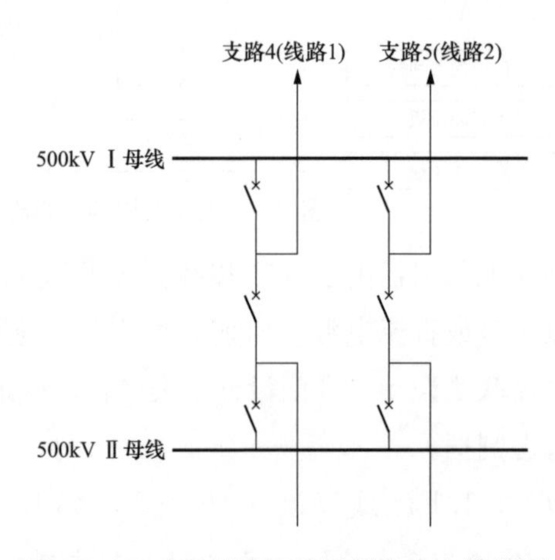

图 4-5　500kV 母线初始运行方式主接线图

本节根据该运行方式，介绍试验接线和参数设置等试验准备工作。其他小节的试验中，如果运行方式变化，需要相应修改试验接线和参数设置等内容，具体修改将在后续内容中详细说明。

PCS-915 保护装置对 TA 极性的要求支路 TA 的同名端在母线侧，母联 1TA 同名端在Ⅰ母侧[1]。BP-2CS 保护装置对 TA 极性的要求支路 TA 的同名端在母线侧，母联 1TA 同名端在Ⅱ母侧[2]。

[1] 这里的Ⅱ母对应本站 SCD 的Ⅱ母 A 段。

[2] 这里的Ⅰ母对应本站 SCD 的Ⅰ母。

2. 基本设置

本章试验的系统参数设置如表 4-1 所示。查看保护装置系统参数步骤：菜单选择→定值设置→保护定值→设备参数定值。

需要注意的是，设备参数、软压板、控制字、定值的设置均在装置“整定定值”菜单中完成，用户密码为“加左上减”。

表 4-1　　保护装置系统参数

序号	描述	实际值
1	定制区号	1
2	被保护设备	南瑞母线保护
3	支路 01TA 一次值	1000A
4	支路 01TA 二次值	1A
5	支路 02TA 一次值	1000A
6	支路 02TA 二次值	1A
7	支路 03TA 一次值	1000A
8	支路 03TA 二次值	1A
9	支路 04TA 一次值	1000A
10	支路 04TA 二次值	1A
11	支路 05TA 一次值	1000A
12	支路 05TA 二次值	1A
13	支路 06TA 一次值	1000A
14	支路 06TA 二次值	1A
15	支路 07TA 一次值	1000A
16	支路 07TA 二次值	1A
17	支路 08TA 一次值	1000A
18	支路 08TA 二次值	1A
19	支路 09TA 一次值	1000A
20	支路 09TA 二次值	1A
21	支路 10TA 一次值	1000A
22	支路 10TA 二次值	1A
23	支路 11TA 一次值	1000A
24	支路 11TA 二次值	1A
25	支路 12TA 一次值	1000A
26	支路 12TA 二次值	1A
27	基准 TA 一次值	1000A
28	基准 TA 二次值	1A

4.2.3 母线区外故障校验

1. 试验目的

区外故障，校验母线差动保护的动作情况。

本试验选择支路 4（线路 1）、支路 5（线路 2）进行试验，运行方式如图 4-26 所示。分别加入大小相等、方向相反的 1.2 倍“差动保护启动电流定值”，验证保护的动作情况。

2. 试验准备

（1）母线保护装置硬压板设置。投入“检修状态投入”硬压板、“1QLP1 差动保护投入”硬压板。确认其他硬压板均在退出位置。

（2）母线保护装置软压板设置。差动保护软压板整定为“1”，其余软压板均设置为 0。

（3）母线保护装置定值与控制字设置。差动保护控制字整定为“1”，差动电流启动值整定为 0.3A。

母线保护定值与控制字设置如表 4-2 所示。

[3] 为了防止 TA 断线闭锁差动保护，此处可以将 TA 断线闭锁定值设置的大一点。

表 4-2　　母线保护定值与控制字设置

序号	定值名称	设定值		名称	设定值
1	差动保护启动电流定值	0.3A	控制字	差动保护	1
2	TA 断线告警定值	3A[3]		失灵保护	0
3	TA 断线闭锁定值	5A			

3. 试验接线

（1）测试仪接地。将测试仪装置接地端口与被试屏接地铜牌相连[4]，如图 4-6 所示。

[4] 地线需接至装置铜牌，不能接至装置外壳，防止外壳地线和装置接地铜牌虚接，造成测试仪无接地。

（2）电压回路接线。本试验项目无需电压回路接线。

（3）电流回路接线。I_A 对应支路 4（线路 1）的 A 相电流，I_B 对应支路 5（线路 2）的 A 相电流，如图 4-7 所示。

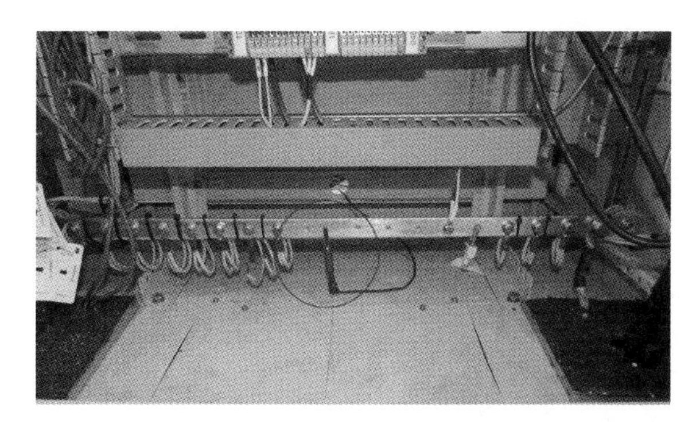

图 4-6 继电保护测试仪接地示意图

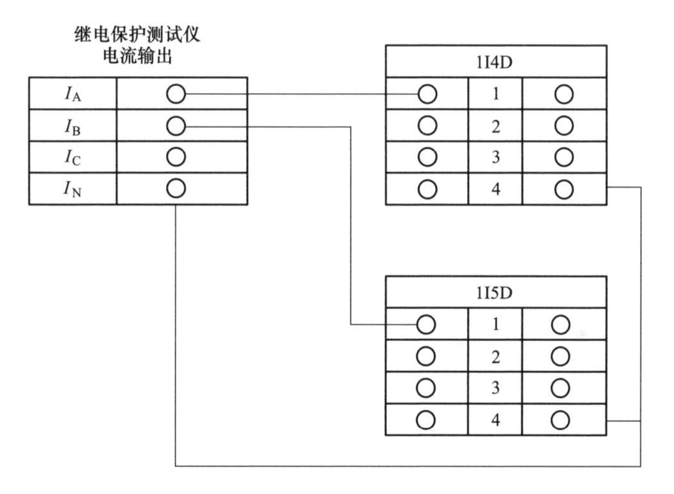

图 4-7 模拟区外故障时端子排电流回路接线图

(4) 开入开出回路接线本试验项目无需开入、开出回路接线。

4. 试验步骤

(1) 试验计算。差动保护启动电流定值为 0.3A，二次电流额定值为 I_N 为 1A。

模拟Ⅰ母区外故障，向线路 1 加入电流 0.3×1.2=0.36A∠0°，向线路 2 加入电流 0.3×1.2=0.36A∠180°。

(2) 试验加量。

1) 点击桌面“继保之星”快捷方式→点击“状态序列”图标，进入状态序列试验模块，按菜单栏中的“+”或“−”按键，设置状态数量为 2。

2) 各状态中的电压、电流设置见表 4-3 所示。

表 4-3　　模拟区外故障试验参数设置

参数＼状态	状态一（故障前）	状态二（故障）
—	—	1.2 倍定值
U_a/V	0	0
U_b/V	0	0
U_c/V	0	0
I_A/A	0	0.36∠0°
I_B/A	0	0.36∠180°
I_C/A	0	0
触发条件	按键触发	时间触发
试验时间/s		0.1
触发后延时/s	0	0

（3）在工具栏中点击“▶”或按键盘中“run”键开始进行试验。观察保护装置面板信息，显示面板“报警”指示灯灭后，点击工具栏中“▶▶”按钮，或在键盘上按“Tab”键切换故障状态。

5. 试验记录

试验的动作报文如图 4-8 所示。

PCS-915C-G 母线保护整组动作报告

被保护设备：设备编号　　版本号：V2.61
管理序号：00428456.001　　打印时间：2021-07-07 17：01：32

序号	启动时间	相对时间	动作相别	动作元件
0959	2021-07-07 17：01：05：061	0000ms		保护启动
最大差电流		0A		

图 4-8　区外故障差动保护启动定值试验报告

6. 试验分析

当支路 4（线路 1）和支路 5（线路 2）上加大小相等方向相反的电流时，Ⅰ母差动电流为 0，装置判断为区外故障，从报告可以看出，保护可靠不动作。

4.2.4　母线差动保护校验

母线差动保护校验包括三项试验内容：①启动电流定值准确度；②比率

差动动作特性曲线；③比率差动动作时间。下面进行分别介绍。

4.2.4.1 启动电流定值准确度

1. 试验目的

校验启动电流定值准确度。

选取Ⅰ母线上支路4（线路1）进行试验，运行方式如图4-26所示。分别加入0.95倍和1.05倍“差动保护启动电流定值”，验证保护的动作情况。

2. 试验准备

（1）母线保护装置硬压板设置。投入“检修压板”“1QLP1差动保护投入”硬压板。确认其余硬压板均在退出位置。

（2）母线保护装置软压板设置。差动保护软压板整定为“1”，其余软压板均设置为0。

（3）母线保护装置定值与控制字设置。差动保护控制字整定为“1”，差动电流启动值整定为0.3A。

定值与控制字设置如表4-2所示。

3. 试验接线

本试验选择线路1进行试验。

试验接线同“4.5.3母线区外故障试验”接线。

4. 试验步骤

（1）试验计算。差动保护启动电流定值为0.3A，二次电流额定值为I_N为1A。

模拟Ⅰ母区内故障，向线路1分别加入电流0.3×0.95＝0.285A和0.3×1.05＝0.315A

（2）试验加量。

1）点击桌面“继保之星”快捷方式→点击“状态序列”图标，进入状态序列试验模块，按菜单栏中的“＋”或“－”按键，设置状态数量为2。

2）各状态中的电压、电流设置见表4-4所示。

表4-4 启动电流定值准确度（小差比率制动特性）参数设置

参数＼状态	状态一（故障前）	状态二（故障）	
		1.05倍定值	0.95倍定值
U_a/V	0	0	0
U_b/V	0	0	0
U_c/V	0	0	0

续表

参数 \ 状态	状态一（故障前）	状态二（故障）	
I_A/A	0	0.315∠0°	0.285∠0°
I_B/A	0	0	0
I_C/A	0	0	0
触发条件	按键触发	时间触发	时间触发
试验时间/s		0.1	0.1
触发后延时/s	0	0	0

（3）在工具栏中点击“▶”，或按键盘中“run”键开始进行试验。观察保护装置面板信息，显示面板“报警”指示灯灭后，点击工具栏中“▶▶”按钮，或在键盘上按“Tab”键切换故障状态。

5. 试验记录

两次试验的动作报文如图 4-9 所示。

PCS-915C-G 母线保护整组动作报告

被保护设备：设备编号　　版本号：V2.61

管理序号：00428456.001　　打印时间：2021-07-07 16：59：54

序号	启动时间	相对时间	动作相别	动作元件
0958	2021-07-07 16：58：04：636	0000ms		保护启动
		0025ms	A	稳态量差动跳Ⅰ母
				Ⅰ母差动动作
				线路 1，线路 2
保护动作相别				A
最大差电流				0.32A

（a）1.05 倍差动保护启动定值

PCS-915C-G 母线保护整组动作报告

被保护设备：设备编号　　版本号：V2.61

管理序号：00428456.001　　打印时间：2021-07-07 17：01：32

序号	启动时间	相对时间	动作相别	动作元件
0959	2021-07-07 17：01：05：061	0000ms		保护启动
最大差电流		0.28A		

（b）0.95 倍差动保护启动定值

图 4-9　差动保护启动定值试验动作报文

6. 试验分析

当线路 1 电流为 1.05 倍差动保护启动定值时，Ⅰ母区内故障，从图 4-30（a）中可以看出，保护可靠动作，切除Ⅰ母上所有支路。

当线路 1 电流为 0.95 倍差动保护启动定值时，Ⅰ母区内故障，从图 4-40（b）可以看出，保护可靠不动作。

差动保护逻辑正确，差动保护启动定值为 0.3A，误差不大于 5.0%，满足规程要求。

4.2.4.2 比率差动动作特性曲线启动电流定值准确度

1. 试验目的

校验比率差动动作特性曲线启动电流定值准确度。选取Ⅰ母线上支路 4（线路 1）和支路 5（线路 2）进行试验，运行方式如图 4-26 所示。加入大小相等、方向相反的电流，然后增大线路 1 电流，同时减小线路 2 电流，保持 I_r 不变，直到保护动作，记录动作电流，取不同的点，做 2～3 次试验，计算 K 值。

2. 试验准备

（1）母线保护装置硬压板设置。参考本书 4.2.4 中校验启动电流定值准确度的设置。

（2）母线保护装置软压板设置。参考本书 4.2.4 中校验启动电流定值准确度的设置。

（3）母线保护装置定值与控制字设置。参考本书 4.2.4 中校验启动电流定值准确度的设置。

3. 试验接线

本试验选择线路 1、线路 2 进行试验。

试验接线同“4.2.3 母线区外故障校验”接线。

4. 试验步骤

（1）试验计算。差动保护启动电流定值为 0.3A，二次电流额定值为 I_N 为 1A。本试验模拟Ⅰ母区内故障，不同 TA 变比，计算公式为：$I_{测*}$ 支路变比＝$I_{计*}$ 基准变比。

当 I_r＝0.6A 时，线路 1 电流 I_1 初始值设定为 0.30∠0°A，线路 2 电流 I_2 初始值设定为 0.30∠180°A，I_1 增大，I_2 减小，步长均为 0.01A。

当 I_r＝1A 时，线路 1 电流 I_1 初始值设定为 0.50∠0°A，线路 2 电流 I_2 初

始值设定为0.50∠180°A，I_1增大，I_2减小，步长均为0.01A。

（2）试验加量。

1）点击桌面“继保之星”快捷方式→点击“交流试验”图标，进入交流试验模块。

2）各状态中的电压、电流设置见表4-5所示。

表4-5　　比率差动特性曲线校验参数设置

—	电压/电流值		变量	步长
	I_r=0.6A	I_r=1A		
	I_r=0.8A	I_r=1.2A	变	步长
U_a/V	0	0		
U_b/V	0	0		
U_c/V	0	0		
I_A/A	0.3∠0°	0.5∠0°	√	+0.01
I_B/A	0.3∠180°	0.5∠180°	√	−0.01
I_C/A	0	0		
是否变化	是	是		
停止方式	动作停止	动作停止		

3）在工具栏中点击“▶”，或按键盘中“run”键开始进行试验。观察保护装置面板信息，记录动作后的情况，如表4-6所示。

表4-6　　比率差动特性曲线校验参数设置

电流值／电流比	电流值	
	I_r=0.6A	I_r=1A
I_4/I_A	0.451	0.751
I_5/I_B	0.149	0.249

5. 试验记录

两次试验的动作报文如图4-10所示。

6. 试验分析

绘制比例差动动作曲线图，大差高值计算方法如表4-7所示。

PCS-915C-G 母线保护整组动作报告

被保护设备：设备编号　　版本号：V2.61
管理序号：00428456.001　　打印时间：2021-07-07 16：59：54

序号	启动时间	相对时间	动作相别	动作元件
0958	2021-07-07 16：58：04：636	0000ms		保护启动
		0025ms	A	稳态量差动跳Ⅰ母
				Ⅰ母差动动作
				线路1，线路2
保护动作相别				A
最大差电流				0.302A

(a) 比率差动特性曲线校验试验报告（I_r=0.6A）

PCS-915C-G 母线保护整组动作报告

被保护设备：设备编号　　版本号：V2.61
管理序号：00428456.001　　打印时间：2021-07-07 17：01：32

序号	启动时间	相对时间	动作相别	动作元件
0958	2021-07-07 16：58：04：636	0000ms		保护启动
		0025ms	A	稳态量差动跳Ⅰ母
				Ⅰ母差动动作
				线路1，线路2
保护动作相别				A
最大差电流				0.502A

(b) 比率差动特性曲线校验试验报告（I_r=1A）

图 4-10　试验动作报文

表 4-7　　大差高值计算方法

$I_r=0.6A$	$I_r=1A$
$I_r=\|I_4\|+\|I_5\|=0.451+0.149=0.6A$	$I_r=\|I_4\|+\|I_5\|=0.249+0.751=1A$
$I_d=\|I_4-I_5\|=0.451-0.149=0.302A$	$I_d=\|I_4-I_5\|=0.751-0.249=0.502A$
$K=\frac{I_d}{I_r}=\frac{0.302}{0.6}=0.5$	$K=\frac{I_d}{I_r}=\frac{0.502}{1}=0.5$

绘制归算到基准TA二次值下的比率差动动作特性曲线与装置说明书“比率制动系数固定取0.5”一致。

4.2.4.3　母线差动保护动作时间

1. 试验目的

校验母线差动保护的动作时间。

本试验选择线路 1 进行试验，运行方式如图 4-26 所示。差动电流定值整为 $1.0I_N$。设置故障电流，使得差动电流达到 2 倍的差流定值，测定保护动作时间。

2. 试验准备

（1）母线保护装置硬压板设置。同本书 4.2.4 中校验启动电流定值准确度的设置。

（2）母线保护装置软压板设置。同本书 4.2.4 中校验启动电流定值准确度的设置。

（3）母线保护装置定值与控制字设置。同本书 4.2.4 中校验启动电流定值准确度的设置。

3. 试验接线

（1）测试仪接地、电流回路、电压回路接线同“4.2.3 母线区外故障试验”接线。

（2）开入开出回路接线。本试验测定保护装置出口动作时间，需进行开入回路接线，具体开入回路接线方法如图 4-11 所示。

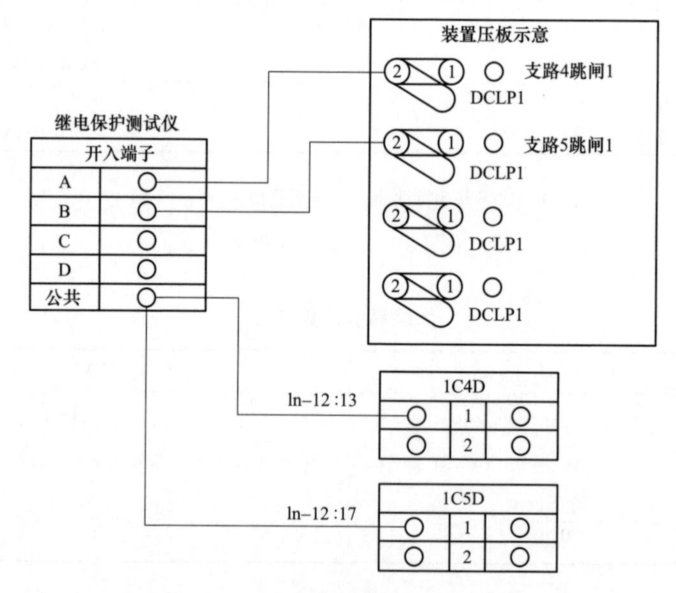

图 4-11　出口时间测试用开入接线图

4. 试验步骤

（1）试验计算。差动保护启动电流定值为 0.3A，二次电流额定值为 I_N 为 1A。模拟 Ⅰ 母区内故障，设定线路 1 电流为 $2\times1.0I_N=2.0I_N=2A$。

（2）试验加量。

1）点击桌面“继保之星”快捷方式→点击“交流试验”图标，进入交流试验模块。

2）各状态中的电压、电流设置见表 4-8 所示。

表 4-8　　差动保护动作时间校验参数设置

参数	加量	变	步长
U_a/V	0		
U_b/V	0		
U_c/V	0		
I_A/A	0		
I_B/A	2∠0°		
I_C/A	0		
变化方式	自动减少	√	0.01
动作方式	动作返回[5]		

[5] 将动作方式设置为动作返回，则保护装置动作后，自动减小电流，直到保护装置返回，停止加量。

3）在工具栏中点击“▶”或按键盘中“run”键开始进行试验。

5. 试验记录

差动保护动作时间试验动作报文如图 4-12 所示。

PCS-915A-G 母线保护装置整组动作报告

被保护设备：保护设备　　版本号：V2.61

管理序号：00428456.001　　打印时间：2021-07-07 18：58：50

序号	启动时间	相对时间	动作相别	动作元件
0970	2021-07-07 18：58：04：636	0000ms		保护启动
		0025ms	A	稳态量差动跳Ⅰ母
				Ⅰ母差动动作
				线路 1，线路 2
保护动作相别				A
最大差电流				2.0A

图 4-12　差动保护动作时间验动作报告

从测试仪上记录动作时间如表 4-9 所示。

表 4-9　　测试仪上记录动作时间

	开入量	动作时间	返回时间	映射对象
1	开入 A	11.1ms	15.7ms	支路 4 保护跳闸
2	开入 B	11.1ms	15.7ms	支路 5 保护跳闸

6. 试验分析

差动保护无延时瞬时动作。从表 4-9 可以看出，11.1ms 差动保护动作，跳开母联断路器，跳开故障母线Ⅰ母，动作时间不大于 20ms；15.7ms 保护动作返回，返回时间小于 30ms 满足规程要求。

4.2.5　失灵保护校验

1. 试验目的

模拟外部启动失灵，母线的动作情况。

选取Ⅰ母线上线路 1 进行试验，模拟失灵启动开入信号，在线路 1 上加入额定电流，验证保护的动作情况。

2. 试验准备

（1）母线保护装置硬压板设置。投入“检修状态投入”硬压板、“失灵保护”硬压板。确认其他硬压板均在退出位置。

（2）母线保护装置软压板设置。失灵保护软压板整定为“1”，其余软压板均设置为 0。

（3）母线保护装置定值与控制字设置。失灵保护控制字整定为“1”，差动电流启动值整定为 0.3A。

定值与控制字设置如表 4-10 所示。

表 4-10　　母线保护定值与控制字设置

序号	定值名称	设定值		名称	设定值
1	差动保护启动电流定值	0.3A	控制字	差动保护	0
2	TA 断线告警定值	3A[6]		失灵保护	1
3	TA 断线闭锁定值	5A			

[6] 为了防止 TA 断线闭锁差动保护，此处可以将 TA 断线闭锁定值设置的大一点。

3. 试验接线

本试验选择线路 1、线路 2 进行试验。

(1) 测试仪接地、电流回路、电压回路接线同本书“4.2.3 母线区外故障试验”接线。

(2) 开入开出回路接线。

本试验需用测试仪模拟线路支路启动失灵开出给保护装置，具体接线如图 4-13 所示。

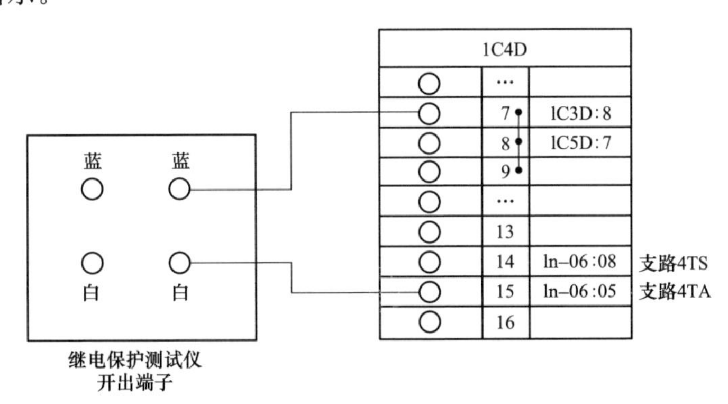

图 4-13 失灵保护开入开出接线

4. 试验步骤

(1) 试验计算。差动保护启动电流定值为 0.3A，二次电流额定值为 I_N 为 1A。

模拟线路 1 启动失灵，向线路 1 加入电流 $1\times1=1\angle0^\circ$。

(2) 试验加量。

1) 点击桌面“继保之星”快捷方式→点击“状态序列”图标，进入状态序列试验模块，按菜单栏中的“+”或“−”按键，设置状态数量为 2。

2) 各状态中的电压、电流设置见表 4-11。

表 4-11 失灵保护参数设置

参数＼状态	状态一（故障前）	状态二（故障）
U_a/V	0	0
U_b/V	0	0
U_c/V	0	0
I_A/A	0	$1\angle0^\circ$

续表

参数 \ 状态	状态一（故障前）	状态二（故障）
I_B/A	0	0
I_C/A	0	0
触发条件	按键触发	时间触发
试验时间/s		0.1
触发后延时/s	0	0
开出	0	合

3）在工具栏中点击“▶”，或按键盘中“run”键开始进行试验。观察保护装置面板信息，显示面板“报警”指示灯灭后，点击工具栏中“▶▶”按钮，或在键盘上按“Tab”键切换故障状态。

5. 试验记录

试验的动作报文如图 4-14 所示。

PCS-915C-G 母线保护整组动作报告

被保护设备：设备编号　　版本号：V2.61

管理序号：00428456.001　　打印时间：2021-07-07 17：01：32

序号	启动时间	相对时间	动作相别	动作元件
0970	2021-07-07 18：58：04：636	0000ms		保护启动
		0053ms	A	失灵跳Ⅰ母
				线路 1，线路 2
保护动作相别				A
最大差电流				1.0A

图 4-14　失灵保护试验报告

6. 试验分析

线路 1 启动失灵，线路 1 的电流满足就地判据，切除相应母线的全部连接元件，动作逻辑正确。

4.2.6　TA 断线校验

1. 试验目的

（1）校验 TA 断线告警，装置的动作行为。

（2）校验 TA 断线闭锁，装置的动作行为。

选取Ⅰ母线上线路 1 进行试验，加入 1.05 倍“TA 断线告警电流定值”，验证保护的动作情况。

2. 试验准备

（1）母线保护装置硬压板设置。同本书4.2.4中校验启动电流定值准确度的设置。

（2）母线保护装置软压板设置。同本书4.2.4中校验启动电流定值准确度的设置。

（3）母线保护装置定值与控制字设置。差动保护控制字整定为“1”，差动电流启动值整定为0.3A。

定值与控制字设置如表4-12所示。

表4-12　母线保护定值与控制字设置

序号	定值名称	设定值		名称	设定值
1	差动保护启动电流定值	0.3A	控制字	差动保护	1
2	TA断线告警定值	0.05A		失灵保护	0
3	TA断线闭锁定值	0.08A			

3. 试验接线

试验接线同“4.5.3母线区外故障试验”接线。

4. 试验步骤

（1）试验计算。

1）TA断线告警：状态1：向线路1加入电流0.05×1.05=0.053（A），状态2，向线路1加入电流0.3×1.05=0.315（A）。

2）TA断线告警：状态1：向线路1加入电流0.08×1.05=0.084（A），状态2，向线路1加入电流0.3×1.05=0.315（A）。

（2）试验加量。

1）点击桌面“继保之星”快捷方式→点击“状态序列”图标，进入状态序列试验模块，按菜单栏中的“+”或“-”按键，设置状态数量为2。

2）各状态中的电压、电流设置见表4-13所示。

表4-13　TA断线试验参数设置

参数＼状态	状态二（TA断线）		状态二（故障）
	TA断线告警	TA断线闭锁	
U_a/V	0	0	0
U_b/V	0	0	0
U_c/V	0	0	0

续表

参数＼状态	状态二（TA断线）		状态二（故障）
I_A/A	0.053∠0°	0.084∠0°	0.315∠0°
I_B/A	0	0	0
I_C/A	0	0	0
触发条件	按键触发	按键触发	时间触发
试验时间/s	—	—	0.1
触发后延时/s	0	0	0

3）在工具栏中点击“▶”或按键盘中“run”键开始进行试验。

5. 试验记录

两次试验的动作报文如图4-15所示。

PCS-915C-G 母线保护整组动作报告

被保护设备：设备编号　　版本号：V2.61

管理序号：00428456.001　　打印时间：2021-07-07 16∶59∶54

序号	启动时间	相对时间	动作相别	动作元件
0958	2021-07-07 16∶58∶04∶636	0000ms		保护启动
		0025ms	A	稳态量差动跳Ⅰ母
				Ⅰ母差动动作
				线路1，线路2
保护动作相别				A
最大差电流				0.315A

（a）TA断线告警试验报告

PCS-915C-G 母线保护整组动作报告

被保护设备：设备编号　　版本号：V2.61

管理序号：00428456.001　　打印时间：2021-07-07 17∶01∶32

序号	启动时间	相对时间	动作相别	动作元件
0959	2021-07-07 17∶01∶05∶061	0000ms		保护启动
最大差电流				0.315A

（b）TA断线闭锁试验报告

图4-15　TA断线试验动作报文

6. 试验分析

TA断线告警条件满足时，延时5s发TA断线告警信号，不闭锁差动保护。Ⅰ母区内故障，从图4-15（a）可以看出，保护可靠动作，切除Ⅰ母上所有支路；

TA断线闭锁条件满足时，延时5s发TA断线闭锁信号，闭锁差动保护。

Ⅰ母区内故障，从图4-15（b）可以看出，保护不动作。

4.3 220kV微机母线保护装置的校验

220kV母线通常采用双母线或双母线分段等接线方式。220kV微机母线保护装置与500kV微机母线保护装置的配置稍有不同，PCS-915A-G是目前国内220kV母线广泛使用的一种母线保护装置，本节以该装置为例，介绍其调试内容及方法。

4.3.1 装置介绍

PCS-915A-G型母线保护装置设有母线差动保护、母联（分段）死区保护、母联（分段）失灵保护、断路器失灵保护功能。适用于220kV及以上电压等级的双母主接线、双母双分主接线、单母分段主接线和单母主接线系统，母线上允许所接的线路与元件数最多为24个（包括母联/分段），并可满足有母联兼旁路运行方式主接线系统的要求。

母线差动保护由分相式比率差动元件构成。TA极性要求如图4-16所示，若支路TA同名端在母线侧，则母联TA同名端在Ⅰ母侧（装置内部只认母线的物理位置，与编号无关，如果母线编号的定义与本示意图不符，母联同名端的朝向以物理位置为准）。

差动回路包括母线大差回路和各段母线小差回路。母线大差是指除母联开关和分段开关外所有支路电流所构成的差动回路。某段母线的小差是指该段母线上所连接的所有支路（包括母联和分段开关）电流所构成的差动回路。母线大差比率差动用于判别母线区内和区外故障，小差比率差动用于故障母线的选择。

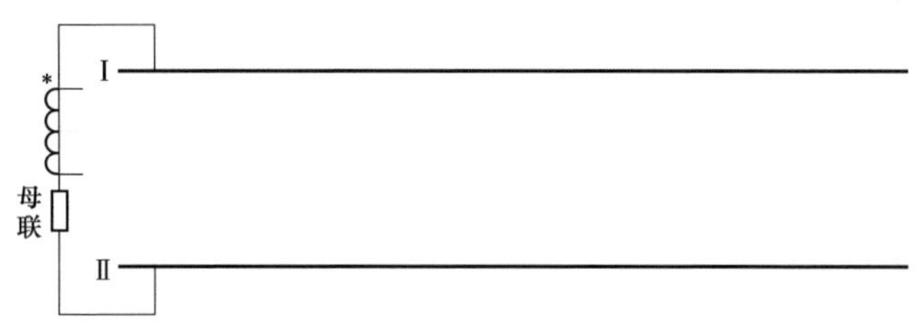

图4-16 TA极性示意图

1. **比率差动元件**

PCS-915C-G 采用常规比率差动元件，动作判据为

$$\begin{cases} \left| \sum_{j=1}^{m} I_{\text{j}} \right| > I_{\text{cdzd}} \\ \left| \sum_{j=1}^{m} I_{\text{j}} \right| > K \sum_{j=1}^{m} \left| I_{\text{j}} \right| \end{cases} \tag{4-3}$$

式中　K——比率制动系数；

I_{j}——第 j 个连接元件的电流；

I_{cdzd}——差动电流动作定值。

动作特性图如图 4-17 所示。

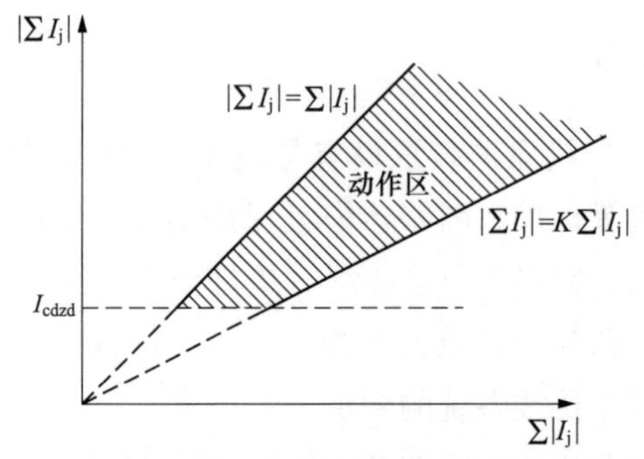

图 4-17　PCS-915C-G 比率差动元件动作特性曲线

与 500kV 母差保护装置 PCS-915C-G 相比，PCS-915A-G 装置的比率制动系数 K 取值稍有不同。为防止在母联开关断开的情况下，弱电源侧母线发生故障时大差比率差动元件的灵敏度不够。因此，比例差动元件的比率制动系数设高低两个定值，如表 4-14 所示，当大差高值和小差低值同时动作，或大差低值和小差高值同时动作时，比例差动元件动作。

表 4-14　　比率制动系数 *K* 取值表

K 值	高值	低值
大差	0.5	0.3
小差	0.6	0.5

2. **故障母线选择元件**

差动保护根据母线上所有连接元件电流采样值计算出大差电流，构成大差比例差动元件，作为差动保护的区内故障判别元件。

装置根据各连接元件的隔离开关位置计算出各条母线的小差电流，构成

小差比率差动元件，作为故障母线选择元件。

当大差抗饱和母差动作，且任一小差比率差动元件动作，母差动作跳相关母线的联络开关；当小差比率差动元件和小差谐波制动元件同时开放时，母差动作跳开相应母线。

当一次系统两母线无法解列时，比如母线互联或在倒闸过程中两条母线经隔离开关双跨。装置自动识别为互联运行方式。互联后两互联母线的小差电流均变为该两母线的全部连接元件电流（不包括互联两母线之间的母联或分段电流）之和。当处于互联的母线中任一段母线发生故障时，经过该母线的电压闭锁元件，均将此两段母线同时切除。

3. 电压闭锁元件

电压闭锁元件的判据为

$$\begin{cases} U_{\phi} \leqslant U_{bs} \\ 3U_0 \geqslant U_{0bs} \\ U_2 \geqslant U_{2bs} \end{cases} \tag{4-4}$$

其中，U_{ϕ} 为相电压；$3U_0$ 为三倍零序电压（自产）；U_2 为负序相电压；U_{bs} 为相电压闭锁值，固定为 $0.7U_N$；U_{0bs} 为零序 电压闭锁值，固定为 6V；U_{2bs} 为负序电压闭锁值，固定为 4V。以上三个判据任一个动作时，电压闭锁元件开放。

在动作于故障母线跳闸时，必须经相应的母线电压闭锁元件闭锁。对于双母双分的分段开关来说，差动跳分段开关不需经电压闭锁。

4. 差动保护逻辑框图

母线差动保护的逻辑框图如图 4-18 所示（以Ⅰ母为例）。

5. 母联失灵与母联死区

当母差保护动作向母联发跳令后，或者母联过流保护动作向母联发跳令后，经整定延时母联电流仍然大于母联失灵电流定值时，母联失灵保护经各母线电压闭锁分别跳相应的母线。母联失灵保护功能固定投入。

同时装置具备外部保护启动该装置的母联失灵保护功能，当装置检测到“母联三相启动失灵开入”后，经整定延时母联电流仍然大于母联失灵电流定值时，母联失灵保护分别经相应母线电压闭锁后经母联分段失灵时间切除相应母线上的分段开关及其他所有连接元件。该开入若保持 10s 不返回，装置报“母联失灵长期启动”，同时退出该启动功能。母联失灵保护逻辑框图如图 4-19 所示。

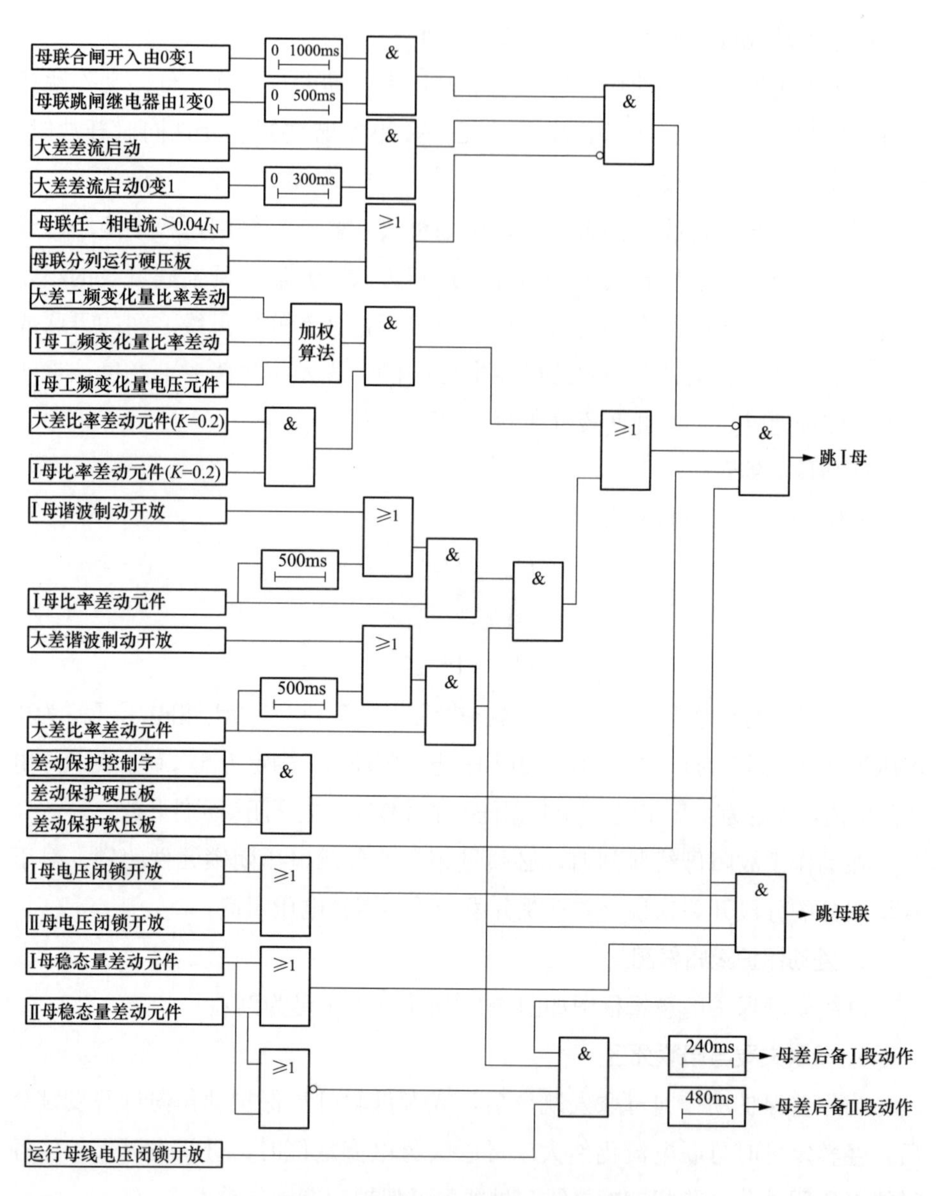

图 4-18　220kV 母差保护的逻辑框图

若母联开关和母联 TA 之间发生故障，断路器侧母线跳开后故障仍然存在，正好处于 TA 侧母线小差的死区，为提高保护动作速度，配置了母联死区保护。该装置的母联死区保护在差动保护发母联跳令后，母联开关已跳开而母联 TA 仍有电流，且大差比率差动元件不返回的情况下，经死区动作延时 150ms 将母联电流退出小差。母联合位死区保护逻辑框图如图 4-20 所示。

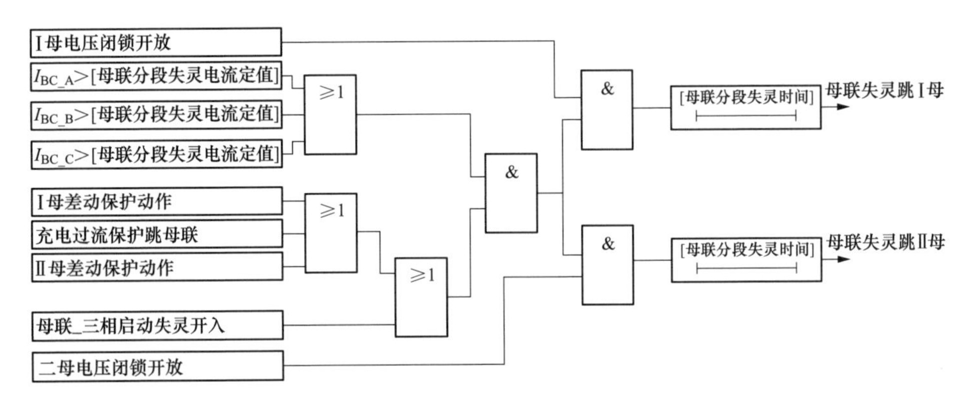

图 4-19　母联失灵保护逻辑框图

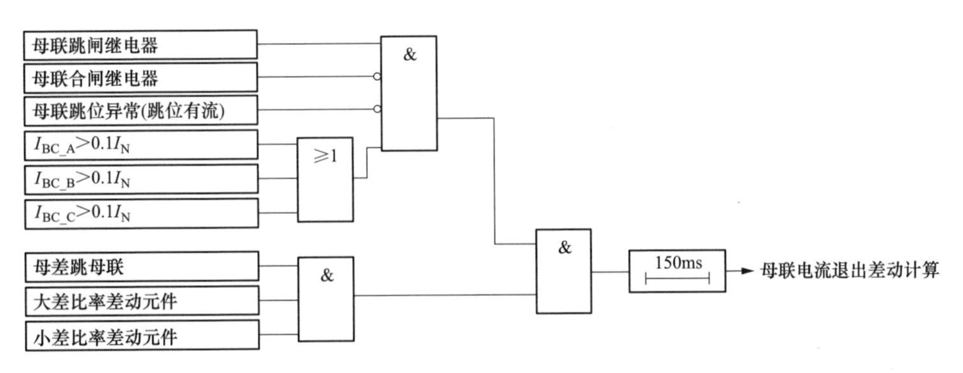

图 4-20　母联合位死区保护逻辑框图

为防止母联在跳位时发生死区故障将母线全切除，当保护未启动时，若两母线处运行状态、母联分列运行压板投入且母联在跳位，母联电流不计入小差。母联分位死区保护逻辑框图如图 4-21 所示。

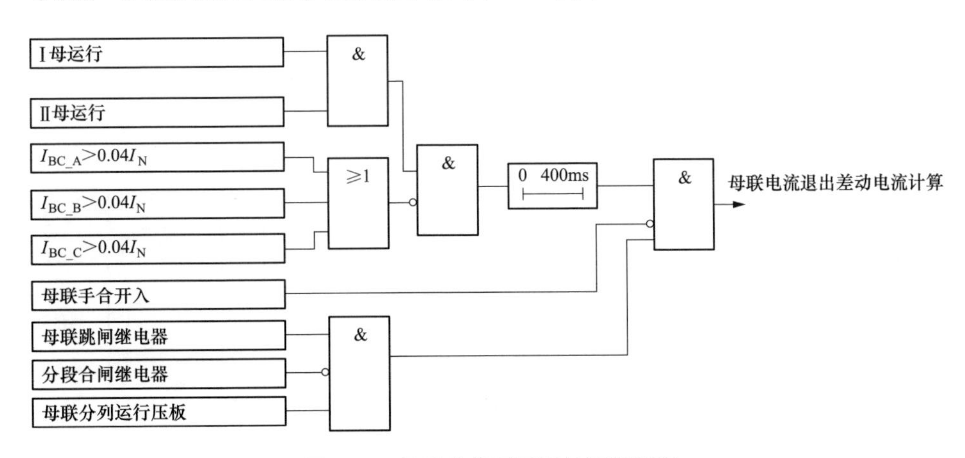

图 4-21　母联分位死区保护逻辑框图

6. 断路器失灵保护

断路器失灵保护由各连接元件保护装置提供的保护跳闸接点启动。

（1）线路支路。当失灵保护检测到分相跳闸接点动作时，若该支路的对应相电流大于有流定值门槛（$0.04I_n$），且零序电流大于零序电流定值（或负序电流大于负序电流定值），则经过失灵保护电压闭锁后失灵保护动作跳闸；当失灵保护检测到三相跳闸接点均动作时，若三相电流均大于失灵电流门槛（$0.1I_n$）且任一相电流工频变化量动作（引入电流工频变化量元件的目的是防止重负荷线路的负荷电流躲不过三相失灵相电流定值导致电流判据长期开放），则经过失灵保护电压闭锁后失灵保护动作跳闸。失灵保护动作 1 时限跳母联（或分段）断路器，2 时限跳失灵开关所在母线的全部连接支路。断路器失灵保护（线路支路）逻辑如图 4-22 所示。

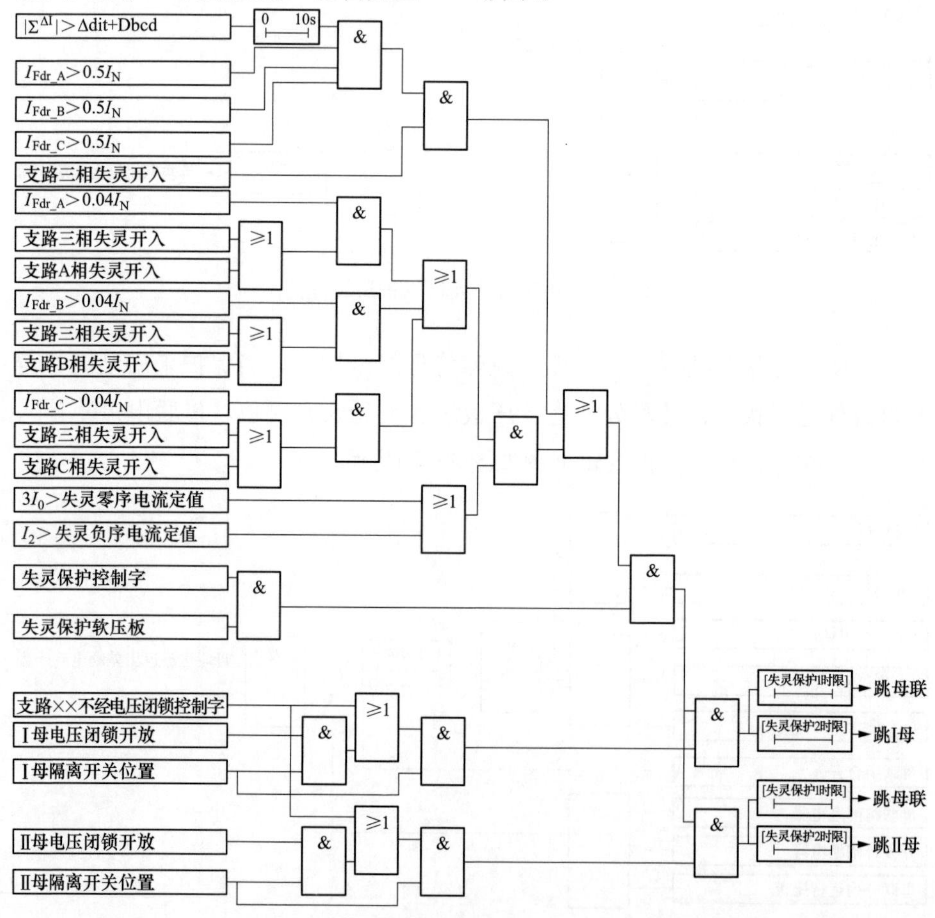

图 4-22 断路器失灵保护（线路支路）逻辑图

(2) 变压器支路。当失灵保护检测到失灵启动接点动作时，若该支路的任一相电流大于三相失灵相电流定值，或零序电流大于零序电流定值（或负序电流大于负序电流定值），则经过失灵保护电压闭锁后失灵保护动作跳闸。断路器失灵保护（变压器支路）逻辑如图 4-23 所示。

母差保护动作后启动变压器断路器失灵功能，采取内部逻辑实现，在母差保护动作跳开变压器所在支路同时，启动该支路的断路器失灵保护。变压器开关失灵情况下经失灵保护 2 时限联跳变压器其他侧开关。该装置内固定支路 2、3、14、15 为变压器支路。

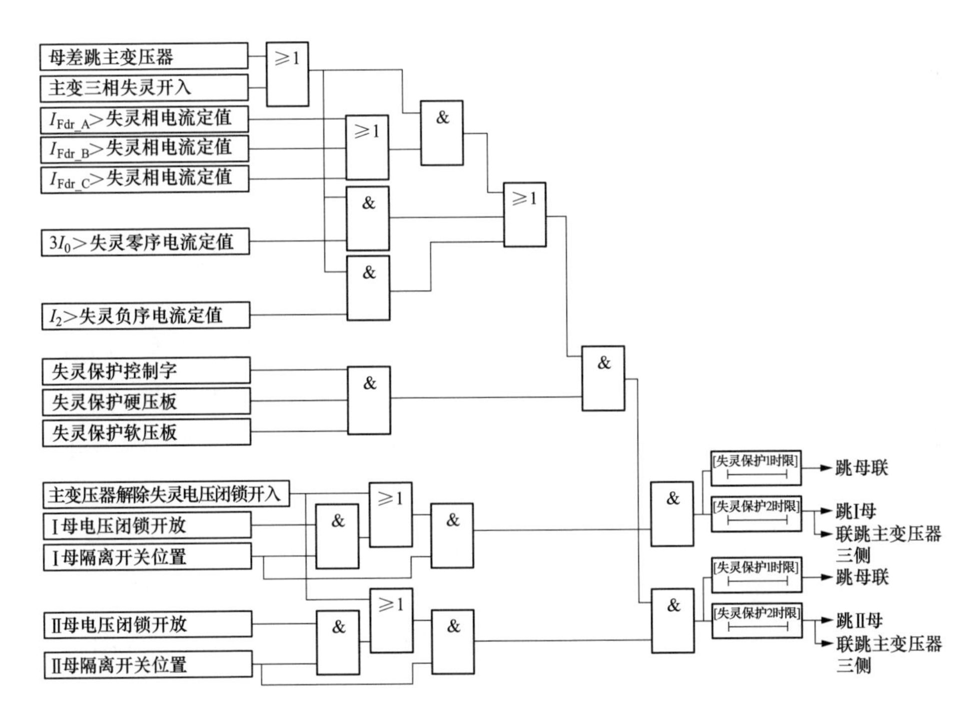

图 4-23　断路器失灵保护（变压器支路）逻辑图

(3) 断路器失灵保护的复合电压闭锁元件的判据为

$$
\begin{cases}
U_{\phi} \leqslant U_{sl} \\
3U_0 \geqslant U_{0sl} \\
U_2 \geqslant U_{2sl}
\end{cases}
\tag{4-5}
$$

其中，U_{ϕ} 为相电压；$3U_0$ 为三倍零序电压（自产）；U_2 为负序相电压；U_{sl} 为相电压闭锁定值，可整定；U_{0sl} 为零序 电压闭锁定定值，可整定；U_{2sl} 为负序电压闭锁定值，可整定。以上三个判据任一个动作时，电压闭锁元件开放。

7. TV 断线检查

TV 断线判据为：

(1) $3U_2 > 0.2U_n$，延时 1.25s 报该母线 TV 断线。

(2) 母线三相电压幅值之和 $|U_a|+|U_b|+|U_c|<U_n$，且母联或任一出线的任一相有电流 $I_\phi > 0.04I_n$ 或母线任一相电压大于 $0.3U_n$，延时 1.25s 报该母线 TV 断线。

(3) 三相电压恢复正常后，经 10s 延时后全部恢复正常运行。

(4) 当检测到系统有扰动时不进行 TV 断线的检测，以防止区外故障时误判。

(5) 若任一母线电压闭锁条件开放，延时 3s 报该母线电压闭锁开放。

8. TA 断线检查

(1) 大差电流大于 TA 断线闭锁定值，延时 5s 发 TA 断线报警信号。

(2) 大差电流小于 TA 断线闭锁定值，两个小差电流均大于 TA 断线闭锁定值时，延时 5s 报母联 TA 断线。

(3) 如果仅母联 TA 断线不闭锁母差保护，此时发生母线区内故障后首先跳开断线母联，在母联断路器跳开 100ms 后，如果故障依然存在，则再跳开故障母线。当差流恢复正常后，TA 断线报警自动复归，母差保护恢复正常运行。

(4) 当母线电压异常时（母差电压闭锁开放）不进行 TA 断线的检测。

(5) 大差电流大于 TA 断线告警定值时，延时 5s 报 TA 异常报警。

(6) 大差电流小于 TA 断线告警定值，两个小差电流均大于 TA 断线告警定值时，延时 5s 报母联 TA 异常报警。

4.3.2 试验说明

本节以 PCS-915A-G 母线保护装置为例，介绍母线保护装置的试验方法和步骤。调试主要包括差动保护、复合电压闭锁差动保护、TA 断线逻辑、母联（分段）失灵保护、母联（分段）死区保护、断路器失灵保护、复合电压闭锁断路器失灵保护等的校验。继电保护测试仪采用继保之星-1200。

BP-2CS 母线保护装置也是国内广泛应用的一种母线保护装置，该装置的试验方法和步骤，可参考本节内容，不同之处详见本节对 BP-2CS 的具体说明。

1. 运行方式

本节介绍的PCS-915A-G母线保护装置的支路1用于母联，支路2，3，14用于变压器，支路4-13、4-16用于线路。

本节的调试内容设定初始运行方式如下：Ⅰ母线、Ⅱ母线并列运行，支路2（变压器1）运行于Ⅰ母，支路4（线路1）、支路5（线路2）运行于Ⅱ母，主接线如图4-24所示。

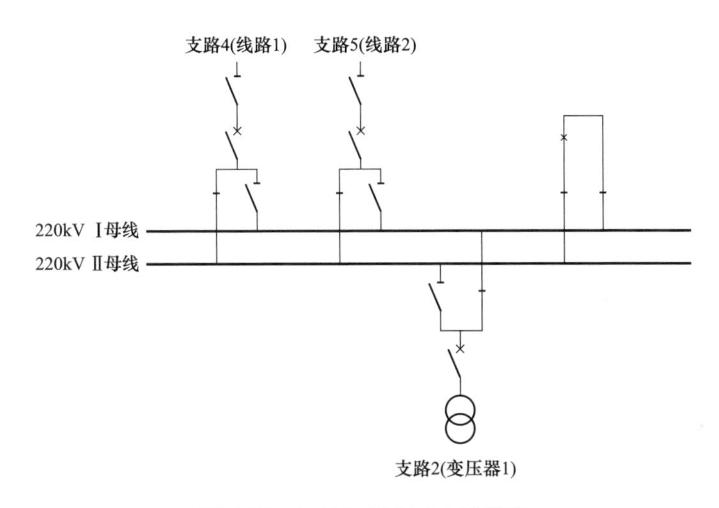

图4-24　初始运行方式主接线图

本节根据该运行方式，介绍试验接线和参数设置等试验准备工作。其他小节的试验中，如果运行方式变化，需要相应修改试验接线和参数设置等内容，具体修改将在后续内容中详细说明。

PCS-915保护装置对TA极性的要求支路TA的同名端在母线侧，母联1TA同名端在Ⅰ母侧。BP-2CS保护装置对TA极性的要求支路TA的同名端在母线侧，母联1TA同名端在Ⅱ母侧。

2. 基本设置

本章试验的系统参数设置如表4-15所示。查看保护着装置系统参数步骤：菜单选择→定值设置→保护定值→设备参数定值。

需要注意是，设备参数、软压板、控制字、定值的设置均在装置“整定定值”菜单中完成，用户密码为“加左上减”。

表 4-15 保护装置系统参数

序号	描述	实际值
1	定制区号	1
2	被保护设备	南瑞母线保护
3	TV 一次额定值	220kV
4	支路 01TA 一次值	1000A
5	支路 01TA 二次值	1A
6	支路 02TA 一次值	1000A
7	支路 02TA 二次值	1A
8	支路 03TA 一次值	1000A
9	支路 03TA 二次值	1A
10	支路 04TA 一次值	1000A
11	支路 04TA 二次值	1A
12	支路 05TA 一次值	1000A
13	支路 05TA 二次值	1A
14	支路 06TA 一次值	1000A
15	支路 06TA 二次值	1A
16	支路 07TA 一次值	1000A
17	支路 07TA 二次值	1A
18	支路 08TA 一次值	1000A
19	支路 08TA 二次值	1A
20	支路 09TA 一次值	1000A
21	支路 09TA 二次值	1A
22	支路 10TA 一次值	1000A
23	支路 10TA 二次值	1A
24	支路 11TA 一次值	1000A
25	支路 11TA 二次值	1A
26	支路 12TA 一次值	1000A
27	支路 12TA 二次值	1A
28	支路 13TA 一次值	1000A
29	支路 13TA 二次值	1A
30	支路 14TA 一次值	1000A
31	支路 14TA 二次值	1A
32	支路 15TA 一次值	1000A

续表

序号	描述	实际值
33	支路 15TA 二次值	1A
34	支路 16TA 一次值	1000A
35	支路 16TA 二次值	1A
36	支路 17TA 一次值	1000A
37	支路 17TA 二次值	1A
38	支路 18TA 一次值	1000A
39	支路 18TA 二次值	1A
40	支路 19TA 一次值	1000A
41	支路 19TA 二次值	1A
42	支路 20TA 一次值	1000A
43	支路 20TA 二次值	1A
44	支路 21TA 一次值	1000A
45	支路 21TA 二次值	1A
46	支路 22TA 一次值	1000A
47	支路 22TA 二次值	1A
48	支路 23TA 一次值	1000A
49	支路 23TA 二次值	1A
50	支路 24TA 一次值	1000A
51	支路 24TA 二次值	1A
52	基准 TA 一次值	1000A
53	基准 TA 二次值	1A

4.3.3 母线区外故障校验

1. 试验目的

验证区外故障，母线差动保护的动作情况。选取Ⅱ母线上支路 4（线路 1）、支路 5（线路 2）进行试验，运行方式如图 4-45 所示。分别加入大小相等，方向相反的 1.2 倍“差动保护启动电流定值”，验证保护的动作情况。

2. 试验准备

（1）母线保护装置硬压板设置。投入“检修状态投入”硬压板、“1QLP1 差动保护投入”硬压板。确认其他硬压板均在退出位置。

（2）母线保护装置软压板设置。差动保护软压板整定为“1”，其余软压板均设置为 0。

（3）母线保护装置定值与控制字设置。差动保护控制字整定为“1”，差动电流启动值整定为 0.3A。

定值与控制字设置如表 4-16 所示。

[7] 为了防止 TA 断线闭锁差动保护，此处可以将 TA 断线闭锁定值设置的大一点。

表 4-16　　母线保护定值与控制字设置

序号	定值名称	设定值		名称	设定值
1	差动保护启动电流定值	0.3A	控制字	差动保护	1
2	TA 断线告警定值	3A[7]		失灵保护	0
3	TA 断线闭锁定值	5A			

（4）隔离开关模拟盘设置。按照本试验选择的运行方式，在隔离开关模拟盘上设置试验所用支路的隔离开关位置，将支路 2（变压器 1）、支路 3（变压器 2）置为Ⅰ母“强制通”位置，将支路 4（线路 1）、支路 5（线路 2）置为Ⅱ母“强制通”位置。

3. 试验接线

（1）测试仪接地。将测试仪装置接地端口与被试屏接地铜牌相连，如图 4-25 所示。

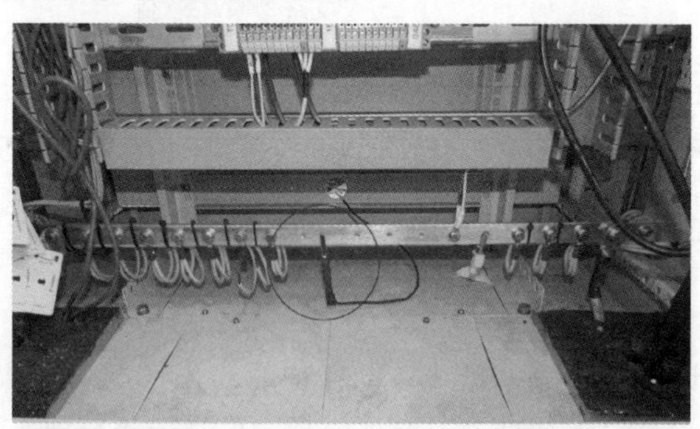

图 4-25　继电保护测试仪接地示意图

（2）电压回路接线。本试验项目无需电压回路接线。

（3）电流回路接线。I_A 对应母联的 A 相电流，I_B 对应支路 4（线路 1）的 A 相电流，I_C 对应支路 5（线路 2）的 A 相电流。电流回路接线操作步骤为：采用“黄绿红黑”

的顺序，将电流线组的一端依次接入继保测试仪 I_A、I_B、I_C、I_n 四个插孔。

将电流线组的另一端按如图 4-26 所示方式接入保护屏后端子排：黄色线接入 1IMD1 端子排内侧，绿色线接入 1I4D1 端子排内侧，红色线接入 1I5D1 端子排内侧，黑色线接入 1IMD4 端子排外侧，将 1IMD4 端子排外侧、1I4D4 端子排外侧、1I5D4 端子排外侧用试验线短接。

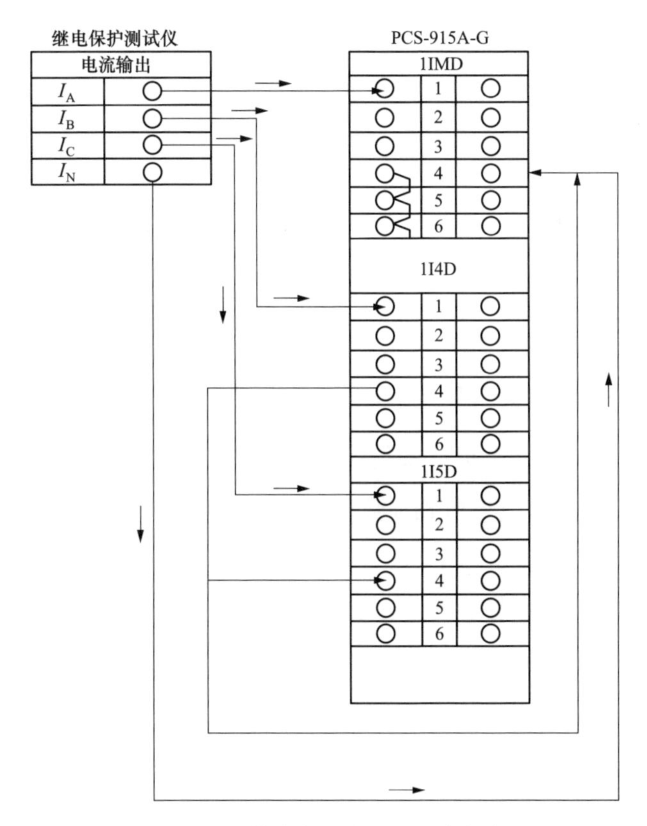

图 4-26 区外故障试验电流回路接线图

（4）开入开出回路接线本试验项目无需开入、开出回路接线。

4. 试验步骤

（1）试验计算。差动保护启动电流定值为 0.3A，二次电流额定值为 I_N 为 1A。模拟Ⅱ母区外故障，向支路 4（线路 1）加入电流 0.3×1.2=0.36∠0° A，向支路 5（线路 2）加入电流 0.3×1.2=0.36∠180°A。

（2）试验加量。

1）点击桌面“继保之星”快捷方式→点击“状态序列”图标，进入状态序列试验模块，按菜单栏中的“+”或“—”按键，设置状态数量为2。

2）各状态中的电压、电流设置见表4-17所示。

表4-17　母线区外故障参数设置

参数＼状态	状态一（故障前）	状态二（故障）
—	—	1.2倍定值
U_a/V	0	0
U_b/V	0	0
U_c/V	0	0
I_A/A	0	0
I_B/A	0	0.36∠0°
I_C/A	0	0.36∠180°
触发条件	按键触发	时间触发
试验时间/s	—	0.1
触发后延时/s	0	0

3）在工具栏中点击“▶”，或按键盘中“run”键开始进行试验。观察保护装置面板信息，显示面板“报警”指示灯灭后，点击工具栏中“▶▶”按钮或在键盘上按“Tab”键切换故障状态。

5. 试验记录

试验的动作报文如图4-27所示。

PCS-915A-G 母线保护整组动作报告

被保护设备：设备编号　　版本号：V2.61

管理序号：00428456.001　　打印时间：2021-07-07 17：01：32

序号	启动时间	相对时间	动作相别	动作元件
0959	2021-07-07 17：01：05：061	0000ms		保护启动
最大差电流				0A

图4-27　母线区外故障差动保护启动定值试验报告

6. 试验分析

当线路1和线路2上加大小相等，方向相反的电流时，Ⅱ母差动电流为0，装置判断为区外故障，从报告可以看出，保护可靠不动作。

4.3.4　母线差动保护校验

母线差动保护校验包括三项试验内容：①启动电流定值准确度；②比率差动动作特性曲线；③比率差动动作时间。下面进行分别介绍。

4.3.4.1 启动电流定值准确度

1. 试验目的

校验启动电流定值准确度。选取Ⅱ母线上支路4（线路1）进行试验，运行方式如图4-45所示。分别加入0.95倍和1.05倍“差动保护启动电流定值”，验证保护的动作情况。

2. 试验准备

（1）母线保护装置硬压板设置。投入“检修压板”“1QLP1差动保护投入”硬压板。确认其余硬压板均在退出位置。

（2）母线保护装置软压板设置。差动保护软压板整定为“1”，其余软压板均设置为0。

（3）母线保护装置定值与控制字设置。差动保护控制字整定为“1”，差动电流启动值整定为0.3A。

定值与控制字设置如表4-18所示。

表4-18 母线保护定值与控制字设置

序号	定值名称	设定值		名称	设定值
1	差动保护启动电流定值	0.3A	控制字	差动保护	1
2	TA断线告警定值	3A[8]		失灵保护	0
3	TA断线闭锁定值	5A			

[8] 为了防止TA断线闭锁差动保护，此处可以将TA断线闭锁定值设置的大一点。

（4）隔离开关模拟盘设置。同“4.3.3中母线区外故障校验”中的设置。

3. 试验接线

本试验选择支路4（线路1）进行试验。

试验接线同“4.3.3母线区外故障试验接线”。

4. 试验准备

（1）试验计算。差动保护启动电流定值为0.3A，二次电流额定值为I_N为1A。模拟Ⅱ母区内故障，向线路1分别加入电流0.3×0.95=0.285（A）和0.3×1.05=0.315（A）。

（2）试验加量。

1）点击桌面“继保之星”快捷方式→点击“状态序列”图标，进入状态序列试验模块，按菜单栏中的“＋”或“－”按键，设置状态数量为2。

2）各状态中的电压、电流设置见表4-19所示。

表4-19　　启动电流定值准确度参数设置

参数＼状态	状态一（故障前）	状态二（故障）	
		1.05倍定值	0.95倍定值
U_a/V	0	0	0
U_b/V	0	0	0
U_c/V	0	0	0
I_A/A	0	0	0
I_B/A	0	0.315∠0°	0.285∠0°
I_C/A	0	0	0
触发条件	按键触发	时间触发	时间触发
试验时间/s		0.1	0.1
触发后延时/s	0	0	0

3）在工具栏中点击“▶”，或按键盘中“run”键开始进行试验。观察保护装置面板信息，显示面板“报警”指示灯灭后，点击工具栏中“▶▶”按钮，或在键盘上按“Tab”键切换故障状态。

5. 试验记录

两次试验的动作报文如图4-28所示。

PCS-915A-G母线保护整组动作报告

被保护设备：设备编号　　版本号：V2.61
管理序号：00428456.001　　打印时间：2021-07-07 16：59：54

序号	启动时间	相对时间	动作相别	动作元件
0958	2021-07-07 16：58：04：636	0000ms		保护启动
		0025ms	A	稳态量差动跳Ⅱ母
				Ⅱ母差动动作
				线路1，线路2
保护动作相别				A
最大差电流				0.32A

（a）1.05倍差动保护启动定值试验报告

图4-28　启动电流定值试验动作报文（一）

PCS-915A-G 母线保护整组动作报告

被保护设备：设备编号　　版本号：V2.61
管理序号：00428456.001　　打印时间：2021-07-07 17：01：32

序号	启动时间	相对时间	动作相别	动作元件
0959	2021-07-07 17：01：05：061	0000ms		保护启动
最大差电流				0.28A

(b) 0.95 倍差动保护启动定值试验报告

图 4-28　启动电流定值试验动作报文（二）

6. 试验分析

当支路 4（线路 1）电流为 1.05 倍差动保护启动定值时，Ⅱ母区内故障，从图 4-49（a）可以看出，保护可靠动作，切除Ⅰ母上所有支路。

当支路 4（线路 1）电流为 0.95 倍差动保护启动定值时，Ⅱ母区内故障，从图 4-49（b）可以看出，保护可靠不动作。

差动保护逻辑正确，差动保护启动定值为 0.3A，误差不大于 5.0%，满足规程要求。

4.3.4.2　验证比率差动动作特性曲线

验证比率差动动作特性曲线分为“常规比率差动保护大差高值和小差低值”以及“常规比率差动保护大差低值和小差高值”两项试验，下面分别介绍。

4.3.4.2.1　常规比率差动保护大差高值和小差低值

1. 试验目的

校验常规比率差动保护大差高值和小差低值。母线并列运行，每段折线在横坐标（制动电流）上任选两点，测试该点差动动作值，绘制归算到基准 TA 二次值下的大差比率差动动作特性曲线。步长不大于整定值的 1%（最小为 1mA），单步变化时间不小于 200ms。

本试验选择母联、支路 2（变压器 1）、支路 5（线路 2）进行试验。母线并列运行，支路 2（变压器 1）运行于Ⅰ母，支路 5（线路 2）运行于Ⅱ母，运行方式如图 4-45 所示。

模拟Ⅱ母区内故障。差动保护启动电流定值为 0.3A，二次电流额定值为 I_N 为 1A，基准 TA 变比、母联 1TA 变比、支路 4（线路 1）TA 变比、支路 5（线路 2）TA 变比均为 1000/1。制动电流分别取 I_r=0.8A、1A。

2. 试验准备

（1）母线保护装置硬压板设置。同本书 4.2.4 中校验启动电流定值准确度的设置。

（2）母线保护装置软压板设置。同本书 4.2.4 中校验启动电流定值准确度的设置。

（3）母线保护装置定值与控制字设置。同本书 4.2.4 中校验启动电流定值准确度的设置。

（4）隔离开关模拟盘设置。同本书 4.2.4 中校验启动电流定值准确度的设置。

3. 试验接线

本试验选择母联、变压器 1、线路 2 进行试验。

（1）测试仪接地，电压回路、开入开出试验接线同“母线区外故障试验”接线。

（2）电流回路接线中，I_A、I_C、I_N 同母线区外故障试验”接线，注意将电流 I_B 对应变压器 1 的 A 相电流，将电流线的绿色端子接入 1I2D1 端子排内侧，将 1IMD4 端子排外侧、1I2D4 端子排外侧、1I5D4 端子排外侧用试验线短接，如图 4-29 所示。

4. 试验步骤

（1）试验计算。本试验模拟Ⅱ母区内故障，母线并列运行，支路 2（变压器 1）运行于Ⅰ母，支路 5（线路 2）运行于Ⅱ母，PCS-915 母线保护装置中母联 1TA 同名端在Ⅰ母侧。

不同 TA 变比，计算公式为：$I_{测}$ * 支路变比＝$I_{计}$ * 基准变比

当 I_r＝0.8A 时，母联电流 I_{ml}初始值设定为 0.32∠180°A ，支路 2（变压器 1）电流 I_2初始值设定为 0.32∠0°A，支路 5（线路 2）电流 I_5初始值设定为 0.48∠0°A，I_5增大，I_2和 I_{ml}减小，步长均为 0.01A。

当 I_r＝1A 时，母联电流 I_{ml}初始值设定为 0.48∠180°A，支路 2（变压器 1）电流 I_2初始值设定为 0.48∠0°A，支路 5（线路 2）电流 I_5初始值设定为 0.52∠0°A，I_5增大，I_2和 I_{ml}减小，步长均为 0.01A。

（2）试验加量。点击桌面“继保之星”快捷方式→点击“交流试验”图标，进入交流试验模块。

各电压、电流设置如表 4-20 所示。

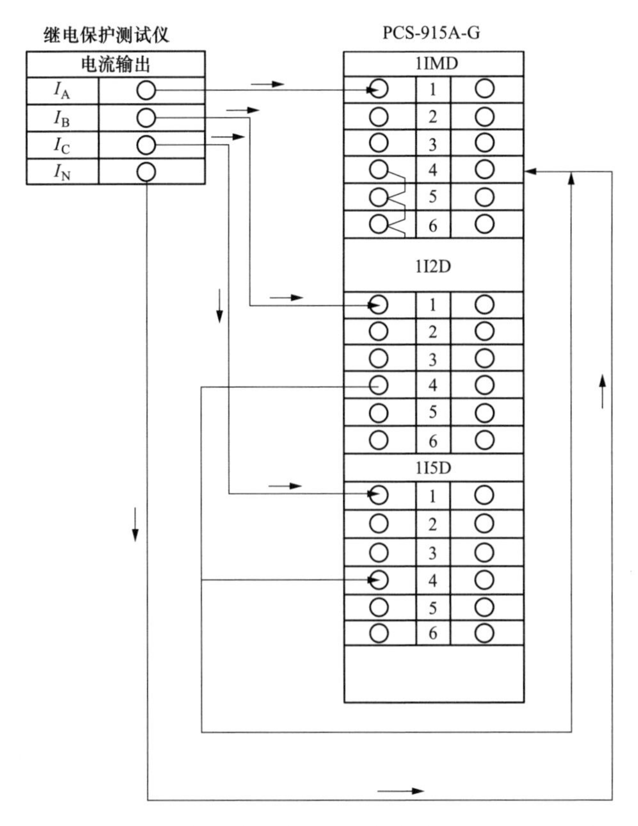

图 4-29 常规比率差动保护大差高值和小差低值电流接线图

表 4-20 常规比率差动保护高值参数设置

—	电压/电流值		变量	步长
	I_r=0.8A	I_r=1A		
U_a/V	0	0		
U_b/V	0	0		
U_c/V	0	0		
I_A/A	0.32∠0°	0.48∠0°	√	−0.01
I_B/A	0.32∠180°	0.48∠180°	√	−0.01
I_C/A	0.48∠0°	0.52∠0°	√	+0.01
变化方式	自动试验			
动作方式	动作停止			
间隔时间	0.1s			

在工具栏中点击“▶”或按键盘中“run”键开始进行试验，同时观察保护装置面板指示灯，直到“母差动作”指示灯亮，记录此时 I_A、I_B、I_C 的电流值，如表 4-21 所示。

表 4-21　　常规比率差动保护高值试验记录表

	电流值	
	I_r=0.8A	I_r=1A
I_{m1}/I_A	0.20	0.25
I_2/I_B	0.20	0.25
I_5/I_C	0.60	0.75

5. 试验记录

差动保护动作，动作报文如图 4-30 所示。

PCS-915A-G 母线保护装置整组动作报告

被保护设备：保护设备　　版本号：V2.61
管理序号：00428456.001　　打印时间：2019-06-26 19：38：29

序号	启动时间	相对时间	动作相别	动作元件
0343	2019-06-26 19：36：50：286	0000ms		保护启动
		0000ms		差动保护启动
		1310ms		差动保护跳母联 1
		1310ms	A	稳态量差动跳Ⅱ母
				Ⅱ母差动动作
				母联 1，线路 2
保护动作相别				A
最大差电流				0.40A

(a) 常规比率系数高值动作报告（I_r=0.8A）

序号	启动时间	相对时间	动作相别	动作元件
0344	2019-06-26 19：36：58：526	0000ms		保护启动
		0000ms		差动保护启动
		2310ms		差动保护跳母联 1
		2310ms	A	稳态量差动跳Ⅱ母
				Ⅱ母差动动作
				母联 1，线路 2
保护动作相别				A
最大差电流				0.50A

(b) 常规比率系数高值动作报告（I_r=1A）

图 4-30　常规比率系数高值动作报告

6. 试验分析

绘制比例差动动作曲线图，大差高值计算方法如表4-22所示。

表4-22　　大差高值计算方法

$I_r=0.8A$	$I_r=1A$
$I_r=\lvert I_2\rvert+\lvert I_5\rvert=0.20+0.60=0.80A$ $I_d=\lvert I_5-I_2\rvert=0.60-0.20=0.40A$ $K=\frac{I_d}{I_r}=\frac{0.4}{0.8}=0.5$	$I_r=\lvert I_2\rvert+\lvert I_5\rvert=0.25+0.75=1A$ $I_d=\lvert I_5-I_2\rvert=0.75-0.25=0.5A$ $K=\frac{I_d}{I_r}=\frac{0.5}{1}=0.5$

计算Ⅱ母小差比率系数低值并与目标值比较。计算方法如表4-23所示。

表4-23　　Ⅱ母小差低值计算方法

$I_r=0.6A$	$I_r=1A$
$I_{rII}=\lvert I_5\rvert+\lvert I_{ml}\rvert=0.60+0.20=0.80A$ $I_{dII}=\lvert I_5-I_{ml}\rvert=0.60-0.20=0.40A$ $K=\frac{I_d}{I_r}=\frac{0.4}{0.8}=0.5$	$I_{rII}=\lvert I_5\rvert+\lvert I_{ml}\rvert=0.75+0.25=1A$ $I_{dII}=\lvert I_5-I_{ml}\rvert=0.75-0.25=0.5A$ $K=\frac{I_d}{I_r}=\frac{0.5}{1}=0.5$

绘制归算到基准TA二次值下的比率差动动作特性曲线与装置说明书“大差高值固定取0.5，小差高值固定取0.6；大差低值固定取0.3，小差低值固定取0.5，当大差高值和小差低值同时动作，或大差低值和小差高值同时动作时，比例差动元件动作。”一致。

4.3.4.2.2　常规比率差动保护大差低值和小差高值

1. 试验目的

校验常规比率差动保护大差低值和小差高值母线分列运行[9]，每段折线在横坐标（制动电流）上任选两点，测试该点差动动作值，绘制归算到基准TA二次值下的大差

[9] 分列运行压板投入且母联在跳位时，南瑞PCS-915保护装置判定母线分列。

实际运行时需要投分列压板并判别母联分位。做逻辑校验试验时，可不判断分列压板和母联位置。

比率差动动作特性曲线。步长不大于整定值的1%（最小为1mA），单步变化时间不小于200ms。

本试验选择支路4（线路1）、支路5（线路2）、支路2（变压器1）、支路3（变压器2）进行试验，母线分列运行，支路4（线路1）、支路5（线路2）运行于Ⅱ母，支路2（变压器1）、支路3（变压器2）Ⅰ母，运行方式如图4-31所示。

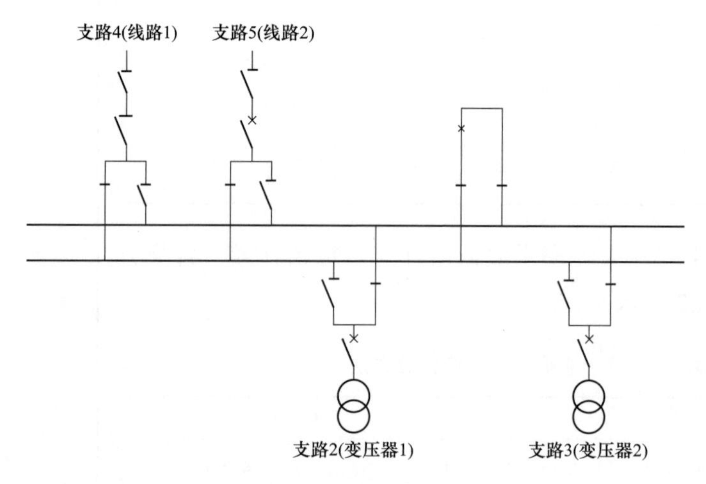

图4-31　运行方式图

模拟Ⅱ母区内故障。差动保护启动电流定值为0.3A，二次电流额定值为I_N为1A，基准TA变比、母联1TA变比、支路4（线路1）TA变比、支路5（线路2）TA变比均为1000/1。在Ⅰ母上加入大小相等，方向相反的电流，在Ⅱ母上加入大小不等，方向相反的电流，在制动电流分别取I_r=1.2A、2A时，改变Ⅱ母上两条支路电流的大小，直到保护动作，记录各条支路的电流值，计算大差比例系数低值和小差比例系数高值。

2. 试验准备

（1）母线保护装置硬压板设置。投入“装置检修”“母联分裂运行硬压板”“1QLP1差动保护投入”硬压板。退出其他硬压板。

（2）母线保护装置软压板设置。差动保护软压板整定为“1”，母联分列软压板整定为“1”，其余软压板均设置为0。

（3）母线保护装置定值与控制字设置。同“4.3.4中1. 验证启动电流定值”的设置。

（4）隔离开关模拟盘设置。同“4.3.4 中 1. 验证启动电流定值”的设置。

3. 试验接线

本试验选择支路 4（线路 1）、支路 5（线路 2）、支路 2（变压器 1）、支路 3（变压器 2）进行试验。

（1）测试仪接地、电压回路接线同“4.3.3 中 1. 验证启动电流定值”中的设置。

（2）电流回路接线。第一组电流线 I_A 对应支路 2（变压器 1）的 A 相电流，I_B 对应支路 4（线路 1）的 A 相电流，I_C 对应支路 5（线路 2）的 A 相电流；第二组电流线 I_a 对应支路 3（变压器 2）的 A 相电流。

电流回路接线操作步骤为：采用“黄绿红黑”的顺序，将两组电流线的一端分别依次接入继保测试仪 I_A、I_B、I_C、I_N、I_a、I_n 中。将电流线组的另一端分别接入保护屏后端子排。注意将 1I2D4、1I3D4、1I4D4、1I5D4 端子排外侧用试验线短接。如图 4-32 所示。

（3）开入开出回路接线本试验项目无需开入、开出回路接线。

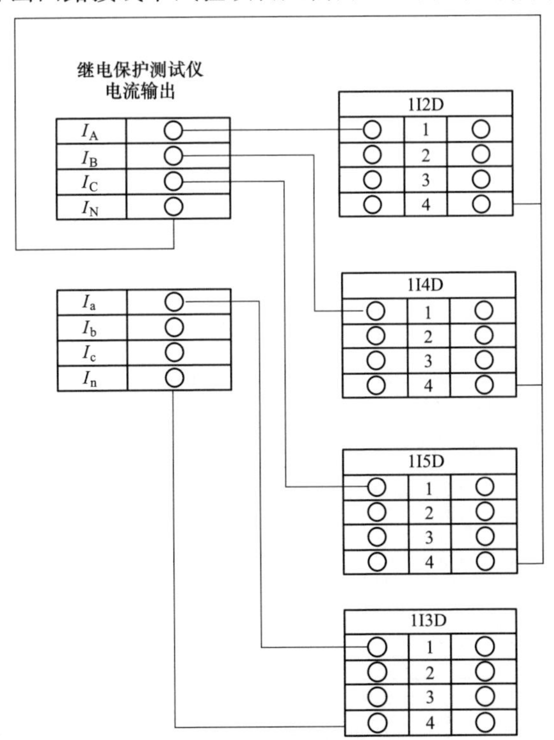

图 4-32　常规比率差动保护大差低值和小差高值电路回路接线图

4. 试验步骤

（1）试验计算。本试验模拟Ⅱ母区内故障，母线分列运行，支路5（线路2）、支路4（线路1）运行于Ⅱ母，支路2（变压器1）、支路3（变压器2）运行于Ⅰ母，PCS-915母线保护装置中母联1TA同名端在Ⅰ母侧。各支路及基准TA变比均为1000/1。

不同TA变比，计算公式为：$I_{测*}$支路变比$=I_{计*}$基准变比

当$I_r=1.2$A时，支路2（变压器1）电流I_2设定为0.30∠0°，保持不变，支路3（变压器2）电流I_3设定为0.30∠180°，保持不变；支路5（线路2）电流I_5初始值设定为0.30∠0°A，支路4（线路1）电流I_4初始值设定为0.30∠180°A，I_5增大，I_4减小，步长均为0.01A。

当$I_r=2$A时，支路2（变压器1）电流I_2设定为0.5∠0°，保持不变，支路3（变压器2）电流I_3设定为0.5∠180°，保持不变；支路5（线路2）电流I_5初始值设定为0.6∠0°A，支路4（线路1）电流I_4初始值设定为0.4∠180°A，I_5增大，I_4减小，步长均为0.01A。

（2）试验加量。点击桌面“继保之星”快捷方式→点击“交流试验”图标，进入交流试验模块。各电压、电流设置如表4-24所示。

表4-24　常规比率差动保护大差低值参数设置

—	电压/电流值		变量	步长
	$I_r=1.2$A	$I_r=2$A		
U_a/V	0	0		
U_b/V	0	0		
U_c/V	0	0		
I_A/A	0.30∠0°	0.5∠0°		
I_B/A	0.30∠180°	0.4∠180°	√	−0.01
I_C/A	0.30∠0°	0.6∠0°	√	+0.01
I_a/A	0.30∠180°	0.5∠180°		
变化方式	自动试验			
动作方式	动作停止			
间隔时间	0.1s			

在工具栏中点击“▶”，或按键盘中“run”键开始进行试验，同时观察保护装置面板指示灯，直到“母差动作”指示灯亮，记录此时各电流值，如

表 4-25 所示。

表 4-25　　常规比率差动保护大差低值试验记录表

—	电流值	
	I_r=1.2A	I_r=2.0A
I_2/I_A	0.30A	0.50A
I_4/I_B	0.12A	0.20A
I_5/I_C	0.48A	0.80A
I_3/I_a	0.30A	0.50A

5. 试验记录

差动保护动作，动作报文如图 4-33 所示。

PCS-915A-G 母线保护装置整组动作报告

被保护设备：保护设备　　版本号：V2.61
管理序号：00428456.001　　打印时间：2019-06-26 19：38：29

序号	启动时间	相对时间	动作相别	动作元件
0343	2019-06-26 19：36：50：286	0000ms		保护启动
		0000ms		差动保护启动
		1010ms		差动保护跳母联 1
		1010ms	A	稳态量差动跳Ⅱ母
				Ⅱ母差动动作
				母联 1，线路 1，线路 2
保护动作相别				A
最大差电流				0.36A

(a) 常规比率系数大差低值动作报告（I_r=1.2A）

序号	启动时间	相对时间	动作相别	动作元件
0345	2019-06-26 19：36：50：286	0000ms		保护启动
		0000ms		差动保护启动
		2010ms		差动保护跳母联 1
		2010ms	A	稳态量差动跳Ⅱ母
				Ⅱ母差动动作
				母联 1，线路 1，线路 2
保护动作相别				A
最大差电流				0.60A

(b) 常规比率系数大差低值动作报告（I_r=2A）

图 4-33　常规比率系数大差低值动作报告

6. 试验分析

绘制比例差动动作曲线图，大差低值计算方法如表 4-26 所示。

表 4-26 大差低值计算方法

$I_r=1A$	$I_r=2A$
$I_r=\|I_2\|+\|I_4\|+\|I_5\|+\|I_3\|=1.2A$ $I_d=\|I_5-I_4\|=0.48-0.12=0.36A$ $K=\frac{I_d}{I_r}=\frac{0.36}{1.2}=0.3$	$I_r=\|I_2\|+\|I_4\|+\|I_5\|+\|I_3\|=2A$ $I_d=\|I_5-I_4\|=0.8-0.2=0.6A$ $K=\frac{I_d}{I_r}=\frac{0.6}{2}=0.3$

计算Ⅱ母小差比率系数高值并与目标值比较。计算方法如表 4-27 所示。

表 4-27 小差高值计算方法

$I_r=1.2A$	$I_r=2A$
$I_{rII}=\|I_5\|+\|I_4\|=0.48+0.12=0.6A$ $I_{dII}=\|I_5-I_4\|=0.48-0.12=0.36A$ $K=\frac{I_d}{I_r}=\frac{0.36}{0.6}=0.6$	$I_{rII}=\|I_5\|+\|I_4\|=0.8+0.2=1A$ $I_{dII}=\|I_5-I_4\|=0.8-0.2=0.6A$ $K=\frac{I_d}{I_r}=\frac{0.6}{1}=0.6$

绘制归算到基准 TA 二次值下的比率差动动作特性曲线与装置说明书“大差高值固定取 0.5，小差高值固定取 0.6；大差低值固定取 0.3，小差低值固定取 0.5，当大差高值和小差低值同时动作，或大差低值和小差高值同时动作时，比例差动元件动作。”一致。

4.3.4.3 母线差动保护动作时间

1. 试验目的

校验母线差动保护动作时间。

本试验选择支路 4（线路 1）进行试验，运行方式如图 4-45 所示。差动电流定值整定为 $1.0I_N$。设置故障电流，使得差动电流达到 2 倍的差流定值，测定保护动作时间。

2. 试验准备

（1）母线保护装置硬压板设置。同本书中“校验启动电流定值准确度”的设置。

（2）母线保护装置软压板设置。同本书中“校验启动电流定值准确度”的设置。

(3) 母线保护装置定值与控制字设置。同本书中“校验启动电流定值准确度”的设置。

(4) 隔离开关模拟盘设置。同本书中“校验启动电流定值准确度”的设置。

3. 试验接线

(1) 测试仪接地、电流回路、电压回路接线同本书中“校验启动电流定值准确度”的设置。

(2) 开入开出回路接线。本试验测定保护装置出口动作时间，需进行开入回路接线，具体开入回路接线方法如图4-34所示。

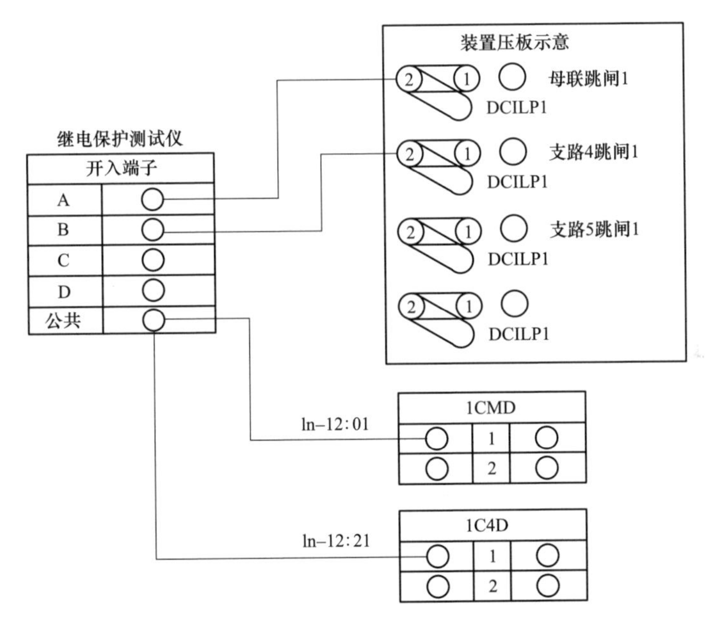

图4-34 出口时间测试用开入接线图

4. 试验步骤

(1) 试验计算。差动保护启动电流定值为0.3A，二次电流额定值为I_N为1A。

模拟Ⅱ母区内故障，设定支路4（线路1）电流为$2\times1.0I_N=2.0I_N=2A$。

(2) 试验加量。

1) 点击桌面“继保之星”快捷方式→点击“交流试验”图标，进入交流试验模块。

2) 各状态中的电压、电流设置如表4-28所示。

表 4-28　差动保护动作时间校验参数设置

参数	加量
U_a/V	0
U_b/V	0
U_c/V	0
I_A/A	0
I_B/A	2∠0°
I_C/A	0
动作方式	动作停止

3）在工具栏中点击"▶"，或按键盘中"run"键开始进行试验。

5. 试验记录

试验动作报文如图 4-35 所示。

PCS-915A-G 母线保护装置整组动作报告

被保护设备：保护设备　　版本号：V2.61

管理序号：00428456.001　　打印时间：2021-07-07 18：58：50

序号	启动时间	相对时间	动作相别	动作元件
0970	2021-07-07 18：58：04：636	0000ms		保护启动
		0025ms	A	稳态量差动跳Ⅱ母
				Ⅱ母差动动作
				线路 1，线路 2
保护动作相别				A
最大差电流				2.0A

图 4-35　差动保护动作时间验动作报告

从测试仪上记录动作时间如表 4-29 所示。

表 4-29　测试仪上记录动作时间

—	开入量	动作时间	
1	开入 A	11.1ms	母联跳闸
2	开入 B	11.1ms	线路 1 保护跳闸

6. 试验分析

差动保护无延时瞬时动作。从表 4-26 中可以看出，11.1ms 差动保护动作，跳开母联断路器，跳开故障母线Ⅱ母，动作时间不大于 20ms，满足相关规程要求。

4.3.5 断路器失灵保护校验

断路器失灵保护校验包括以下6项试验内容：

（1）校验线路支路断路器失灵逻辑[10]及失灵负序电流定值动作准确度。

（2）校验线路支路断路器失灵逻辑及零序电流定值动作准确度。

（3）校验线路支路断路器失灵逻辑及失灵相电流定值[11]动作准确度。

（4）校验失灵保护1、2时限延时误差以及电流元件返回时间。

（5）校验变压器支路断路器失灵逻辑。

（6）校验变压器支路断路器失灵解复合电压闭锁功能。

下面分别进行介绍。

4.3.5.1 校验线路支路断路器失灵逻辑及失灵负序电流定值动作准确度

1. 试验目的

校验线路支路断路器失灵逻辑及失灵负序电流定值动作准确度。

本试验选择母联、支路4（线路1）、支路5（线路2）进行试验，运行方式如图4-45所示。将零序电流定值整定为最大值，失灵相电流定值为默认值（单相$0.04I_n$，三相$0.1I_n$）。输出三相负序电流，模拟线路跳A相失灵启动开入接点闭合，校验1.05倍定值和0.95倍定值保护的动作情况。

2. 试验准备

（1）母线保护装置硬压板设置。投入“检修状态投入”硬压板、“断路器失灵保护”硬压板。确认其他硬压板均在退出位置。

（2）母线保护装置软压板设置。失灵保护软压板整定为“1”，其余软压板均设置为0。

[10] 线路支路断路器失灵逻辑分为单相跳闸启动失灵和三相跳闸启动失灵两种情况。

[11] 失灵相电流定值为默认值。PCS-915A-G中，单相跳闸启动失灵时，失灵相电流定值默认为$0.04I_n$；三相跳闸启动失灵时，失灵相电流定值默认为$0.1I_n$。

（3）母线保护装置定值与控制字设置。线路支路采用零序电流（或负序电流）和相电流构成“与门”逻辑，为了避免其他电流的影响，校验失灵负序电流定值动作准确度时，将失灵零序电流定值整定为最大值，失灵相电流定值为固定值（单相为 $0.04I_n$，三相为 $0.1I_n$）。动作延时整定为最小值。

定值与控制字设置如表 4-30 所示。

表 4-30　　母线保护定值与控制字设置

—	名称	设定值	—	名称	设定值
母线保护定值	差动保护启动电流定值	0.3A	控制字	差动保护	0
	TA 断线告警定值	3A		失灵保护	1
	TA 断线闭锁定值	5A			
	母联分段失灵电流定值	0.5A			
	母联分段失灵时间	0.2s			
失灵保护定值	低电压闭锁定值	40V			
	零序电压闭锁定值	6V			
	负序电压闭锁定值	4V			
	三相失灵相电流定值	0.24A[12]			
	失灵零序电流定值	10A[13]			
	失灵负序电流定值	0.1A			
	失灵保护 1 时限	0.2s			
	失灵保护 2 时限	0.3s			

[12] 三相失灵相电流定值是变压器支路启动断路器失灵时，使用的定值。线路支路不用该定值。

[13] 为了避免其他电流的影响，验证失灵负序电流定值动作准确度时，将零序电流定值整定为最大值。

（4）隔离开关模拟盘设置。同验证启动电流定值”的设置。

3. 试验接线

（1）测试仪接地同“4.3.3 中母线区外故障校验”的设置。

（2）电压回路接线。采用“黄绿红黑”的顺序，将电压线组的一端依次接入继电保护测试仪 U_A、U_B、U_C、U_N、U_a、U_b、U_c、U_n 四个插孔。电压线组的另一端按“黄绿红黑”的顺序依次接入端子排 1UD1、1UD2、1UD3、1UD4、1UD5、1UD6、1UD7、1UD8 内侧端子。如图 4-36 所示。

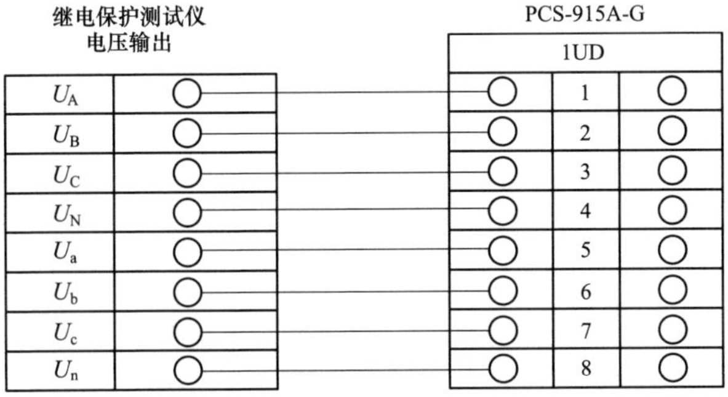

图 4-36　线路支路失灵电压回路接线

(3) 电流回路。I_A、I_B、I_C分别对应支路 4（线路 1）的 ABC 三相电流。采用“黄绿红黑”的顺序，将电流线组的一端依次接入继电保护测试仪 I_A、I_B、I_C、I_N四个插孔。电流线组的另一端黄线接端子 1I4D1 内侧，绿线接端子 1I4D2 内侧，红线接端子 1I4D3 内侧，黑线接端子 1I4D4 外侧。如图 4-37 所示。

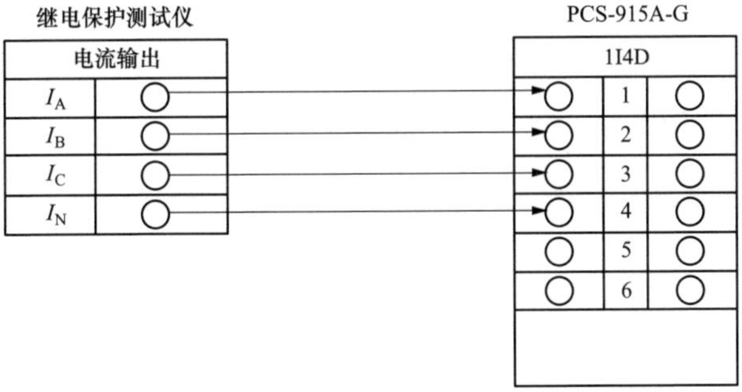

图 4-37　线路支路失灵电流回路接线

(4) 开入开出回路接线。本试验需用测试仪模拟线路支路启动失灵开出给保护装置，具体接线如图 4-38 所示。

4. **试验步骤**

(1) 试验计算。二次电流额定值 I_N为 1A，二次电压额定值 U_N为 57.7V。

状态 1：正常状态。

状态 2：故障状态。

三相电压：0V。

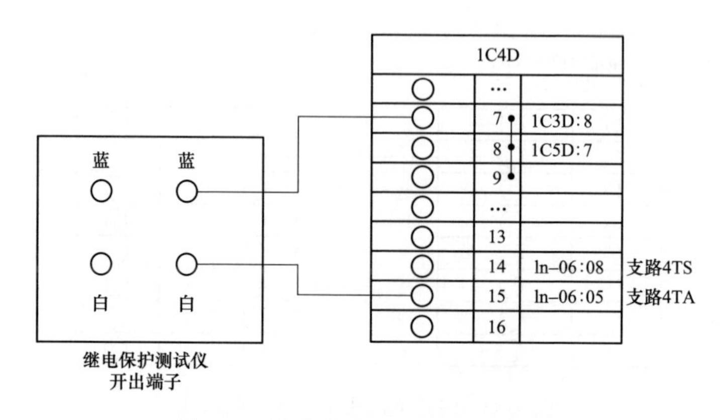

图 4-38　线路支路失灵开入开出接线

支路 4（线路 1）分别设定负序电流为 1.05×0.1=0.105∠0°A、1.05×0.1=0.105∠+120°A、1.05×0.1=0.105∠−120°A 和 0.95×0.1=0.095∠0°A、0.95×0.1=0.095∠+120°A、0.95×0.1=0.095∠−120°A。

（2）试验加量。

1）点击桌面“继保之星”快捷方式→点击“状态序列”图标，进入状态序列试验模块，按菜单栏中的“+”或“−”按键，设置状态数量为 2。

2）各状态中的电压、电流设置如表 4-31 所示。

表 4-31　断路器失灵保护（线路支路）负序电流定值校验参数设置

—	状态 1（正常）	状态 2（故障）	
		1.05 倍定值	0.95 倍定值
U_A/V	57.7∠0°	0	0
U_B/V	57.7∠−120°	0	0
U_C/V	57.7∠120°	0	0
U_a/V	57.7∠0°	0	0
U_b/V	57.7∠−120°	0	0
U_c/V	57.7∠120°	0	0
I_A/A	0	0.105∠0°	0.095∠0°
I_B/A	0	0.105∠+120°	0.095∠+120°
I_C/A	0	0.105∠−120°	0.095∠−120°
触发条件	时间触发	时间触发	时间触发

续表

—	状态1（正常）	状态2（故障）	
		1.05倍定值	0.95倍定值
开入类型			
开出1	合	合	合
试验时间/s	2	0.4[14]	0.4
触发后延时/s	0	0	0

[14] 失灵保护1时限为200ms，跳开母联（分段）断路器，失灵保护2时限为300ms，跳开故障母线，试验时间在失灵保护2时限增加100ms裕度取0.4s，使保护装置能可靠动作，验证失灵保护动作逻辑。

3）在工具栏中点击“▶”，或按键盘中“run”键开始进行试验。观察保护装置面板信息，显示面板“报警”指示灯灭后，点击工具栏中“▶▶”按钮或在键盘上按“Tab”键切换故障状态。

5. 试验记录

两次试验的动作报文如图4-39所示。

PCS-915A-G母线保护装置整组动作报告

被保护设备：保护设备　　版本号：V2.61
管理序号：00428456.001　　打印时间：2021-06-27 13：59：50

序号	启动时间	相对时间	动作相别	动作元件
0458	2021-06-27 13：58：36：298	0000ms		保护启动
		0001ms		失灵保护启动
		2220ms		失灵保护跳母联1
		2370ms		Ⅱ母失灵保护动作
最大差电流				0.11A

（a）1.05倍失灵保护负序电流定值

PCS-915A-G母线保护装置整组动作报告

被保护设备：保护设备　　版本号：V2.61
管理序号：00428456.001　　打印时间：2021-06-27 14：04：15

序号	启动时间	相对时间	动作相别	动作元件
0459	2021-06-27 14：02：46：564	0000ms		保护启动
		0000ms		失灵保护启动

（b）0.95倍失灵保护负序电流定值

图4-39　失灵保护负序电流定值校验动作报告图

6. 试验分析

断路器失灵保护（线路支路）采用零序电流（或负序电流）与相电流构成“与门”逻辑。

从图 4-59（a）中可以看出，负序电流满足条件并且有失灵启动开入时，失灵保护动作，经过失灵保护 1 时限（200ms）跳开母联断路器，失灵保护 2 时限（300ms）跳开故障母线，动作行为正确。从图 4-59（b）中可以看出，负序电流不满足条件，有失灵启动开入时，失灵保护启动，但不动作，动作行为正确。

失灵保护负序电流定值误差不大于 5.0%，满足相关规程要求。

4.3.5.2 校验线路支路断路器失灵逻辑及失灵零序电流定值动作准确度

1. 试验目的

试验目的是校验线路支路断路器失灵逻辑及失灵零序电流定值动作准确度。本试验模拟支路 4（线路 1）失灵，运行方式如图 4-45 所示。负序电流定值整定为最大值，失灵相电流定值为固定值（单相 $0.04I_n$，三相 $0.1I_n$）。模拟线路跳 A 相失灵起动开入接点闭合，输出单相电流即为 $3I_0$，分别为 1.05 倍定值和 0.95 倍失灵零序电流定值，校验保护的动作情况。

2. 试验准备

（1）母线保护装置硬压板设置。同“校验线路支路断路器失灵逻辑及失灵负序电流定值动作准确度”设置。

（2）母线保护装置软压板设置。同“校验线路支路断路器失灵逻辑及失灵负序电流定值动作准确度”设置。

（3）母线保护装置定值与控制字设置。线路支路采用零序电流（或负序电流）与相电流构成“与门”逻辑，为了避免其他电流的影响，校验失灵零序电流定值动作准确度时，将失灵负序电流定值整定为最大值，失灵相电流定值为固定值。失灵保护软压板和控制字均整定为“1”，动作延时整定为最小值。

定值与控制字设置如表 4-32 所示。

（4）隔离开关模拟盘设置。同“验证启动电流定值”的设置。

3. 试验接线

同“校验线路支路断路器失灵逻辑及失灵负序电流定值动作准确度”设置。

表 4-32　　　　母线保护定值与控制字设置

	名称	设定值		名称	设定值
母线保护定值	差动保护启动电流定值	0.3A	控制字	差动保护	0
	TA 断线告警定值	3A		失灵保护	1
	TA 断线闭锁定值	5A			
	母联分段失灵电流定值	0.5A			
	母联分段失灵时间	0.2s			
失灵保护定值	低电压闭锁定值	40V			
	零序电压闭锁定值	6V			
	负序电压闭锁定值	4V			
	三相失灵相电流定值	0.24A[15]			
	失灵零序电流定值	0.2A			
	失灵负序电流定值	10A[16]			
	失灵保护 1 时限	0.2s			
	失灵保护 2 时限	0.3s			

[15] 三相失灵相电流定值是变压器支路启动断路器失灵时，使用的定值。线路支路不用该定值。

[16] 为了避免其他电流的影响，验证失灵零序电流定值动作准确度时，将负序电流定值整定为最大值。

4. 试验步骤

(1) 试验计算。二次电流额定值为 I_N 为 1A，二次电压额定值为 U_N 为 57.7V。模拟线路 A 相失灵起动开入接点闭合，分别模拟输出单相电流幅值 $3I_0$ 为 1.05 和 0.95 倍失灵零序电流定值。

状态 1：正常状态。

状态 2：故障状态。

三相电压：0V。

支路 4（线路 1）I_A，即为零序电流 $3I_0$，分别设置为：$1.05\times0.2=0.21\angle0°$A 和 $0.95\times0.2=0.19\angle0°$A；

开出 8 映射跳断路器 & 启动 A 相失灵：合。

(2) 试验加量。

1) 点击桌面“继保之星”快捷方式→点击“状态序列”图标，进入状态序列试验模块。

2) 各状态中的电压、电流设置如表 4-33 所示。

表 4-33　断路器失灵保护（线路支路）零序电流定值校验参数设置

—	状态 1（正常）	状态 2（故障）	
		1.05 倍定值	0.95 倍定值
U_A/V	57.7∠0°	0	0
U_B/V	57.7∠−120°	0	0
U_C/V	57.7∠120°	0	0
U_a/V	57.7∠0°	0	0
U_b/V	57.7∠−120°	0	0
U_c/V	57.7∠120°	0	0
I_A/A	0	0.21∠0°	0.19∠0°
I_B/A	0	0	0
I_C/A	0	0	0
触发条件	时间触发	时间触发	时间触发
开入类型			
开出 1	合	合	合
试验时间/s	2	0.4	0.4
触发后延时/s	0	0	0

3）在工具栏中，点击“▶”或按键盘中“run”键开始进行试验。观察保护装置面板信息，显示面板“报警”指示灯灭后，点击工具栏中“▶▶”按钮或在键盘上按“Tab”键切换故障状态。

5. 试验记录

两次试验的动作报文如图 4-40 所示。

PCS-915A-G 母线保护装置整组动作报告

被保护设备：保护设备　　版本号：V2.61
管理序号：00428456.001　　打印时间：2021-06-27 14：09：50

序号	启动时间	相对时间	动作相别	动作元件
0460	2021-06-27 14：08：36：298	0000ms		保护启动
		0001ms		失灵保护启动
		2220ms		失灵保护跳母联 1
		2370ms		Ⅱ母失灵保护动作
保护动作相别				A
最大差电流				0.21A

（a）1.05 倍失灵保护零序电流定值

图 4-40　失灵保护零序电流定值校验动作报告图（一）

PCS-915A-G 母线保护装置整组动作报告

被保护设备：保护设备　　　版本号：V2.61
管理序号：00428456.001　　打印时间：2021-06-27 14：10：15

序号	启动时间	相对时间	动作相别	动作元件
0461	2021-06-27 14：09：46：564	0000ms		保护启动
		0000ms		失灵保护启动

(b) 0.95 倍失灵保护零序电流定值

图 4-40　失灵保护零序电流定值校验动作报告图（二）

6. 试验分析

断路器失灵保护（线路支路）采用零序电流（或负序电流）与相电流构成“与门”逻辑。

从图 4-60（a）中可以看出，零序电流满足条件并且有失灵启动开入时，失灵保护动作，经过失灵保护 1 时限（200ms）跳开母联断路器，失灵保护 2 时限（300ms）跳开故障母线，动作行为正确。

从图 4-60（b）可以看出，零序电流不满足条件，有失灵启动开入时，失灵保护启动，但不动作，动作行为正确。

失灵保护零序电流定值误差不大于 5.0%，满足相关规程要求。

4.3.5.3　校验线路支路断路器失灵逻辑及失灵相电流定值动作准确度

1. 试验目的

校验线路支路断路器失灵逻辑及失灵相电流定值动作准确度。

本试验模拟支路 4（线路 1）失灵，运行方式如图 4-45 所示。失灵相电流定值为固定值，（单相 $0.04I_n$，三相 $0.1I_n$）。本试验验证三相电流定值，输出三相电流，模拟线路跳三相失灵起动，三相电流幅值设为 1.05 倍定值和 0.95 倍定值[17]，校验保护的动作情况。

[17] 失灵相电流定值为默认值。PCS-915A-G 中，单相跳闸启动失灵时，失灵相电流定值默认为 $0.04I_n$；三相跳闸启动失灵时，失灵相电流定值默认为 $0.1I_n$。

2. 试验准备

（1）母线保护装置硬压板设置。同“校验线路支路断路器失灵逻辑及失灵负序电流定值动作准确度”设置。

（2）母线保护装置软压板设置。同“校验线路支路断路器失灵逻辑及失灵负序电流定值动作准确度”设置。

（3）母线保护装置定值与控制字设置。线路支路采用零序电流（或负序电流）与相电流构成“与门”逻辑，将失灵零序电流定值整定为最小值，则零序电流条件自动满足。其他定值设置同“校验线路支路断路器失灵逻辑及失灵负序电流定值动作准确度”设置。

（4）隔离开关模拟盘设置。同“验证启动电流定值”的设置。

3. 试验接线

（1）测试仪接地、电压回路、电流回路接线同“校验线路支路断路器失灵逻辑及失灵负序电流定值动作准确度”设置。

（2）本试验需用测试仪模拟线路支路启动失灵开出给保护装置，具体接线如图 4-41 所示。

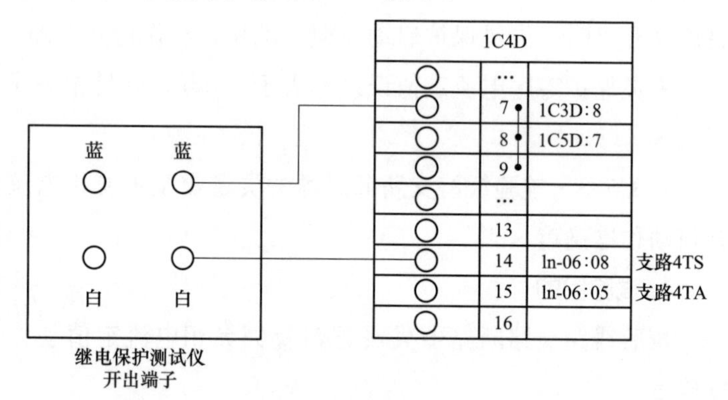

图 4-41　线路支路启动失灵三跳开入开出接线

4. 试验步骤

（1）试验计算。二次电流额定值为 I_N 为 1A，二次电压额定值为 U_N 为 57.7V。模拟线路跳三相失灵起动，分别模拟输出三相正序电流为 1.05 倍定值和 0.95 倍定值[18]。

状态 1：正常状态。

状态 2：故障状态。

[18] 失灵相电流定值为默认值。PCS-915A-G 中，单相跳闸启动失灵时，失灵相电流定值默认为 $0.04I_n$；三相跳闸启动失灵时，失灵相电流定值默认为 $0.1I_n$。

三相电压：0V。

分别设定三相正序电流分别为1.05×0.1×1=0.105∠0°A、1.05×0.1×1=0.105∠−120°A、1.05×0.1×1=0.105∠+120°A和0.95×0.1×1=0.095∠0°A、0.95×0.1×1=0.095∠−120°A、0.95×0.1×1=0.095∠+120°A。

（2）试验加量。

1）点击桌面“继保之星”快捷方式→点击“状态序列”图标，进入状态序列试验模块，按菜单栏中的“+”或“−”按键，设置状态数量为2。

2）各状态中的电压、电流设置见表4-34所示。

表4-34　断路器失灵保护（线路支路）失灵相电流定值校验参数设置

—	状态1（正常）	状态2（故障）	
		1.05倍定值	0.95倍定值
U_A/V	57.7∠0°	0	0
U_B/V	57.7∠−120°	0	0
U_C/V	57.7∠120°	0	0
U_a/V	57.7∠0°	0	0
U_b/V	57.7∠−120°	0	0
U_c/V	57.7∠120°	0	0
I_A/A	0	0.105∠0°	0.095∠0°
I_B/A	0	0.105∠−120°	0.095∠−120°
I_C/A	0	0.105∠120°	0.095∠120°
触发条件	时间触发	时间触发	时间触发
开入类型			
开出1	合	合	合
试验时间/s	2	0.4	0.4
触发后延时/s	0	0	0

3）在工具栏中点击“▶”，或按键盘中“run”键开始进行试验。观察保护装置面板信息，显示面板“报警”指示灯灭后，点击工具栏中“▶▶”按钮或在键盘上按“Tab”键切换故障状态。

5. 试验记录

两次试验动作报文如图4-42所示。

PCS-915A-G 母线保护装置整组动作报告

被保护设备：保护设备　　版本号：V2.61
管理序号：00428456.001　　打印时间：2021-06-27 14：19：50

序号	启动时间	相对时间	动作相别	动作元件
0462	2021-06-27 14：18：36：298	0000ms		保护启动
		0001ms		失灵保护启动
		2220ms		失灵保护跳母联 1
		2370ms		Ⅱ母失灵保护动作
保护动作相别				A
最大差电流				0.11A

(a) 1.05 倍失灵保护相电流定值

PCS-915A-G 母线保护装置整组动作报告

被保护设备：保护设备　　版本号：V2.61
管理序号：00428456.001　　打印时间：2021-06-27 14：21：15

序号	启动时间	相对时间	动作相别	动作元件
0463	2021-06-27 14：20：46：564	0000ms		保护启动
		0000ms		失灵保护启动

(b) 0.95 倍失灵保护相电流定值

图 4-42　失灵保护相电流定值校验动作报告图

6. 试验分析

断路器失灵保护（线路支路）采用零序电流（或负序电流）与相电流构成“与门”逻辑。

从图 4-42（a）可以看出，相电流满足条件并且有三相失灵启动开入时，失灵保护动作，经过失灵保护 1 时限（200ms）跳开母联开关，失灵保护 2 时限（300ms）跳开故障母线，动作行为正确；

从图 4-42（b）可以看出，相电流不满足条件，有三相失灵启动开入时，失灵保护启动，但不动作，动作行为正确；

失灵保护相电流定值误差不大于 5.0%，满足规程要求。

4.3.5.4　校验断路器失灵保护 1、2 时限

1. 试验目的

校验断路器失灵保护 1、2 时限。本试验模拟支路 4（线路 1）失灵，运行方式如图 4-24 所示。模拟线路 A 相启动失灵起动开入接点闭合，并施电流使失灵保护动作，测试失灵保护动作时间。

2. 试验准备

（1）母线保护装置硬压板设置。同“校验线路支路断路器失灵逻辑及失灵

负序电流定值动作准确度”设置。

（2）母线保护装置软压板设置。同“校验线路支路断路器失灵逻辑及失灵负序电流定值动作准确度”设置。

（3）母线保护装置定值与控制字设置。同“校验线路支路断路器失灵逻辑及失灵负序电流定值动作准确度”设置。

（4）隔离开关模拟盘设置。同“验证启动电流定值”的设置。

3. 试验接线

（1）测试仪接地、电流回路、电压回路接线同“校验线路支路断路器失灵逻辑及失灵负序电流定值动作准确度”设置。

（2）开入开出回路接线。本试验测定保护装置出口动作时间，需进行开入回路接线，具体开入回路接线方法如图4-43所示。

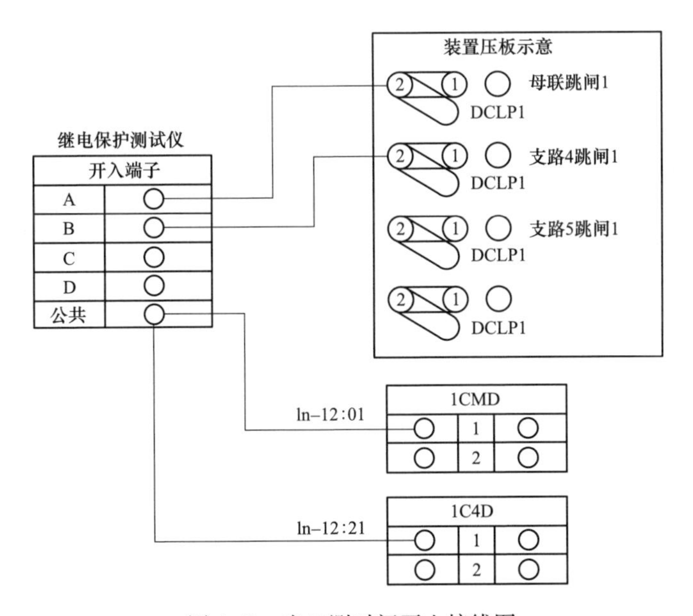

图4-43 出口测时间开入接线图

4. 试验步骤

（1）试验计算。二次电流额定值为 I_N 为1A，二次电压额定值为 U_N 为57.7V。

状态1：正常状态。

状态2：故障状态。

三相电压：0V。

支路 4（线路 1）分别：负序电流为 1.2×0.1=0.12∠0°A、1.2×0.1=0.12∠+120°A、1.2×0.1=0.12∠−120°A。

（2）试验加量。

1）点击桌面“继保之星”快捷方式→点击“状态序列”图标，进入状态序列试验模块。

2）各状态中的电压、电流设置如表 4-35 所示。

表 4-35　　断路器失灵保护时间校验参数设置

参数＼状态	状态 1（正常）	状态 2（故障）
U_A/V	57.7∠0°	0
U_B/V	57.7∠−120°	0
U_C/V	57.7∠120°	0
U_a/V	57.7∠0°	0
U_b/V	57.7∠−120°	0
U_c/V	57.7∠120°	0
I_A/A	0	0.12A∠0°
I_B/A	0	0.12A∠+120°
I_C/A	0	0.12A∠−120°
触发条件	时间触发	时间触发
开入类型		合
开出 1	合	分
试验时间/s	2	0.4
触发后延时/s	0	

3）在工具栏中点击“▶”或按键盘中“run”键开始进行试验。观察保护装置面板信息。

5. 试验记录

试验动作报文如图 4-44 所示。

PCS-915A-G 母线保护装置整组动作报告

被保护设备：保护设备　　版本号：V2.61

管理序号：00428456.001　　打印时间：2021-06-27 14：30：50

序号	启动时间	相对时间	动作相别	动作元件
0464	2021-06-27 14：28：36：298	0000ms		保护启动
		0001ms		失灵保护启动
		2220ms		失灵保护跳母联 1
		2370ms		Ⅱ母失灵保护动作
最大差电流				0.12A

图 4-44　1.2 倍失灵保护负序电流定值校验动作报告

从测试仪上记录动作时间如表 4-36 所示。

表 4-36 测试仪上记录动作时间

—	开入量	时间	映射对象
1	开入 A	226.29ms	母联保护跳闸
2	开入 B	326.29ms	支路 4 保护跳闸

6. 试验分析

失灵保护 1 时限是 200ms，失灵保护 2 时限是 300ms。从表 4-37 可以看出，226.29ms 跳开母联断路器，326.29ms 跳开故障母线Ⅱ母，断路器失灵保护（线路支路）逻辑正确，时间误差小于 30ms，满足相关规程要求。

4.3.5.5 校验变压器支路断路器失灵逻辑及失灵负序电流定值动作准确度

1. 试验目的

校验变压器支路断路器失灵逻辑及失灵负序电流定值动作准确度。

本试验模拟支路 2（变压器 1）失灵，运行方式如图 4-45 所示。输出三相负序电流，模拟变压器三跳失灵起动开入接点闭合，校验 1.05 倍定值和 0.95 倍定值保护的动作情况。

2. 试验准备

（1）母线保护装置硬压板设置。投入“检修状态投入”硬压板、“断路器失灵保护”硬压板。确认其他硬压板均在退出位置。

（2）母线保护装置软压板设置。失灵保护软压板整定为“1”，其余软压板均设置为 0。

（3）母线保护装置定值与控制字设置。变压器支路采用相电流、零序电流、负序电流构成“或门”逻辑，为了避免其他电流的影响，校验失灵负序电流定值动作准确度时，将失灵零序电流定值整定为最大值，三相失灵相电流定值整定为最大值。失灵保护软压板和控制字均整定为“1”，动作延时整定为最小值。

母线保护定值与控制字设置如表 4-37 所示。

（4）隔离开关模拟盘设置。同“证启动电流定值”的设置。

3. 试验接线

（1）测试仪接地、电压回路接线同“校验线路支路断路器失灵逻辑及失灵负序电流定值动作准确度”的设置。

表 4-37　　母线保护定值与控制字设置

—	名称	设定值	—	名称	设定值
母线保护定值	差动保护启动电流定值	0.3A	控制字	差动保护	0
	TA 断线告警定值	3A		失灵保护	1
	TA 断线闭锁定值	5A			
	母联分段失灵电流定值	0.5A			
	母联分段失灵时间	0.2s			
失灵保护定值	低电压闭锁定值	40V			
	零序电压闭锁定值	6V			
	负序电压闭锁定值	4V			
	三相失灵相电流定值	10A[19]			
	失灵零序电流定值	10A			
	失灵负序电流定值	0.1A			
	失灵保护 1 时限	0.2s			
	失灵保护 2 时限	0.3s			

（2）电流回路。采用“黄绿红黑”的顺序，将电流线组的一端依次接入继保测试仪 I_A、I_B、I_C、I_N 四个插孔。电流线组的另一端黄线接端子 1I2D1 内侧，绿线接端子 1I2D2 内侧，红线接端子 1I2D3 内侧，黑线接端子 1I2D4 外侧。如图 4-45 所示。

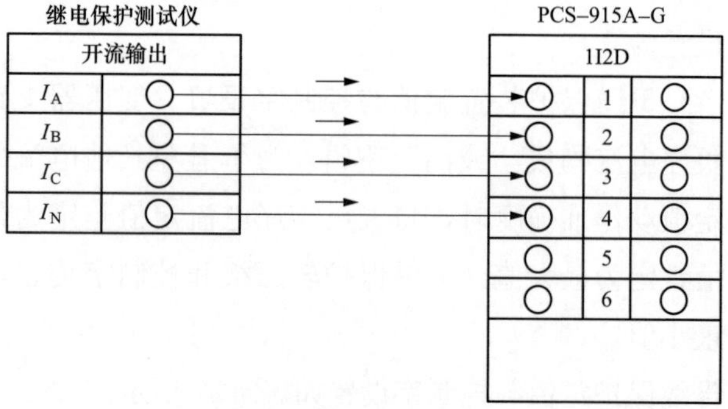

[19] 为了避免其他电流的影响，验证失灵负序电流定值动作准确度时，将零序电流定值整定为最大值，三相失灵相电流定值整定为最大值。

三相失灵相电流定值是变压器支路启动断路器失灵时，使用的定值。线路支路不用该定值。

图 4-45　变压器支路失灵电流回路接线

（3）开入开出回路接线。本试验需用测试仪模拟变压器支路启动失灵开出及变压器失灵解复压闭锁开出给保护装置，具体接线如图 4-46 所示。

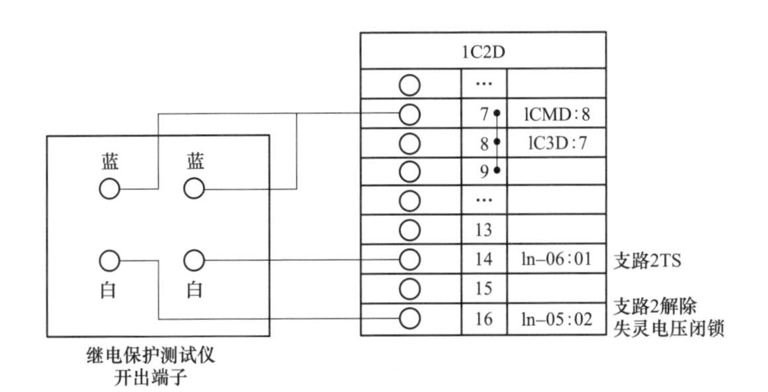

图 4-46 变压器支路失灵开入开出接线

4. 试验步骤

(1) 试验计算。二次电流额定值为 I_N 为 1A，二次电压额定值为 U_N 为 57.7V。

状态 1：正常状态。

状态 2：故障状态。

三相电压：0V。

支路 2（变压器 1）分别设定负序电流为 1.05×0.1=0.105∠0°A、1.05×0.1=0.105∠+120°A、1.05×0.1=0.105∠−120°A 和 0.95×0.1=0.095∠0°A、0.95×0.1=0.095∠+120°A、0.95×0.1=0.095∠−120°A。

开出 1 启动高压侧 1 断路器失灵：合。

开出 2 变压器失灵解复压闭锁：分。

(2) 试验加量。

1) 点击桌面"继保之星"快捷方式→点击"状态序列"图标，进入状态序列试验模块，按菜单栏中的"+"或"−"按键，设置状态数量为 2。

2) 各状态中的电压、电流设置如表 4-38 所示。

表 4-38 断路器失灵保护（变压器支路）负序电流定值校验参数设置

—	状态 1（正常）	状态 2（故障）	
		1.05 倍定值	0.95 倍定值
U_A/V	57.7∠0°	0	0
U_B/V	57.7∠−120°	0	0
U_C/V	57.7∠120°	0	0

续表

—	状态 1（正常）	状态 2（故障）	
		1.05 倍定值	0.95 倍定值
U_a/V	57.7∠0°	0	0
U_b/V	57.7∠−120°	0	0
U_c/V	57.7∠120°	0	0
I_A/A	0	0.105∠0°	0.095∠0°
I_B/A	0	0.105∠+120°	0.095∠+120°
I_C/A	0	0.105∠−120°	0.095∠−120°
触发条件	按键触发	时间触发	时间触发
开入类型			
开出 1	合	合	合
开出 2	分	分	分
试验时间/s	2	0.4[23]	0.4
触发后延时/s	0	0	0

3）在工具栏中点击“▶”，或按键盘中“run”键开始进行试验。观察保护装置面板信息，显示面板“报警”指示灯灭后，点击工具栏中“▶▶”按钮或在键盘上按“Tab”键切换故障状态。

5. 试验记录

两次试验的动作报文如图 4-47 所示。

PCS-915A-G 母线保护装置整组动作报告

被保护设备：保护设备　　版本号：V2.61
管理序号：00428456.001　　打印时间：2019-06-27 13：59：50

序号	启动时间	相对时间	动作相别	动作元件
0458	2019-06-27 13：58：36：298	0000ms		保护启动
		0001ms		失灵保护启动
		2220ms		失灵保护跳母联 1
		2370ms		Ⅱ母失灵保护动作
保护动作相别				A
最大差电流				0.11A

（a）1.05 倍断路器失灵保护（变压器支路）负序电流定值

图 4-47　断路器失灵保护（变压器支路）负序电流定值校验动作报告（一）

PCS-915A-G 母线保护装置整组动作报告

被保护设备：保护设备　　　版本号：V2.61
管理序号：00428456.001　　打印时间：2019-06-24 14：04：15

序号	启动时间	相对时间	动作相别	动作元件
0459	2019-06-27 14：02：46：564	0000ms		保护启动
		0000ms		失灵保护启动

(b) 0.95 倍断路器失灵保护（变压器支路）负序电流定值

图 4-47　断路器失灵保护（变压器支路）负序电流定值校验动作报告（二）

6. 试验分析

断路器失灵保护（变压器支路）采用相电流、零序电流、负序电流构成“或门”逻辑。

从图 4-47（a）可以看出，负序电流满足条件并且有失灵启动开入时，失灵保护动作，经过失灵保护 1 时限（200ms）跳开母联开关，失灵保护 2 时限（300ms）跳开故障母线，动作行为正确。

从图 4-47（b）可以看出，负序电流不满足条件，有失灵启动开入时，失灵保护启动，但不动作，动作行为正确。

失灵保护负序电流定值误差不大于 5.0%，满足规程要求。

4.3.5.6　校验变压器支路断路器失灵解复合电压闭锁功能

1. 试验目的

校验变压器支路断路器失灵解复合电压闭锁功能。

本试验模拟支路 2（变压器 1）失灵，运行方式如图 4-24 所示。输出三相额定电压，三相负序电流，模拟变压器三跳失灵起动开入接点闭合，校验在解复合电压闭锁开入为“0”和“1”时，保护的动作情况。

2. 试验准备

（1）母线保护装置硬压板设置。同“校验变压器支路断路器失灵逻辑及失灵负序电流定值动作准确度”设置。

（2）母线保护装置软压板设置。同“校验变压器支路断路器失灵逻辑及失灵负序电流定值动作准确度”设置。

（3）母线保护装置定值与控制字设置。同“校验变压器支路断路器失灵逻辑及失灵负序电流定值动作准确度”设置。

（4）隔离开关模拟盘设置。同“验证启动电流定值”的设置。

3. 试验接线

同“校验变压器支路断路器失灵逻辑及失灵负序电流定值动作准确度”设置。

4. 试验步骤

（1）试验计算。二次电流额定值为 I_N 为 1A，二次电压额定值为 U_N 为 57.7V。

状态 1：正常状态。

状态 2：故障状态。

三相电压：57.7V。

支路 2（变压器 1）分别设定负序电流为 1.05×0.1＝0.105∠0°A、1.05×0.1＝0.105∠＋120°A、1.05×0.1＝0.105∠－120°A 和 0.95×0.1＝0.095∠0°A、0.95×0.1＝0.095∠＋120°A、0.95×0.1＝0.095∠－120°A。

当“解复压闭锁”为 1 时，开出 1 设为：合。

当“解复压闭锁”为 0 时，开出 2 设为：分。

（2）试验加量。

1）点击桌面“继保之星”快捷方式→点击“状态序列”图标，进入状态序列试验模块，按菜单栏中的“＋”或“－”按键，设置状态数量为 2。

2）各状态中的电压、电流设置如表 4-39 所示。

表 4-39　校验变压器支路断路器失灵解复合电压闭锁功能参数设置

参数＼状态	状态 1（正常）	状态 2（故障）	
		解复压闭锁为 1	解复压闭锁为 0
U_A/V	57.7∠0°	57.7∠0°	57.7∠0°
U_B/V	57.7∠－120°	57.7∠－120°	57.7∠－120°
U_C/V	57.7∠120°	57.7∠120°	57.7∠120°
U_a/V	57.7∠0°	57.7∠0°	57.7∠0°
U_b/V	57.7∠－120°	57.7∠－120°	57.7∠－120°
U_c/V	57.7∠120°	57.7∠120°	57.7∠120°
I_A/A	0	0.105∠0°	0.105∠0°
I_B/A	0	0.105∠＋120°	0.105∠＋120°
I_C/A	0	0.105∠－120°	0.105∠－120°
触发条件	时间触发	时间触发	时间触发
开入类型			
开出 1	合	合	合
开出 2	分	合	分
试验时间/s	2	0.4[20]	0.4
触发后延时/s	0	0	0

[20] 失灵保护 1 时限为 200ms，跳开母校（分段）断路器，失灵保护 2 时限为 300ms，跳开故障母线，试验时间在失灵保护 2 时，限增加 100ms 裕度，使保护装置能可靠动作，验证失灵保护动作逻辑。

3）在工具栏中点击“▶”或按键盘中“run”键开始进行试验。观察保护装置面板信息，显示面板“报警”指示灯灭后，点击工具栏中“▶▶”按钮或在键盘上按“Tab”键切换故障状态。

5. 试验记录

两次试验的动作报文如图4-48所示。

PCS-915A-G 母线保护装置整组动作报告

被保护设备：保护设备　　版本号：V2.61
管理序号：00428456.001　　打印时间：2019-06-27 13：59：50

序号	启动时间	相对时间	动作相别	动作元件
0458	2019-06-27 13：58：36：298	0000ms		保护启动
		0001ms		失灵保护启动
		0220ms		失灵保护跳母联1
		0370ms		Ⅰ母失灵保护动作
保护动作相别				A
最大差电流				0.11A

（a）断路器失灵变压器支路解复压闭锁功能（解复压闭锁为1）

PCS-915A-G 母线保护装置整组动作报告

被保护设备：保护设备　　版本号：V2.61
管理序号：00428456.001　　打印时间：2019-06-24 14：04：15

序号	启动时间	相对时间	动作相别	动作元件
0459	2019-06-27 14：02：46：564	0000ms		保护启动
		0000ms		失灵保护启动

（b）断路器失灵变压器支路解复压闭锁功能（解复压闭锁为0）

图4-48　校验变压器支路断路器失灵解复合电压闭锁功能动作报告图

6. 试验分析

从图4-48（a）可以看出，有失灵启动开入时，有断路器失灵变压器支路解复压闭锁开入时，负序电流满足条件，失灵保护动作，经过失灵保护1时限（200ms）跳开母联开关，失灵保护2时限（300ms）跳开故障母线，动作行为正确。

从图4-48（b）可以看出，有失灵启动开入时，无断路器失灵变压器支路解复压闭锁开入时，三相电压不满足复合电压开放的条件，即使负序电流满足条件，失灵保护启动，但不动作，动作行为正确。

4.3.6　母联失灵校验

断路器失灵保护校验包括3项试验内容：

（1）校验母联（分段）失灵电流［差动保护启动母联（分段）失灵］定值及时间。

（2）校验母联（分段）失灵电流［外部保护启动母联（分段）失灵］定值及时间。

（3）校验复合电压闭锁母联（分段）失灵逻辑。

4.3.6.1　校验母联（分段）失灵电流［差动保护启动母联（分段）失灵］定值及时间

1. 试验目的

校验母联（分段）失灵逻辑及失灵电流动作定值准确度及动作时间。

本试验选择母联、支路2（变压器1）、支路5（线路2）进行试验，运行方式如图4-24所示。模拟差动保护动作，母联电流分别为0.95和1.05倍整定值校验失灵保护的动作行为。

2. 试验准备

（1）母线保护装置硬压板设置。投入保护装置上“检修状态”“差动保护”硬压板，退出其他备用硬压板。

（2）母线保护装置软压板设置。差动保护软压板整定为“1”，退出其他软压板。

（3）母线保护装置定值与控制字设置。定值与控制字设置如表4-40所示。

表4-40　母线保护定值与控制字设置

—	名称	设定值	—	名称	设定值
母线保护定值	差动保护启动电流定值	0.3A	控制字	差动保护	1
	TA断线告警定值	3A		失灵保护	0
	TA断线闭锁定值	5A			
	母联（分段）失灵电流定值	0.5A			
	母联（分段）失灵时间	0.2s			
失灵保护定值	低电压闭锁定值	40V			
	零序电压闭锁定值	6V			
	负序电压闭锁定值	4V			
	三相失灵相电流定值	0.24A			
	失灵零序电流定值	0.2A			
	失灵负序电流定值	0.1A			
	失灵保护1时限	0.2s			
	失灵保护2时限	0.3s			

（4）隔离开关模拟盘设置。同“4.6.4 中 1. 验证启动电流定值”的设置。

3. 试验接线

（1）测试仪接地、电压回路接线同“校验线路支路断路器失灵逻辑及失灵负序电流定值动作准确度”设置。

（2）电流回路。采用“黄绿红黑”的顺序，将电流线组的一端依次接入继保测试仪 I_A、I_B、I_C、I_N 四个插孔。电流线组的另一端如图 4-49 所示。

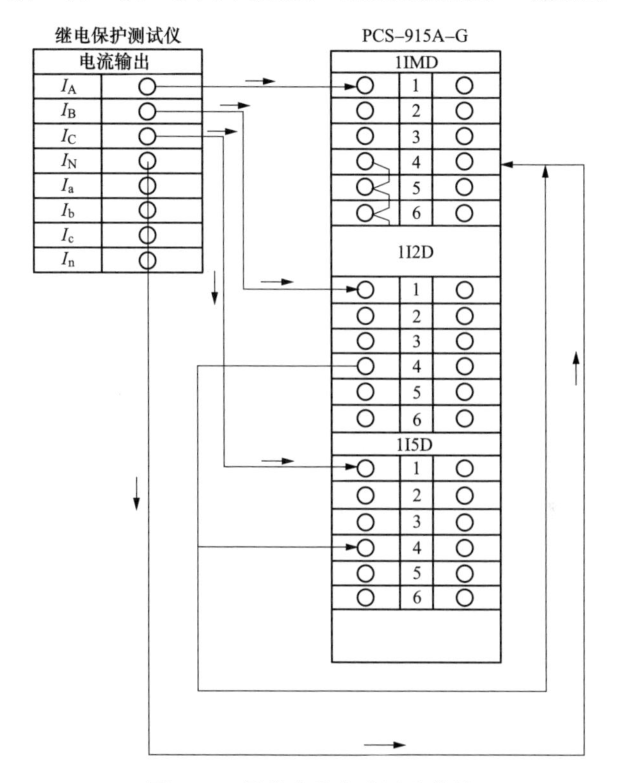

图 4-49　母联失灵电流回路接线

（3）开入开出回路接线：无。

4. 试验步骤

（1）试验计算。差动保护启动电流定值为 0.3A，母联（分段）失灵定值为 0.5A，二次电流额定值为 I_N为 1A，二次电压额定值为 U_N为 57.7V。

状态 1：模拟差动保护动作。支路 5（线路 2）电流设定为 0.5∠0°A。

状态 2：故障状态。模拟母联电流持续存在，支路 5（线路 2）电流不变为 0.5∠0°A。分别设定母联电流为 1.05×0.5＝0.53∠0°A 和 0.95×0.5＝0.47∠0°A。

（2）试验加量。

1）点击桌面“继保之星”快捷方式→点击“状态序列”图标，进入状态序列试验模块，按菜单栏中的“+”或“-”按键，设置状态数量为2。

2）各状态中的电压、电流设置如表4-41所示。

表4-41　差动保护启动母联（分段）失灵参数设置

参数＼状态	状态一	状态二（故障）	
		1.05倍定值	0.95倍定值
U_A/V	0	0	0
U_B/V	0	0	0
U_C/V	0	0	0
U_a/V	0	0	0
U_b/V	0	0	0
U_c/V	0	0	0
I_A/A	0	0.53∠0°	0.47∠0°
I_B/A	0.5∠0°	0.5∠0°	0.5∠0°
I_C/A	0	0	0
触发条件	时间触发	时间触发	时间触发
试验时间/s	0.1	0.3[21]	0.3
触发后延时/s	0	0	0

[21] 母联分段失灵时间为200ms，试验时间增加100ms裕度，使保护装置能可靠动作。

3）在工具栏中点击“▶”或按键盘中“run”键开始进行试验。

5. 试验记录

两次试验的动作报文如图4-50所示。

6. 试验分析

当Ⅱ母区内故障，保护动作以后，母联电流为1.05倍母联失灵保护定值时，从图4-50（a）可以看出，经过母联失灵保护延时（0.2s），在220ms时母联失灵保护动作，跳开Ⅰ母、Ⅱ母。

PCS-915A-G 母线保护整组动作报告

被保护设备：保护设备　　版本号：V2.61

管理序号：00428456.001　　打印时间：2021-07-04 17：52：54

<table>
<tr><th>序号</th><th>启动时间</th><th>相对时间</th><th>动作相别</th><th>动作元件</th></tr>
<tr><td rowspan="10">0878</td><td rowspan="10">2021-07-04 17：55：27：316</td><td>0000ms</td><td></td><td>保护启动</td></tr>
<tr><td>0019ms</td><td></td><td>差动保护跳母联 1</td></tr>
<tr><td rowspan="3">0020ms</td><td>A</td><td>稳态量差动跳Ⅱ母</td></tr>
<tr><td></td><td>Ⅱ母差动动作</td></tr>
<tr><td></td><td>母联 1</td></tr>
<tr><td>0022ms</td><td></td><td>失灵保护启动</td></tr>
<tr><td>0320ms</td><td></td><td>母联 1 失灵保护动作</td></tr>
<tr><td rowspan="3">0321ms</td><td></td><td>Ⅰ母失灵保护动作</td></tr>
<tr><td></td><td>Ⅱ母失灵保护动作</td></tr>
<tr><td></td><td>变压器 1，变压器 2，线路 1，线路 2</td></tr>
<tr><td colspan="4">保护动作相别</td><td>A</td></tr>
<tr><td colspan="4">最大差电流</td><td>0.53A</td></tr>
<tr><td colspan="4">母联 1 失灵最大相电流</td><td>0.53A</td></tr>
</table>

（a）1.05 倍母联失灵保护试验报告

PCS-915A-G 母线保护整组动作报告

被保护设备：保护设备　　版本号：V2.61

管理序号：00428456.001　　打印时间：2021-07-04 17：56：04

<table>
<tr><th>序号</th><th>启动时间</th><th>相对时间</th><th>动作相别</th><th>动作元件</th></tr>
<tr><td rowspan="6">0879</td><td rowspan="6">2021-07-04 17：59：29：436</td><td>0000ms</td><td></td><td>保护启动</td></tr>
<tr><td>0020ms</td><td></td><td>差动保护跳母联 1</td></tr>
<tr><td rowspan="3">0021ms</td><td>A</td><td>稳态量差动跳Ⅱ母</td></tr>
<tr><td></td><td>Ⅱ母差动动作</td></tr>
<tr><td></td><td>母联 1</td></tr>
<tr><td>0023ms</td><td></td><td>失灵保护启动</td></tr>
<tr><td colspan="4">保护动作相别</td><td>A</td></tr>
<tr><td colspan="4">最大差电流</td><td>0.50A</td></tr>
<tr><td colspan="4">母联 1 失灵最大相电流</td><td>0.47A</td></tr>
</table>

（b）0.95 倍母联失灵保护试验报告

图 4-50　母联（分段）失灵电流试验动作报文

当Ⅱ母区内故障，保护动作以后，母联电流为 0.95 倍母联失灵保护定值时，从图 4-50（b）可以看出，母联失灵保护仅启动，不动作。

母联失灵保护逻辑正确，母联失灵定值误差不大于 5.0%，满足规程要求。

4.3.6.2 校验母联（分段）失灵电流［外部保护启动母联（分段）失灵］定值及时间

1. 试验目的

校验母联（分段）失灵电流［外部保护启动母联（分段）失灵］定值及时间。本试验选择母联、支路 2（变压器 1）、支路 5（线路 2）进行试验，运行方式如图 4-24 所示。模拟启动母联失灵开入接点闭合，母联电流分别为 0.95 和 1.05 倍整定值校验失灵保护的动作行为。

2. 试验目的

（1）母线保护装置硬压板设置。同“校验母联（分段）失灵电流［差动保护启动母联（分段）失灵］定值及时间”的设置。

（2）母线保护装置软压板设置。同“校验母联（分段）失灵电流［差动保护启动母联（分段）失灵］定值及时间”的设置。

（3）母线保护装置定值与控制字设置。同“校验母联（分段）失灵电流［差动保护启动母联（分段）失灵］定值及时间”的设置。

（4）隔离开关模拟盘设置。同“验证启动电流定值”的设置。

3. 试验接线

（1）测试仪接地、电压回路接线、电流回路接线同“校验母联（分段）失灵电流［差动保护启动母联（分段）失灵］定值及时间”的设置。

（2）开入开出回路接线。本试验需用测试仪模拟母联失灵开出给保护装置，具体接线如图 4-51 所示。

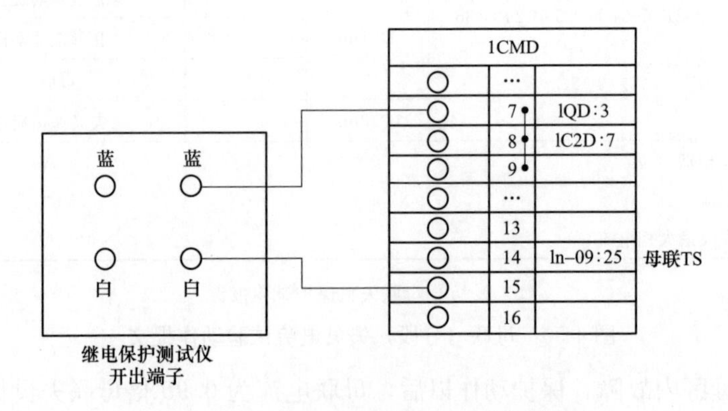

图 4-51 线路支路失灵开入开出接线

4. 试验步骤

（1）试验计算。二次电流额定值为 I_N 为 1A，二次电压额定值为 U_N 为 57.7V。

状态 1：正常状态。

状态 2：故障状态。外部启动失灵开入，穿越电流，模拟母联电流持续存在。分别设定母联电流为 1.05×0.5＝0.53∠0°A 和 0.95×0.5＝0.47∠0°A。

（2）试验加量。

1）点击桌面“继保之星”快捷方式→点击“状态序列”图标，进入状态序列试验模块，按菜单栏中的“＋”或“－”按键，设置状态数量为 2。

2）各状态中的电压、电流设置如表 4-42 所示。

表 4-42　外部保护启动母联（分段）失灵参数设置

参数＼状态	状态一	状态二（故障）	
		1.05 倍定值	0.95 倍定值
U_A/V	57.7∠0°	0	0
U_B/V	57.7∠－120°	0	0
U_C/V	57.7∠120°	0	0
U_a/V	57.7∠0°	0	0
U_b/V	57.7∠－120°	0	0
U_c/V	57.7∠120°	0	0
I_A/A	0	0.53∠0°	0.47∠0°
I_B/A	0	0.53∠0°	0.47∠0°
I_C/A	0	0.53∠180°	0.47∠180°
触发条件	时间触发	时间触发	时间触发
开出 1	合	合	合
试验时间/s	0.5	0.3[22]	0.3
触发后延时/s	0	0	0

[22] 母联分段失灵时间为 200ms，试验时间增加 100ms 裕度，使保护装置能可靠动作。

（3）在工具栏中点击“▶”或按键盘中“run”键开始进行试验。

5. 试验记录

两次试验的动作报文如图 4-52 所示。

PCS-915A-G 母线保护整组动作报告

被保护设备：保护设备　　版本号：V2.61
管理序号：00428456.001　　打印时间：2021-07-04 18：15：54

序号	启动时间	相对时间	动作相别	动作元件
0895	2021-07-04 18：14：27：316	0000ms		保护启动
		0501ms		失灵保护启动
		0721ms		母联 1 失灵保护动作
		0722ms		Ⅰ母失灵保护动作
				Ⅱ母失灵保护动作
				母联 1，变压器 1，变压器 2，线路 1，线路 2
母联 1 失灵最大相电流				0.53A

（a）1.05 倍母联失灵定值

PCS-915A-G 母线保护整组动作报告

被保护设备：保护设备　　版本号：V2.61
管理序号：00428456.001　　打印时间：2021-07-04 18：18：04

序号	启动时间	相对时间	动作相别	动作元件
0896	2021-07-04 18：17：29：436	0000ms		保护启动
		0001ms		失灵保护启动
母联 1 失灵最大相电流				0.47A

（b）0.95 倍母联失灵定值

图 4-52　母联失灵保护试验动作报文

6. 试验分析

当外部失灵信号开入后，母联电流为 1.05 倍母联失灵保护定值时，从图 4-52（a）可以看出，经过母联失灵保护延时（0.2s），过了 220ms 时母联失灵保护动作，跳开Ⅰ母、Ⅱ母。

当外部失灵信号开入后，母联电流为 0.95 倍母联失灵保护定值时，从图 4-52（b）可以看出，母联失灵保护仅启动，不动作。

母联失灵保护逻辑正确，母联失灵定值误差不大于 5.0%，满足相关规程要求。

4.3.6.3　校验母联（分段）失灵保护动作时间

1. 试验目的

校验母联（分段）失灵保护动作时间。本试验选择母联、支路 4（线路 1）进行试验，运行方式如图 4-24 所示。故障时，启动母联失灵开入接点闭合，同时故障电流满足 1.2 倍整定值。测定母联（分段）失灵保护的动作时间。

2. 试验准备

（1）母线保护装置硬压板设置。同“校验母联（分段）失灵电流［外部启动母联（分段）失灵］定值及时间”的设置。

（2）母线保护装置软压板设置。同“校验母联（分段）失灵电流［外部启动母联（分段）失灵］定值及时间”的设置。

（3）母线保护装置定值与控制字设置。同“校验母联（分段）失灵电流［外部启动母联（分段）失灵］定值及时间”的设置。

（4）隔离开关模拟盘设置。同“验证启动电流定值”的设置。

3. 试验接线

（1）测试仪接地、电压回路接线、电流回路接线。同“校验母联（分段）失灵电流［外部启动母联（分段）失灵］定值及时间”的设置。

（2）开入开出回路接线。同“校验母联（分段）失灵电流［外部启动母联（分段）失灵］定值及时间”的设置。

本试验测定保护装置出口动作时间，需进行开入回路接线，具体开入回路接线方法如图 4-53 所示。

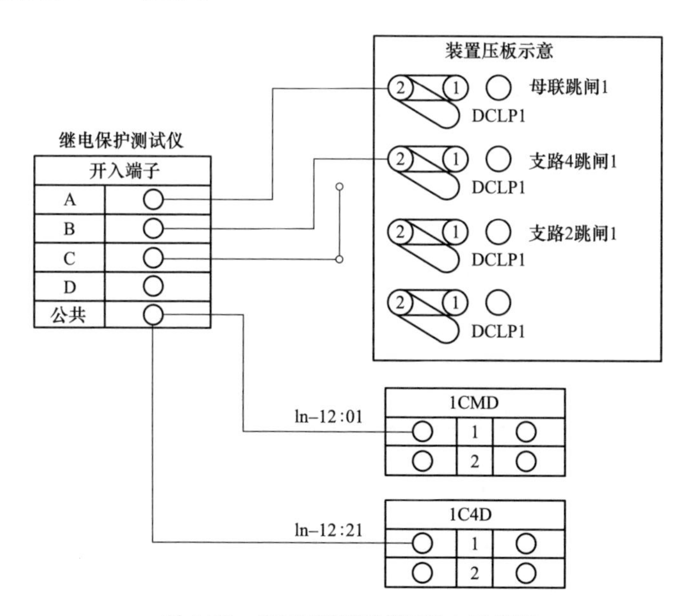

图 4-53 出口时间测试用开入接线图

4. 试验步骤

（1）试验计算。二次电流额定值为 I_N 为 1A，二次电压额定值为 U_N 为 57.7V。

状态 1：正常状态。

状态 2：故障状态。外部启动失灵开入，穿越电流，模拟母联电流持续存在。分别设定母联电流为 1.2×0.5=0.6∠0°A。

（2）试验加量。

1）点击桌面“继保之星”快捷方式→点击“状态序列”图标，进入状态序列试验模块，按菜单栏中的“+”或“-”按键，设置状态数量为 2。

2）各状态中的电压、电流设置如表 4-43 所示。

表 4-43　外部保护启动母联（分段）失灵参数设置

参数＼状态	状态一	状态二（故障）
U_A/V	57.7∠0°	0
U_B/V	57.7∠-120°	0
U_C/V	57.7∠120°	0
U_a/V	57.7∠0°	0
U_b/V	57.7∠-120°	0
U_c/V	57.7∠120°	0
I_A/A	0	0.6∠0°
I_B/A	0	0.6∠0°
I_C/A	0	0.6∠180°
触发条件	时间触发	时间触发
开入类型		
开出 1	合	合
试验时间/s	0.5	0.3[23]
触发后延时/s	0	0

[23] 母联分段失灵时间为 200ms，试验时间增加 100ms 裕度，使保护装置能可靠动作。

3）在工具栏中点击“▶”或按键盘中“run”键开始进行试验。观察保护装置面板信息，显示面板“报警”指示灯灭后，点击工具栏中“▶▶”按钮或在键盘上按“Tab”键切换故障状态。

5. 试验记录

试验的动作报文如图 4-54 所示。

PCS-915A-G 母线保护整组动作报告

被保护设备：保护编号　　版本号：V2.61
管理序号：00428456.001　　打印时间：2021-07-04 18：19：54

<table>
<tr><th>序号</th><th>启动时间</th><th>相对时间</th><th>动作相别</th><th>动作元件</th></tr>
<tr><td rowspan="6">0897</td><td rowspan="6">2021-07-04 18：18：27：316</td><td>0000ms</td><td></td><td>保护启动</td></tr>
<tr><td>0001ms</td><td></td><td>失灵保护启动</td></tr>
<tr><td>0721ms</td><td></td><td>母联 1 失灵保护动作</td></tr>
<tr><td rowspan="3">0722ms</td><td></td><td>Ⅰ母失灵保护动作</td></tr>
<tr><td></td><td>Ⅱ母失灵保护动作</td></tr>
<tr><td></td><td>母联 1，线路 1，线路 2，变压器 1，变压器 2</td></tr>
<tr><td colspan="4">母联 1 失灵最大相电流</td><td>0.6A</td></tr>
</table>

图 4-54　1.2 倍母联失灵保护动作报告

从测试仪上记录动作时间如表 4-44 所示。

表 4-44　　测试仪上记录动作时间

开入量	时间	映射对象
开入 A	226.29ms	母联保护跳闸
开入 B	226.29ms	支路 4 保护跳闸
开入 C	226.29ms	支路 2 保护跳闸

6. 试验分析

当外部失灵信号开入后，母联电流为 1.2 倍母联失灵保护定值时，从表 4-45 可以看出，经过母联失灵保护延时（0.2s），在 226.29ms 时母联失灵保护动作，跳开Ⅰ母、Ⅱ母，误差不大于 30ms，满足相关规程要求。

4.3.6.4　校验复合电压闭锁母联（分段）失灵逻辑

1. 试验目的

校验复合电压闭锁母联（分段）失灵逻辑。本试验选择母联、支路 4（线路 1）进行试验，运行方式如图 4-24 所示。母线电压为额定值，启动母联失灵开入接点闭合同时故障电流满足 1.2 倍整定值。

2. 试验准备

(1) 母线保护装置硬压板设置。同“校验母联（分段）失灵电流［外部启动母联（分段）失灵］定值及时间”的设置。

(2) 母线保护装置软压板设置。同“校验母联（分段）失灵电流［外部启动母联（分段）失灵］定值及时间”的设置。

(3) 母线保护装置定值与控制字设置。同“校验母联（分段）失灵电流［外部启动母联（分段）失灵］定值及时间”的设置。

(4) 隔离开关模拟盘设置。同“校验启动电流定值准确度”的设置。

3. 试验接线

测试仪接地，电流回路、电压回路、开入开出回路接线同“校验母联（分段）失灵电流［外部启动母联（分段）失灵］定值及时间”的设置。

4. 试验步骤

(1) 试验计算。二次电流额定值为 I_N 为 1A，二次电压额定值为 U_N 为 57.7V。

状态 1：正常状态。

状态 2：故障状态。外部启动失灵开入，穿越电流，模拟母联电流持续存在。分别设定母联电流为 1.2×0.5=0.6∠0°A。

(2) 试验加量。

1) 点击桌面“继保之星”快捷方式→点击“状态序列”图标，进入状态序列试验模块，按菜单栏中的“+”或“-”按键，设置状态数量为 2。

2) 各状态中的电压、电流设置如表 4-45 所示。

表 4-45　校验复合电压闭锁母联（分段）失灵保护的参数设置

参数＼状态	状态一	状态二（故障）
U_A/V	57.7∠0°	57.7∠0°
U_B/V	57.7∠-120°	57.7∠-120°
U_C/V	57.7∠120°	57.7∠120°
U_a/V	57.7∠0°	57.7∠0°
U_b/V	57.7∠-120°	57.7∠-120°
U_c/V	57.7∠120°	57.7∠120°
I_A/A	0	0.6∠0°
I_B/A	0	0.6∠0°
I_C/A	0	0.6∠180°

续表

参数 \ 状态	状态一	状态二（故障）
触发条件	时间触发	时间触发
试验时间/s	0.3	0.3[24]
触发后延时/s	0	0

3）在工具栏中点击“▶”或按键盘中“run”键开始进行试验。观察保护装置面板信息，显示面板“报警”指示灯灭后，点击工具栏中“▶▶”按钮或在键盘上按“Tab”键切换故障状态。

[24] 母联分段失灵时间为200ms，试验时间增加100ms裕度，使保护装置能可靠动作。

5. 试验记录

试验的动作报文如图4-55所示。

PCS-915A-G 母线保护整组动作报告

被保护设备：保护编号　　版本号：V2.61
管理序号：00428456.001　　打印时间：2021-07-04 18：21：54

序号	启动时间	相对时间	动作相别	动作元件
0898	2021-07-04 18：20：47：316	0000ms		保护启动
		0001ms		失灵保护启动
母联1失灵最大相电流		0.6A		

图4-55　复合电压闭锁母联失灵保护动作报告

6. 试验分析

正常电压下，母联（分段）失灵保护不动作，复合电压闭锁母联（分段）失灵逻辑正确，满足相关规程要求。

4.3.7　母联死区校验

母联死区保护校验包括两项试验内容：

(1) 校验母线并列状态时，母联（分段）死区保护逻辑。

(2) 校验母线分列状态时，母联（分段）死区保护逻辑。

下面分别介绍。

4.3.7.1 校验母线并列状态时，母联（分段）死区保护逻辑

1. 试验目的

校验母线并列状态时，母联（分段）死区保护逻辑。

本试验选择母联、支路 2（变压器 1）、支路 5（线路 2）进行试验，运行方式如图 4-24 所示。母联断路器处于合位，模拟死区故障如图 4-56 所示，检查并列状态下死区故障是否跳母联及母联断路器侧母线。

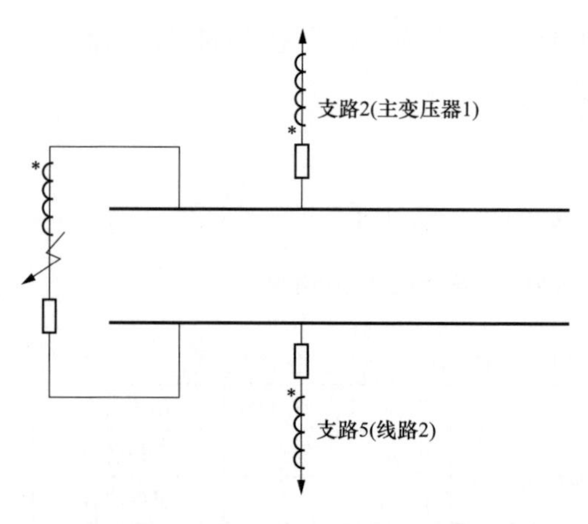

图 4-56 合位死区故障示意图

2. 试验准备

（1）母线保护装置硬压板设置。投入保护装置上“检修状态”“差动保护”“1CMLP1 母联跳闸 1”硬压板，退出其他硬压板。

（2）母线保护装置软压板设置差动保护软压板整定为“1”，其余软压板设置为 0。

（3）母线保护装置定值与控制字设置。定值与控制字设置如表 4-46 所示。

（4）隔离开关模拟盘设置。同“校验启动电流定值准确度”的设置。

3. 试验接线

（1）测试仪接地同“母线区外故障校验”的设置。

（2）电压回路接线。电压回路接线如图 4-57 所示，需要用测试仪给保护装置加Ⅰ母和Ⅱ母电压。

表 4-46　　母线保护定值与控制字设置

—	名称	设定值	—	名称	设定值
母线保护定值	差动保护启动电流定值	0.3A	控制字	差动保护	1
	TA 断线告警定值	3A		失灵保护	0
	TA 断线闭锁定值	5A			
	母联分段失灵电流定值	0.5A			
	母联分段失灵时间	0.2s			
失灵保护定值	低电压闭锁定值	40V			
	零序电压闭锁定值	6V			
	负序电压闭锁定值	4V			
	三相失灵相电流定值	0.24A			
	失灵零序电流定值	0.2A			
	失灵负序电流定值	0.1A			
	失灵保护 1 时限	0.2s			
	失灵保护 2 时限	0.3s			

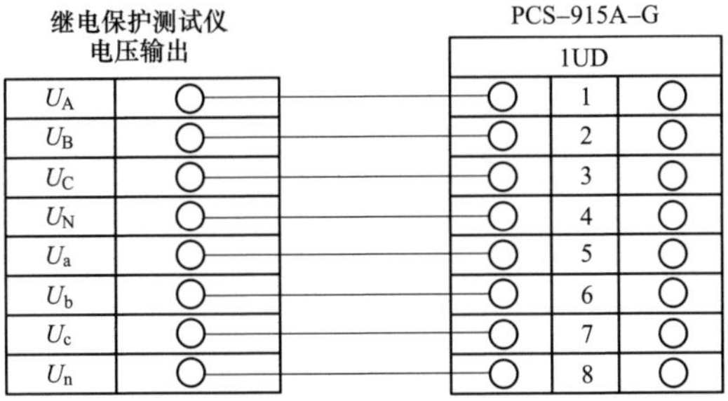

图 4-57　母联（合位）死区保护电压回路接线

(3) 电流回路。采用“黄绿红黑”的顺序，将电流线组的一端依次接入继保测试仪 I_A、I_B、I_C、I_N 四个插孔。如图 4-58 所示。

(4) 开入开出回路接线。模拟母联动作时给保护装置母联 TWJ 开入，短接“1QD5 与 1CMD1”。

4. 试验步骤

(1) 试验计算。二次电流额定值为 I_N 为 1A，二次电压额定值为 U_N 为 57.7V。PCS-915A-G 母线保护装置母联极性同Ⅰ母，BP-2CS 母线保护装置母联极性同Ⅱ母。本节的计算是按照 PCS-915A-G 装置母联极性同Ⅰ母来设

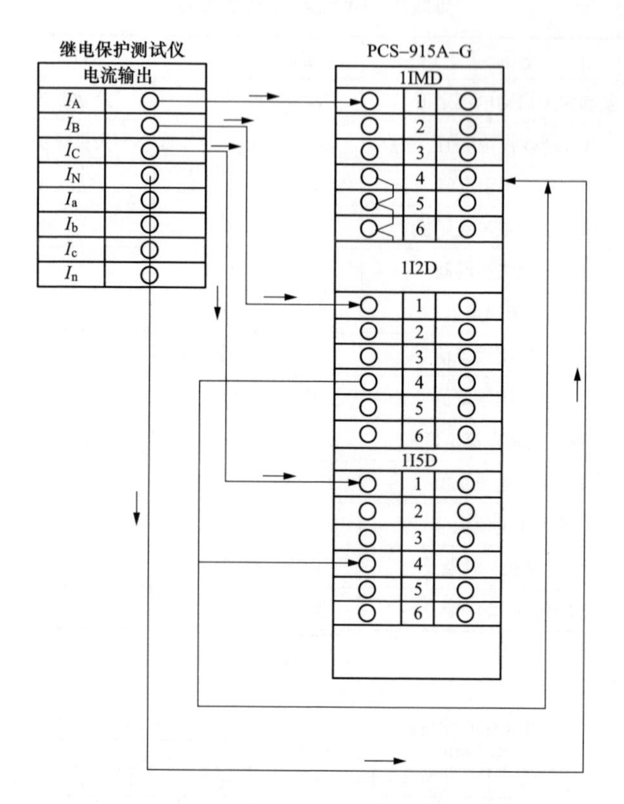

图 4-58 母联（合位）死区电流回路接线

定的，如果是校验 BP-2CS 母线保护装置，下面的母联电流方向应反向。

状态 1：复归状态。

母联断路器处于合位；

三相电压：额定电压；

母联 TA 电流：0A；

支路 2（变压器 1）电流：0A；

支路 5（线路 2）电流：0A。

状态 2：故障状态。

三相电压：0V；

支路 5（线路 2）电流和支路 2（变压器 1）均设定为：1.2×0.3＝0.36∠0°A；

母联 TA 电流：1.2×0.3＝0.36∠180°A。

（2）试验加量。

1）点击桌面“继保之星”快捷方式→点击“状态序列”图标，进入状态序列试验模块，按菜单栏中的“+”或“−”按键，设置状态数量为2。

2）各状态中的电压、电流设置如表4-47所示。

表4-47　　母联（合位）死区校验参数设置

参数＼状态	状态一	状态二	状态三
U_A/V	57.7∠0°	0	57.7∠0°
U_B/V	57.7∠−120°	57.7∠−120°	57.7∠−120°
U_C/V	57.7∠120°	57.7∠120°	57.7∠120°
U_a/V	57.7∠0°	0	0
U_b/V	57.7∠−120°	57.7∠−120°	57.7∠−120°
U_c/V	57.7∠120°	57.7∠120°	57.7∠120°
I_A/A	0	0.36∠180°A	0.36∠180°A
I_B/A	0	0.36∠0°A	0.36∠0°A
I_C/A	0	0.36∠0°A	0
触发条件	按键触发	时间触发	时间触发
开入类型			
试验时间/s		0.1[29]	0.2
触发后延时/s	0		

3）在工具栏中点击“▶”或按键盘中“run”键开始进行试验。观察保护装置面板信息，显示面板“报警”指示灯灭后，点击工具栏中“▶▶”按钮或在键盘上按“Tab”键切换故障状态。

5. 试验记录

试验动作报文如图4-59所示。

6. 试验分析

母线并列运行，发生区内故障差动保护动作后，母联断路器变为分位，装置判定为死区故障后，经150ms固定延时，退出小差计算，跳母联TA侧母线。母联断路器并列运行死区动作逻辑正确，误差不大于20ms，满足相关规程要求。

PCS-915A-G 母线保护装置整组动作报告

被保护设备：保护设备　　版本号：V2.61
管理序号：00428456.001　　打印时间：2019-06-27 15：30：56

序号	启动时间	相对时间	动作相别	动作元件
0480	2019-06-27 15：28：49：253	0000ms		保护启动
		0000ms		差动保护启动
		0003ms	A	变化量差动跳Ⅱ母
				Ⅱ母差动动作
				母联，线路 2
		0003ms		差动保护跳分段 2
				分段 2
		0004ms		差动保护跳母联
		0021ms	A	稳态量差动跳Ⅱ母
		0157ms	A	差动保护跳分段 1
				分段 1
		0160ms	A	稳态量差动跳Ⅰ母
				Ⅰ母差动动作
				变压器 2
				母联死区
保护动作相别				A
最大差电流				0.36A

图 4-59　母联（合位）死区动作校验动作报告

4.3.7.2　校验母线分列状态时，母联（分段）死区保护逻辑

1. 试验目的

校验母线分列状态时，母联（分段）死区保护逻辑。

本试验选择母联、支路 2（变压器 1）、支路 5（线路 2）进行试验，运行方式如图 4-24 所示。母联断路器处于分位，模拟死区故障，检查分列状态下死区故障是否退出小差计算跳母联及母联 TA 侧母线。

2. 试验准备

（1）母线保护装置硬压板设置。投入保护装置上“检修状态”“差动保护”硬压板，退出其他硬压板。

（2）母线保护装置软压板设置。投入保护装置上“差动保护软压板”“母联分列软压板”，退出其他软压板。

（3）母线保护装置定值与控制字设置。同“校验母线并列状态时，母

联（分段）死区保护逻辑”中“（4）母线保护。装置定值与控制字设置”。

（4）隔离开关模拟盘设置。同“校验启动电流定值准确度”的设置。

3. 试验接线

（1）测试仪接地、电压回路接线、电流回路接线同“校验母线并列状态时，母联（分段）死区保护逻辑”中试验接线。

（2）开入开出接线。短接“1QD16与1CMD4”（模拟母联TWJ=1，母联开关在跳位）。

4. 试验步骤

（1）试验计算。二次电流额定值为I_N为1A，二次电压额定值为U_N为57.7V。PCS-915A-G母线保护装置母联极性同Ⅰ母。BP-2CS母线保护装置母联极性同Ⅱ母。本节的计算是按照PCS-915A-G装置母联极性同Ⅰ母来设定的。如果是校验BP-2CS母线保护装置，下面的母联电流方向应反向。

状态1：复归状态。

母联1分裂软压板投入，母联断路器处于分位。

三相电压：额定电压。

母联TA电流：0A。

支路2（变压器1）电流：0A。

支路5（线路2）电流：0A 。

状态2：故障状态。

三相电压：Ⅰ母电压0V；Ⅱ母额定电压。

支路2（变压器1）均设定为：$1.2\times0.3=0.36\angle0°$A。

母联TA电流：$1.2\times0.3=0.36\angle180°$A。

（2）试验加量。

1）点击桌面“继保之星”快捷方式→点击“状态序列”图标，进入状态序列试验模块，按菜单栏中的“+”或“−”按键，设置状态数量为2。

2）各状态中的电压、电流设置如表4-48所示。

3）在工具栏中点击“▶”或按键盘中“run”键开始进行试验。观察保护装置面板信息，显示面板“报警”指示灯灭后，点击工具栏中“▶▶”按钮或在键盘上按“Tab”键切换故障状态。

表 4-48　母联断路器分列运行死区校验参数设置

参数＼状态	状态一	状态二
U_A/V	57.7∠0°	0
U_B/V	57.7∠−120°	0
U_C/V	57.7∠120°	0
U_a/V	57.7∠0°	57.7∠0°
U_b/V	57.7∠−120°	57.7∠−120°
U_c/V	57.7∠120°	57.7∠120°
I_A/A	0.05∠180°	0.36∠180°A
I_B/A	0.05∠0°	0.36∠0°A
I_C/A	0.05∠180°	0
触发条件	时间触发	时间触发
试验时间/s	0.5[25]	0.1
触发后延时/s	0	0

[25] 装置判定两条母线分裂运行，延时 400ms 母联电流退出小差计算，本试验再增加 100ms 裕度，试验时间设为 500ms，保证可靠动作。

5. 试验记录

差动保护动作，动作报文如图 4-60 所示。

PCS-915A-G 母线保护装置整组动作报告

被保护设备：保护设备　　版本号：V2.61
管理序号：00428456.001　　打印时间：2019-06-27 15：30：56

序号	启动时间	相对时间	动作相别	动作元件
0485	2019-06-27 15：39：46：232	0000ms		保护启动
		0002ms	A	变化量差动跳Ⅰ母
				死区保护
				差动保护跳母联 1
				母联 1，变压器 1
		26ms	A	Ⅰ母差动动作
保护动作相别				A
最大差电流				0.36A

图 4-60　母联断路器分列运行死区动作校验动作报告

6. 试验分析

为防止母联在跳位时发生死区故障将母线全切除，当两条母线处运行状态、母联分裂运行压板投入，且母联在跳位时，母联电流不计入小差计算，死区保护动作，跳母联及母联 TA 侧母线。母联分列状态下发生死区故障能有选择的切除故障母线，死区保护逻辑正确，误差不大于 20ms，满足相关规程要求。

4.3.8 复合电压闭锁差动逻辑校验

复合电压闭锁差动逻辑校验包括以下三项内容：

(1) 低电压闭锁差动定值的准确度及复合电压闭锁差动逻辑。

(2) 零序电压闭锁差动定值的准确度及复合电压闭锁差动逻辑。

(3) 负序电压闭锁差动定值的准确度及复合电压闭锁差动逻辑。

下面分别介绍。

4.3.8.1 低电压闭锁差动定值的准确度及复合电压闭锁差动逻辑

1. 试验目的

校验低电压闭锁差动定值的准确度及复合电压闭锁差动逻辑。

本试验选择母联、支路 4（线路 1)、支路 5（线路 2）进行试验，运行方式如图 4-45 所示。

复归状态：三相电压为额定电压，可在同一母线上选取两条支路（支路 4 和支路 5)，相位相反，输出电流均为 0.25 倍差动电流启动值。

故障状态：一条支路（支路 5）电流固定输出为 0.25 倍差动电流启动值，另一支路（支路 4）故障电流为 1.35 倍差动电流启动值。校验三相电压分别为 1.05 和 0.95 倍低电压闭锁定值时，保护的动作情况。

2. 试验准备

(1) 母线保护装置硬压板设置。投入保护装置上“检修状态”“差动保护”硬压板，退出其他硬压板。

(2) 母线保护装置软压板设置。投入保护装置上“差动保护”软压板，退出其他软压板。

(3) 母线保护装置定值与控制字设置。差动保护控制字均整定为“1”，差动电流启动值整定为 1A。定值与控制字设置如表 4-49 所示。

(4) 隔离开关模拟盘设置。同“校验启动电流定值准确度”的设置。

[26] 为了防止 TA 断线闭锁差动保护，此处可以将 TA 断线闭锁定值设置的大一点。

表 4-49　　母线保护定值与控制字设置

—	名称	设定值	—	名称	设定值
母线保护定值	差动保护启动电流定值	1A	控制字	差动保护	1
	TA 断线告警定值	3A[26]		失灵保护	0
	TA 断线闭锁定值	5A			
	母联分段失灵电流定值	0.5A			
	母联分段失灵时间	0.2s			
失灵保护定值	低电压闭锁定值	40V			
	零序电压闭锁定值	6V			
	负序电压闭锁定值	4V			
	三相失灵相电流定值	0.24A			
	失灵零序电流定值	0.2A			
	失灵负序电流定值	0.1A			
	失灵保护 1 时限	0.2s			
	失灵保护 2 时限	0.3s			

3. 试验接线

（1）测试仪接地同“中母线区外故障校验”的设置。

（2）电压回路接线。电压回路接线如图 4-57 所示，需要用测试仪给保护装置加Ⅰ母和Ⅱ母电压。

（3）电流回路。采用“黄绿红黑”的顺序，将电流线组的一端依次接入继保测试仪 I_A、I_B、I_C、I_N 四个插孔。电流线组的另一端接线如图 4-58 所示。

（4）开入开出回路接线无。

4. 试验步骤

（1）试验计算。差动保护启动电流定值为 1A，二次电流额定值为 I_N 为 1A，二次电压额定值为 U_N 为 57.7V。低电压闭锁差动保护定值为固定值 $0.7U_N$，即 40.4V。

状态 1：正常运行状态。

Ⅱ母三相电压均：额定电压 57.7V；

支路 4（线路 1）电流：$0.25\times1=0.25\angle0°$A；

支路 5（线路 2）电流设定为 $0.25\times1=0.25\angle180°$A。

状态 2：故障状态。模拟Ⅱ母区内故障。

支路4（线路1）电流：1.35×1=1.35∠0°A。

支路5（线路2）电流：0.25×1=0.25∠180°A。

校验1.05倍定值时：Ⅱ母三相电压：1.05×40.4=42.41∠0°V、1.05×40.4=42.41∠−120°V、1.05×40.4=42.41∠+120°V。

校验0.95倍定值时：Ⅱ母三相电压：0.95×40.4=38.37∠0°V、0.95×40.4=38.37∠−120°V、0.95×40.4=38.37∠+120°V。

（2）试验加量。

1）点击桌面“继保之星”快捷方式→点击“状态序列”图标，进入状态序列试验模块，按菜单栏中的“+”或“−”按键，设置状态数量为2。

2）各状态中的电压、电流设置如表4-50所示。

表4-50　　低电压闭锁差动定值参数设置

参数＼状态	状态一（故障前）	状态二（故障）	
		1.05倍定值	0.95倍定值
U_a/V	57.7∠0°	42.41∠0°	38.37∠0°
U_b/V	57.7∠−120°	42.41∠−120°	38.37∠−120°
U_c/V	57.7∠120°	42.41∠120°	38.37∠120°
I_A/A	0	0	
I_B/A	0.25∠0°	1.35∠0°	1.35∠0°
I_C/A	0.25∠180°	0.25∠180°	0.25∠180°
触发条件	按键触发	时间触发	时间触发
试验时间/s		0.1	0.1
触发后延时/s	0	0	0

3）在工具栏中点击“▶”或按键盘中“run”键开始进行试验。观察保护装置面板信息，显示面板“报警”指示灯灭后，点击工具栏中“▶▶”按钮或在键盘上按“Tab”键切换故障状态。

5. 试验记录

两次试验的动作报文如图4-61所示。

PCS-915A-G 母线保护整组动作报告

被保护设备：设备编号　　版本号：V2.61
管理序号：00428456.001　　打印时间：2021-07-04 17：16：54

序号	启动时间	相对时间	动作相别	动作元件
0873	2021-07-04 17：16：05：061	0000ms		保护启动
最大差电流				1.10A

（a）1.05 倍低电压闭锁差动保护定值

PCS-915A-G 母线保护整组动作报告

被保护设备：设备编号　　版本号：V2.61
管理序号：00428456.001　　打印时间：2021-07-04 17：18：32

序号	启动时间	相对时间	动作相别	动作元件
0875	2021-07-04 17：18：04：636	0000ms		保护启动
		0027ms		差动保护跳母联 1
		0028ms	A	稳态量差动跳Ⅱ母[33]
				Ⅱ母差动动作
				母联 1，线路 1，线路 2
保护动作相别				A
最大差电流				1.10A

（b）0.95 倍低电压闭锁差动保护定值

图 4-61　低电压闭锁差动保护试验动作报文

6. 试验分析

当电压为 0.95 倍低电压闭锁差动保护定值时，电压闭锁条件开放，Ⅱ母区内故障，从图 4-61（a）可以看出，保护可靠动作，跳开母联开关，切除Ⅱ母上所有支路［支路 4（线路 1）、支路 5（线路 2）］。

当电压为 1.05 倍低电压闭锁差动保护定值时，电压闭锁，Ⅱ母区内故障，从图 4-61（b）可以看出，保护可靠不动作。

低电压闭锁差动保护逻辑正确，低压闭锁定值为固定值 40.4V，误差不大于 5.0%，满足相关规程要求。

4.3.8.2　零序电压闭锁差动定值的准确度及复合电压闭锁差动逻辑

1. 试验目的

校验零序电压闭锁差动定值的准确度及复合电压闭锁差动逻辑。本试验选择母联、支路 4（线路 1）、支路 5（线路 2）进行试验，运行方式如图 4-24 所示。

复归状态：三相电压为额定电压，可在同一母线上选取两条支路（支路 4

和支路 5），相位相反，输出电流均为 0.25 倍差动电流启动值。

故障状态：一条支路（支路 5）电流固定输出为 0.25 倍差动电流启动值，另一支路（支路 4）故障电流为 1.35 倍差动电流启动值。校验零序电压分别为 1.05 和 0.95 倍零序电压闭锁定值时，保护的动作情况。

2. 试验准备

（1）母线保护装置硬压板设置。同“低电压闭锁差动定值的准确度及复合电压闭锁差动逻辑”的设置。

（2）母线保护装置软压板设置。同“低电压闭锁差动定值的准确度及复合电压闭锁差动逻辑”的设置。

（3）母线保护装置定值与控制字设置。同“低电压闭锁差动定值的准确度及复合电压闭锁差动逻辑”的设置。

（4）隔离开关模拟盘设置。同“校验启动电流定值准确度”的设置。

3. 试验接线

同“低电压闭锁差动定值的准确度及复合电压闭锁差动逻辑”的设置。

4. 试验步骤

（1）试验计算。差动保护启动电流定值为 1A，二次电流额定值 I_N为 1A，二次电压额定值 U_N为 57.7V。零电压闭锁定值为固定值 6V。

状态 1：正常运行状态。

Ⅱ母三相电压均：额定电压 57.7V。

支路 4（线路 1）电流：$0.25\times1=0.25\angle0°$A。

支路 5（线路 2）电流设定为 $0.25\times1=0.25\angle180°$A。

状态 2：故障状态。模拟Ⅱ母区内故障。

支路 4（线路 1）电流：$1.35\times1=1.35\angle0°$A。

支路 5（线路 2）电流：$0.25\times1=0.25\angle180°$A。

零序电压闭锁值固定取 6V，零序电压 $3U_0=U_A+U_B+U_C$，$U_A+U_B=57.735\angle180°$，故障二 A 相电压分别取 $57.7-6\times0.95\approx52$V 和 $57.7-6\times1.05\approx51.435$V，使其零序电压分别为 $3U_0=0.95\times6=5.7$V 和 $3U_0=1.05\times6=6.3$V。

校验 1.05 倍定值时，Ⅱ母三相电压为

$U_A=57.7\angle0°-5.7\angle0°=52\angle0°$；

U_B=57.7∠−120°；

U_C=57.7∠120°。

校验0.95倍定值时，Ⅱ母三相电压为

U_A=57.7∠0°−6.3∠0°=51.435∠0°V；

U_B=57.7∠−120°；

U_C=57.7∠120°。

（2）试验步骤。

1）点击桌面“继保之星”快捷方式→点击“状态序列”图标，进入状态序列试验模块，按菜单栏中的“+”或“−”按键，设置状态数量为2。

2）各状态中的电压、电流设置如表4-51所示。

表4-51　零序电压闭锁差动定值参数设置

参数＼状态	状态一（故障前）	状态二（故障）	
		0.95倍定值	1.05倍定值
U_a/V	57.7∠0°	52∠0°	51.435∠0°
U_b/V	57.7∠−120°	57.7∠−120°	57.7∠−120°
U_c/V	57.7∠120°	57.7∠120°	57.7∠120°
I_A/A	0	0	
I_B/A	0.25∠0°	1.35∠0°	1.35∠0°
I_C/A	0.25∠180°	0.25∠180°	0.25∠180°
触发条件	按键触发	时间触发	时间触发
试验时间/s		0.1	0.1
触发后延时/s	0	0	0

3）在工具栏中点击“▶”或按键盘中“run”键开始进行试验。观察保护装置面板信息，显示面板“报警”指示灯灭后，点击工具栏中“▶▶”按钮或在键盘上按“Tab”键切换故障状态。

5. 试验记录

两次试验的动作报文如图4-62所示。

PCS-915A-G 母线保护整组动作报告

被保护设备：设备编号　　版本号：V2.61
管理序号：00428456.001　　打印时间：2021-07-04 17：28：12

序号	启动时间	相对时间	动作相别	动作元件
0876	2021-07-04 17：25：24：116	0000ms		保护启动
		0027ms		差动保护跳母联 1
		0028ms	A	稳态量差动跳Ⅱ母[33]
				Ⅱ母差动动作
				母联 1，线路 1，线路 2
保护动作相别				A
最大差电流				1.10A

(a) 1.05 倍零序电压闭锁差动保护定值

PCS-915A-G 母线保护整组动作报告

被保护设备：设备编号　　版本号：V2.61
管理序号：00428456.001　　打印时间：2021-07-04 17：26：04

序号	启动时间	相对时间	动作相别	动作元件
0877	2021-07-04 17：27：25：089	0000ms		保护启动
最大差电流				1.10A

(b) 0.95 倍零序电压闭锁差动保护定值

图 4-62　零序电压闭锁差动保护试验动作报文

6. 试验分析

当电压为 1.05 倍零序电压闭锁差动保护定值时，电压闭锁条件开放，Ⅱ母区内故障，从图 4-62（a）可以看出，保护可靠动作，跳开母联开关，切除Ⅱ母上所有支路［支路 4（线路 1）、支路 5（线路 2）］。

当电压为 0.95 倍零电压闭锁差动保护定值时，电压闭锁，Ⅱ母区内故障，从图 4-62（b）可以看出，保护可靠不动作。

零序电压闭锁差动保护逻辑正确，零序电压闭锁定值为固定值 6V，误差不大于 5.0%，满足规程要求。

4.3.8.3　负序电压闭锁差动定值的准确度及复合电压闭锁差动逻辑

1. 试验目的

校验负序电压闭锁差动定值的准确度及复合电压闭锁差动逻辑。本试验选择母联、支路 4（线路 1）、支路 5（线路 2）进行试验，运行方式如图 4-24 所示。

复归状态：三相电压为额定电压，可在同一母线上选取两条支路（支路 4

和支路5），相位相反，输出电流均为0.25倍差动电流启动值。

故障状态：一条支路（支路5）电流固定输出为0.25倍差动电流启动值，另一支路（支路4）故障电流为1.35倍差动电流启动值。校验负序电压分别为1.05和0.95倍负序电压闭锁定值时，保护的动作情况。

2. 试验准备

（1）母线保护装置硬压板设置。同“低电压闭锁差动定值的准确度及复合电压闭锁差动逻辑”的设置。

（2）母线保护装置软压板设置。同“低电压闭锁差动定值的准确度及复合电压闭锁差动逻辑”的设置。

（3）母线保护装置定值与控制字设置。同“低电压闭锁差动定值的准确度及复合电压闭锁差动逻辑”的设置。

（4）隔离开关模拟盘设置。同“校验启动电流定值准确度”的设置。

3. 试验接线

同“低电压闭锁差动定值的准确度及复合电压闭锁差动逻辑”的设置。

4. 试验步骤

（1）试验计算。差动保护启动电流定值为1A，二次电流额定值I_N为1A，二次电压额定值U_N为57.7V。负序电压闭锁定值为固定值4V。

状态1：正常运行状态。

Ⅱ母三相电压均：额定电压57.7V；

支路4（线路1）电流：$0.25\times1=0.25\angle0°$A；

支路5（线路2）电流设定为$0.25\times1=0.25\angle180°$A。

状态2：故障状态。模拟Ⅱ母区内故障。

支路4（线路1）电流：$1.35\times1=1.35\angle0°$A；

支路5（线路2）电流：$0.25\times1=0.25\angle180°$A。

为了避免低电压条件满足造成电压闭锁条件开放的影响，校验零序电压时，在三相额定电压的基础上，叠加一个电压，使得叠加后的三相电压分别为1.05倍和0.95倍负序电压。

校验1.05倍定值时，Ⅱ母三相电压为

$U_A=57.7\angle0°$；

$U_B=52.1\angle-124°$；

$U_C=52.1\angle124°$。

校验 0.95 倍定值时，Ⅱ母三相电压为

U_A=57.7∠0°；

U_B=51.3∠−123°；

U_C=51.3∠123°。

（2）试验步骤。

1）点击桌面“继保之星”快捷方式→点击“状态序列”图标，进入状态序列试验模块，按菜单栏中的“+”或“−”按键，设置状态数量为 2。

2）各状态中的电压、电流设置如表 4-52 所示。

表 4-52　负序电压闭锁差动定值参数设置

参数＼状态	状态一（故障前）	状态二（故障）	
		1.05 倍定值	0.95 倍定值
U_a/V	57.7∠0°	57.7∠0°	57.7∠0°
U_b/V	57.7∠−120°	52.1∠−124°	51.3∠−123°
U_c/V	57.7∠120°	52.1∠124°	51.3∠123°
I_A/A	0	0	
I_B/A	0.25∠0°	1.35∠0°	1.35∠0°
I_C/A	0.25∠180°	0.25∠180°	0.25∠180°
触发条件	按键触发	时间触发	时间触发
试验时间/s		0.1	0.1
触发后延时/s	0	0	0

3）在工具栏中点击“▶”，或按键盘中“run”键开始进行试验。观察保护装置面板信息，显示面板“报警”指示灯灭后，点击工具栏中“▶▶”按钮或在键盘上按“Tab”键切换故障状态。

5. 试验记录

两次试验的动作报文如图 4-63 所示。

PCS-915A-G 母线保护整组动作报告

被保护设备：设备编号　　版本号：V2.61
管理序号：00428456.001　　打印时间：2021-07-04 17：26：04

序号	启动时间	相对时间	动作相别	动作元件
0876	2021-07-04 17：25：24：116	0000ms		保护启动
		0027ms		差动保护跳母联 1
		0028ms	A	稳态量差动跳Ⅱ母
				Ⅱ母差动动作
				母联 1，线路 1，线路 2
保护动作相别				A
最大差电流				1.10A

（a）1.05 倍负序电压闭锁差动保护定值

PCS-915A-G 母线保护整组动作报告

被保护设备：设备编号　　版本号：V2.61
管理序号：00428456.001　　打印时间：2021-07-04 17：28：12

序号	启动时间	相对时间	动作相别	动作元件
0877	2021-07-04 17：27：25：089	0000ms		保护启动
最大差电流				1.10A

（b）0.95 倍负序电压闭锁差动保护定值

图 4-63　低电压闭锁差动保护试验动作报文

6. 试验分析

当电压为 1.05 倍负序电压闭锁差动保护定值时，电压闭锁条件开放，Ⅱ母区内故障，从图 4-63（a）可以看出，保护可靠动作，跳开母联开关，切除Ⅱ母上所有支路［支路 4（线路 1）、支路 5（线路 2）］。

当电压为 0.95 倍负序电压闭锁差动保护定值时，电压闭锁，Ⅱ母区内故障，从图 4-63（b）可以看出，保护可靠不动作。

负序电压闭锁差动保护逻辑正确，负序电压闭锁定值为固定值 4V，误差不大于 5.0%，满足规程要求。

4.3.9　TA 断线校验

1. 试验目的

（1）支路 TA 断线告警，装置的动作行为。

（2）支路 TA 断线闭锁，装置的动作行为。

（3）母联 TA 断线，装置的动作行为。

本试验选择母联、支路 2（变压器 1）、支路 5（线路 2）进行试验，运行方式如图 4-45 所示。

2. 试验准备

（1）母线保护装置硬压板设置。同“常规比率差动保护大差高值和小差低值”的设置。

（2）母线保护装置软压板设置。同“常规比率差动保护大差高值和小差低值”的设置。

（3）母线保护装置定值与控制字设置。定值与控制字设置如表 4-53 所示。

表 4-53　母线保护定值与控制字设置

序号	定值名称	设定值		名称	设定值
1	差动保护启动电流定值	0.3A	控制字	差动保护	1
2	TA 断线告警定值	0.05A		失灵保护	0
3	TA 断线闭锁定值	0.08A			

（4）隔离开关模拟盘设置。同“常规比率差动保护大差高值和小差低值”的设置。

3. 试验接线

同“常规比率差动保护大差高值和小差低值”中的设置。

4. 试验步骤

（1）试验计算。

1）支路 TA 断线告警：状态 1：向支路 2 加入电流 0.05×1.05＝0.053A，状态 2：向支路 5 加入电流 0.3×1.05＝0.315A。

2）支路 TA 断线闭锁：状态 1：向支路 2 加入电流 0.08×1.05＝0.084A，状态 2：向支路 5 加入电流 0.3×1.05＝0.315A。

3）母联 TA 断线：状态 1：向支路 2 和支路 5 分别加入电流 0.08×1.05＝0.084A，方向相反，状态 2：向支路 5 加入电流 0.3×1.05＝0.315A。

（2）试验加量。

1）点击桌面“继保之星”快捷方式→点击“状态序列”图标，进入状态序列试验模块，按菜单栏中的“＋”或“－”按键，设置状态数量为 2。

2）各状态中的电压、电流设置如表 4-54 所示。

表 4-54　**TA 断线参数设置**

(a) 支路 TA 断线

	状态一（TA 断线）		状态二（故障）
	支路 TA 断线告警	支路 TA 断线闭锁	
U_A/V	57.7∠0°	57.7∠0°	0
U_B/V	57.7∠−120°	57.7∠−120°	0
U_C/V	57.7∠+120°	57.7∠+120°	0
U_a/V	57.7∠0°	57.7∠0°	0
U_b/V	57.7∠−120°	57.7∠−120°	0
U_c/V	57.7∠+120°	57.7∠+120°	0
I_A/A	0	0	0
I_B/A	0.053∠0°	0.084∠0°	0
I_C/A	0	0	0.315∠0°
触发条件	时间触发	时间触发	时间触发
试验时间/s	5.1[27]	5.1	0.1
触发后延时/s	0	0	0

[27] 大差电流和小差电流满足 TA 断线条件时，延时 5s 发信号，本试验再增加 0.1s 裕度，试验时间设为 5.1s，保证可靠动作。

(b) 母联 TA 断线

	状态一（母联 TA 断线）	状态二（故障）
U_A/V	57.7∠0°	0
U_B/V	57.7∠−120°	0
U_C/V	57.7∠+120°	0
U_a/V	57.7∠0°	0
U_b/V	57.7∠−120°	0
U_c/V	57.7∠+120°	0
I_A/A	0	0
I_B/A	0.084∠180°	0
I_C/A	0.084∠0°	0.315∠0°
触发条件	时间触发	时间触发
试验时间/s	5.1	0.2[28]
触发后延时/s	0	0

[28] 如果仅母联 TA 断线不闭锁母差保护，此时发生母线区内故障后首先跳开断线母联，在母联开关跳开 0.1s 后，如果故障依然存在，则再跳开故障母线。本试验再增加 0.1s 裕度，试验时间设为 0.2s，保证可靠动作。

3）在工具栏中点击“▶”，或按键盘中“run”键开始进行试验。

5. 试验记录

两次试验的动作报文如图 4-64 所示。

PCS-915A-G 母线保护整组动作报告

被保护设备：设备编号　　版本号：V2.61
管理序号：00428456.001　　打印时间：2021-07-07 16：59：54

序号	启动时间	相对时间	动作相别	动作元件
0958	2021-07-07 16：58：04：636	0000ms		保护启动
		5125ms	A	稳态量差动跳Ⅱ母
				Ⅱ母差动动作
				线路 2
保护动作相别				A
最大差电流				0.315A

（a）TA 断线告警试验报告

PCS-915A-G 母线保护整组动作报告

被保护设备：设备编号　　版本号：V2.61
管理序号：00428456.001　　打印时间：2021-07-07 17：01：32

序号	启动时间	相对时间	动作相别	动作元件
0959	2021-07-07 17：01：05：061	0000ms		保护启动
最大差电流				0.315A

（b）TA 断线闭锁试验报告

PCS-915A-G 母线保护整组动作报告

被保护设备：设备编号　　版本号：V2.61
管理序号：00428456.001　　打印时间：2021-07-07 17：04：16

序号	启动时间	相对时间	动作相别	动作元件
0961	2021-07-07 17：03：04：044	0000ms		保护启动
		5025ms		跳母开关
		5225ms	A	稳态量差动跳Ⅱ母
				Ⅱ母差动动作
				线路 2
保护动作相别				A
最大差电流				0.315A

（c）母联 TA 断线闭锁试验报告

图 4-64　试验动作报文

6. 试验分析

TA 断线告警条件满足时，延时 5s 发 TA 断线告警信号，不闭锁差动保护。Ⅱ母区内故障，从图 4-64（a）可以看出，保护可靠动作，切除Ⅱ母上所有支路；

TA 断线闭锁条件满足时，延时 5s 发 TA 断线闭锁信号，闭锁差动保护。Ⅱ母区内故障，从图 4-64（b）可以看出，保护不动作。

4.3.10 充电至死区校验

1. 试验目的

检验母线充电时，发生死区故障，装置的动作行为。

本试验选择母联、支路 2（变压器 1）、支路 5（线路 2）进行试验，母联断路器在分位，运行方式如图 4-52 所示，模拟Ⅰ母向Ⅱ母充电。

2. 试验准备

（1）母线保护装置硬压板设置。同“常规比率差动保护大差高值和小差低值”的设置。

（2）母线保护装置软压板设置。同“常规比率差动保护大差高值和小差低值”的设置。

（3）母线保护装置定值与控制字设置。同“常规比率差动保护大差高值和小差低值”的设置。

（4）隔离开关模拟盘设置。同“常规比率差动保护大差高值和小差低值”的设置。

3. 试验接线

（1）测试仪接地及电流回路的接线同“常规比率差动保护大差高值和小差低值”中的设置。

（2）电压回路接线，如图 4-65 所示。

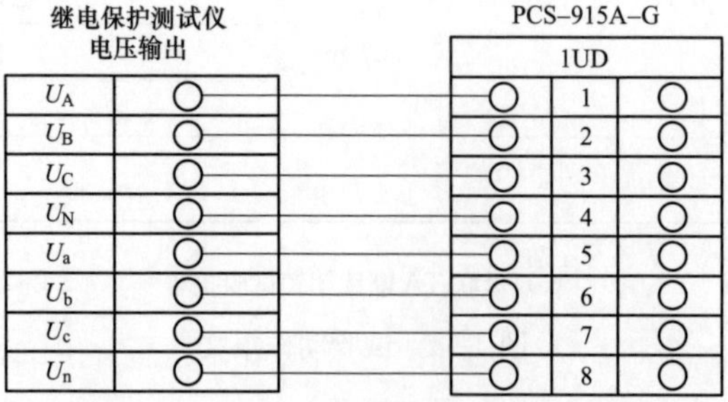

继电保护测试仪
电压输出
U_A U_B U_C U_N U_a U_b U_c U_n
PCS-915A-G
1UD
1 2 3 4 5 6 7 8

图 4-65　充电至死区校验电压回路接线

（3）开入开出回路接线。本试验需用测试仪模拟母联开关分位和手合信号开出给保护装置，具体接线如图 4-66 所示。

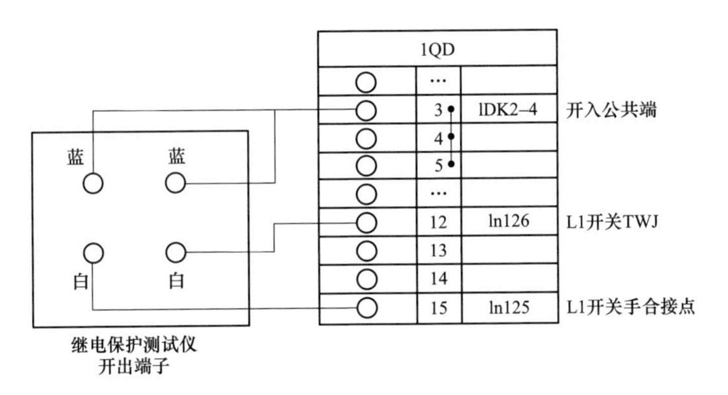

图 4-66 充电至死区校验开入开出接线

4. 试验步骤

（1）试验计算。

状态 1：Ⅰ母电压正常，Ⅱ母电压为 0，手合开入为 0，跳闸继电器为 1，电流为 0；

状态 2：Ⅰ母电压 A 相为 0，Ⅱ母电压 A 相为 0，手合开入为 1，跳闸继电器为 0，向支路 5 加入电流 $0.3\times1.05=0.315$A。

（2）试验加量。

1）点击桌面“继保之星”快捷方式→点击“状态序列”图标，进入状态序列试验模块，按菜单栏中的“+”或“−”按键，设置状态数量为 2。

2）各状态中的电压、电流设置如表 4-55 所示。

表 4-55　充电至死区参数设置

参数＼状态	状态一	状态二（故障）
U_A/V	57.7∠0°	0
U_B/V	57.7∠−120°	57.7∠−120°
U_C/V	57.7∠+120°	57.7∠+120°
U_a/V	0	0
U_b/V	0	57.7∠−120°
U_c/V	0	57.7∠+120°
I_A/A	0	0
I_B/A	0	0

[29] 母联手合开入由0到1，1s以后或者大差电流动作由0到1，0.3s以后，任一条件满足，充电状态结束，母差保护可以正常动作。本试验模拟差流满足，再增加0.1s裕度，试验时间设为0.4s，保证可靠动作。

续表

参数＼状态	状态一	状态二（故障）
I_C/A	0	0.315∠0°
开出1	合	分
开出2	合	合
触发条件	时间触发	时间触发
试验时间/s	0.5	0.4[29]
触发后延时/s	0	0

3）在工具栏中点击“▶”或按键盘中“run”键开始进行试验。

5. **试验记录**

两次试验的动作报文如图4-67所示。

PCS-915A-G 母线保护整组动作报告

被保护设备：设备编号　　版本号：V2.61
管理序号：00428456.001　　打印时间：2021-07-07 16：59：54

序号	启动时间	相对时间	动作相别	动作元件
0965	2021-07-08 09：17：04：126	0000ms		保护启动
		3ms		差动保护跳母联
		311ms	A	稳态量差动跳Ⅱ母
				线路2
保护动作相别				A
最大差电流				0.315A

图4-67　充电至死区校验试验动作报文

6. **试验分析**

充电至死区故障时，充电状态结束，母差保护正常动作。Ⅱ母区内故障，从图4-67试验动作报文可以看出，保护可靠动作，切除Ⅱ母上所有支路。